智慧城市

——『电子信息+』视角下的总体规划与实践

陆 川 张 力
张 明 刘 伟／编著

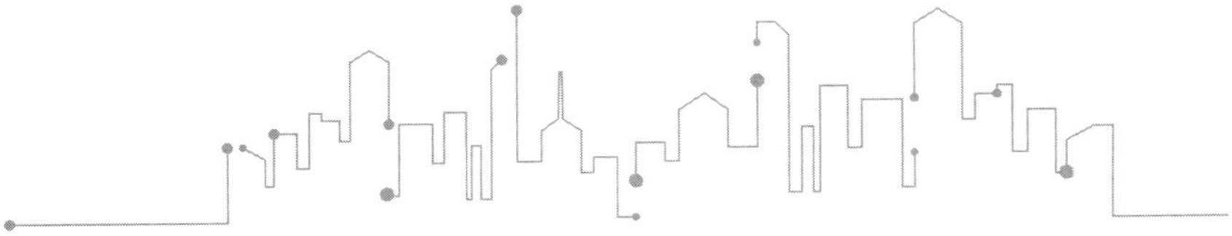

ZHIHUI CHENGSHI
"DIANZI XINXI+" SHIJIAO XIA DE
ZONGTI GUIHUA YU SHIJIAN

电子科技大学出版社
University of Electronic Science and Technology of China Press
·成都·

图书在版编目（CIP）数据

智慧城市：“电子信息+”视角下的总体规划与实践/陆川等编著. —成都：电子科技大学出版社，2018. 4

ISBN 978-7-5647-5960-5

Ⅰ. ①智… Ⅱ. ①陆… Ⅲ. ①现代化城市－城市建设－案例 Ⅳ. ①C912.81

中国版本图书馆 CIP 数据核字（2018）第 053545 号

智慧城市——“电子信息+”视角下的总体规划与实践

陆 川 张 力 张 明 刘 伟 编著

策划编辑 谢应成
责任编辑 谢应成

出版发行 电子科技大学出版社
成都市一环路东一段 159 号电子信息产业大厦九楼
邮编 610051
主 页 www.uestcp.com.cn
服务电话 028-83203399
邮购电话 028-83201495

印 刷 成都市火炬印务有限公司
成品尺寸 170 mm×240 mm
印 张 22.25
字 数 410 千字
版 次 2018 年 4 月第 1 版
印 次 2018 年 4 月第 1 次印刷
书 号 ISBN 978-7-5647-5960-5
定 价 88.00 元

序

过去 30 多年，我国经历了世界历史上规模最大、速度最快的城镇化进程。目前，城市是我国各类要素资源和经济社会活动最集中的地方，也是人们最为重要的生活、学习和工作载体。但是城市发展在经济增长、民生改善、教育就业、生态保护、社会治理等方面面临诸多挑战，各种“城市病”接踵而来；发展不平衡、不充分的现实状况严重影响了人们对美好城市生活的追求。2015 年召开的中央城市工作会议指出要着力打造新型智慧城市，充分运用科技动力助推城市发展。以物联网、大数据、人工智能等为代表的新兴电子信息技术正在快速发展并且得到广泛应用，给新型智慧城市建设和发展带来了新动力、新途径，势必推动形成智慧城市发展和治理的新模式。

《智慧城市——“电子信息+”视角下的总体规划与实践》一书以“电子信息+”这一崭新视角重新审视智慧城市的规划和建设问题，具有非常强的创新性。“电子信息+”从整个电子信息技术体系出发系统全面展望电子信息技术发展的当前状态和未来趋势，尤其是深度剖析新兴电子信息技术与各行各业的交叉融合，以及给经济社会发展带来的各种可能性，具有非常强的前瞻性和全局性。新型智慧城市建设是一个系统工程，需要运用数量庞大、种类丰富的电子信息技术。以“电子信息+”作为视角去审视智慧城市规划和建设是非常契合的，能够帮助跳出传统仅仅考虑“互联网”“云计算”或“人工智能”等单一技术视角较为片面的逻辑狭隘“怪圈”，从整体上把握各类电子信息技术给新型智慧城市建设带来的各种可能性。本书深入阐述了“电子信息+”的内涵、外延和应用，并且以此为指导深刻分析了智慧城市的建设意义、顶层设计、体系架构、建设体系、知识体系规划以及业务级项目的详细设计，不仅视角选择新颖，而且内容阐释深刻。

一直以来，资金短缺是影响智慧城市建设最为关键的约束性因素。智慧城市建设涉及领域的范围非常广、囊括的项目和信息系统数量非常多、需要协调的利益相关者也非常多，因此投入就比较大，动辄就是上亿、百亿甚至千亿元的资金需求。有时候，仅仅一个智慧城市建设规划的软课题就需要上千万元的资金预算。对于经济不是很发达、财政收入比较有限的非一线城市而言，如何找到好的资金筹措方案是急需解决的难题。本书详细阐述了智慧城市建设的投融资方案和建设运营模式；深入分析了 PPP 投融资模式，包括 PPP 模式政策背景、智慧城市 PPT 模式实施方案以及成功运作的必要条件；介绍了直接采购模式；分析并比较了 BOT、BT、TOT、TBT 等投融资模式和运营模式。这些内容对深入了解、比较分析新型智慧城市建设各种投融资模式和运营模式具有重要的参考价值，特别是对城市管理者和建设运营单位具有很强的借鉴意义。

智慧城市建设是一个面向应用的实践性课题，理论研究的最终目标是要服务于实践需要的。本书在以“电子信息+”从理论层面深入探讨了智慧城市规划、建设、投融资等问题之后，选择智慧 X 市为案例，分享了实践探索层面的经验，包括采用了 PEST（Politics，Economy，Society，Technology）宏观环境分析方法分析 X 市智慧城市建设的基础和需要；给出了智慧 X 市的总体架构，包括建设理念、基本原则等内容；构建了智慧 X 市的技术体系，包括技术体系总体层次架构、核心关键技术；剖析了智慧 X 市的实施方案和运营模式。实践层面的经验分享有效补充和完善了理论研究的内容，对深刻把握“电子信息+”视角下智慧城市的总体规划和建设原理具有重要的参考作用。

在中国特色社会主义迈入新的历史方位、社会主要矛盾发生转变的宏观背景下，我国新型智慧城市建设也步入了崭新阶段，如何充分运用各类电子信息技术破解城市发展不平衡、不充分难题成为重要课题。以新兴电子信息技术为基础形成的共享经济、众筹、众智、精准服务、智能监控等模式正在深刻改变城市经济增长方式、公共服务提供方式、社会治理方式，“电子信息”+“城市”正在以各种崭新形态生成和演化，正在促进形成一个更加智慧、更加包容、更加生态、更加美好的城市空间。

电子科技大学公共管理学院院长

汤志伟　教授

2018 年 1 月

前　言

新型智慧城市的发展在很大程度上受到电子信息技术发展的推进和制约。新兴的电子信息技术为新型智慧城市不断带来全新的实现手段，将智慧城市的建设理念进一步向着以人为本的方向持续推动。智慧城市的建设是一个系统工程，除了电子信息技术的系统性支撑之外，还体现在每一个城市背后的特色产业、文化背景、历史沉淀、经济发展等内在基因。因此，以电子信息技术作为支撑，与城市内在基因的深度融合交叉是我们亟待探索的研究方向，也是智慧城市建设的基本脉络。“电子信息+”这一概念由此可见一斑，它是对行业的融合、对经济发展的融合、对历史文化的融合。

以“电子信息+”的视野来研究智慧城市，能够从整个电子信息技术体系出发，系统全面地展望电子信息技术发展的当前状态和未来趋势，尤其是深度剖析新兴电子信息技术与各行各业的交叉融合以及给经济社会发展带来的各种可能性，具有非常强的前瞻性和全局性。本书的初衷也是希望通过笔者的初步探索，能够为读者带来一定的启发。

本书在撰写过程中，得到了董昕宇、付毅、汤维、吴涵莹、陈雪、杨蕾、陈晓、纪铭的协助和支持，在此对他们的付出表示感谢。同时，对电子科技大学出版社的相关工作人员在本书出版各环节付出的辛勤工作表示感谢。

由于作者水平有限，疏漏之处在所难免，敬请广大读者批评指正。

编　者

目 录

第 1 章 智慧城市概述

1.1 智慧城市的起源、概念和特征

1.1.1 智慧城市的起源

关于智慧城市的起源，国内外学者的观点存在差异。国内学者一般认为智慧城市起源于 IBM 公司于 2009 年提出的智慧地球概念，国外学者普遍认为智慧城市起源于 20 世纪 90 年代，Graham、Marvin 和 Mitchell 的开创性工作奠定了智慧城市的两大理论基础。

Graham 和 Marvin 在其合著的《电信与城市》中指出，当代（指 20 世纪 90 年代）城市不仅是由密集的高楼大厦、立体交通网络堆积而成，也不仅作为经济、社会和文化中心而存在，城市作为信息通信技术网络中心的功能需要被（城市规划者）考虑，即电子信息将充盈城市之间和城市内建筑物之间的所有空间，支撑城市生活的所有方面，这一趋势越来越明显。Graham 和 Marvin 的研究成果为理解快速变化的信息通信技术对城市的影响提供了坚实的理论基础。自此之后，众多学者针对信息通信技术与城市的规划、发展、管理关系进行研究，获得了一系列研究成果。

美国麻省理工大学 Mitchell 教授提出在 20 世纪 90 年代世界兴起的数字网络作为基础设施将改变城市的面貌，并产生新型的社会关系，创建一种更加智慧的城市。在 Mitchell 所写的数字城市三部曲《伊托邦》《比特之城》《我+ +：电子自我和互联城市》里，针对数字网络对未来城市生活的影响进行了分析预测，描述了在社会、经济和文化等方面建立新型城市的深刻意义。

现实中，智慧社区项目是在社区层次上的第一次应用智慧城市概念。20 世纪末，美国加州政府与圣地亚哥州立大学合作推出全球首个智慧社区项目。项目中将智慧社区定义为在一个从邻域到多县的范围内，个人、团体与机构之间利用信息技术，明显地、甚至彻底地改造他们生活的区域，个人、团体与机构之间的合作将替代他们各自的孤立行动。

紧接着美国旧金山、硅谷等也陆续开始智慧社区项目建设，并获得了其他国家认可。1997 年，加拿大推出了美国境外第一个智慧社区项目：智慧资本项

目，其目标是帮助加拿大企业在全球发展信息通信技术；推动社区健康发展、实施可持续的智慧社区发展战略；为社区居民提供共享的智慧社区活动和体验机会。同年的第一届世界智慧社区论坛推测：2000 年时将有 5000 个城镇陆续推进智慧社区建设。

之后，学者从不同视角研究了智慧城市。世界电信港协会常务董事 Bell 从产业集聚角度出发，提出先进的信息通信基础设施是吸引成长性企业落户当地，从而产生“知识性工作岗位”所必须的条件。Caves 和 Walshok 从知识经济角度研究了美国加利福尼亚州智慧城市建设情况，指出美国的城市管理者正试图利用信息通信技术“武装”市民，使他们在知识经济时代更快地获得竞争优势，更容易地获得公共服务，更好地获得高质量的生活品质。Halpern 从社会资本角度研究了信息通信技术对市民的影响，他强调由信息通信技术构成的社会网络对提高社会资本有巨大的潜能，它可以把邻居、相邻的社区、贫穷阶层和富有阶层联系起来，帮助人们更好地利用集体知识。Komninos 从创新角度研究了智慧城市与数字城市的区别，他认为智慧城市使地区（社区、邻域、城市、区、区域）一方面有支持自主学习、技术开发和创新过程的能力；另一方面利用数字空间和信息处理，有支持知识转化的能力。从这个意义上讲，数字城市不一定是智慧城市，但是，智慧城市首先必须是一个数字城市。这一时期出现了一批介绍智慧城市建设成果的文献。

1.1.2 智慧城市的基本概念

智慧城市并非纯技术的领域，它与“绿色园林城市”“健康生态城市”一样，是城市发展方向的一种描述，是信息、网络技术渗透到城市生活每个领域的具体表现。“智慧城市”是在城市管理和运行体制的一次大变革，为认识物质城市打开了新的视野，并提供了全新的城市规划、建设和管理的调控手段，从而为城市可持续发展和调控管理提供了有力的工具。此外，智慧城市还将更好地体现出现代城市“信息集散地”的功能，这意味着城市功能全面实现信息化，促进城市居住环境的改善和健康发展。在这一背景下，涌现出了“智慧城市”相关的多种概念，需要我们从不同的角度去理解智慧城市，同时结合城市的历史与现实情况对智慧城市的内涵进行深入分析。

1.1.2.1 概念背景

科学技术的发展推动着城市的形态的改变，网格与传感器网络等突破性技术推动着信息城市由数字城市向更高级的阶段演化。数字城市中关键的数据获取能力被传感器网络极大扩展。以遥感为代表的大范围数据获取与传统的统计方式获取是目前数据获取的主要途径。虽遥感技术获取的精度与能力不断提升，但这是一种单向获取，与被观测者没有交互。另外，受气候、天气、地理条件等影响，不能实时和全时段处理运行。同时，收集的数据后处理也是较难突破的技术障碍。统计方式的数据获取优势是历史数据比较与静态数据的数据汇总等，而传感器网络的主要优势是动态控制和反馈与数据获取的实时性，所以可形成新的信息基础设施，系统动态加载和实时反馈的控制将被实现。在此情况下，根据人工生命的概念，未来的信息城市将具有自适应与自组织的智慧性。

信息网络的核心在于建立信息服务的基础设备及环境，实现无缝连接。数字城市中的计算和资源被网络这种虚拟操作系统进行虚拟的组织和协同，从而扩展了数字城市的服务与决策支持能力，有效满足自底向上、自组织和并行的人工生命的特征，推动未来智慧性的信息城市的发展。随着传感器网络的发展，传感器网络将成为未来城市的神经末梢，与无线互联网、移动通信网络一样是具有重要地位的基础设施，从而解决智慧城市中实时数据获取和传输等问题，组成实时的控制系统，加上网格对传感器网络分析管理，将物理空间和数字空间相联系，形成具有数据收集、分析、决策、反馈的控制系统。随着世界物联网、新一代移动通信网络、互联网、大数据、云计算等多项信息技术发展与应用，城市更高阶的智能化已是大势所趋。

2008 年，智慧地球被 IBM 提出。观点是全球的基础结构通过互联网平台逐步具备可感应、可度量的智慧，并将智能技术应用到生活的各个方面，如智慧的医疗、智慧的交通、智慧的电力、智慧的食品、智慧的货币、智慧的零售业、智慧的基础设施甚至智慧的城市，这使地球变得越来越智能化。在智慧地球的愿景中，勾勒出世界智慧运转之道的三个重要维度：第一，我们需要也能够更透彻地感应和度量世界的本质和变化；第二，我们的世界正在更加全面地互联互通；第三，在此基础上所有的事物、流程、运行方式都具有更深入的智能化，我们也能够获得更智能的洞察。当这些智慧之道更普遍、更广泛地应用到人、自然系统、社会体系、商业系统和各种组织，甚至是城市和国家中时，智慧地球就将成为现实。这种应用将会带来新的节省和效率——但同样重要的是，提供了新的进步机会。智慧地球在向“更智慧”发展时，需要关注四个关键问题：第一，面对无数个信息孤岛式的爆炸性数据增长，需要获得新锐的智能和洞察，利用众多来源提供丰富的实时信息，以做出更明智的决策；第二，需要开发和设计新的业务和流程需求，实现在灵活和动态流程支持下的聪明的运营和运作，达到全新的生活和工作方式；第三，需要建立一种可以降低成本、具有智能化和安全特性，并能够与当前的业务环境同样灵活动态的基础设施；第四，需要采取行动解决能源、环境和可持续发展的问题，提高效率、提升竞争力。智慧地球通过新一代信息技术提高实时数据处理能力及感应和反馈速度，增强物物之间的联系，改变人类交流方式，推动全球全面和谐发展。智慧地球作为一种美好的愿景，从更人性化角度来审视今天的 IT 行业，促使我们更人文地关怀每一个人，以及人与自然的和谐相处。随着全球一体化、世界城镇化与服务型经济的快速发展，政治、经济、文化等方面被城市控制。“智慧地球”逐步整体定位城市的运营和交通、资源、通信等核心基础设施；通过信息通信技术对城市环境、公用事业、城市服务、公民和产业发展进行智慧感知与数据分析，满足政府在市场监管、经济调节、社会管理和公共服务等进行精确分析从而及时调控的需求，推动城市变得更加“智慧”与繁荣。因此，IBM 抛出智慧城市（Smart City）新概念。智慧地球需由智慧城市开始，作为智慧地球建立的核心与突破点，从而落实到具体城市的途径。2009 年，IBM 发布《智慧的城市在中国》，文中提出，智慧城市是通过通信技术，使区域内的环境、城市服务、公共事业、产业发展中智慧地感知、数据分析，从而更好地使地方政府应对在市场监管、经济调节、社会管理和公共服务等职能中的需求，创造更好的生活环境，促使公众更加关注每一个人的所有活动，让技术更具“生命感”。

1.1.2.2　不同视角下的智慧城市

1．企业——以 IBM 为代表，智慧城市作为智慧地球的重要组成，是最为贴近生活的内容之一

《智慧的城市在中国》中，智慧城市的四个特点为：第一，城市公共设施通过智能传感设备物联成网，实时感测城市运行；第二，建立互联网与“物联网”的无缝连接和融合，通过数据整合形成城市系统的运行总图，从而建成智慧城市的基础设施；第三，鼓励个人与组织在智慧基础设施之上开发新的科技和业务，推动城市可持续发展；第四，利用智慧的基础设施推动城市内的参与者和系统高效和谐协作，形成最佳的城市运行模式。 IBM 提出构建“智慧城市”，是为了推动信息技术向城市方向深入发展。利用新一代信息技术，有机整合、协调系统的管理城市各个功能的运行；通过提供优质服务与无限创新，极大地改善城市居民生活的品质。智慧城市的构建需要从以下三个方面着手：“更透彻的感知”——利用智能设备收集感测数据，有效地感知监测全部城市运行和生活；“更全面的互通”——利用网络和感知工具的连接，收集的数据被整合分析，形成全面的城市运行数字化影像，从而更好地管理城市与居民生活；“更

深入的智能”——大量数据获取后，利用传感器、数据分析工具、先进的移动终端等，政府等机构通过实时分析城市中的所有信息及时做出决策并采取相关措施。现代城市的构成由人、商业、交通、运输、资源、能源等核心系统组成。

智慧城市作为一个便捷、灵活、安全、具有合作力、具有吸引力和生活高质量的区域，它可以及时知晓突发事件且适当、合理地应对；可以“一站式”提供公共服务；可以监控并有效地预防犯罪，同时开展相关调查；可以推动建立更具吸引力的生活和商业环境；可以整合政府资源和其他团体之间的协作；可以让市民享受到高效的公共服务、健康幸福的生活。同时，华为将智慧城市在广义上定位为城市信息化：利用多媒体的信息网络、地理信息系统等公共基础设施，将城市内各项信息资源进行整合，建立具有电子商务、电子政务等信息化区域，实现城市信息化。智慧城市将人的沟通延伸到机器之间的通信；“通信网+互联网+物联网”作为智慧城市中的基础，不断叠加城市的信息应用。

2．国内学者观点

中国工程院院士王家耀认为：智慧城市利用互联网将城市植入全领域的智能化传感器，形成物联网，实现物理城市感知，让城市更聪明；通过云计算对感知数据进行分析处理，实现数据与物联网的融合，从而对民生、环境、商业、政务、公共安全等各类需求做出智能化决策。智慧城市和数字城市的关系是数字城市是分离的物理区域的虚拟对照体；智慧城市利用物联网将物理城市与数字城市相联系。智慧城市在总体上可以采用四层架构：智慧基础设施层、智慧服务公共支撑层、智慧服务层和智慧服务应用层组成。智慧城市的结构框架以苏州为例包括：传感器网络、互联网、物联网、电力网；地理空间数据库、感知动态数据库、专题数据库。智慧服务公共支撑层位于基础设施层之上，公共中间件位于支撑层之上，包括云计算、数据挖掘、数据处理、服务空间、工作流建模和构建服务链。智慧服务层包含了服务平台网络服务、网格服务及智慧服务等；再往上是智慧服务应用层，包含智慧工业、智慧农业、智慧商业、智慧交通、智慧政务、智慧电网、智慧医疗、智慧公共安全、智慧节能减排、智慧城市综合管理等。中国科学院院士和中国工程院院士李德仁提出，智慧城市是城市全面数字化基础之上建立的可视化和可量测的智能化城市管理和运营，即“数字城市+物联网=智慧城市”，包括城市的信息、数据基础设施，以及在此基础上建立网络化的城市信息管理平台与综合决策支撑平台。

数字城市与物联网融合后形成智慧城市，包含智慧的传感网、控制网和安全网。智慧地球由智慧企业、智慧城市、智慧油田、智慧电网等组成。

智慧城市的理念是在城市各物体中安装传感器相联接，利用超级计算机与云计算实现城市系统和数字城市整合。通过智慧城市，可以实现城市的智慧管理及服务。其特点有：第一，利用 RFID、传感器、二维码设备及工具实时获取物体的信息，实现全面感测；再利用网络融合，将物体的海量信息及时传递；通过云计算、模糊识别等多种方式，分析和处理数据信息，从而实现智能化控制。第二，智慧城市将通过连接、应用完成服务。第三，物理城市与智慧城市相互交融。第四，逐步实现自组网能力、自主维护。因此，智慧城市由四层架构组成：一是感知层：传感器节点、PC、射频标签、手机、PDA、探头、家电等物联网设备作为智慧地球的神经末梢。二是基网络层：无所不在和融合的 P2P 网络、无线传感网、云计算、网格计算网等网络通信技术保证信息化和工业化相结合。三是管理层：包括 Internet、无线局域网、3G 等基础设施网络。四是应用层：对视频、音频、数据采集、集群调度的应用。再通过 IP 地址将各类资源整合，使城市运行更加智能。

1.1.2.3 概念总结

所谓"智慧"并不只是一个隐喻的说法，而是实实在在的现象，根据实时获取的信息，进行分析，做出决策。为此，智慧的三大要素是透彻的感测、全面的共享互通、深入的智能化服务。目前对于智慧城市还没有公认定义。简单地说，智慧城市就是让城市更聪明，就是运用信息和通信技术手段感测、分析、整合城市运行核心系统的各项关键信息，从而对包括民生、环保、公共安全、城市服务、工商业活动在内的各种需求做出智能响应。其实质是利用先进的信息技术，实现城市智慧式管理和运行，进而为城市中的人创造更美好的生活，促进城市的和谐、可持续成长。智慧城市，狭义地说是使用各种先进的信息技术手段改变城市，让城市的生活更加方便快捷；广义上是优化整合各种社会资源，让城市建筑更加美观，居民生活更加舒适，更人性化全面发展的城市。所以，智慧城市就是以智慧的理念方式来规划、建设、管理、发展城市，从而提高城市空间的可达性，使城市可持续健康发展。当然，智慧城市与数字城市是不同的。数字城市强调的是网上城市的"数字"空间，它与现实的物理空间相分离，这也是数字城市的弊端；而智慧城市通过物联网将"数字空间"与"物理空间"相融合。所以智慧城市和数字城市是有着密切的联系的，智慧城市是数字城市的进一步发展、延伸和升华。智慧城市的核心是在科学的发展观下，建立人与社会、人与自然和谐发展的新模式。宏观上，智慧城市的建设可分为城市管理创新模式、信息化建设两个方向。城市管理智慧体现在以科学发展观为观点，围绕国民经济与社会发展的总体规划，来解决教育均等化、合理调配教育资源、医疗水平提升、就医方便快捷、产业结构升级、社会就业等问题。智慧城市是理解城市的新视觉，是发展城市的新思维。它将城市的管理和运营看成一个智慧生命体，而不是若干功能的叠加，是一个系统，其中的人、能源、交通、通信、商业、资源不再被分开考虑，而是相互联系、彼此影响的有机体。只是由于目前科技发展的不足，这些领域之间的关系尚未打通。未来，借助新一代物联网、云计算、决策分析等科技，通过感测、互联、智能的方式，将城市中的基础设施、信息系统连接起来，使其成为新的智慧化整体，使城市中各领域、各子系统之间的关系显化，形成实时反应、协调运作、指挥决策的“系统之系统”。

简而言之，智慧城市 = 新一代信息技术 + 以人为本的智慧化城市管理。

1.1.3 智慧城市的特征

中国智慧工程研究会通过对智慧城市研究指出，智慧城市有三大指标体现其主要特征。

1.1.3.1 智慧城市幸福指标体系

智慧城市幸福指标用来衡量人们对自身生存和发展状况的感受和体验。它既体现了对生活的客观条件和所处状态的一种事实判断，又体现了对生活的主观意义和满足程度的一种价值判断，同时人们的幸福感也是衡量一个国家或地区生态环境、政府管理、经济发展、社会进步、居民生活与幸福水平的指标工具，尤其反映了体制改革与社会发展正在对人们的生存条件和生活质量产生最强有力的影响。这一切极其深刻地影响到人们本体幸福感和对社会生活保障需求的增强。通过智慧城市来提高人们对幸福的感受，这是智慧城市的重要特征，其智慧城市幸福感特征主要体现在社会治安、消费和住房、民生服务、社会保障、医疗卫生和健康、教育和文化、就业和收入等方面。

1.1.3.2 智慧城市管理指标体系

智慧城市管理指标用来衡量城市的管理效率和管理成果，其作用在于评价中国城市的管理水平，检查存在的问题，提供城市管理指南。城市管理指标不仅可以衡量城市之间在总体管理效率水平上的差异，也可以衡量城市之间在经济效率、结构效率、社会效率、人员效率、发展效率、环境效率等方面的差异，从而有助于加强城市的全面管理，确保区域资源的可持续利用，在生态环境良性循环的条件下保持经济的持续、健康发展。通过智慧城市来提高城市管理水平，这是智慧城市的重要特征，其智慧城市管理水平主要体现在城市综合管理、公共安全管理、交通运输管理、应急指挥管理、节能减排管理、基础设施管理、社会管理、社区管理、企业经济转型与服务等方面。

1.1.3.3 智慧城市社会责任指标体系

智慧城市社会责任指标用来衡量一个组织对社会应该承担的权益责任、环境责任、诚信责任以及和谐责任。社会组织应该提出以一种正外部性的方式经营和管理。如果一个组织不仅承担法律上和经济上的义务，还承担了“追求对社会有力的长期目标”的义务，就可以被认为是具有社会责任的组织。对于政府而言，社会责任主要体现在提高政治文明、传播城市形象以及对权益责任的维护等方面。

通过智慧城市来提高社会责任，这是智慧城市的重要特征，其智慧城市社会责任主要体现在权益责任、环境责任、诚信责任、社会责任、和谐责任等方面。

1.2 智慧城市的发展现状

1.2.1 智慧城市的发展

智慧城市作为信息技术的深度拓展和集成应用，是新一代信息技术孕育突破的重要方向之一，是全球战略新兴产业发展的重要组成部分。开展智慧城市技术和标准试点，是科技部和国家标准委为促进我国智慧城市建设健康有序发展，推动我国自主创新成果在智慧城市中推广应用共同开展的一项示范性工作，旨在形成我国具有自主知识产权的智慧城市技术与标准体系和解决方案，为我国智慧城市建设提供科技支撑。

随着世界大部分人口纷纷涌入城市地区，水、电及交通等关键城市系统已不堪重负、几近崩溃。对城市居民而言，智慧城市的基本要件就是能轻松找到最快捷的上下班路线、供水供电有保障，且街道更加安全。如今的消费者正日益占据主导地位，他们希望在城市负担人口流入、实现经济增长的同时，自己对生活质量的要求能够得到满足。

从世界范围看，智慧城市的发展主要分为三个阶段：第一，以数字为中心，重点开发先进信息通信技术研发和建设基础设施；第二，以城市管理为中心，提升城市运营的效率；第三，以人文科学为基础，以人为本，提升城市的宜居程度。目前我国智慧城市的基本情况，主流是科技型，管理型受到高度重视，人文型的研究、规划与建设刚刚起步。随着对智慧城市和“以人为本”的认识的不断深入，更多的人认识到智慧城市发展的目的不是技术和管理，其根本是为了让城市生活更加美好。

2014 年 8 月 29 日，经国务院同意，国家发展和改革委、工信部、科技部、公安部、财政部、国土部、住建部、交通部等八部委印发了《关于促进智慧城市健康发展的指导意见》，该意见要求各地区、各有关部门要落实本指导意见提出的各项任务，确保智慧城市建设健康有序推进。意见提出，到 2020 年，建成一批特色鲜明的智慧城市，聚集和辐射带动作用大幅增强，综合竞争优势明显提高，在保障和改善民生服务、创新社会管理、维护网络安全等方面取得显著成效。

2013 年，科技部、国家标准化管理委员会确定一批城市为国家智慧城市技术和标准试点城市工作。首批试点工作在全国共选择了 20 个城市，其中副省级城市 9 个。山东省共有两座城市入选，分别是济南和青岛，其余 18 座城市分别为南京、无锡、扬州、太原、阳泉、大连、哈尔滨、大庆、合肥、武汉、襄阳、深圳、惠州、成都、西安、延安、杨凌示范区和克拉玛依。

目前，我国智慧城市的发展处于由第二阶段向第三阶段的迈进中。在此背景下，建设智慧城市需要做好：一是顶层设计和中长期规划。总体要求是智能、集约、低碳、绿色，发挥市场在资源配置中的决定性作用，强化完善政府宏观引导，统筹物资、信息和智力资源，推动新一代信息技术创新与应用。二是以科技型智慧城市升级为核心，重点盘活既有资源，适当投入，加快建设智能化的基础设施。三是以管理型智慧城市为中心，体制机制创新，建立数据共享机制与平台，从而实现大数据的开发利用，城市服务升级。四是在人文上，与人文城市建设和公共文化服务体系建设相联系，提升智慧城市的建设质量，促进宜居化生活环境建设，加快发展信息与电子商务服务。

1.2.2 国外智慧城市现状

1.2.2.1 国外智慧城市建设现状

美国：2009 年 9 月，美国迪比克市与 IBM 公司共同宣布，将建设美国第一个智慧城市。利用一系列 IBM 新技术将迪比克市完全数字化，通过物联网技术将城市的所有资源连接起来，含水、电、气、油、交通、公共服务等，进而通过监测、分析和整合各种数据智能化地响应市民的需求，并降低城市的能耗和成本。

瑞典：瑞典的智慧城市建设在治理交通拥堵方面取得了卓越的成效。瑞典首都斯德哥尔摩交通拥挤非常严重，于是，瑞典当局在 2006 年年初宣布征收道路堵塞税。在 IBM 公司的助力下，该市在通往市中心的道路上设置了 18 个路边监视器，利用射频识别、激光扫描和自动拍照等技术，实现了对一切车辆的自动识别。借助这些设备，该市在周一至周五 6 时 30 分至 18 时 30 分之间对进出市中心的车辆收取拥堵税，从而使交通拥堵水平降低了 25%，同时温室气体排放量减少了 40%。

爱尔兰：智慧科技在其人与自然方面体现了极大的优势。在爱尔兰戈尔韦湾（Galway Bay）的“智慧湾”项目中，根据智能系统从几百个浮标上的感应器获取实时信息、渔民发出的水面危险漂浮物情况的短信，进行分析预测，有效避免了渔船失事，及时发出涨水警告，帮助渔民将捕捞物直接卖给餐厅，获得了更高收益。

日本：2009 年推出“I-Japan（智慧日本）战略 2015”，目的是将数字信息融入社会生活，目前主要聚焦在电子化政府治理、教育与人才培育、医疗健康信息服务三大公共事业。在上海世博会上，日本馆以“连接”为主题，用最新信息化技术展示以后 20 年智慧城市的美好生活。展会上“未来邮局”利用互联网和物联网技术，实现了人与商品的智慧交流。

韩国：2009 年，韩国仁川市宣布与美国思科合作，以无处不在的网络为基础，全面改善城市管理效率，打造一个绿色、数字化、无缝连接的生态智慧型城市。通过整合的公共资源平台和无所不在的网络，居民生活实现远程医疗、远程教育、远程政务等，实现智慧化控制房间的能耗；无处不在的网络为企业带来了崭新的商业机会和无穷无尽的扩张想象力。

新加坡：2006 年推出“智慧国 2015 计划”，政府门户网站公开了 50 多个政府部门的 5000 多个数据集。新加坡建立起一个“以市民为中心”，市民、企业、政府合作的电子政府体系，让市民和企业能随时随地地参与各项政府机构事务中。在交通领域，新加坡推出了电子道路收费系统（Electric Road Pricing）等多个智能交通系统。在医疗领域，开发了综合医疗信息平台。在教育领域，通过利用资讯通信技术，大大提升了学生对学习的关注度。在文化领域，国家图书馆部署了一套灵活而性能超强的大数据架构，通过云端计算的模式，处理从战略、战术到实际业务的不同分析需求，提供高性价比的解决方案。

1.2.2.2 国外智慧城市建设经验

以提高公共服务质量作为智慧城市建设的目标，智慧城市将有效提高政府管理效率、改善其公共服务质量。国外的智慧城市建设通过整合城市信息资源，以门户网站等方式整合分析，为居民提供一站式便捷服务。智慧城市的规划和实施是一项长期、复杂的系统工程，因此需要注重顶层设计、统一规划和统一管理。在智慧城市发展进程中，各国政府都采取了相应的策略，包括以下三个方面。

1. 建立智慧城市的顶层设计。为保证智慧城市建设中先后开发系统的兼容性和互通性，各国政府均采用了一定的技术和手段。如，美国以市场需求为导向，应用企业架构（EA）思想建立了“联邦企业体系架构（FEA）”；英国根据公共资源的信息管理，发布了电子政务互操作框架（e-GIF）；德国对智慧政务应用软件的技术标准、开发、数据结构等进行规范，发布了《面向智慧政务应用系统的标准和体系架构》（SAGA）。发达城市看重城市基础地理空间信息，包括区域社会、经济、自然、环境、人文等信息资源的开发、利用与共享，这是智慧城市发展的基础。瑞典乌普萨拉市将各类数据库及地图整合为城市电子地理信息系统，通过电子地图可同时显示城市水管和学校的地理位置、不同年龄人口的分布等信息，有利于考虑全局现状制订更加合理的计划。在美国，由联邦地理数据委员会（FGDC）负责实施和协调城市信息的开发、使用、共享和发布。包括数字规划图、数字正射影像、土地利用和覆盖数据、地名信息等测绘产品，以及数据采集、数据交换等数十个标准。

2. 制订统一的智慧城市发展规划。例如，新加坡的《政府 ICT 指导手册》、韩国的《促进信息化基本计划》等都是比较成熟的信息化规划，有力推动了这些国家智慧城市的快速发展。

3. 形成统一的智慧城市管理体制。例如，英国首相任命电子事务大臣管理英国信息化全局工作，联邦政府各部门均设立电子事务部长一职，并成立电子事务部长委员会，为电子事务大臣提供决策支持，协助国家信息化各项工作。

1.2.3 国内智慧城市现状

1.2.3.1 中国智慧城市建设现状

中国数字城市乃至智慧城市的建设是在中共中央办公厅、国务院办公厅《2006—2020 年国家信息化发展战略》文件发出后全面展开的。北京、广州、苏州和杭州在数字城市建设中位于全国前列，其中，北京市应急指挥中心、北京市东城区数字城管、广州平安城市是智慧城市建设的示范，这些城市都是充分利用数字化信息资源和智能化技术，将城市管理向扁平化方向转变，有效提高城市营运效率，逐步建立机构与居民之间的信息共享和良性互动，协调居民与政府、环境的关系。

目前我国在建设智慧城市的经验是：采用世界先进的智慧城市理念和信息

技术，根据已有的成功经验，结合中国国情，研究创新出一条具有中国特色的智慧城市发展道路。例如，重点改善城市交通、教育、医疗、居住、治安等问题，开发建设市民卡、智能交通、城市城管、应急指挥、社会保障等应用系统平台，充分发挥政府在城市综合管理与公共服务方面的作用，促进城市与社会的和谐可持续发展。同时，在智慧城市建设中也出现了一些问题：如何让各信息应用系统平台之间的信息相互集成、共享、协同，以及建立信息互通和数据交换时需要的标准和规范。如南京地铁、公交由于“一卡通”数据格式标准不同，而导致南京政府废止已有的地铁和公交“一卡通”系统，造成1亿元政府预算的浪费。广州市表示：“制定城市信息化系统平台之间的信息交互、数据共享和网络融合的规范与标准是广州数字城市下一步重要的工作内容。”综上所述，建立智慧城市普遍存在缺乏自上而下的整体规划，未能及时制定系统平台之间信息交互、共享、融合的标准和规范，这是智慧城市建设和发展中共性的教训。所以新加坡用了10年的时间，消除在行政和技术层面上“信息孤岛”问题，使城市信息互联互通和数据共享。

1.2.3.2 中国智慧城市建设存在的主要问题

我国智慧城市是以城市信息化建设作为开端，以城市的电子政务为起点。1999年，从开始进行城市信息化试点以来，经过近20年的建设与发展，我国城市级的电子政务体系已初具规模。近年来，我国在北京、苏州、上海、南京、广州、宁波、内蒙古鄂尔多斯市东胜区、克拉玛依市等城市和地区进行了一些数字城市建设的尝试，取得了许多成绩，但是通过实践证明还存在着不少问题。

1. 建设的目的与实施的目标不够明确

（1）对智慧城市的定义还是片面的。如，认为智慧城市是建设通信网络，以为大家能上网了，就建成了；有的以为有了城市的数字地图、建筑物三维化就是智慧城市了；还有的认为搞几个信息工程项目，以为建成几个信息系统就是建成了，这些都是对智慧城市缺乏科学的认识与了解。

（2）对智慧城市建设目的是模糊的，盲目跟进。如，某些城市的信息系统只在领导来视察工作时使用，从来不用于解决工作问题，变成“花瓶工程”；并且一些经济较落后地区也提出要建设智慧城市，智慧城市建设变成了“政绩工程”。

2. 缺乏长远规划和建设方案。根据对国内数字城市乃至智慧城市项目的考察，发现普遍存在缺乏一个智慧城市建设的长远规划和总体设计方案，多个部门重复建设，互不共享，造成严重浪费，不利于智慧城市可持续发展。

3. 由于没有把智慧城市作为一个整体方案，而局限于建设多个孤立的业务应用信息系统，甚至形成“信息烟囱”，这导致作为实行“行业垄断”的资本，信息互联互通程度很低，无法解决全局性、跨部门的综合性问题，让实现数据共享变得难上加难。

4. 智慧城市作为一个多学科、多行业、多系统集成的巨大工程，需要完整的标准体系和政策法规。但是，目前中国智慧城市建设存在标准体系不统一、数据共享规范滞后、法律法规仍然不健全。同时，智慧城市需要改变居民生活工作方式、政府运作机制，这些需要有配套的政策和良好的法制环境作为支撑，但目前这方面的建设相当滞后又难以解决，所以很大程度上制约了智慧城市发展亟需的数据互通与共享。

5. 建设实效和作用不明显。虽然人类已经进入信息时代 ，但利用信息技术系统改变自己的工作、生活方式的新观念并未树立起来。加之现有行政机构是在计划经济下形成和确立起来的，部分职能交叉重叠、透明度低，影响智慧城市建设的实效和作用的发挥。

第 2 章　智慧城市的总体架构

2.1　智慧城市建设思路与研究

2.1.1　智慧城市建设指导方针

建设智慧城市的指导方针就是要以城市的可持续发展为核心，通过智慧城市建设来支撑城市可持续发展战略。要以统筹经济发展、改善民生、社会稳定，针对老百姓最关心、最直接、最现实的利益问题，针对影响社会和谐稳定的最突出的问题为基本点和出发点打造高品质城市。将社会管理和民生服务延伸到社区和基层，让民众切实体验到高品质城市所带来的幸福感，这是智慧城市可持续发展的目标和源泉。本章以长江某港口城市为例，就智慧城市的建设思路进行了分析。

2.1.1.1　智慧城市和可持续发展之间的关系

早在党的十六大就已将“可持续发展能力不断增强，生态环境得到改善”作为全面建设小康社会的其中一个目标。可持续发展是科学发展观的基本要求之一，是一种新的发展观、道德观和文明观。

从内涵来看，智慧城市建设和城市可持续发展具有相同的内涵。

1．两者都突出发展这一主题

2．两者都强调发展的可持续性

城市的经济发展和社会发展必然不能超越环境和资源的承载能力，需要利用现代科学技术来合理利用资源，保护生态环境，建设绿色城市。

3．两者都重视人与自然的协调共生

建设智慧城市必须坚持科学发展观，以经济社会全面协调可持续发展为基本要求，将社会的全面协调发展与可持续发展结合起来，学会尊重自然、师法自然、保护自然，与之和谐相处，坚持走经济发展、社会进步、生活富裕、生态良好的科学发展道路，保证经济和社会发展的永续性。

2.1.1.2　智慧城市可持续发展指标体系

智慧城市可持续发展指标体系的提出基于以下原则和方法：

1．客观科学性

城市可持续发展系统是由多种要素组合而成的，包括自然、经济和社会生活的诸多方面。科学合理地设计评价指标体系，客观真实地反映城市可持续发展的特征，同时还要体现数据来源的可靠性以及数据处理方式的科学性。

2．系统整体性

智慧城市是十分复杂十分庞大的系统，每个因子之间相互独立，同时也相互制约，故所建体系要想充分反映系统的每一个侧面，就必须具有层次性，从宏观到微观层层深入，形成一个完整的评价系统。

3．可操作性

复杂系统中的各个要素所起的作用并不是相同的。在建立评价指标体系的过程中，尽量选择影响智慧城市发展的主要因素，忽略次要因素，以便对城市可持续发展系统进行有效评价。

4．动态性

鉴于可持续发展同时具备目标和过程两个涵义，所以要求评价指标需要具有动态性，能够综合体现城市可持续发展系统的现状特点和未来发展趋势。

2.1.2 智慧城市管理与服务指标体系研究

总结近年来我国在数字城市乃至智慧城市建设中的经验，既要采用国际上先进数字化应用理念和信息网络科学技术，学习国际上数字城市建设的成功经验，也要从中国的国情出发，研究和创新出一条具有中国特色的城市信息化发展的道路。

2.1.2.1 智慧城市管理与服务需求分析

随着我国城市化的建设和发展，科学化的城市管理与服务面临着前所未有的挑战。智慧化城市管理，就是应用现代技术手段建立统一的城市综合管理与服务平台，充分利用信息资源实现科学、严格、精细和长效管理的新型城市现代化管理模式。目前智慧化城市管理已经从前几年的狭义的“数字城管”扩大到一个智慧城市综合管理与服务的“大城管”的概念，它涵盖了城市的市政管理，城市的市容管理，城市的公共安全管理，城市的交通管理，城市的公共及基础设施管理，城市的水、电、煤、气及供暖管理，城市“常态”下的运行管理和“非常态”下的事故应急处置与指挥等。实行智慧城市综合管理与服务，城市的每一个管理要素和设施都将有自己的数字身份编码，并纳入整个智慧城市综合管理与服务平台数据库中。智慧城市综合管理与服务平台通过监控、信息集成、呼叫中心等数字化、智能化技术应用手段在第一时间内将城市管理下的“常态”和“非常态”的各类信息传送到城市综合管理与服务中心，从而实现对城市运行的实时监控和科学化与现代化的管理。

智慧城市管理与服务平台的建设以城市级综合管理监控与服务信息中心为核心，全面实现智慧城市在市政、城管、公共交通、公共安全、环保节能、基础设施、应急指挥等方面信息的互联互通与数据共享的大集成、管理与服务的大应用。以在城市范围内建立数字化与智能化的城市综合管理与服务体系、指标体系、标准体系为先导型研究，以此来指导和支撑具有中国特色的创新型智慧城市的全面建设和快速发展。智慧城市管理与服务平台建设应具有以下需求。

1．智慧城市管理与服务的创新

智慧城市管理与服务建设的目标，代表了现代化城市管理与发展的方向。随着经济、社会的发展，城市管理与服务必然要从过去那种粗放式管理走向精细化管理；从过去那种行政管理转型到依法管理；从过去那种临时性、突击性的“堵漏洞式”管理转到常态的、经常性的长效管理；从过去那种被动的“批文”处理转到主动地去发现问题和解决问题。要达到上述目的，就必须推进智慧化城市管理，真正使政府管理城市及处理问题的能力从低效迟钝转向高效廉洁。这样就避免了各部门间推卸责任、多头管理等问题，强化政府的社会管理和公共服务职能。智慧城市管理与服务平台建设开创了智慧城市长效管理与服务机制的创新，具有广泛示范作用。

2．智慧城市管理与民生服务相结合

智慧城市管理与服务充分体现了“以人为本”的先进观念，将管理寓于服务之中。城市是全体市民的，所以城市管理的出发点和立足点，就是要为广大市民服务，尊重广大市民的意愿，将市民反映的城市管理问题和生活中的诸多不便等“琐事”，通过智慧城市管理与服务平台这个纽带成为政府需要解决的“大事”，激发市民参与城市管理的热情，与政府对城市的管理形成良性互动，形成城市共管的格局。并以此密切党和政府同人民群众的血肉联系，为构建社会管理创新、维护安定团结、打造和谐社会夯实基础。同时，对于党政部门转变执政理念和执政方式，提高执政能力和执政水平，都将会产生巨大的影响和发挥积极的促进作用。

3．提高城市管理服务效率

智慧城市管理与服务涵盖了政府多个行政部门的管理业务，实现各部门信息资源共享，实现城市管理与服务信息的快速传递、分析、决策和处理，提高了工作效率。由于城市管理人员监督范围扩大，可以节约人力、车辆等巡查成本；由于问题定位精确、决策正确、处置准确，能克服多头处理、重复处理等弊端，单项事件处理成本得到大大降低。这不仅可以提高城市管理效率，同时也建立了一套对各部门工作绩效进行科学考核的评价体系。

2.1.2.2 智慧城市管理与服务指标体系研究的意义

智慧城市管理与服务指标体系先导性研究，是量化智慧城市管理与服务目标和绩效考核的标准，是智慧城市综合管理与服务平台设计的主要依据。

智慧城市管理与服务指标体系研究属超大型信息系统先导性研究的范畴，存在着与通常的信息化应用系统完全不同的技术应用和功能实现。智慧城市管理与服务涉及与智慧城市运行、管理和服务相适应的理念、组织、流程、管理、运营等诸多方面，能够大幅优化和提升城市运行的效率，实现城市运行管理的科学化、生态环境的友好化、资源配置的集约化、人民生活幸福和谐，建成可持续发展的智慧城市。

智慧城市管理与服务指标体系包括：城市经济评价指标、城市交通评价指标、城市环境评价指标、城市安全评价指标、城市保障评价指标、城市政府服务电子化评价指标、城市基础设施评价指标。

目前，我国部分数字城市乃至智慧城市建设方面存在一些不成功和不确定的因素。智慧城市多元信息的采集、传输、监控、分析和管理，在综合信息化、网络化、数字化、自动化、智能化等技术方面的集成应用与综合展示，缺乏一体化的城市综合管理与服务平台，这导致城市缺乏统一的监控、展示、通信、协调、指挥、调度等综合管理的能力，使得政府无法有效地管理现代城市，无法实现长效机制下的城市常态运行监控与突发事件下的城市应急管理的信息集成和快速地协同处理的机制与能力。

在部分数字城市或智慧城市建设中，智慧城市总体框架中的任何一个部分都是复杂系统中的一部分，任何一个部门的信息系统都是完整的城市信息系统体系中的一个应用系统，绝不是各自孤立、互不联系的“信息孤岛”。由于缺乏政府部门与城市运行监控管理信息之间互联互通和数据共享交换必要的标准及规范，以至于政府各部门业务应用系统之间无法实现信息集成、网络融合、数据共享和业务协同。

在部分数字城市或智慧城市建设中，缺乏从顶层对城市管理与服务在业务领域、实现功能和运作流程等方面的梳理，无法系统化、规范化、流程化地配置政府各行政业务部门的职能与分工以及工作边界，因而导致政府部门之间业务重叠、业务流程繁琐复杂，办事效率很低。

1．搭建一体化城市综合管理与服务平台

要实现智慧城市管理与服务功能，必须搭建城市级的一体化信息交换、网络融合、数据共享和业务协同平台，即城市级“一级平台”，将智慧城市中各业务级“二级平台”及应用系统有机地联系在一起，集成为一个完整协调、互相关联的综合管理、监控、服务系统，实现系统信息高度共享并且合理分配，克服各系统独立操作、各自为政的“信息孤岛”现象。城市级信息互联互通平台将智慧城市各业务级应用平台及通信接口（如智能交通、环保监测、政务服务等）集成到统一的计算机网络平台和统一的人机界面环境上，进而实现各业务平台和应用系统之间的信息资源共享与管理，实现互操作和快速响应与联动控制，由此达到智慧城市自动化、智能化的管理、监控和服务。一体化智慧城市管理与服务应遵循“分散采集、分散控制，集中管理”的原则，实现信息资源的共享、管理，进一步提高工作效率，提供相对舒适的工作环境，最大程度地减少管理人员，尽可能地节约能源，能够适应环境的变化以及工作的多样化和复杂性，对全局事件做出迅速反应和及时处理，为智慧城市综合管理提供高效、便利、可靠的现代化管理方式。

2．编制城市综合信息互联互通与数据共享交换标准

坚持信息资源的开发与综合利用的指导原则，遵循国家信息化建设的有关指导意见，充分利用政府电子政务外网的环境和条件，整合现有的信息资源，消除“信息孤岛”，实现全社会信息资源的互联互通和数据共享交换。尽可能地满足政府、城市管理、社会民生、企业经济等信息化对信息资源共享的基本需求。

在实现各数字化应用平台和各信息化应用系统之间在信息互联互通与数据共享交换时提供一个指导性的基本规定和要求，这是建立城市综合信息互联互通与数据共享交换标准的目的。

制定的信息互联互通与数据共享交换规范包括：结构化数据和非结构化数据访问协议与数据接口层规范、数据分类编码规范、数据模型规范、数据字典规范、元数据规范、政务信息资源目录服务、视频多媒体数据规范、地理空间数据共享规范，以及共享数据查询规范、数据交换配置规范、数据交换存储规范等。

（1）数据接口层规范：规定智慧城市各级数字化应用平台和各信息化业务应用系统及智能化监控系统间数据接口层的接口数据类型及接口函数，适用于城市信息系统中数据集层和物理层基于物理独立性的数据动态采集和交换，使得数据能够脱离物理层实现数据集中和统一的交换、共享及管理。

（2）数据分类编码规范：规定了智慧城市所辖的地理实体、行业、业务、企事业单位、事件、状态、人员等进行统一分类的原则、方法和分类表，并在分类的基础上给出了上述所管内容统一标识码的编码规则和方法，适用于城市

信息系统数据集的建立，地理实体、部门、业务、事件与人员等的各项管理及不同信息系统间的信息交换。

（3）数据模型规范：规定了智慧城市中的基础数据集、各个基础数据集的实体组成和概念数据模型，适用于城市信息系统数据模型的建立及不同信息系统间的信息交换。

（4）数据字典规范：规定了基础数据集各个实体的属性数据项的定义和描述的原则，适用于城市信息系统数据字典的建立及不同信息系统间的信息交换。

（5）元数据规范：规定了智慧城市中各个基础数据集的元数据内容，适用于信息系统元数据的建立及不同信息系统间的信息交换。

（6）视频多媒体数据规范：规定了智慧城市各视频及可视化系统中视频流媒体数据码及提供发布服务的标准和要求，适用于城市可视化管理系统中视频多媒体数据库的建立及不同视频多媒体系统（包括模拟和数字）间视频多媒体信息的交换和共享。

智慧城市各级数字化应用平台和各信息化业务应用系统及智能化监控系统均应执行一个标准。任何不符合上述规范的有关系统都应通过适当的转换方式，满足本标准所规定的信息互联互通与数据共享交换规范和要求，实现信息互联互通与数据共享。

3．构建城市综合治理与服务指标体系、功能体系、业务流程体系

构建城市综合管理与服务指标体系是建设一体化城市管理与服务平台的基础，必须进行先导性研究。同时城市综合管理与服务指标体系应该基于智慧城市功能体系和城市综合管理与服务业务流程体系的基础上。通过梳理智慧城市综合管理与服务业务流程，使得城市管理与服务融合，进一步实现管理寓于服务之中，进一步优化政府职能，可以让民众充分了解政府机构的组成、职能、政策法规、办事流程、行政决定等，使政府与民众的沟通渠道变得十分便捷和畅通，同时也提高了政府工作部门工作的透明度，促进政府的廉政建设。因此，构建城市综合管理与服务指标体系不仅可以使政府管理创新和社会管理创新紧密相连，同时也是政府管理创新的一个重要内容和应用手段。这也更加说明构建城市综合管理与服务指标体系在促进政府行政的信息化、现代化、民主化、公开化、效率化等方面起着十分重要的作用。

2.1.2.3 智慧城市管理与服务指标体系研究的方法在智慧城市管理与服务建设需求

在智慧城市管理与服务建设的基础上，指标体系研究的思路就是以指标体

系研究为先导，形成指标体系、标准体系、管理与服务流程设计的成果，以此指导和支撑城市管理与服务平台建设的总体设计和详细设计，确定平台及应用系统软硬件配置，实现信息与系统集成，完成平台及应用系统管理与服务的全部功能。

在智慧城市规划中应明确提出提高城市综合管理能力，注重信息共享和业务协同，提高城市信息资源融合利用效率，建成政务数据中心，同时建成综合政务平台，整体提高政府管理效率。

智慧城市规划的要求为智慧城市建设的必要性提供了理论依据，并为研究课题提供了明确的研究方向。针对智慧城市规划的要求，我们理解智慧城市建设面临两大挑战：面向服务的政府职能转型和体制改革；部门壁垒造成信息共享不畅，跨部门的协同合作效率不高。智慧城市的研究课题目标也正是为应对两大挑战而制订的解决方案。

1．指标体系研究

指标体系用于衡量和反映城市综合管理与服务水平的现状和未来发展潜力，并为城市管理和服务监控提供明确的、可衡量的标准，同时为政府决策提供依据。

2．信息互联互通与数据共享交换标准

建立政府管理与服务部门之间的信息共享的长效机制，打破部门壁垒造成的“信息孤岛”，为数据共享平台的建设提供操作基础；制定信息管理准则，对现有各部门系统数据及将来数据共享平台的数据提供元数据管理、数据质量管理、主数据管理、数据生命周期管理、数据安全管理。

3．城市管理和服务流程的梳理和优化设计

结合城市管理和服务指标体系，将原有面向组织与职能的流程改造为面向管理与服务的流程，以支持高效管理并向市民和企业提供服务为目标。

指标体系作为衡量智慧城市管理与服务的重要标准，对城市各项工作有着十分重要的指导作用。通过指标体系中某个指标的变化可以较为准确地反映城市运行中某个方面的实际情况，相关部门领导可以根据指标设定的标准对该方面采取相应的措施。

经过多年的发展和系统建设，城市各部门内部的系统已经相对较为完善，各部门的指标体系可以较为准确地反映与本部门相关的实际情况，但对于涉及跨部门相关的、需要信息共享的指标来讲，目前还没有一套有效的方式进行展现。

2.1.2.4 智慧城市管理与服务指标体系研究的成果

智慧城市管理与服务指标体系研究具有以下两个方面的成果。

1．指标体系支撑智慧城市科学发展决策

指标体系研究有助于支撑智慧城市科学发展决策，促进政府对城市进行科学有效的管理和服务，通过指标体系既可以全面、客观地反映城市综合运行状况，又可以从不同角度反映城市运行的各个方面。

（1）指标体系与民生发展紧密结合：对智慧城市所应具备的民生发展相关因素的综合归纳，保证智慧城市的建设能够充分满足市民的需求，提高其生活幸福度与和谐程度。

（2）指标体系与政府施政密切相关：对智慧城市所要求的政府施政相关要素的科学分析，使得智慧城市建设能够切实保证政府部门施政效率的提升，施政过程的阳光透明，施政流程的合理优化，从而有效提升政府部门的施政效率。

（3）指标体系与产业提升密不可分：对智慧城市所应体现的产业提升相关方面的分析，能够有效推动智慧产业发展，实现产业结构转型，最终保证经济可持续发展。

（4）指标体系与信息基础设施相辅相成：通过对智慧城市建设所需要的相关信息基础设施要素的全面考量，为智慧城市建设提供完善的有线、无线网络服务以及相关信息系统的正常运行和安全保障。

（5）在指标体系设计过程中，不同于一般智慧城市指标体系只单纯从指标当前值和目标值进行评价，我们还将引入范围值概念，并进行分级。根据不同级别应对相应措施，以提高城市运行管理的实效性和支撑性。

综上所述，通过指标体系的研究和完成编制工作，将为智慧城市管理与服务平台建设设定一个详尽完备的整体目标，使得相关业务子平台及应用系统的建设都有一个明确的功能实现的要求，同时将城市运行管理的各个要素进行量化分析，从而给予智慧城市的具体建设更加正确的引导以及良好的数据支持，以此为城市发展的决策提供科学有力的支撑，最终保证智慧城市建设的成功。

2．为产业转型提供导向指标和精准数据

“十三五”期间，推动传统产业改造升级，支撑战略性新兴产业发展，加快推动服务业优质高效发展。智慧产业作为智慧城市建设过程中的重要部分，对于完善智慧城市建设，优化城市产业结构，提升城市整体实力都具有举足轻重的作用。根据这一指导思想，应按照一、二、三产业的具体分类方式，对相关细分行业的具体发展规模和提升幅度设定相应指标体系，进而较为合理地反映城市产业本身的状况，并对政府决策起到必要的支撑作用。

2.1.3 智慧城市建设前期工作的重要性

2.1.3.1 智慧城市建设前期工作的内容与流程

智慧城市建设前期工作包括：需求分析、可行性研究、总体规划、信息化体系结构分析、信息资源共享调查与分析等。智慧城市建设前期工作是智慧城市建设整个生命周期的重要阶段。在智慧城市建设愿景和总体建设目标的前提下，首先要进行智慧城市建设需求分析，通过需求分析了解和明确智慧城市到底需要建“什么”；接下来进行智慧城市建设可行性研究，通过调查，明确智慧城市需要建设的内容和系统在技术、操作、经济等方面是否“行得通”，是否“做得到”；在可行性研究报告的基础上，根据智慧城市建设就是一个超大规模信息系统工程建设的特点，进行智慧城市信息化系统分析；在经过智慧城市需求分析、可行性研究、信息化系统分析的调查、分析、研究的基础上，就有了充分的“发有权”，这对于编制智慧城市总体规划是大有益处的，使得“总规”明确智慧城市建设实施战略和计划，以及指导下一阶段的智慧城市各业务平台及应用系统设计的完整性、准确性和可操作性的原则和要求。

智慧城市建设系统工程与通常的建设工程项目在需求、设计、实施和运作诸多方面具有显著的区别。智慧城市建设系统工程属超大型信息系统工程范畴，存在着与通常的建设工程项目完全不同的技术应用和功能实现，以及与整个现代城市运营、管理和服务相适应的理念、组织、流程、管理、运营等。目前我国在智慧城市建设方面存在一些不成功和不确定的因素，例如，在智慧城市多元信息的传输、监控和管理以及一体化信息互联互通与数据共享等综合信息化、网络化、数字化、自动化、智能化等技术应用方面。在智慧城市建设专业人才方面，在智慧城市总体框架结构顶层设计方面，城市级应用平台和业务级应用平台的划分与分类体系的标准和规范方面；特别是在城市级信息互联互通与数据共享等一系列重要的信息化基础设施建设方面还没有成套的标准和成熟可借鉴的经验及案例。另外，有些智慧城市建设单位对实施智慧城市系统工程的风险没有足够的认识，对智慧城市系统工程的特殊性和系统工程运作的特点不甚了解，对智慧城市系统工程建设全生命周期中的各个实施阶段工作的内容和操作缺乏经验。因此，通过智慧城市建设总体规划的工作，可以全面了解智慧城市建设对信息化和智能化的实际需求，采用科学的观点，从信息、系统、方法的角度来充分认识智慧城市建设的难点和不确定因素，并通过智慧城市建设总体规划大量、细致、全面、缜密的工作，将智慧城市由于上述不确定因素所造成的负面影响降到最低。

智慧城市建设系统工程实质上是以城市应用现代科技，实现城市综合管理和公共服务的现代化和信息化，因此智慧城市建设不仅仅是一个科技应用的问题，更重要的是体现了现代城市管理与运营的理念和策略，特别是城市管理和公共服务指导思想和模式的创新。系统技术应用和城市管理理念的结合与创新，完全依赖于智慧城市建设前期的调查研究和统计分析等一系列基础工作的开展，包括现代城市需求分析、现代城市管理与服务总体框架结构分析、现代城市运营流程再造、智慧城市建设可行性研究、现代城市战略性总体规划设计等。尽管这些前期基础工作涉及面广，调查、分析、论证工作量大，技术性强，统计数据繁杂，工作开展起来千头万绪，相当复杂困难，然而只有通过智慧城市建设总体规划的工作和任务的完成，才能够为智慧城市建设目标、建设体系与内容、实施要求、实现功能、技术应用等提供战略性、纲领性、指导性文件和文档，这些也为接下来的智慧城市总体系统设计和系统工程实施提供了规范的依据。由此可见智慧城市建设总体规划工作对智慧城市建设系统工程实施的成败影响巨大，智慧城市建设者们必须高度重视智慧城市建设前期基础工作的重要性、复杂性和关健性。

2.1.3.2 智慧城市建设需求分析

智慧城市建设需求分析不仅仅限于通常对信息系统需求的分析，还要针对城市综合管理和公共服务的功能方面，重点分析政府在城市管理和服务方面的运作流程，通过对政府目前在城市管理和服务的内容、流程、功能方面的现状进行调查、研究、分解和论证，明确当前问题的所在，充分认识和研究解决这些问题的需求所在，为政府解决这些问题制定的目标和方案提供科学依据。

智慧城市建设需求分析是应用信息论、系统论、控制论的观点，对选定的对象和建设范围进行有目的、有步骤的实际调查和科学分析。需求分析的目的是要弄清楚原城市运作体系正在“做什么”，通过对现有城市管理和服务体系在运作流程方面的调研、分析和描述，回答未来智慧城市应该要“做什么”的问题。

在智慧城市建设需求分析成果的基础上，根据科学的判断和决策确定智慧城“要做什么”以后，就可以开展智慧城市建设可行性研究、智慧城市信息化体系结构分析、智慧城市信息资源共享调查与分析、智慧城市建设总体规划设计等一系列智慧城市建设前期工作。

1．智慧城市建设需求分析的任务

智慧城市需求分析的任务是：由智慧城市建设部门或聘请专业咨询顾问公

司共同对城市管理和服务现状开展充分的调研工作。调研的重点是：

（1）调研目前政府各业务部门的运作流程及信息处理的流程、内容和采用的方法，分析现有运作流程对于政府部门之间、政府部门与公众服务之间存在的问题，分析现行运作流程的局限性和不足之处，找出制约现行运作的“瓶颈”。

（2）调研目前政府各业务部门在城市综合管理和公共服务方面对信息的需求，政府部门之间、政府与公众之间、政府与企业之间需要信息互联互通与数据共享的内容和需求。

（3）调研目前政府在城市综合管理和公共服务方面最薄弱的环节，群众最迫切需要解决的问题，政府相关部门打算解决这些问题的手段和方式。

（4）调研目前政府和行业信息化程度以及信息系统配置情况，明确本部门与其他业务部门信息共享和业务协同的范围，本部门在信息化建设方面的计划和目标。

在上述调研的基础上形成“智慧城市需求逻辑模型”。以科学发展观，应用信息论、系统论、控制论的观点，确定智慧城市应具有的逻辑功能，以一系列分析数据和图表以及文字描述表示出来，形成智慧城市运营体系逻辑模型，并对智慧城市运营体系逻辑模型进行深入的解释和说明，形成《智慧城市建设需求分析报告》，它是智慧城市建设总体规划最重要的成果。

2．智慧城市建设需求分析的基本步骤

智慧城市建设需求分析可以采用信息系统通常的分析步骤进行。

（1）概要分析

制定智慧城市建设需求分析调研大纲，根据调研大纲调研政府运作流程，在城市管理和服务组织结构现状、信息和应用现状方面进行初步调查和统计整理，获得第一手资料并整理成相应的基础教据文档。

（2）详细分析

将通过调查获得的基础数据文档等资料进行分析、汇总和处理，弄清目前政府组织结构及运作流程与城市管理和公共服务等功能之间的相互关系，特别应重点分析拟建智慧城市与政府、城市、社会、企业在信息化需求方面的关系。建立数据字典和数据之间的逻辑关系、实体与关系模型（E-R 图）、功能与数据间的关系（U/C 矩阵）、基础应用平台和业务应用系统划分、信息互联互通与数据共享软硬件现有资源及环境支撑需求、城市基础网络设施需求等，并在此基础上进一步进行详细调查和确认。

（3）需求分析成果

通过对前两步得到的分析结果进行总结，建立智慧城市新运营体系逻辑模型，并对智慧城市新运营体系逻辑模型进行深入的解释和说明，形成《智慧城市建设需求分析报告》。

在运用上述步骤和方法进行系统分析时，调查研究将贯穿于智慧城市需求分析、可行性研究、信息化体系结构分析、信息资源共享分析、总体规划设计等整个智慧城市建设前期工作的全过程。调查和分析总是交替进行，需求分析的深入程度将成为影响智慧城市建设前期工作成效的关键。

3．智慧城市建设需求分析提交的成果

智慧城市通过需求调研、概要分析、详细分析并进行总结，形成《智慧城市建设需求分析报告》，该报告包括以下内容。

（1）智慧城市内外部环境分析报告。

（2）智慧城市现状特点和可持续发展趋势分析报告。

（3）智慧城市建设功能需求分析报告。

（4）智慧城市发展愿景和总体建设目标报告。

（5）智慧城市建设总体思路与策略报告。

2.1.3.3 智慧城市建设可行性研究

1．智慧城市建设可行性研究概述

在智慧城市建设需求分析的基础上，接下来需要进行智慧城市建设可行性研究，而不能马上着手进行智慧城市总体规划设计工作，因为实践证明，这样做可能会造成在花费了大量人力和物力之后，才发现目前并不具有建设智慧城市的能力以及没有实际建设的动力和需求，造成智慧城市建设的虎头蛇尾。

智慧城市建设可行性研究是智慧城市建设需求分析的进一步深化，同时也是智慧城市建设总体规划设计的前期基础工作。可行性研究通常需要经过初步调查、详细调查、分析研究、形成可行性报告四个阶段。初步调查和详细调查为可行性分析提供定性的和定量的根据。在调查的深度与广度上要恰当把握，过浅与过窄可能导致产生错误的结论，而过深与过细也会造成偏离可行性研究的目的和将调查研究的内容扩大化，从而造成在时间和人力成本上的浪费。通常在通过《智慧城市建设可行性研究报告》和立项后，还需要进行智慧城市总体体系结构和智慧城市信息资源共享的专题研究和分析的工作。

可行性研究是智慧城市建设总体规划工作的重要阶段和工作内容，它是在需求分析的基础上，通过分析当前城市管理和公共服务物理系统导出抽象的逻辑模型，再从技术可行性、操作可行性、经济可行性三个方面对逻辑模型所导出的所有物理系统进行选择。可行性研究为进一步制订智慧城市建设总体规划提供了依据和指导原则。可行性研究是衔接需求分析阶段和规划设计阶段的重要中间阶段。可行性研究调查的目的就是，要用最小的代价在尽可能短的时间内确定所调查的问题，经过缜密的分析和研究，确定是否具有解决这些问题的能力和措施，即是否具有可行性。可行性研究调查的目的不是解决问题的本身，而是确定问题是否值得去解决并且提供如何解决的方针和原则。

初步调查是衔接需求分析和详细调查的一个中间阶段，是在项目意向确定和需求分析之后，对项目的初步调查和评估。详细调查是对拟开发项目的技术、经济、环境及社会影响等方面进行更进一步的深入调查研究。对于智慧城市这个特大型的系统体系更是如此。初步调查可以将详细调查的内容简化，通过调查研究做出粗略的论证和评估，其目的为：确定所分析项目是否具有建设必要和发展前景，从而决定是否应该继续深入进行详细调查和研究；项目中是否存在某些关健性的技术或项目亟待解决；必须要做哪些方面的进一步的研究或工作流程再造方面的辅助研究。

2．智慧城市建设可行性研究的初步调查

（1）目标

面向整个组织，围绕系统的总体目标、总体功能和发展方向，对项目目标、规模、内容等进行初步的分析。

（2）内容

有关组织的整体信息、有关人员的信息以及有关工作的信息，都需要进行调查。同时还要分析：现在有什么？需要什么？在现有资源下能提供什么？此项目有无必要和可能做进一步的调查与开发？其主要内容包括以下几点。

①系统的外部环境：包括与现行系统有工作联系的外部实体、有来往关系的物质或信息、有明显影响的一些环境条件（包括自然环境和社会经济环境）。

②现行系统的概况：主要包括功能、人数、技术条件、技术水平、管理体制、工作效率、可靠性等。

③现行系统的重要性：现行系统和行政领导和各管理部门以及各基层的联系方式，信息收集和传送所采用的渠道，它能掌握的信息，不能掌握的信息，哪些部门向信息系统提出信息要求。

④对现行系统的情况及新系统研制的态度：主要包括各级领导、各管理部门、各基层单位以及有工作联系的外单位，他们对现行系统是否满意，满意或者不满意的理由，以及改进建议。

⑤系统研制工作的资源情况：用户对于研制新的信息系统的投入计划或预算，包括打算投入的人力、物力以及时间。

（3）结论

①拟开发项目的必要性和充分性。

②不需要重新进行项目开发，只需要对原有系统进行适当的调整与修改。

③原系统没有充分发挥作用，需要充分发挥原有系统的作用。

④目前没有开发此项目的必要。

⑤目前不具备开发此项目的条件。

（4）初步调查的要点

①要注意宏观上的内容，如组织概况等。

②要注意对组织周围环境情况的调查，如现行的情况、上级的态度、政策法规、发展的前景等。

③要注意多定量、少定性，收集具体数据。

3．智慧城市建设可行性研究的详细调查

详细调查不同于初步调查，详细调查是要对现行城市管理与服务系统中信息处理的具体情况进行详细调查并且了解清楚，是要将现行系统的基本逻辑功能以及信息流程都弄清楚，其重点在于调查分析组织机构、业务流程、数据流程、数据存储及组成等系统内部功能结构。详细调查的细致程度远比初步调查要高得多，工作量也相对较大，参加调查工作的人也较多，而且需要有一些熟悉现行系统业务和管理工作的人员。由于新系统的开发要“基于原系统，高于原系统”，因此系统分析的关键是对现行系统进行详细的调查。

（1）详细调查的目的与原则

详细调查的目的是根据系统初步调查，进一步规定新系统的目标、范围、规模和要求。在对现行系统进行调查的前提下，明确新系统要做什么（What）、怎么做（How）、何时做（When）以及存在什么问题（Problem）。系统的详细调查是一项深入、细致、详尽的调查，它涉及城市管理与服务的内部组织和职能，各部门（或各子系统）、工作流程、信息流、信息处理工作、信息的关联等。在系统详细调查中，应当遵循真实性、全面性、规范性、启发性的原则。

（2）详细调查的准备

由于系统详细调查工作的重要性和特点，在调查开始前做好调查准备是非常重要的。调查的准备工作主要包括以下几个方面。

①熟悉业务。首先要学习与业务工作相关的知识，例如管理理论、方法、业务、发展动向、趋势等，学习相关业务工作重点、难点；了解国内外其他企业在该类系统应用方面的水平、深度和广度，对新系统设计的实用性、先进性有一个总体的把握，便于调查工作的开展。

②拟定调查提纲。拟定调查提纲可以使业务人员事先做好准备工作，使系统分析人员能心中有数。其内容可以根据实际情况来修订。

③确定部门负责人员和业务配合人员。为了有序、有效地进行调查工作，需要在所被调查的部门高层领导中确定负责人，让其具体负责详细调查工作的领导和管理工作，同时还要确定各部门配合调查的负责人，让其对涉及本部门的调查工作进行配合，具体工作由业务配合人员协助调查小组完成。所选的业务配合人员应该非常熟悉业务，具有良好的协作精神，责任心强。

④确定调查路线。详细调查一般采取“自上而下”的调研策略，即从被调查部门领导、部门负责人到业务人员。采取这样的调查路线符合系统的观点，这种调查路线有整体性，还能够发现潜在的需求，提出部门对本系统的要求，使新系统的逻辑模型具有一定的前瞻性，具有诸多益处。

⑤动员和人员培训。详细调查工作往往涉及面广、时间长，而且在调查的过程中会给相关人员增添工作量，需要多方面人员的配合，因此应该对相关部门的人员进行动员和培训。动员工作使被调查部门人员了解基本情况，了解这项工作的重要性、必要性和紧迫性，使大家能积极支持这项工作的开展。培训工作使相关的业务人员了解工作内容，并根据已经拟定的调查提纲，对业务人员进行培训，使他们能够积极主动地参与、配合、协助调查工作及其他工作。

（3）详细调查的主要内容涉及输入信息、过程处理、输出信息以及信息编码等

①输入信息。输入信息的调查对系统分析和设计有很大影响。对每个要输入的信息组需调查的具体事项有：输入信息组的名称，输入目的和使用场合，采集手段（人工或自动），输入周期、时间，最大输入量、平均输入量，复制份数，送到何处，保存期限，产生输入信息组的部门及人员，数据项、位数、类型、上下界的值等。

②处理过程。对每一处理和加工过程需调查的具体事项有：处理加工的内容，处理过程名称，过程处理的部门，过程处理采用的方法、算法，过程处理的时间，产生的输出信息，处理时采用的核对检查措施，过程处理的必要性，对异常情况有无处理措施，如对异常情况有处理，则应进一步了解其处理方法、处理负责人、发生的频率、处理所需时间等。

③输出信息。系统是为了获取输出信息而建立的，因此对现行系统的输出信息要做详细的、不遗漏的调查，在此基础上改进和建立新系统。对每个输出信息组需调查的具体事项有：输出信息组的名称，使用部门或使用者，使用目的及必要性，产生输出信息的部门，产生输出信息的方法，制作时间和周期，

发行份数，处理的信息量，送交方法，数据项名、位数、数据类型，核对方法，有关的输入信息等。

④信息编码。编码的具体方法、形式、使用范围与使用编码的方法、方式有密切关系。现行编码对新系统的设计具有很大影响，需调查的具体事项有：编码的名称，编码的方法、规则、要领，编码序号的总数，编码的位数、段数，起始码、最大码，缺码率，追加或作废频率，管理部门等。

（4）详细调研方式

①重点访谈方式：重点访谈方式一般适用于对高层管理人员的调查。调查工作开始前一般需要准备一组问题，既能引导调查工作的进行，又能保证调查范围的完备性。这些问题如表 2-1 所示。

表 2-1

序号	问题
1	你所在的工作岗位是什么？
2	你的工作任务是什么？
3	你怎样进行每天的工作时间安排？
4	你的工作流程是什么？
5	你所接触的报表、数据有哪些？这些数据在细度、全面性、获取速度上存在哪些问题？
6	从全局考虑，你认为哪些管理业务或工作流程需要改进？
7	你认为新的信息系统应该重点解决哪些问题？

重点访谈的方式除了用于了解高层管理人员的信息和功能需求外，有时还用于对其他调查方法的补充和对调查结果的确认。

②现场观察方式：有时无法通过简单的填表或访谈准确地掌握某些业务操作的一些细节，这个时候一般需要采取现场观察的方式来了解这些业务细节，即系统分析人员到相应的岗位与具体业务人员一起工作一段时间，亲身感受业务活动的流程和具体操作过程及可能的异常情况和处理方法。现场观察的调查方法是完善信息系统调查工作的一种方式，这种方法一般用于了解业务处理中的不规范处理情况和处理细节。

③座谈会方式：座谈会方式是由主持人组织一定的人员在一定的地点对特定问题进行讨论以获取调查结果的方法。这种方法具有调查的范围广、针对性强、获取信息真实等优点，但是存在着对主持人组织能力和参会人员的代表性

要求高等缺点。这种方法适用于需要公众参与和可以由职能部门组织召开的问题调查，如了解部门业务范围、工作内容、业务特点、工作流程、存在的问题，以及对新系统的想法、建议和要求等。

④问卷调查方式：问卷调查方式是将要调查的问题以表格的形式在规定的时间内发送到一定的人员范围内填写并及时回收，经过统计、归纳后得到调查结果的方法。这种方法具有调查的范围广、及时、准确、科学等优点，但是存在着对问卷设计要求高、动用人力物力较多等缺点。这种方法适用于需要公众参与和可以简单回答的问题调查。

4．智慧城市建设可行性研究的可行性分析

为了避免在花费了大量的人力和物力之后才发现系统不能实现或新系统投入使用后没有任何实际意义而引起不必要的投入，需要进行可行性分析，在系统详细调查的基础上，对新系统能否实现和是否有必要实现等问题做出判断，用最小的代价在尽量短的时间内确定系统是否可行。在系统详细调查的基础上，分析现行系统及新系统与现行系统之间的差别，为下一步规划新系统提供可行的依据和规划原则。

（1）可行性分析的内容

①技术上的可行性：根据新系统的目标评估是否具备所需要的软硬件技术等，以及从事相应工作的技术人员数量和水平等。硬件方面主要考虑计算机的内存、功能、联网能力、安全保护设施，以及输入、输出设备，外存储器和联网数据通信设备的配置、功能、效率等。软件方面主要考虑操作系统、业务系统、数据库系统、信息集成系统、应用软件包的配置及功能等。当然，这里研究的技术必须是已经普遍应用，有现成产品或可二次开发的，而不是待研究或正在研究的。

②操作上的可行性：操作上的可行性应从管理的角度来考虑，具体可从以下方面分析。

A．科学管理的基础工作是建立管理信息系统的前提。只有在合理的管理体制、完善的规章制度、稳定的运营秩序、一套科学的管理方法和程序，以及完整、准确的原始数据基础上，才能有效地建立管理信息系统。如果一个待开发的新系统连原始数据都不齐备，无章可循或有章不循、管理混乱，则暂不具备开发新系统的可能性。

B．领导的现代化管理水平，尤其是他们的信息意识如何，是新系统成败的关键。一个具有现代化管理意识的领导会从长远的发展角度看问题，从提高组织的素质、增强组织竞争力的意义上看待建立新系统的必要性，这样才能开发一个成功的系统。

C. 智慧城市是一项长期性的系统工程，要顺利实施智慧城市的进程，组织协调工作至关重要。首先，政府要将智慧城市建设作为“一把手工程”，成立智慧城市建设领导工作小组，由政府“一把手”任组长，党委、政府的其他相关领导任副组长，政府的直接相关部门、企业负责人为成员。由政府一级部门——信息化委员会承担智慧城市建设的日常工作。其次，建立智慧城市建设领导机构组织体系和管理制度，明确任务、加强协调配合、通力合作，形成统一指挥调度的命令。实现部门联动，政府各部门、单位和企业要在智慧城市建设领导机构的统一指挥下开展智慧城市建设的各项工作，如需求分析、可行性研究、信息化体系、总体规划、总体设计、施工图设计、系统工程招投标、项目实施、组织验收、技术培训、运行管理、维护保养、提升扩展等。确保智慧城市建设的顺利进行及政府信息化、城市信息化、社会信息化、企业信息化建设同步推进。

D. 智慧城市建设管理和技术人员的培训，是智慧城市建设的重要基础工作。人员培训的目标是掌握智慧城市所涉及的各种技术和设备，更有效和更全面地应用管理系统。对于一般工作人员，要能灵活操作使用系统；对于系统管理人员和技术人员，要能够达到独立操作、分析、判断、解决系统一般性问题。

E. 智慧城市是一项复杂的系统工程，其建设周期跨度较大，任务繁重，涉及面广。因此，智慧城市建设必须分步骤、分阶段地进行，建设目标相应地分为近期目标、中期目标和远期目标。根据本地区的现状，通常智慧城市建设需要 5 年左右的时间。

F. 在智慧城市建设可行性研究和部署过程中，应考虑合理部署及配置，尽量做到统筹集约、均衡负载，充分合理利用硬件设备资源，充分考虑节能环保以及消防、职业安全与卫生等问题的可行性研究。

③经济上的可行性：经济上的可行性主要是对开发项目的成本与效益做出评估，即新系统所带来的经济效益是否超过开发和维护所需要的费用，在经济上是否合适。智慧城市建设项目的投资估算应依据国家建设项目投资估算的有关规定编制，投资测算遵循“符合规范、结合实际、经济合理、不重不漏、计算正确”的指导原则。

（2）可行性分析的步骤

①确定系统的规模和目标。分析系统的出发点是否正确，目标是否正确。

②明确基于城市管理与服务的主要信息需求是什么。明确现行系统是否能够满足目前的需求，如果不能，问题出在什么地方。这就需要对现行系统进行有针对性的调查。这一调查活动容易出现的问题是在现行系统调查上费时太多。

系统分析人员要明确这一调查活动不是要详细描述系统做什么，而是要理解现行系统在做什么。通常只需调查现状，以便系统分析员明确问题的所在。

③提出拟建新系统的初步设想。在调查的基础上要勾画出顶层数据流图和相应的数据字典，要弄清楚新系统与其他系统的接口，这在设计新系统时是很重要的约束条件。

④审查新系统。与用户交换意见，对要解决问题的规模、目标与关键技术应用进行审查，以数据流图和数据字典为基础，对初步设想的新系统进行评估，如发现问题和不一致之处，找出解决问题的办法，重新审定。反复几次以使系统逻辑模型满足新系统的需求。

⑤提出并评估可能的替代方案，并进行可行性研究。

⑥给出项目做还是不做的选择，同时确定方案。

⑦制订项目开发计划，包括人、财、物的安排。

⑧撰写可行性分析报告。

⑨向用户和专家审查小组或可行性研究指导委员会（顾问单位）提交结果。

⑩编制可行性分析报告。经过详细调查与可行性分析后的结果需要编写形成可行性分析报告，其内容包括项目概述、系统目标、项目投资、可行性分析、分析结论等。

（3）可行性分析的结论

①可立即开始进行下一步总体规划设计的工作。

②需要增加投资、人力、时间等才能开始进行。

③需要推迟到某些条件具备后才开始进行。

④需要进行某些修改才能进行。

⑤不能或没有必要进行（如经济或技术条件不具备等）。

5. 智慧城市建设可行性研究提交的成果

智慧城市通过建设可行性初步调查、详细调查以及建设效益与风险评估研究，最终形成《智慧城市建设可行性研究报告》并提交，该报告包括以下内容：

（1）智慧城市建设可行性初步调查报告。

（2）智慧城市建设可行性详细调查报告。

（3）智慧城市建设效益与风险评估报告。

（4）智慧城市建设可行性分析报告。

2.1.3.4 智慧城市建设总体规划

总体规划通常是指关于一个项目或组织的发展方向、环境条件、中长期目标、重大政策与实施策略等方面的策划、筹划和计划的综合。任何规划都在动态中形成和发展，具有在不同规划实施期间由于环境和政策的变化而进行及时调整的可能。智慧城市建设总体规划已经摆脱了传统的迟缓与分散的规划方式，采用顶层自上而下，总体和阶段性相结合的高效率、多专业、多元化、大集成的规划模式。

1．智慧城市建设总体规划概述

智慧城市建设属超大型信息系统工程，根据国外调查和统计结果表明，信息系统工程项目的失败差不多有70%是由于规划不当造成的。在总体规划中，假如一个操作错误会造成几万元的损失，一个设计错误就可能会造成几十万元的损失，一个局部规划的错误可能会造成几百万的损失，而总体规划的错误所导致的不仅仅是几千万甚至上亿金钱的损失，甚至可能会造成整个信息系统工程项目的失败。特别是对于大型信息系统工程的损失不仅仅是巨大的，而且还是隐性的、长远的，往往要到系统工程项目全面实施，甚至完工后才能在实践和使用中慢慢显现出来。目前国内外专家和学术界高度重视大型或超大型甚至巨型信息系统工程的总体规划和分步实施规划的编制工作。智慧城市建设总体规划是智慧城市信息化系统工程建设之本，科学和顶层的规划对智慧城市建设至关重要。

智慧城市建设总体规划将建设目的、实施目标、组织结构、技术应用、实现功能、项目实施计划等所需的信息要素集成为“总体规划方案”，是智慧城市纲领性的建设宗旨、目标和实施战略，是智慧城市信息系统工程长远发展的规划。

智慧城市建设总体规划要提出和解决以下主要的问题。

（1）如何保证智慧城市建设总体规划同它在城市管理和公共服务的内容与任务在总体战略上的一致性？

（2）怎样为完成智慧城市在城市管理和公共服务等方面的内容和任务，提出、组织、设计出一个智慧城市建设总体框架结构，并在此基础上设置和开发相应的业务应用系统平台？

（3）对于在业务范围和实现功能上具有重叠与竞争的业务应用系统，应如何拟定优先实施计划和运营资源的分配与安排？

（4）面对智慧城市系统工程分期和分阶段实施的工作内容和任务，应如何遵循信息论、系统论和控制论的观点和原则制定具体项目实施的策略、措施、方法和计划等。

智慧城市建设总体规划是智慧城市系统工程实施生命周期中的第一个阶

段，是智慧城市超大型信息系统开发的第一步，其规划编制质量直接影响系统开发的成败。智慧城市信息系统工程是一项耗资巨大、技术复杂、系统开发和建设周期长的系统工程，因此需要一个从顶层的规划，以城市级的信息互联互通与数据共享作为整个智慧城市系统平台分析的切入点和根本对象，从战略上把握智慧城市信息系统工程建设目标和功能框架。

2．智慧城市建设总体规划原则

智慧城市建设总体规划的编制应遵循以下原则：

（1）支持智慧城市建设的总目标。

（2）智慧城市建设总体规划必须从顶层自上而下进行，并着眼于高层和综合管理的规划，同时满足各级管理和业务应用的需求。

（3）摆脱信息系统对组织机构的依从性，提高应变能力。

（4）采用自上而下的规划方法，以保证系统平台结构的完整性、集成性以及与信息的一致性。

（5）为便于智慧城市系统工程实施，总体规划应给后续的工作提供指导，要具有连贯性和整体性。设计方案选择应追求时效，宜选择最经济、简单、易于实施的方案；技术应用手段强调实用，不片面追求品牌和脱离主流技术的“超前性”。

3．智慧城市建设总体规划步骤

制订智慧城市建设总体规划的步骤有以下内容。

（1）确定总体规划编制大纲，包括编制的目标、原则、范围、内容和方法。

（2）收集来自本地区城市内部和外部环境与本规划编制相关的各种信息，将收集的各种信息进行归纳和整理，并根据智慧城市建设总体规划编制大纲中提出的目标、原则、范围、内容和方法等进行智慧城市建设需求分析。

（3）在智慧城市建设需求分析的基础上，结合智慧城市建设战略性、可行性的研究，对总体规划编制大纲中提出的建设目标、建设原则、范围、内容和方法、功能结构、分期阶段性实施计划与安排、财务情况以及建设风险程度和软环境等多方面进行全面的研究和论证。

（4）定义约束条件。根据财政情况、人力资源、基础设施、信息资源等方面的限制，定义智慧城市建设项目的约束条件和相应的支撑政策与法规。

（5）明确智慧城市建设战略目标。根据需求分析和可行性研究以及约束条件，确定智慧城市建设战略目标，也就是在建设项目（可分期）结束时，智慧城市应具有怎样的能力，包括智慧城市管理和服务的范围、功能结构、技术应用、项目实施要点和分期阶段性进度计划和项目概算等。

（6）提供智慧城市总体结构体系图。通过智慧城市总体结构体系图勾画出未来智慧城市信息系统建设框架，体现系统平台之间的层次和相互之间的关联性与集成性。

（7）确定智慧城市建设项目的分类和分期阶段性实施的战略规划。根据建设资源的限制条件，选择智慧城市建设周期和分期实施的计划，确定优先实施项目的内容和任务，以及制定建设项目实施先后的顺序。

（8）提出项目实施的进度计划。在确定建设项目实施顺序后，估算项目建设的成本，制订对人力资源和信息资源整合的要求等具体实施计划，以此作为整个实施阶段的任务、成本和进度计划。

（9）通过智慧城市总体规划。将上述根据总体规划编制原则完成的资料经过整理而形成《智慧城市建设总体规划方案》。在此过程中不断征求各方面业务应用信息系统平台用户和信息系统专家的意见和建议，并经相关部门组织“智慧城市建设总体规划方案评审”，在通过后可执行。“总体规划方案”应作为下一步智慧城市“总体设计”和“施工图设计”的指导性文件和设计依据。

4．智慧城市建设总体规划内容

智慧城市建设总体规划通常提出3—5年的中长期计划，也会包括1年内的近期实施计划。智慧城市建设中长期计划部分指明了总的建设方向和建设目标，而近期计划部分则为确定近期具体实施的内容和计划、完成的工作任务提供依据。一般总体规划包括以下几方面的内容。

（1）智慧城市建设总目标规划。该部分编制内容包括：智慧城市发展的战略性目标和总体结构，规划内外部环境、发展和建设内部制约条件，业务应用信息系统平台的功能实现的总目标、技术应用、实施计划和业务应用系统平台总体结构等，其中，智慧城市建设业务应用信息系统的总目标为信息系统的发展方向提供准则，而发展战略规划则是完成工作的具体衡量标准。

（2）智慧城市总体结构体系规划。该部分编制内容包括：智慧城市建设体系和智慧城市总体结构体系两部分。智慧城市建设体系主要体现了智慧城市建设的功能体系、系统体系、技术体系、信息体系、标准系统、保障体系和基础设施体系的内容和组成；智慧城市总体结构体系则规定了智慧城市系统平台之间的层次和相互之间的相关性与集成性，包括公共信息展现服务层、信息共享基础层、数据存储基础层、基础网络设施基础层、业务平台及系统应用层的类型和其主要子系统的组成，为智慧城市建设建立了系统平台应用体系的结构框架。

（3）智慧城市信息系统分类规划。该部分编制内容包括：智慧城市建设项目的分类原则和分类方法，确定智慧城市信息系统体系结构、信息与系统集成平台、业务管理平台、业务应用系统及功能子系统的范围、边界和接口。

（4）智慧城市建设实施规划。该部分编制内容包括：建设实施规划要点、信息系统安全规划要点、建设环境规划要点、系统工程建设阶段划分，以及近期项目实施的工作内容、计划和时间进度安排。包括系统工程招投标阶段、系统工程施工阶段、项目验收阶段、系统工程维护保养运营阶段的工作内容、任务、时间进度、财务资金和项目工程预算等。

5．智慧城市建设总体规划方法

智慧城市建设总体规划是信息系统工程建设实施的关键步骤，以合理的模型与方法作为指导是提高信息系统规划的重要基础。模型描述了智慧城市信息系统规划过程中的指导模式，而方法则描述了具体实施规划的步骤。目前使用信息系统规划模型的种类很多，本书推荐采用三阶段模型，在规划方法上建议采用战略数据规划法。智慧城市建设总体规划中信息系统规划模型是搭建信息与系统集成和业务应用系统平台最关键的工作。目前，已经有许多模型用于信息系统的规划工作，采用由 B. Bowman、G. B. Davis 等人提出的具有普遍意义的、对规划过程和方法论进行分类研究的三阶段模型，较适合智慧城市信息系统模型规划。三阶段模型由战略计划（或称为战略规划）、信息需求分析和项目实施资源分配三个一般性的任务组成。

（1）战略计划：为智慧城市在整个建设规划和信息系统规划之间建立联系，内容包括：提出智慧城市建设目标和实施目标的战略，确定信息系统平台的任务，估计系统平台开发的环境，制定出信息系统平台的目标和战略。其方法有战略集合变换、根据建设组织制定战略和根据组织集合制定战略等。

（2）信息需求分析：为广泛研究智慧城市建设及相关服务所需信息的需求，建立信息系统平台结构，并用来指导具体业务应用系统的开发。内容包括：确定建设过程决策支持、城市运营业务流程、城市管理、公共服务和政府业务管理与日常事务处理中的信息需求。根据上述信息需求分析，制订智慧城市信息系统平台目标、内容、任务、开发等方面的规划。

（3）项目实施资源分配在智慧城市建设信息需求分析基础上，确定建设项目的分类、实施内容、分期分阶段计划、时间进度安排、人力资源分配、建设资金计划等资源分配的规划。

6．智慧城市建设总体规划目标

智慧城市建设总体规划目标依据建设部《数字城市示范工程技术导则》和《数字城市示范工程总体规划设计方案评审指标》进行编制工作。智慧城市示范工程的总体目标是：通过在示范工程中应用数字化技术、信息互联互通与数据共享系统集成技术、网络通信技术、地理信息技术、软件集成和应用集成技术、管理信息系统和电子政务办公自动化等现代高新科技，逐步改变城市规划、建设、管理和服务的信息技术基础和手段，以信息化技术的广泛应用提升整个城市规划、建设、管理和服务的效率、水平和能力，同时促进与之相关的政府信息化、城市信息化、社会信息化和企业信息化的同步发展。

7. 智慧城市建设总体规划提交的成果

智慧城市建设总体规划在需求分析和可行性研究的基础上，明确总体规划目标，进行智慧城市总体结构体系规划、智慧城市信息分类规划、城市级信息互联互通一级平台规划、各领域业务应用二级平台规划以及智慧城市建设实施规划，最终形成《智慧城市建设总体规划方案》并提交，该方案包括以下内容。

（1）总体规划目标。

（2）总体结构与体系规划，包括总体框架结构、功能体系、系统体系、技术体系、信息体系、标准体系、保障体系、基础设施体系等。

（3）城市级信息互联互通一级平台规划，包括信息集成平台、数据资源管理平台、数据交换与共享平台、数据存储与分析展现平台、统一认证平台、信息安全平台、可视化管理平台、数据仓库平台、信息管理中心与数据机房、互联网及物联网基础设施等。

（4）各领域业务应用二级平台规划，包括智慧政府平台、城市综合管理（大城管）平台、应急指挥平台、公共安全平台、智能交通平台、节能减排平台、基础设施管理平台、市民卡平台、智慧医疗平台、智慧教育平台、电子商务平台、智慧物流平台、智慧社区服务平台、智能建筑物业及设施管理平台等。

2.1.4 智慧城市建设目标和任务

可持续发展战略是建设智慧城市的纲领和指导方针，将指导未来的智慧城市建设的方向。智慧城市发展战略将紧密结合经济社会发展目标，以社会管理创新和社会民生服务作为实施任务。

2.1.4.1 智慧城市促进经济发展

智慧城市的经济发展侧重于利用充分的信息互通和共享，分析确定城市经济的优先改善领域，通过建设信息产业园实现产业聚集和产业集群，大力建设公共信息平台，改善公共服务质量，招商引资，支持城市产业结构转型和城市经济可持续发展。在快速发展的过程中不断摸索产业创新，同时相应转变政府职能。选择适合自身城市特点和战略目标的新兴产业并提升产业服务水平，以及提高政府服务质量并为企业营造最优的软硬件环境，是政府所面临的重要课题。

城市各个体系之中广泛存在各类信息，包括各个产业相关的动态信息。城市管理者需要鼓励这些信息之间的互联互通和高效共享。在识别各类信息的使用者和提供者后，通过充分挖掘各个信息利益相关者的需求，开发新的、有针对性的公共服务以及企业对客户的服务，以实现产业服务创新和提升整体产业服务水平。

同时，城市管理者还需要根据城市的有关经济指标和与经济发展、招商引资相关领域（如基础建设、劳动力、经营成本、知识和创新能力、生活环境等）的情况，进行数据的收集，并建立监控机制，使城市管理者可以根据城市的实际经济表现对有关领域开展及时调控。

2.1.4.2　智慧城市环境管理

1．资源管理

智慧城市通过信息技术评估资源的可用性和质量，调节资源的使用水平，监控供应网络条件并对资源供应做出长期的规划。通过收集数据以充分了解、建模和预测资源的流动，对资源的产生、消耗以及与其他资源的依赖关系和影响做出分析，实现智慧管理。例如，智慧的水管理通过实时监测和智能分析水质环境和污染水平，预测水环境问题；通过对供水系统的使用进行最优化评估，合理布局供水设施，及时管理泄漏问题；通过对城市用水情况进行实时监控，进行智能调配，根据数据的监控与分析为城市用水提供决策支持。再如，智慧的能源管理能够提高清洁能源的使用率，降低能源消耗。包括智能削峰填谷、管理和监控温室气体排放量、远程监测和诊断检测能源设备故障等。

2．环境管理

智慧城市运用智能监测和分析，评估环境污染水平和污染源之间的联系，优化管理污染排放活动，减少污染的影响。同时，通过对环境污染数据进行实时处理，并与其他相关数据集成，为环境管理机构提供决策支持。

2.1.4.3　智慧城市基础设施管理

城市基础设施覆盖水、能源、交通、通信、IT 等方面，智慧城市通过对城市基础设施历史数据的分析，深入理解用户需求，并通过对相关基础设施的能力进行场景模拟，设计更好的建设规划及日常维护计划。智慧的基础设施管理可以根据终端用户的需求特点向其提供有关信息和个性化的服务，调节终端用户的使用/消费模式。

智慧城市可以根据基础设施运行的实时数据，对基础设施运行进行调整和优化，提高基础设施的利用率和使用效率。

智慧城市能够快速、准确地获取基础设施的资产信息，提高贵重资产状态的可见度，降低资产的损坏和丢失，提高资产管理服务水平，降低资产管理成本。对资产的实时管理还有助于发现其潜在故障，从而制订相应的维修计划和调配资源。

2.1.4.4 智慧城市生活品质管理

智慧城市应满足市民对城市生活品质不断提升的期望，需要积极运用智慧的方式，在教育、医疗、社会保障、交通、文体娱乐等方面继续提升服务质量与效率。

通过在多个政府部门间进行自动的数据采集、整理并建立共享机制实现信息共享，对市民服务的需求给予快速准确回应。同时，通过提供畅通信息，有效跟踪相关部门的绩效，推动公共服务水平的持续改进。

通过智慧的公共服务管理，可以提供多渠道、一站式的市民公共服务，把多个政府部门的流程整合起来，以共享服务方式提高公共服务成效。

通过智能市民卡，政府可以向市民提供个性化的服务，如社保、医保等，有助于政府向以市民为中心的服务模式转变,在提高服务质量的同时降低成本。通过智能市民卡，政府还可以建立有效的市民需求分析视图，根据市民的不同特征（例如不同的年龄阶段）进行分析，预测潜在问题，并提供主动有效的服务。

2.1.4.5 智慧城市安全管理

智慧城市安全管理主要包括安全监控与指挥、应急管理。

1．智慧的安全监控与指挥

建设智慧的安全监控与指挥体系主要内容包括：网络化的实时视频监控、远程图像调度、数字化信息（含视频）存储/检索及分析、人员/车辆位置轨迹监控、面向多渠道多平台的报警联动、安全管理指挥中心，其中，对于数字化信息的检索与多维分析越来越成为智慧城市安全管理的典范。通过这一手段，可以进行基于人脸识别（模式识别）的视频检索，基于人口库、犯罪记录库、指纹库等信息共享的多维关联分析与数据挖掘。还可以对互联网舆论、公众信息、内部情报等进行综合分析，帮助公安机关寻找有价值的线索。

建设智慧的城市安全管理指挥中心，整合城市安防监控系统、城市报警系统、电子警察系统、治安卡口系统、三台合一接出警系统，运用智能手段实现快节奏、高效率的警力资源调度管理，满足政府职能部门在治安管理、城市管理、交通管理、公安应急指挥方面的需求，建立统一指挥、科学监控、协调有序的平安城市运行机制。

2. 智慧的应急管理

对于城市中的各类突发事件，包括食品药品安全、犯罪预防、公共疾病事件等，进行有效预警和响应是建设和谐城市的必然要求。

智慧城市通过及时收集城市重点管理对象的信息、分析趋势、提供预警、优化反应，实现防止、控制或减轻危机的影响，快速响应潜在的危机，优化应急资源的调动。

智慧城市集成使用现有的位置、人口、地理空间等多种信息，建立模型进行预测，提高预防能力。同时，推进跨部门与多职能的协作，整合跨部门的信息并实现共享，设立跨部门监控和指挥中心，保障快速、坚决、有效的应急管理。

概括而言，通过在以上领域的智慧城市建设，在城市各个主要领域及其子系统迈向卓越。智慧城市建设和发展的步骤并没有结束，还需要适时跟踪智慧城市整体效果和各个系统的运营绩效，并与既定目标进行比对，不断优化和调整发展战略，为下一轮智慧城市战略目标制定提供有效输入，形成一个完整的闭环工作流。

2.1.5 智慧城市方法论

2.1.5.1 方法论来源

城市的智能化首先体现为城市的相关行政部门需要建立通畅的合作关系，否则，城市就是一个没有活力的“孤岛”。为了实现城市发展所设计的目标，城市的行政工作需要横向融合、纵向贯通的合作机制，即：横向上，与同等级的部门之间业务要相互融合；纵向上，与政府其他级别的部门之间，甚至城市间、省份间、国家政府间流程要彼此贯通。城市的智能化体现为一种可持续发展的能力。新科技为一个城市核心系统的设施、连接和智能提供了更广阔的应用范围。当今世界上诸多城市正在逐步建立一个更智能的系统，例如，爱尔兰的 Galway’s SmartBay 先进的水资源管理系统、韩国的 Songdo 宽带城市计划和新加坡的 eSymphony 交通管理系统。建设智慧城市是一个渐进的过程，而不是一蹴而就的转变。但城市必须提前做好革命性转变的准备，因为新城市系统将以一种全新的方式运作，城市管理者也必须考虑到城市所基于的城市系统之间的内部关系，以及系统相互联系中所面临的挑战。因此，提出“三技一法”的方法论来着手智慧城市建设。

2.1.5.2 三技

“三技”即三项核心技术：以云计算技术为基础、以物联网技术为核心、以SOA 技术为重点。

云计算可以随时随地提供可以大规模扩展的计算资源、简化服务的交付、实现新商业模式的快速创新、为新一代数据中心提供动态基础架构。

物联网技术使城市中的主体因感知客体更多实时的信息而更具智慧，客体因接受主体更多指令的控制而具有智能，主客体相互运动的结果，使我们生活的城市更加智慧，使我们城市的生活更加美好。

采用 SOA 架构可将智慧城市建设成一个可组装可拆卸的、松耦合高内聚的大规模综合电子信息系统。

2.1.5.3 一法

一法即“梳子型”方法：由各大模块形成的基于 SOA 的、可组装、可拆卸的智慧城市支撑平台构成梳子的筋；若干独立存在的行业应用系统则构成梳子的齿。

2.2 智慧城市总体框架

2.2.1 顶层框架设计的必要性

智慧城市建设是一项庞大的、具有全局性和长期性的系统工程，涉及城市建设发展的方方面面，涵盖领域广泛，为明确智慧城市的各阶段目标，分步骤有序实施，必须构建起智慧城市总体架构，综合考虑各领域的发展特征和管理需求，分领域规划、分层次设计。智慧城市顶层设计工作是开展智慧城市建设的先决条件和必然要求。

智慧城市涉及多个单位、多类信息子系统、多领域，如果缺少顶层框架设计，将陷入条块分割、利益割裂、自建自用的困境，无法实现城市高度智能化对居民普惠服务的提供、对经济产业发展的拉动和城市运行效能的提升。此外，若缺乏顶层框架设计，建设过程中可能会出现建设思路和方向不明确，偏离目标主线导致中途返工等问题。

国内外的知名城市建设智慧城市均先行开展顶层框架设计，将顶层框架设计作为一切具体实施工作的先决步骤，通过顶层框架设计，确立智慧城市总体模型、框架、技术体系和指标体系，从而为后续系统工程建设打下坚实基础。

2.2.2 顶层框架的设计原则

在智慧城市顶层设计的统筹规划中，应把握好以下六个方面的设计原则。

一是应做好智慧城市建设规划与经济社会发展、城市建设、资源利用、信息化发展等规划的衔接；

二是综合考虑人口增长、经济发展与土地、资源、环境的有效保护，促进城市人口布局与资源环境更加协同；

三是统筹城乡发展，加快以工促农、以城带乡、城乡一体的发展步伐；

四是统筹下一代信息基础设施与其他公共基础设施的规划设计和集约建设，实现城市基础设施的智能化提升；

五是在充分科学研究的基础上，统筹技术研发、标准制定、产业发展和行业应用，以应用为导向开展信息技术、产品、服务和商业模式创新，形成应用、技术、产业协调推进的良性循环；

六是协同考虑智慧城市建设的硬环境和软环境，加强发展理念、文化氛围、信用环境、法规标准等软环境建设，形成智慧城市健康发展的格局。

2.2.3 顶层框架服务主体需求分析

智慧城市的顶层设计必须从需求出发，建立符合政府、企业、市民三大主体需要的智慧城市体系，如图 2-1 所示。通过对本部分的需求梳理，为智慧城市的顶层设计提供支撑。

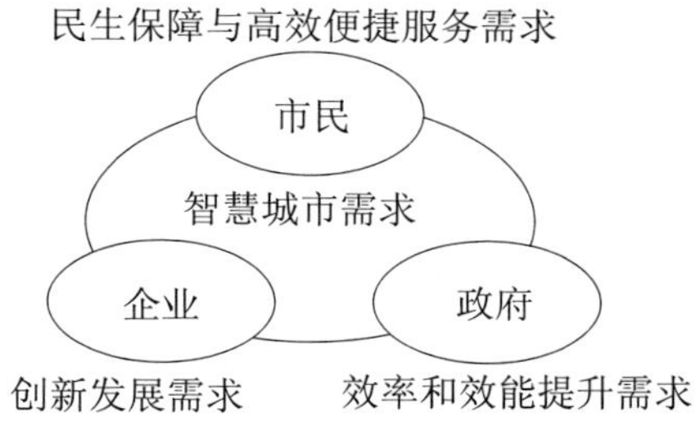

图 2-1　智慧城市的三大方面需求

2.2.3.1 基于市民生活的需求分析

智慧城市建设必须注重以人为本，立足便民高效，能让市民实时感受触手可及的便捷、高效、和谐健康的绿色和可感可视的安全。要满足这些需求，需要对住宅电网、气网、水网以及公共安全应急响应进行智能化发展；能合理地分配各项教育资源，提高市民整体的教育质量和文化素质；在日用品质量与食品安全方面，能够便捷地追踪溯源，建立高效的监管机制与秩序化的市场环境；在医疗方面，能够获得便捷、有效的医疗和可持续的健康管理等。而且，从市民需求来看，除了对物质需求的追求外，还对服务质量提出了更高的要求。比如，在就医过程中，病人不仅对医疗护理质量、服务质量提出了更高要求，其法律观念、经济意识和自我权益保护观念也不断提高，而且医疗消费和自我利益保护观念也日益增强。在教育方面，现阶段单一的学历教育已不能满足部分城市市民的需求，城市市民在教育方面表现出多元化的要求，终身教育、终身学习的想法已逐步深入人心。

2.2.3.2 基于政府管理和服务的需求分析

智慧城市的建设，就是要以智能化的管理方式，提高城市行政运行效率，提升城市管理水平的精细化，有力缓解“城市病”。政府是社会公共服务的提供主体，也是经济社会运行的管理主体，发挥着社会运作的大脑效用，如何更加高效地管理城市运行、促进经济发展，以便进一步更好地维护社会稳定是政府职能的基本需求。智慧政府体系建设的细节重点主要包括智慧办公、智慧服务、智慧决策和智慧监管四个方面。例如，在智慧办公方面，智慧办公系统应具备自动提醒，实现对交办事项、邮件、会议通知等的及时提醒，也可以根据重要程度、紧急程度等对多个交办事项进行排序，促进公务处理的合理统筹和优化安排。在智慧决策方面，智慧政府应可以通过辅助决策系统，形象地呈现经济运行动态和趋势、社会管理各领域的进展情况等信息，从而为决策者提供更科学、全面的决策支持服务。

2.2.3.3 基于企业发展的需求分析

企业在社会中占有重要的角色，是智慧经济建设的主体力量，企业发展的基本需求包括健康活跃的市场环境、创新的经济环境、丰富的人才与信息资源、高效的服务环境等。所以，在智慧城市建设中，从电子商务类企业发展的必要需求角度，需要关注更加稳定通畅的企业级宽带服务、覆盖整个城市并能向外辐射的高效的物流网络、安全便捷的金融交易平台，以及为企业创新发展营造良好的政策环境、市场环境与信息资源环境，为企业发展提供更加便捷智能的税费证照等服务。

2.2.4 顶层框架设计

顶层框架设计必须在全面分析智慧城市建设和服务主体基本需求的基础上，制定城市战略目标，综合考虑城市管理、运行、服务功能、城市建设运营模式、推进保障、长效机制等多方面因素，进行分层次的综合性统筹设计。智慧城市顶层设计不是简单的各领域设计的简单堆砌，目前一些城市的智慧化推进中仍依照医疗、环境、电力能源、交通等应用领域分别考虑的思路，领域之间的关联性设计不足，缺乏统筹的总体设计或顶层设计。

智慧城市顶层设计应从整体关联性出发综合考虑，从横向加强其各组成部分之间的联系，应将城市看作一个以新一代信息技术为基础支撑，以应用系统、信息系统的大综合、大集成为特点的城市级“系统”，构建以“保障措施为支撑，以运行操作为核心，以目标评价、动态调整为掌控”的智慧城市总体架构，按照全面互连、充分整合、协调运作的思路进行智慧城市顶层设计。

根据智慧城市的各项支撑保障、运行操作提醒和战略发展需求，可将智慧城市顶层设计分为战略目标层、核心功能层、支撑保障层三个层次，如图 2-2 所示。

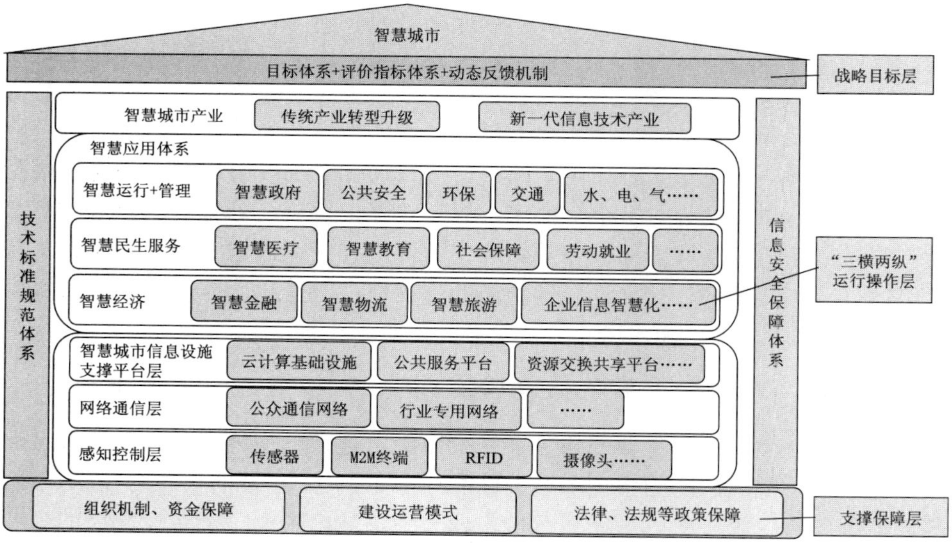

图 2-2　智慧城市的顶层总体框架

战略目标层是智慧城市建设不可或缺的组成部分，它指引智慧城市的发展方向，同时对智慧城市建设、运行情况进行评价和反馈，确保智慧城市的发展不偏离发展目标。

核心功能层是智慧城市的规划和建设重点，按照功能内聚、层次划分的思想，进一步形成“三横两纵”的基础架构。“三横”是对城市的产业发展、智慧应用体系布局、信息基础设施建设进行总体设计；“两纵”是智慧城市技术标准规范以及信息安全保障，贯穿“三横”的始终，确保“三横”发展的有序、完整。

支撑保障层是推进智慧城市建设的保障，提供了智慧城市战略发展的基础支撑环境，包括领导组织保障、资金保障、法律法规等政策保障。同时，对智慧城市建设运营模式提供有效建议。

核心功能层满足智慧城市中三大主体——市民、企业、政府的具体需求。战略目标层和支撑保障层确保智慧城市建设和发展的有序和协调，三者统筹，从全局的视角，协调各种关系和要素，共同为智慧城市建设打下坚实基础。下面对总体框架中的各组成部分展开进一步阐述。

2.2.4.1 战略目标层

城市智慧化发展建设是建立在各领域信息感知基础之上的长期协调运行和综合决策过程，从这个角度可将智慧城市看作一个巨大的认知信息系统，具备认知系统的基本特征，具有“认知—决策—反馈—学习”这一稳定的认知系统基本模式。面对各行各业自身及行业之间信息沟通与交互的快速发展，有必要在智慧城市战略目标的基本架构中，引入目标评价体系、动态调整和反馈机制，解决各类发展和管理问题，推动智慧城市这一复杂认知系统在稳定中向着“智慧生长”的中长期战略目标迈进，开辟城市智慧化发展新路，实现智能技术高度集中、智能经济高端发展、智能服务高效便民。

1．目标体系

智慧城市的目标设定不能脱离城市战略发展重点和城市自身特色，必须根据城市的财力、资源、人才等综合实力和经济社会发展的基本战略部署，确定智慧城市建设的目标。

总体而言，智慧城市的目标要围绕城市的经济产业发展、城市运行与管理、市民生活服务、城市环境、信息基础设施等方面进行设计。

值得注意的是，智慧城市的目标设定要体现服务市民、企业和政府的效果，不要盲目追求最新技术手段的潮流，而设定一些华而不实的目标。同时，智慧城市的目标不是设定之后就可以一劳永逸，必须既着眼当前紧迫问题，又注重长远发展。智慧城市的建设依靠信息和通信技术的支撑，而后者目前本身还在日新月异地迅速发展，信息技术的快速发展，使得信息系统、应用软件等每隔3—5年就必须升级，因此，智慧城市的中长期目标应该随着科学技术不断进步和发展进行动态调整。

2．指标评价体系

智慧城市的指标评价体系，通过对服务发展、智慧基础设施建设、智慧应用和智慧产业发展等方面的评估，给出定性和定量指标，及时、有效、准确地评价智慧城市发展水平，对建设进展中的系统状态、存在问题及时发现，迭代制定切合智慧城市发展需求的建设重点任务，帮助政府进行科学、合理的决策，确保智慧城市有序、稳定、健康的发展。

智慧城市的指标体系作为智慧城市发展阶段和建设目标完成进度的重要评价依据，要求其在构建过程中，一方面要结合智慧城市的普通特性，与信息城市、数字城市、知识城市等城市发展理念有效区别开来；另一方面要紧密结合城市的现状和未来发展需求，与城市的特性紧密结合起来。同时，指标体系构建要坚持以定量指标和定性指标相结合，全面、真实地反映智慧城市的发展程度。

智慧城市衡量的对象主要包括智慧城市基础支撑评价对象、智慧城市运行评价对象。智慧城市运行评价对象是指智慧城市整体运行监测，主要指监测分析子系统所涉及的指标评价对象，包括感知与网络层、平台与集成层、各平台决策与表现层，以及整体检测与分析；智慧城市基础支撑评价对象是运行监测的基础和支撑。例如，可设计智慧基础设施、智慧运行和管理体系、智慧城市产业体系、智慧公共服务体系等评价对象。

3．动态调整和反馈机制

为了更好实现智慧城市的发展目标，有必要在顶层设计中引入决策反馈机制，及时修正智慧城市推进过程中的问题，推动智慧城市这一复杂认知系统在稳定中向着既定目标不断迈进。

基于智慧城市对发展水平、建设状况的目标评价，可以进一步对智慧城市基础支撑层和核心功能层进行相应的配置优化处理。这一过程可称为智慧城市目标层的学习反馈过程。

学习是对当前智慧城市各领域、各层面的现状、环境和决策的信息获取和学习，反馈是为了达到智慧城市最终目标的优化决策，它是一个庞大且长期推进的系统工程，所涉及项目和工程数量多、规模大小不一，只有制定切合实际需求的项目管理机制，加强项目管理和推进，才能实现项目的长期持续有效推进。智慧城市学习反馈系统要实现与项目管理充分结合，对前期项目进行过程中存在的问题，采用完善和优化推进机制，不断推进和优化项目管理，有效保障智慧城市目标实现。

2.2.4.2 运行操作层的功能视图

从城市功能的角度来看，构成了智慧城市的核心主题的运行操作层是智慧城市的重点部分，根据对智慧城市的主要需求功能，可将其划分为“三横两纵”的功能框架体系，如图 2-3 所示。

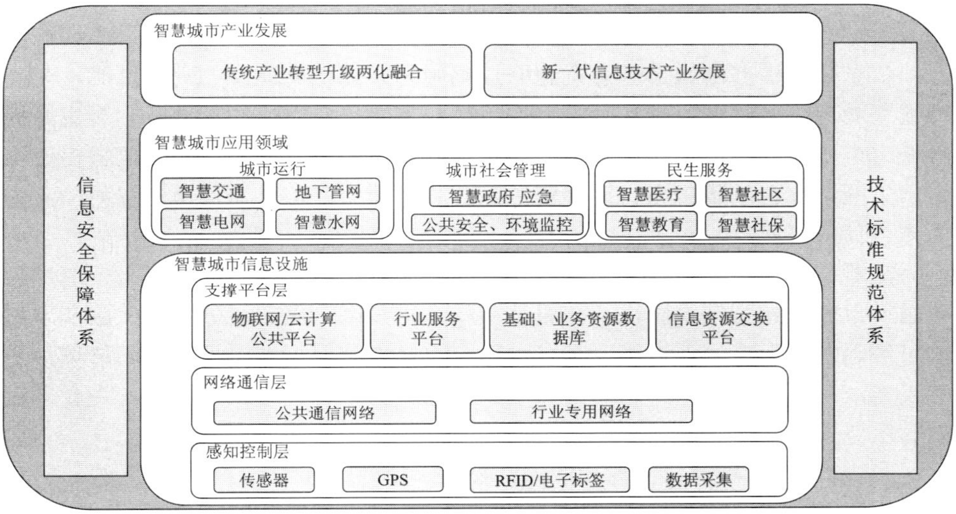

图 2-3 智慧城市运行操作层功能视图

1．产业发展层

智慧产业是智慧城市建设的物质支撑和重要支柱，智慧产业的快速发展将推动城市经济向智慧、健康、高效化发展，一方面，可促进信息技术与传统产业的融合发展，推动产业结构优化升级；另一方面，有利于促进经济发展方式从劳动资源密集型向知识、技术密集型转变。

一般而言，从广义层面看，智慧产业体系主要包括新一代信息技术产业和传统产业的优化升级，后者又包括先进制造业、现代农业。从狭义层面看，智慧产业体系专指以信息技术为先导的高新技术产业，包括电子信息制造产业、软件与信息服务业、通信业等。智慧经济产业建设内容主要包括电子商务、智慧物流、智慧金融等。

2．应用领域层

智慧城市的建设和发展将涉及影响城市经济、社会发展的多种信息系统，在一个城市的智慧应用项目具体建设过程中要充分考虑当地的经济发展水平、城市战略重点、信息化基础环境、自然资源禀赋等，合理设计相关的智能化应用。通过分析国内外智慧城市建设重点内容和主要应用，可将智慧应用领域分为以下三个层面。

（1）智慧民生服务体系；

（2）智慧城市运行体系；

（3）智慧城市管理体系。

3．基础设施层

信息基础设施是城市信息资源开发利用和智能应用普及的硬件基础，是支撑智慧城市民生服务应用、政府管理、产业支撑平台的核心部件，同时也是提升城市市政基础设施智能化水平的关键要素。建设智慧城市，必须要把提升城市信息网络综合承载能力、设施资源综合利用能力和信息通信集聚辐射能力作为重点任务来抓。

随着信息技术日新月异的发展，信息基础设施的内涵也在不断丰富和扩展。智慧城市的信息基础设施，是在原有城市信息基础设施上，分别向上层和下层的扩展延伸，形成物理设施、网络设施、感知设施应用支撑设施的整体城市基础设施，从而增强城市的感知、交互、智能判断、协同运作等能力，为智慧应用和服务提供有效支撑。

4．技术标准规范体系

为实现新一代信息技术目标，智慧城市必须建立统一的标准规范，实现系统间低成本、高质量的互连互通。其技术规范可以表现为：系统网络接口和协议规范的统一设计；系统互通共享接口、协议、总线引擎和数据的统一设计；系统中间件和各个能力引擎的统一设计；系统表现层的统一设计；系统决策分析方法的统一设计；系统评价体系规范的统一设计等。

5．信息安全保障体系

随着智慧城市中信息资源获取、传输和处理规模急剧扩大，经济社会领域信息外泄的风险不断增大，并且在智慧城市高度集成应用和智能化发展的大趋势下，原先各自独立的信息系统将进一步互连互通，信息资源和数据更进一步汇聚、共享和整合，智慧城市将成为一个复杂的超大规模“巨系统”，其复杂度远远高于任何单个信息系统，局部缺陷可能引发系统性风险，重要信息基础设施存在发生故障和被攻击破坏的隐患。因此，智慧城市的信息安全保障不容忽视。

智慧城市统一安全保障如下所述。

（1）信息系统安全：为了确保信息系统安全，可采用网络身份实名制、数字认证、VPN、用户安全权限设置、加密等多种手段，保护信息数据的机密性和安全性；通过加强攻击检测和安全防护建设、集中网络防病毒、网络隔离等方式确保系统的安全运行；通过网络架构优化、重要数据冗余灾备等方式确保网络设施设备的安全运行。

（2）外部互连的安全：重视与信息系统互连的产品质量标准，确保与信息系统联系的物质世界的安全。

（3）架构设计、规划和建设安全：在开展智慧城市的顶层设计和方案规划时，要做到不受制于人，保证智慧城市建设的主动权，拥有并使用具有自主知识产权的核心技术，保障智慧城市建设和运营的独立性。

（4）与此同时，要建立保障智慧城市的安全机制，达到安全的可控性。

2.2.4.3 运行操作层的技术视图

为切实推动智慧城市建设，停留在功能层面的概念还不够，必须要在“三横两纵”的功能框架下进一步细化，将智慧城市视为一个复杂的“信息大系统”，从技术系统的角度出发，构建一个各领域智能应用系统能有效交互、整合协同的有机技术体系。

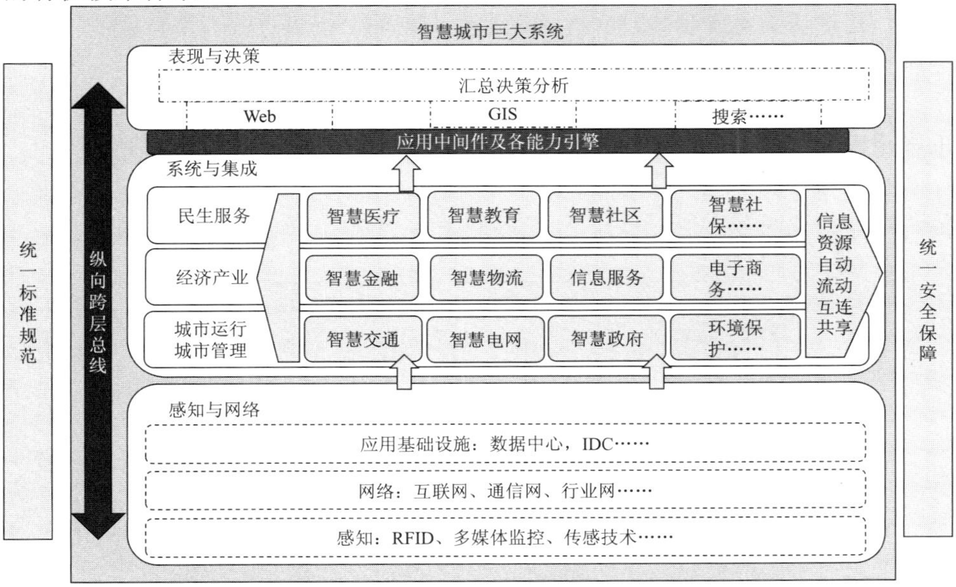

图 2-4 智慧城市运行操作层技术视图

从运行操作层的技术角度，要加强智慧城市的顶层架构各层面间的纵向衔接和各领域架构之间的横向互通。智慧城市的建设强调城市整体的信息化建设的进一步深化和推进，因此，在整个架构设计和制定的过程中，必须要考虑整体和局部的相互配合，充分考虑在各领域之间的有效衔接，充分发挥整体的优势。

通过功能模块的进一步细化，可将其分为感知与网络、系统与集成、表现与决策三个层面，同时，要有纵向跨层的数据总线将各个层面、各个系统有效地贯通起来，如图 2-4 所示。

1．感知与网络层

信息的感知主要依托网络接入层以下设施和设备来实现。根据感知对象的内部特征和外部环境，在信息网络底层部署具备视频监控、RFID 和传感等感知手段的设施设备。进行城市多个领域多种数据和事件的实时测量、采集、事件收集、数据抓取和识别，并实现信息的上传下达。由此可见，感知子系统的主要内容包括：设施设备布局和部署、感知系统协议及接口设计、数据和事件的测量与采集、数据的抓取、识别和预处理分析等。

感知层提高了人与物、物与物的接入、控制和通信能力，即当前概念下的物联。感知层要构架于现有通信网络之上以实现信息的广泛传递，包括固定/移动互联网、通信网以及行业应用专网等。网络层的主要功能是实现信息的智能高效传递，包括接入控制、分层汇聚、网络互联互通、协议和接口设计、安全可信传送等。网络层涉及的技术很广泛，例如，以“更大”为特征的下一代网络技术，以“更快”为目标的宽带网络技术，以“更安全”为目标的网络安全技术，以“更可信可管”为目标的可信网络技术，以“更精细及时”为目标的网络控制技术，以“更方便”为目标的泛在网络、三屏融合技术等。

智慧城市的实现，要求处于网络末端的感知系统与处于网络层的互联网、通信网、行业网等实现信息共享和协调发展，形成泛在的智慧物联网络。

2．系统与集成层

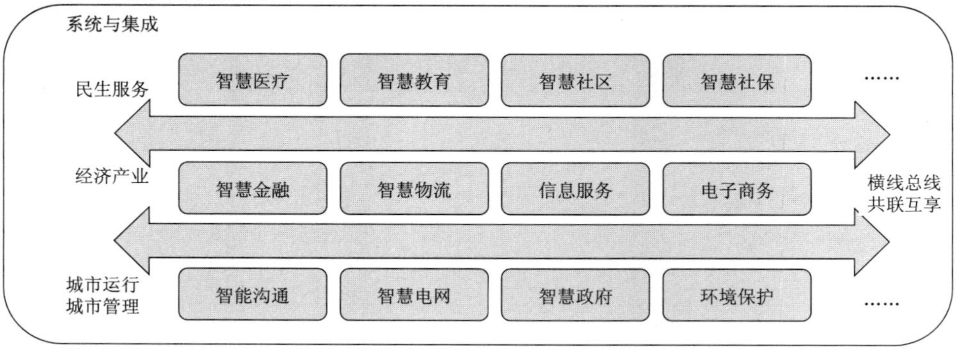

图 2-5　智慧城市信息系统平台与集成层

各类智能应用是智慧城市的展示窗口，是政府提供普惠服务，市民、企业享受各类服务的主要界面，这些应用涉及智能交通系统、智慧电网系统、政府公共服务平台、城市环境监测与管理系统、智慧建筑系统、城市公共安全系统等城市的多个领域，其应用平台是智慧城市的重要组成部分。智慧城市系统与集成层构成，如图 2-5 所示。

系统与集成层实现的主要功能如下所述。

（1）应用平台内部运行

智能应用系统将来自于感知与网络层的实时数据、静态信息等业务数据存储于各应用平台的数据系统中，各系统还应具备对获取数据的分类、分时冗余存储、统计和分析等功能。根据需求，对各种不同时期、不同范畴的应用分析数据，或进一步内部处理，支撑业务运行，或用于跨部门、跨系统的信息资源交换共享。初步分析的信息或原始数据可进一步向上提交给决策层，支撑上层的科学决策。

（2）外部共享与集成

各应用系统之间的交互可能涉及大量数据共享交换工作，这就产生了大量的交换数据资源梳理、行政协调、资金和技术保障等需求，需要付出很大的资源共享代价。一些城市已建设小规模的数据中心，从传统的多对多网状互连共享模式，转向基于平台的一对多星型数据共享结构，从而大大降低了各应用平台资源共享的代价。如图 2-6 所示，其城市现有电子政务数据中心从网状互连向基于平台的星型数据共享模式演化。

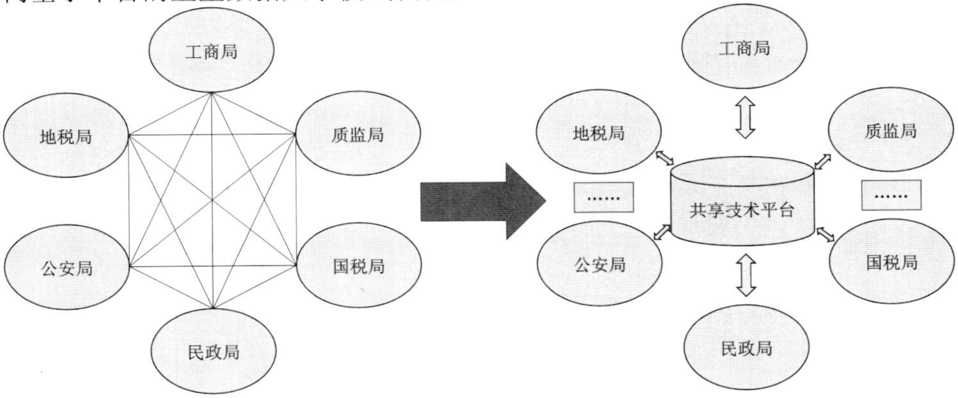

图 2-6　某城市现有电子政务数据中心向数据共享模式演进

一些城市已建设局部数据共享中心，一方面为智慧城市各应用平台的共享提供了宝贵经验，另一方面也是智慧城市实施的重要基础。在智慧城市系统与集成层，应进一步考虑数据中心的完善与建设，实现各应用平台之间信息的高效共享，尽量鼓励新应用数据在数据中心的存储共享。

应用平台的集成是各个应用子系统之间互连互通的枢纽，通过跨越系统间的横向系统服务总线，推动各应用平台之间按照新的方式协同工作，实现各应用系统之间数据的分析成果的互通共享。根据马斯洛哲学论断——“整体是部分相加之总和以外的某种东西，所以总和也是其单独分解开的部分相加之总和以外的某种东西。”各应用平台之间集成带来的互通共享，能够有效地促进智慧城市的整体能力提升，应用平台集成的涉及包括总线能力、权限、通信设计和业务流程编排、数据建模、集成和流转、业务访问控制等。

3．表现与决策层

通过感知等技术不断收集和聚合的城市运行信息与动态数据充分融入各业务信息系统，不断深加工和开发，并进一步反馈推动政府智能更好履行、城市服务更加高效。更重要的是，城市的运行数据和原始信息，通过大数据“挖掘”“开采”之后，以“通俗易懂”的方式面向最终用户和决策者，成为有价值、有意义的信息，从而更好地帮助城市管理者科学决策；协助置身于智慧城市中的市民，不断优化调整自己的行为，获取最大利益。这就是表现与决策层的核心功能和作用。

各个领域和行业的数据与信息资源，通过中间件及各种能力引擎，具备面向多种应用表现的能力，由表现层技术在固定/移动终端、展示屏等设施设备上呈现，可表现的技术包括 Web Portal、信息报表、地理信息系统（GIS）、仿真技术等。一个城市，可以根据信息的内涵和具体需求，建立集约化、统一的信息决策中心。在一些先行实践的智慧城市，信息决策中心也被包含在“智能管理中心”中，作为城市信息顶层表现与决策的核心组成要素。同样，城市也可以更具自身需求和信息化发展阶段，建立分布式、多样化的表现终端和决策系统，构建多级决策子系统，根据海量数据信息，开展市级、领域间、领域内的相关多级决策，为城市治理与运营提供更简捷、高效、灵活的决策支持与行动工具。同时。根据信息的内容和决策要求，可以进行人工决策或自动决策。多级决策子系统可以提供多种预测、决策和规划手段，如联合预测分析、层次化分析、机器学习、人工智能、仿真分析等。

4．信息总线

从智慧城市项目的框架构成来看，符合典型的自然界“认知系统”的基本特征，即其是一个由成体系关联着的系统或系统所组合的综合型组织。构成智慧城市的各系统即包括信息化系统、数据平台、数据库等主体，也包括在业务环境中观察到的其他客观对象和感知信息。智慧城市信息系统作为一种认知网络，其各组成层面既不是相互孤立，也不仅仅与相邻层有信息交换，而是需要多个层面的认知信息参与某一层面的优化和重配置。因此，在智慧城市顶层设计中，需要为“信息系统”设立纵向跨层总线和横向信息总线，实现不同系统间的跨层认知、交互。这要求各层，甚至各子层在完成原有层次功能的基础上，具备认知接口，提供该层认知的上下文信息。通过纵向跨层总线，由总线认知引擎根据各层信息和跨层信息，优化和指导各协议层的配置。

纵向跨层总线的功能可包括以下四个方面。

（1）表现与决策层分别对感知、网络子层的认知通信；

（2）表现与集成层分别对感知、网络子层的认知通信；

（3）表现与决策层对平台与集成层的认知通信；

（4）网络子层对感知子层的认知通信。

2.2.4.4 支撑保护层

智慧城市支撑保障层的功能是：综合考虑组织领导、政策、资金、试点示范、人才培育、合理建设运行模式选择等多方面因素，决定智慧城市综合环境发展建议，为智慧城市的有序、健康推进和发展提供保障。

基础支撑层提供了智慧城市战略发展的基础支撑环境，重点包括：组织领导、政策支撑、知识产权与标准、试点示范、人才培育、产业培育、人文与经济环境等方面。基础支撑层的发展直接决定了智慧城市战略实施的成败。唯有在有力的组织领导和合理的政策推动下，才能培育出真正适合智慧城市运行的经济、社会发展环境，通过示范、试点、重点工程建设等举措，带动产业发展、人才发展、知识产权和经验积累，为智慧城市发展战略的实施奠定坚实的基础。

2.3 智慧城市体系架构

2.3.1 标准体系

智慧城市的体系架构由感知层、通信层、数据层、应用层，以及完善的标准体系和安全体系组成。架构如图 2-7 所示。

感知层构成了智慧城市实现其“智慧”的首要条件。感知层所具有的智能性和环境感知能力十分显著，以传感网、RFID、传感器等物联网技术为手段，监测和控制城市范围内安全、建筑、环境、基础设施，为个人乃至社会提供无所不能、无处不在的信息服务和应用。

通信层奠定了未来智慧城市的重要基础设施，在智慧城市中起到了信息高速公路的作用。覆盖全城的无线宽带网络和高可靠、高带宽、大容量的光网络组成了未来智慧城市的通信网络，为实现城市的智慧化奠定良好的基础。同时，让市民“随需、随地、随时”都可以上网，还可以享受高清视频通话、高清电视、网络电视等宽带服务。

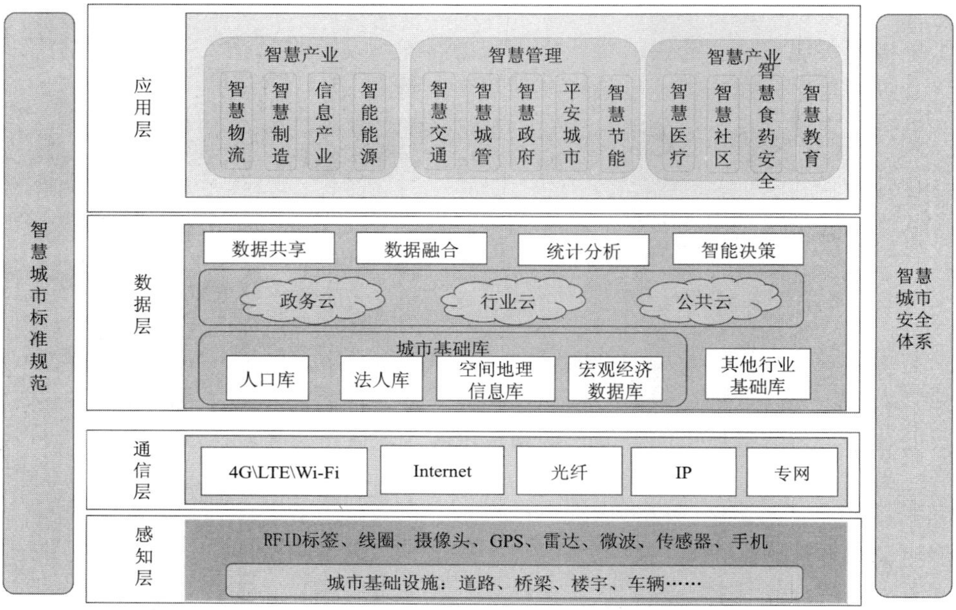

图 2-7　智慧城市体系架构

让城市更加“智慧”是数据层的核心目的。数据在未来的智慧城市建设中是十分重要的战略性资源，因此智慧城市数据层的构建成为智慧城市建设中尤其重要的环节。数据层以通过关联数据、挖掘数据、活化数据等技术解决数据割裂、无法共享等问题为主要的目的。数据层包含各部门、各企业、各行业的数据中心，也包括为实现数据共享、数据活化等建立的市一级的动态数据中心、数据仓库等。

应用层主要是指以感知层、通信层、数据层为基础建立的各类应用系统。智慧民生、智慧管理和智慧产业构成的智慧应用层，可以促进实现“产业发展、功能提升、民生幸福”的智慧城市。各种终端将对市民开放用以访问这些系统，市民可以切身体会到智慧城市生活的和谐与美好。

2.3.1.1　感知层

智慧城市中的感知层又可分为接入网关子层、传感网络、感知单元、感知对象子层（如图 2-8 所示）。

图 2-8 智慧城市感知层

1．感知对象子层

感知对象主要是指物理世界中的“物”，比如在智慧社区中需要被监控的人、智慧物流中的货物、在智慧交通中的交通工具、各类设备和设施，甚至在遥感测绘中的地球表面空间都是被感知对象。

2．感知单元

感知单元是指用于采集物理世界中的数据和所发生的物理事件，具有数据采集功能的设备和网络。采集的数据可以包括各类视频数据、音频，乃至微小的物理量、标识等。实时定位设备、二维码、多媒体信息采集、RFID 和传感器等都属于数据采集设备。

3．传感网络

传感网络由传感设备组成，包括通过近距离无线通信方式组成的无线传感网以及其他的传感网。在智慧城市体系中有如下要求：每个感知设备都可以寻址；每个感知设备都能够通信；每个感知设备都能够被有效控制。

4．接入网关

将感知层接入到智慧城市的通信层中是接入网关的主要任务。取决于感知层和网络层采用的技术，接入网关可能完成协议转换、数据转换等工作。

2.3.1.2 通信层

通信层是智慧一体化网络，以“融合、泛在、无线、宽带”为主要特征（如图 2-9 所示）。实现高起点、高标准，面向未来信息网络，促进电信网、互联网、广播电视网的融合，满足智慧城市发展要求。未来网络的发展，除了要求更便捷的接入方式、更快的宽带速度、更进一步的融合，还要接入机器与机器之间以及人与机器（或物体）间的通信，以形成智慧一体化的网络基础设施为最终目的。

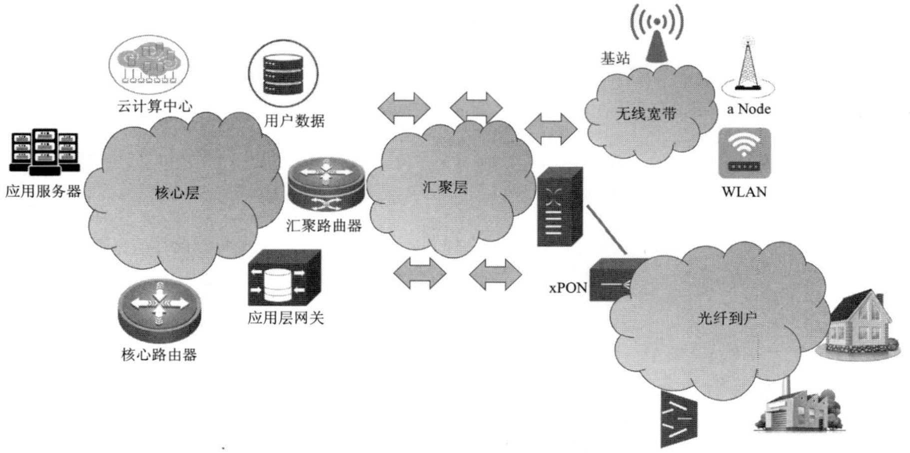

图 2-9 智慧城市通信层

经过十余年的迅猛发展，中国通信事业中的互联网、移动通信等技术已较为成熟，满足智慧城市中数据传输需要的需求已基本实现。通信层成为智慧城市体系架构中相对完善、发展最好的部分之一。

2.3.1.3 数据层

城市就某种意义上而言，本身也是一种典型的数据密集环境。城市的运行涵盖公共安全、经济商务、公共服务、城市交通、居家生活、健康管理、环境检测等诸多方面，不断生产出海量的数据。未来智慧城市发展的必然趋势要求更智能、更充分地发挥数据的作用。所以智慧城市体系架构核心是数据层（如图 2-10 所示）。

数据层的架构模式是云计算。数据层体系结构主要分为三层：城市基础库、城市数据中心和城市的云服务。

1．城市基础库

基础库对于智慧城市而言是最基础的信息资源，为其他应用提供基础数据。经过授权的用户在智慧城市中可以接入和共享这些数据。

2．城市数据中心

数据中心是未来智慧城市重要的基础设施。数据中心主要包括计算机、存储设备、软件、数据库和网络设施等物理资源。基于云计算和虚拟化技术，数据中心将大量类型一致的资源构成接近同构或同构的资源库。资源的虚拟化有效避免、动态分配和动态调整硬件异构的特性。

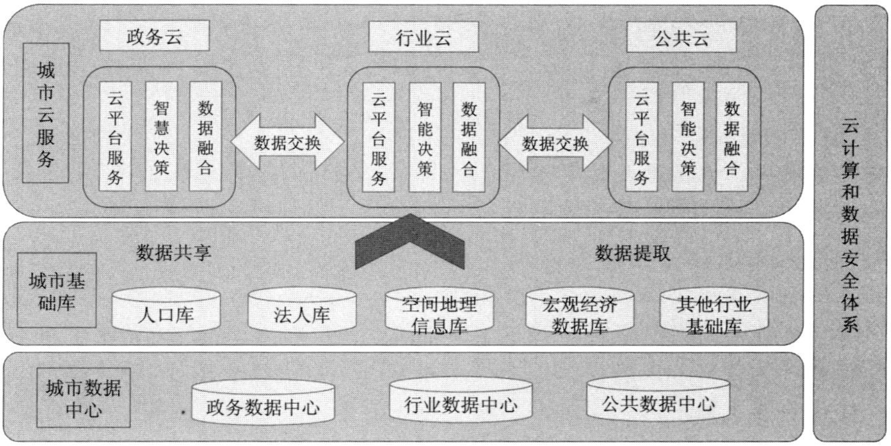

图 2-10　智慧城市数据层

3．城市云服务

云服务主要为智慧城市的各级用户提供包括政务云、行业云和公共云在内的云服务。城市云服务将以服务的形式为用户提供软件、应用和计算资源等，用户不再关心软件的购买、安装和升级维护，根据租用服务的实际使用情况进行付费。

2.3.1.4　应用层

管理型应用、产业型应用和民生型应用组成了智慧城市应用层，促进建设“功能提升、产业发展、民生幸福”的智慧城市（如图 2-11 所示）。

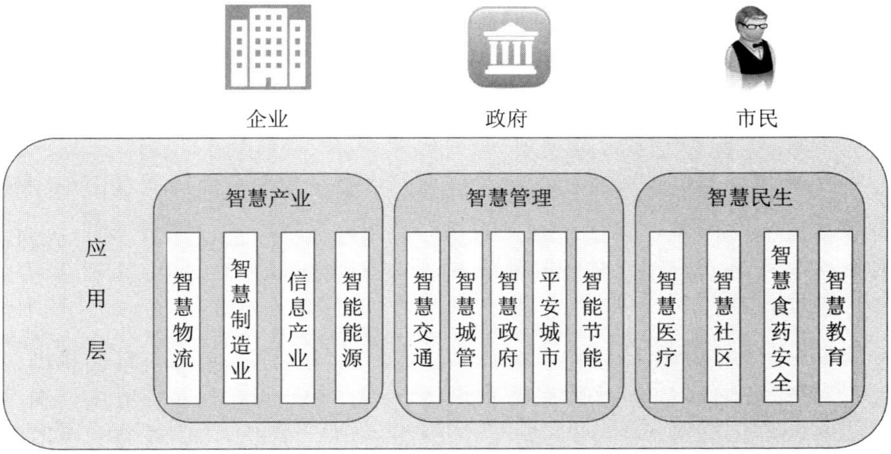

图 2-11　智慧城市应用层

2.3.2 安全体系

随着智慧城市向纵深推进，信息安全问题将成为影响智慧城市建设与发展的瓶颈，所以，应着手调研建设信息安全保障体系通过树立全面网络安全观统筹建立智慧城市安全体系，以系统化信息安全思维建立体系化的网络安全保障措施确保其闭环运行，保障智慧城市运行安全，以促进智慧城市建设的可持续发展。

智慧城市建设的全面的安全观是指：从“以人为本”的智慧城市建设理念为出发点，以维护国家与民族的信息主权为目标，以安全、开放、合作为原则，以促进数据资产的开发为核心，以发展自主可控的信息技术和推动网络安全软硬件作为重要支撑，提升全民网络安全意识，夯实网络安全基础，建立透明、民主、协作的互联网治理体系，从而解决智慧城市中体系化、系统化、常态化的网络安全问题，保障智慧城市信息安全。

智慧城市全面网络安全观是在新型智慧城市建设背景下，推进信息技术应用全面保障网络安全系统化、体系化、融合化的发展观，是信息技术应用与网络安全保障相融合、局部安全与全局安全相结合、宏观政策与具体措施相衔接、平台安全与终端安全相匹配、技术架构与应用安全相适应的网络安全保障方法论。以此推进智慧城市建设，有利于城市智能、安全稳定发展，是人民幸福安康的根本途径。

2.3.2.1 安全体系逻辑架构

本安全保障体系以人力资源和组织架构为核心，营造构筑网络安全运行的政策环境，以制定的政策法规、制度标准、技术指南作方向、网络安全运行机制为保障，根据智慧城市建设基础和条件研究、设计、开发、维护适应城市安全与国家网络安全需求，形成技术、产品、系统、平台的闭环结构（如图 2-12 所示）。

1．组织架构和人才资源

作为构建智慧城市安全保障体系的核心要素，智慧城市安全保障的组织架构需要设立安全决策、执行、监管的岗位，明确机构责任，使责任到位、措施到位。由行政部门、技术单位与专业人员队伍组建高素质、职业化智慧城市网络安全管理队伍。

2．安全运行机制

网络安全运行机制是智慧城市安全的重要保障，包括以下内容：一是要建立城市级跨部门的协调工作机制，统筹城市、顶层设计、工程建设、信息系统运维、考核评估等；二是将高层次人员参与、信息安全意识、技能培训、绩效考核等纳入完善网络安全管理与控制的流程；三是依据国家标准，建立风险识别、控制和应急机制，建设信息安全灾难测评、恢复体系，从而推动软环境和硬设施协调运转的保障。

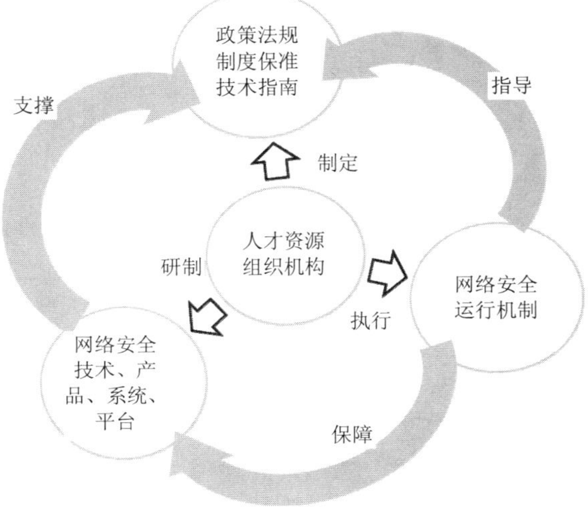

图 2-12　智慧城市安全保障体系逻辑架构

3．安全软环境

政策法规、制度标准、技术指南作为智慧城市网络安全建设的行为准则，需要形成完善、完整、可行的安全总体方针、标准、规范、流程和制度等。

4．安全体系硬设施

应用层安全：访问权限、隐私保护、信息泄露、数据取证、知识产权

数据及服务支撑层安全：主机系统、操作系统数据库安全、主机

网络层安全：数据机密性、数据完整性、数据流机密性、DDOS 攻击

感知层安全：机密性、密钥协商、节点认证、信誉评估、安全路由等

图 2-13　安全体系硬设施

网络安全技术、产品、系统、平台作为智慧城市安全保障体系的硬件设施，

根据访问控制、身份鉴别、数据完整性及保密性、抗抵赖等安全需求研究开发适应新形势的技术与产品，从物理、网络、主机、应用、终端和数据等多层面实现对智慧城市的层层防控，保证城市信息安全（如图 2-13 所示）。

2.3.2.2 安全体系建设内容

按照智慧城市建设特点，从信息介质、安全技术、管理制度、政策法规、安全素养等方面构建安全保障体系，从智慧城市业务系统概念设计和建设实施，到后期运维各环节，覆盖调研、分析、建设、监测、分析、整改、预警、防御、应急等各个领域各环节，形成一个智慧城市建设信息安全保障的完整闭环（如图 2-14 所示）。

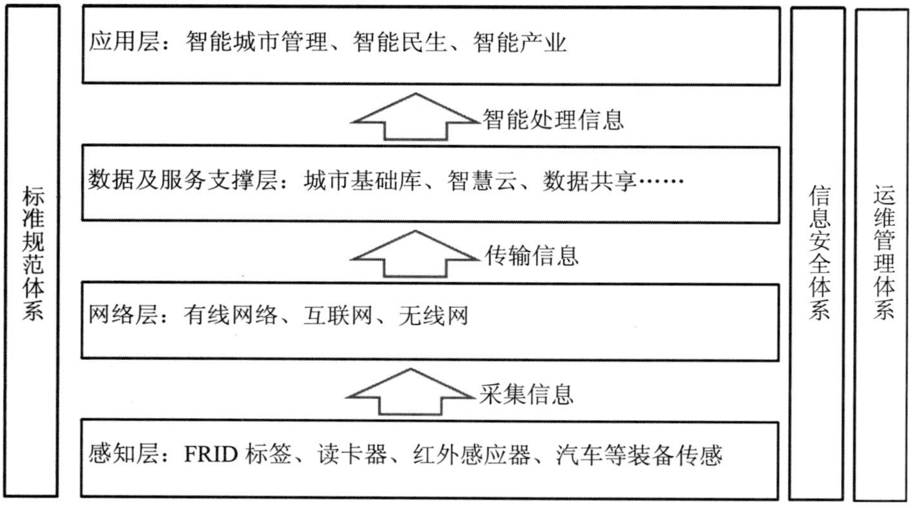

图 2-14 安全体系建设内容

1．建立标准统一、全面覆盖，感知层、网络层、数据和服务支持层、应用层的城市级信息安全体系

（1）感知层安全。利用入侵检测系统提升网络信息传输安全；设立访问控制机制，防止非法用户进入、控制传感设备；采用态势分析技术，阻止恶意代码攻击，预防传感设备故障。

（2）网络层安全。通过对各异构传输网络之间建立跨网络认证机制、数据加密等技术，防范跨异构网络安全隐患，防止网络传输中泄密，提升跨网传输效率与信息可信完整度。

（3）数据和服务支持层安全。建立异地容灾备份系统，防范数据损毁和丢失，保障数据安全。完善授权及审计机制，禁止非法访问，加强用户个人信息的保护。运用智能分析处理技术，强化大数据分析，加强对恶意数据、信息的识别和管控能力。

（4）应用服务层安全。利用数字水印等技术建立系统安全审核体系，降低安全隐患，确保数据和系统安全。

2．从智慧城市非技术信息安全体系来看，建立以下四方面的体制机制

第一，建立有效的安全组织架构，配备决策、执行、管理的相应岗位和机构，明确各级机构责任。

第二，建立信息安全总体框架、标准、规范、流程和制度，作为智慧城市建设信息安全保障的依据与指导。

第三，完善信息安全管理与控制的流程，形成意识与技能培训、绩效考核，保证智慧城市建设安全运行。

第四，通过完善信息系统风险管理方法，有效进行风险识别、控制和处置机制，定期调研和风险评估，及时了解信息系统安全现状，采取措施及时控制风险。

2.3.3 城市运营服务中心体系

城市运营服务中心，是智慧城市建设的核心工程。通过搭建城市运营服务中心，将智慧城市中的信息化建设工程进行统一接入与管理，实现跨部门、多专业、综合性的系统集成，实现互联互通、交换共享、良好协作的关联应用。有效规划和管理城市资源，让城市各单元和谐高效地运行，为城市管理者提供科学决策和命令指挥，为人们提供高效率的智能化服务，为城市集中化、统筹化管理提供抓手，构建成为城市一体化管理平台。

城市运营服务中心，具体通过搭建城市运营管理中心、惠民信息综合服务平台和智慧城市体验服务中心，实现城市高效运营、科学管理和人性化服务。

2.3.3.1 城市运营管理中心

依托城市已有的应急联动指挥中心，建设城市运行管理中心，全面整合城市管理各领域智慧应用信息化成果，加强城市一体化监测，提升城市应急管理水平，为各级领导提供决策信息服务，提高城市运行管理决策科学化和智能化水平。

城市运行管理中心以现有应急指挥体系为基础，综合利用 PGIS、GPS、高效计算机服务器处理海量数据等科技手段，进一步整合各部门的应急资源，充

分加强数据的共享利用，建立集通信、监测、指挥和调度于一体，智能化的城市监测和指挥中心，重点建设包括一体化城市体征监测体系和城市应急指挥体系两大部分。

1．一体化城市体征监测

该体系作为汇聚和反映全市运行状况的窗口，具备足够的网络接入和计算分析能力，能够以高度可视化、图形化的方式展示全市各类城市运行体征，为宏观的政策制定以及紧急的管理决策提供有力支撑。通过巨幕显示输出监管项目和各类数据，来自各委办局、民众上报上传、外部（省市级）监控资源所产生的各类监测数据汇聚到此，经过初步处理，城市的整体运转状态都能悉数掌握；实时呈现数据统计结果，帮助领导进行日常管理和应急指挥。

2．城市应急指挥体系

城市应急指挥体系包括指挥中心和配套机制两部分。在机制上，应急体系包括应急预案的统筹制订，梳理相关委办局的应急流程，使之相互关联；依据各类应急资源建立数据库和资源池，统一分类编号，方便系统调用和指挥调度。在此基础上，打造城市应急管理的最高指挥中心。应急指挥中心物理上由城市运行管理中心大厅承载，但独自拥有一套应急管理系统和搭配的通信模块，对此应在现有的应急系统和数据库基础上进行大幅度升级，实现与监测中心一体化城市体征监测系统、GIS 底图、管理呼叫协同系统、医疗急救系统的全部安全对接；同时根据需要可随时接入现有的委办局自建的指挥大厅相关系统，并且配合预案体系，实现主指挥中心与分中心的高效通信。

3．企业融合服务平台

企业融合服务平台以满足企业的资金、资源、经营管理为核心，以为企业提供生存发展所需的外部支撑、内部能力建设和业务模式拓展所需的融合化服务为目标，依托云计算、移动互联网等技术架构，在不影响既有应用架构的前提下，采用云服务的方式聚合政府服务资源、社会公共服务资源，以及市场专业服务资源，统一企业所需的各类服务入口，构建企业经营的线上虚拟环境；集中提供企业内部管理所需的各种 IT 服务，构建企业运营的内部空间；一体化整合多种形式的企业业务开拓模式，集合线上线下优势，构建业务拓展的丰富渠道。企业融合服务平台提供给企业用户全生命周期的个性化服务，构建企业生存发展所需的外部、内部的生态链，打造智慧企业绿色生态系统。

该平台将以统一提供企业经营发展所需的外部环境、内部能力和业务模式支撑体系为宗旨，以企业实名制参与为基础，通过与相关电子政务系统的对接提供各类政务服务为切入点，逐步将目前本地、外地、各行业提供的纵向、条块的专业化商务服务（例如，B2B、B2C 电子商务网站，特色大宗商品交易所，企业内部电子商务平台，物流服务企业，海关进出口平台，金融服务企业，中介服务企业，第三方支付结算企业，SaaS 服务等）接入平台，吸引区内企业聚集，实现产业链集中对接，共同运营、良性发展。对外提供区内企业形象展示的统一门户和移动互联网统一入口，既方便企业用户快捷获取所需服务，又便于统一宣传形成一致的地方品牌形象。

企业融合服务平台以“真实可信”为基础，快速形成区内企业群体的聚集，构建线上虚拟的市场经济环境，对接线下真实的商业行为，促进企业发展，同时该平台的建设也有利于政府对商务运行活动进行有效的监管，并利用平台数据快速了解产业发展的不足或者政策调整的效果，从而带动区内企业发展。

2.3.3.2 城市公共信息服务平台

以服务融合为主线，以城市市民需求为核心，采用云服务的方式聚合市、区县各级政府部门、社会和商业服务机构的服务资源，通过更为个性化、人性化、一站式的融合平台，进行渠道融合、信息融合、内容融合、服务创新，构建以市民为中心的融合服务体系，提升公共服务资源的配置效率。

以 12345 服务热线、即将建设的市民卡、“智慧城市”APP 为基础，构建一站式公共服务平台，重点建设包括公共服务支撑体系、公共信息服务主题数据库、公共服务内容整合、公共服务渠道整合等。

1. 市民公共信息服务主题数据库

建设市民公共信息服务主题数据库。利用城市人口库基础信息，将所有与公共服务内容相关的市民信息资源抽取并存储到市民公共信息服务平台，形成市民公共信息服务主题数据库。市民公共信息服务主题数据库由市民基础信息和市民动态数据两类信息构成，其中市民基础信息主要包括市民注册的姓名、性别和身份证号码等个人基本信息，数据主要来源于城市已有的人口库；市民动态信息是在惠民信息综合服务平台获取服务的过程中产生的，是各类动态信息的集合和汇总。市民公共信息服务主题数据将随着市民生命状态的改变不断更新，准确及时地记录市民信息，充分发挥数据服务的支撑作用。

2. 惠民信息综合服务的支撑体系

建成惠民信息综合服务的支撑体系。建设包括门户支撑平台、应用中心、应用支撑平台和管理平台的惠民信息综合服务支撑体系。其中门户支撑平台为市民提供个性化门户，并对 PC、智能手机、数字电视、社区智能屏等终端提供应用层的统一访问接口，实现单点登录和统一权限认证，以此融合城市已有的公共信息服务渠道；应用中心实现对城市市民、企业和政府三大类服务对象的应用管理，是整合服务内容的功能模块；应用支撑平台为应用中心提供平台支撑，为服务的调用、存储等提供完备机制；管理平台从平台的运营、平台的日常管理和平台安全三方面出发搭建平台管理系统，实现为平台管理提供定向支持。

3．整合惠民信息综合服务内容

整合惠民信息综合服务内容。围绕着市民生命周期的所有需求，基于市民的“实名制”，全面整合民政、社保、卫生、文化、教育、住房、交通、计生等政府服务、商业机构的商业和社会服务资源，利用惠民信息平台进行服务加工重组，基于统一的人口库，形成以“我”为中心的个性化服务内容。

“我的政府”是市民办理政务业务的平台、与政府互动沟通的纽带，是市民获取证照服务、社保服务、住房服务、就业服务、婚育服务、行车服务、参政服务的入口。

“我的生活”以满足市民广泛的日常生活需求为目标，为每一个市民提供融合性、本地化的商业便民服务和个性化、一站式的公共便民服务。

“我的支付”可以让市民方便地进行费用缴纳，并帮助市民清楚地了解自己的常规性支出。

“我的声音”提供了市民与城市的互动平台，鼓励市民对城市建设、城市管理、社会发展发出自己的声音，体现了市民主动对政府、对社会、对城市的参与和影响。

“我的热点”是对全部市民相关服务的分类聚合，通过将使用者最关心、最常用、最有效的服务与信息提取出来，便捷地提供给每一位市民，以带来“以我为中心”的使用体验。

4．整合信息服务渠道

整合信息服务渠道。将市民网页、市民卡、市民服务热线、智能终端、社区服务窗口、电子信息屏等渠道融合贯通，建立以人口库为基础、以市民网页为核心的一体化服务渠道。

市民网页是惠民信息综合服务平台的互联网服务渠道，市民可以通过互联网在个人专属网页上实现信息订阅、信息查询、网上办事、互动交流等各项服务，同时还能链接到其他的政府网站，成为市民获取政府服务的统一入口。

市民卡是惠民信息综合服务平台接入的卡服务渠道，市民可以选择使用市民卡获取政务、公共事业、商业领域的应用和服务。

12345 政府服务热线是惠民信息综合服务平台的电话服务渠道，市民可以通过唯一号码，获取各项服务的资讯和指引，并对服务的效果进行投诉和建议。

智能终端是惠民信息综合服务平台的智能应用服务渠道，市民可以使用智能手机、平板电脑等终端接入智慧城市 APP，获取各项资讯和政务、商业服务。

电子信息屏和互动电视是惠民信息综合服务的显示屏渠道，通过利用统一的支撑系统、统一的消息中心、统一的管理平台，将惠民信息服务平台业务和第三方服务业务有效整合，使市民足不出户就可以查询办理各类政务和商业服务。

社区服务窗口是惠民信息综合服务平台的实体渠道，市民可以在社区服务窗口进行纸质材料的递交，使市民可以在家门口享受“一对一”服务。

各个渠道均基于统一的融合数据库，共享市民基础信息和业务信息，并能形成业务联动，为市民提供全方位的融合服务。

2.3.3.3 智慧城市体验服务中心

建立智慧城市体验服务中心，全面展示智慧电商、智慧医疗、智慧社区、智慧党建、智慧教育、智慧交通、智慧城管、智慧物流等智慧应用工程带给政府、社会、家庭和个人的智慧生活。

2.3.4 基础信息体系

2.3.4.1 大数据平台

紧紧围绕建设智慧城市的需求，从满足政府及其各部门决策需求出发，在地理信息系统、全球定位系统、数据库、计算机网络和大数据应用等现代信息技术基础上，结合政府部门、行业的特点，建设智慧城市大数据平台系统。

1．大数据建设目标

大数据平台通过对城市信息数据资源统一科学管理，高度聚集信息资源提升城市的辐射能力和竞争力，吸引聚集相关产业链落户城市，推动形成城市大数据产业链。大数据平台建成之后，可以惠及政府、企业以及全体城市居民。从政府的角度出发，通过大数据平台，政府能够完善电子政务，为政府提供更有力、更方便的管理工具，更高效的管理。在面临突发事件时，政府能更快速地预警，做出反应和处理，提高行政管理和风险应对能力。对企业而言，在大数据平台中，企业之间相互联系，发现创造出更多的合作机遇，增强了企业与政府的互动性。从居民角度出发，大数据平台可惠及到医疗、交通、教育等多种领域中，极大地方便居民。

2．大数据平台架构

城市大数据中心通过大数据生产平台和大数据分析平台为城市综合信息服务应用系统提供数据、信息服务。以下从大数据中心各功能模块实际作用的角度来设计其应用架构。

大数据生产平台是大数据中心的数据采集平台，负责城市大数据中心的数据采集、数据处理、数据入库工作。在该平台中，通过共享交换平台实现了城市四大基础资源库的数据交换；通过物联网大数据整合平台实现对环保、交通、安保等委办局物联网信息的采集与整合；通过互联网数据采集平台实现对互联网中新闻媒体、社交图文信息的分类采集与入库。数据采集之后通过数据整合平台实现了数据的清洗比对，转换入库，质量管理工作。同时，信息资产管理平台实现了信息资产的登记注册、目录管理等工作。最终形成基础核心大数据，政务业务大数据、社会综合大数据三大类数据。

大数据分析平台是城市大数据中心的大脑，对数据进行统计分析、深度挖掘。该平台实现了语义引擎、知识管理、可视化分析、空间分析、数据挖掘、预测分析、模型构建、查询统计等大数据分析功能（如图 2-15 所示）。

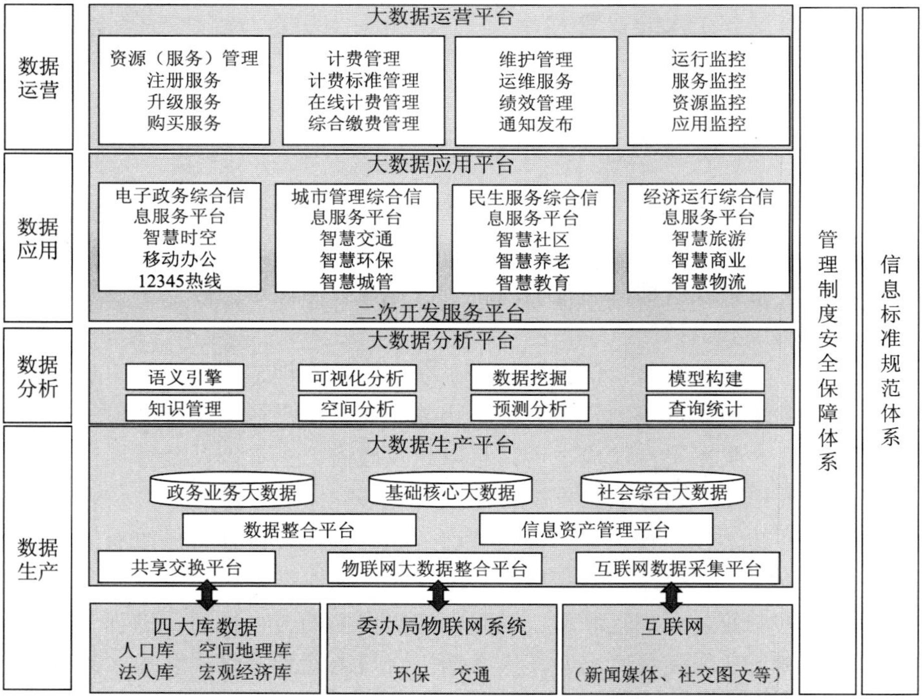

图 2-15 大数据中心应用框架

大数据应用平台实现了包括“四大综合信息服务平台”在内的城市大数据的综合信息服务，是基于城市大数据整合共享基础上的增值数据应用。各项信息服务是通过二次开发服务接口提供的接口服务以面向 SOA 服务的方式为各项专题应用提供支撑服务，“四大信息服务平台”整合各专题应用的数据服务、功能服务以统一门户的方式呈现给用户。展示终端可能是网页、Pad 端、手机端、展示屏等。

大数据运营平台是大数据中心正常运行的保障平台，实现了城市大数据中心的可持续化发展，增值应用。通过资源服务管理实现了新增资源的注册、升级、购买等管理；通过计费管理实现了大数据对社会化服务的有偿使用；通过维护管理实现了大数据中心的日常运维管理；通过运行监控实现了软件、数据、硬件等资源的实时监控和资源分配。

2.3.4.2 市民卡

统一规划、建设全市发卡体系，逐步整合现有各类卡片、政府自身和社会资源，分阶段、分步骤提供具有公用事业服务、政务服务、金融服务、商业服务等四大类应用的市民卡。构建市民卡服务体系，设置市级主服务大厅及若干服务网点，通过多媒体终端、呼叫中心、数字电视等电子化服务渠道，建立“便民、利民、惠民”的市级、镇级、社区三级服务体系，将部门之间的信息整合、共享，相互协作为民服务业务，初步实现市民卡“一卡多用”，方便市民享受日常消费和公共服务。

市民卡工程包括八个系统，分别是市民信息管理系统、卡管理系统、制卡管理系统、卡应用管理系统、清结算系统、联机账户管理系统、库存管理系统、网点管理系统，具体内容如下。

1. 市民信息管理系统。市民信息管理系统包括数据准备、数据采集、信息资源管理、指标体系、信息服务管理五个部分，从而实现市民信息的采集、比对、分析，为市民发卡提供基础数据，同时通过数据分析，对外提供市民信息服务。

2. 卡管理系统。卡管理系统是一个以市民卡的全生命周期管理模式为核心的应用服务系统。包括卡片申请、售卡、发卡、卡片维护四个部分。

3. 制卡管理系统。卡制作主要包括标准卡、不记名卡和定制卡的零星或批量制作，由制卡业务操作员完成。制卡管理系统包括制卡任务生成、制卡文件导出两大功能。

4. 卡应用管理系统。卡应用管理系统实现管理、充值、交易管理、参数管理等功能。其中应用管理包括应用开通及停用、余额转移等功能。管理实现卡具体应用的新增、开通和持卡人对已开通的应用进行锁定及解锁。充值包括电子钱包充值、电子钱包充值撤销等功能。交易管理包括电子钱包临时交易调整、电子钱包错账调整等功能。参数管理包括市民卡应用类型定义、应用收费定义等功能。

5. 清结算系统。市民卡中的电子钱包的小额支付功能，要求有多种消费支付模式的清结算体系的支撑。清结算的方式采用统一结算方式，统一充值，市民的脱机交易上传后，利用清结算系统清分、结算、统计，并进行帐务处理，然后通过金融系统将结算金额划到相应银行账户。

6. 联机账户管理系统。联机账户管理系统是市民卡系统中对联机账户处理的核心业务之一，它不仅是卡管理系统的辅助支撑，同时也是清结算的处理核心。联机账户包括个人主账户、电子钱包账户和专用账户。账户管理系统主要包括开户、充值、消费、冻结、解冻、密码管理、注销、圈存、预授权等功能。

7. 库存管理系统。针对市民卡服务中心各类市民卡片、设备、凭证等进行管理。物品的出入库、内部交接及最终使用的整个过程均在库存管理系统掌控范围内。

8. 网点管理系统。网点管理系统包括网点管理、柜员管理、角色管理、柜员授权、柜员密码修改等功能。

2.3.4.3 时空云平台

时空信息云平台项目是智慧城市建设的重要组成部分，是智慧城市云平台与大数据中心基础地理空间信息数据存储、共享、交换与应用的基础。项目建设核心内容包括时空信息数据库和时空信息云平台，应用示范，以及关键技术研究，其中，时空信息数据库由时空信息数据、物联网节点地址数、时空信息数据库管理系统和支撑环境四个部分组成；时空信息云平台收集的全覆盖精细及时相地理信息，根据应用环境需求面向泛在提供地理信息、节点定位、功能和接口开发等服务。

通过智慧城市项目建设与实施，将拥有基础地理、土地资源、城市规划及管理、交通、电子商务、人口、经济等众多数据，具有数据量大及增量多，数据来源及结构多样性（结构化、半结构化、非结构化），采集、发现与分析处理时效要求高等大数据特性。同时，随着现代信息社会政府决策科学化的迫切需求，以及政府数据开放为社会相关部门及公众提供信息服务的需要，智慧城市项目数据也需与其他高价值密度或低价值密度的社会经济数据（如民生、气象、工业经济、环保、公共安全、城市服务、交通流量、商业活动、语义 Web、网页等）协同交叉处理分析能力。

依托物联网、无线技术、定位和监控技术，分别结合城市专项建设，以及城市住房和城乡建设管理职能，开展时空信息云平台应用示范。

1．智慧城市相关专项

电子商务、智慧党建、智慧社区、智慧医疗、智慧城市管理等智慧城市专项与时空信息云平台结合的应用示范。

2．智慧城市建设管理

城乡规划、房产管理、建筑节能、城建档案管理、园林绿化、历史文化保护、绿色建筑等智慧城市建设管理。

3．智慧城市宜居

供水系统、排水系统、燃气系统、照明系统，以及地下管线与空间综合管理的智慧城市功能提升。

4．智慧住房与建设管理与服务

决策支持、信息公开、网上办事、政务服务体系等政务服务，基本住房保障等基本公共服务。

2.3.5 智慧政务体系

2.3.5.1 智慧党建

“智慧党建”系统将打造全市、区、县的党员学习教育新阵地、传播发布新媒体、交流沟通新圈层、组织活动新平台、管理服务新模式等五大核心功能，并实现城市智慧党建大数据分析、党员行为分析、党费电子缴纳等，助推党建工作信息化、科学化发展。

1．信息发布的平台

全市最新时政动态、党建动态、远程教育动态、通知公告等以图文形式展现。

2．在线学习的平台

全体党员完成学习，内容在线选择、在线学习，及时记录学习完成情况和学时、学分记录，并在线通报学习情况。

3．互动交流的平台

实现在线答疑解惑、视频网络会议等功能。

4．管理服务的平台

实现党员党籍档案电子化，网上入党积极分子培养管理、组织关系转接、流动党员管理、党员志愿服务、先进典型宣传、党代表服务网络化等。

5．多媒体直播的平台

实现在线直播全国远程教育卫星流媒体节目，直播和点播城市党员教育电视频道节目。

6．党建大数据的平台

实现城市党员信息资料电子化，包括基础数据和工作数据，通过智慧党建大数据智库系统，对党政论坛、社交平台、党员行为的数据进行抓取和多角度分析。

2.3.5.2 智慧城管

城市智慧城管以数字城市管理平台为基础，利用移动互联网、物联网等技术，整合公众资源，采集城市日常动态，进行分析预警，为应急决策、指挥提供支持。其规划建设主要框架如图 2-16 所示。

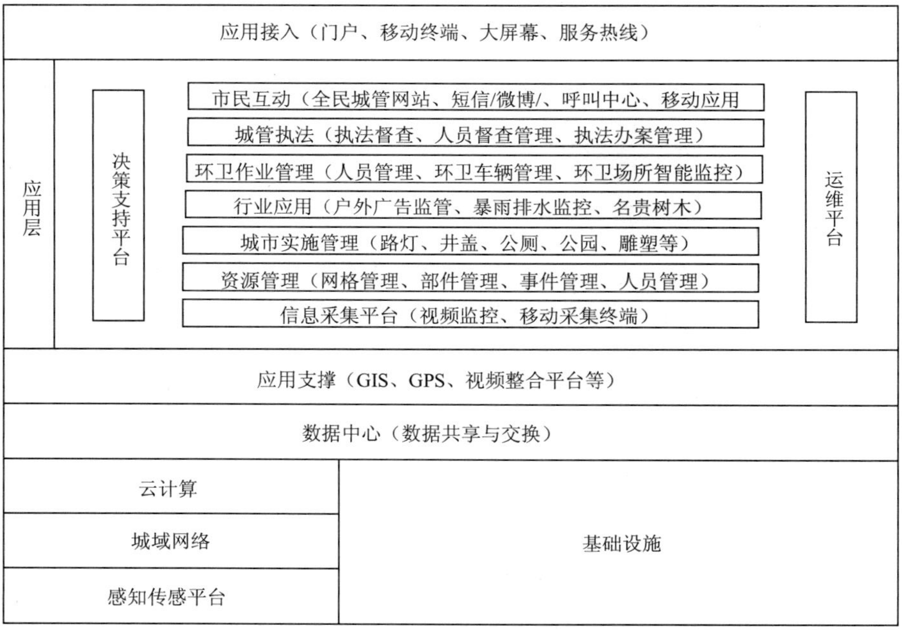

图 2-16　规划建设框架

智慧城管信息平台是覆盖城市管理各项业务的综合管理信息平台，包括对环境卫生、城市园林、照明等城市部件和事件问题等进行管理，建立城市管理信息系统的协同机制，实现信息资源共享。

建成包含“智能监控、业务管理、应急管理、决策支持、公共服务”五大应用的智慧城管系统。建成成果主要包括市民互动平台、城管执法平台、环卫作业管理平台、户外广告监管系统、暴雨排水监控系统、名贵树木监控系统、重点文物保护系统、城市路灯智能管理系统、无线井盖管理系统、视频监控预警分析系统、数据共享接口、大数据挖掘技术、人脸和车牌识别技术、小型无人机航拍违规建筑等。智慧城管系统采用新一代数字城管“智信”平台，未来根据城市实际情况，可进一步拓展智能监管范围。

2.3.5.3 智慧科技

按照“加快建设城市科技资源中心，建立科技公共服务平台，健全创新服体系，支持企业开展技术创新”的总体思路，建设智慧城市科技创新创业服务平台。平台围绕科技管理、院校地协同、创新创业孵化、创新创业服务、科技金融等五个方面，基于互联网思维，采用 O2O 模式，营造科技资源与科技企业、创新创业者的有效对接、合作的无形市场（即城市科技创新创业服务平台）和有形市场（即科技成果和专利技术实体交易市场）。

平台为科技创新企业提供创新、科技、市场、人才、标准、检测认证、创新创业、科技项目服务等方面的信息和服务。平台主要包括：技术创新、科技金融、知识产权等 12 个方面的服务（如图 2-17 所示），同时平台可动态扩展。

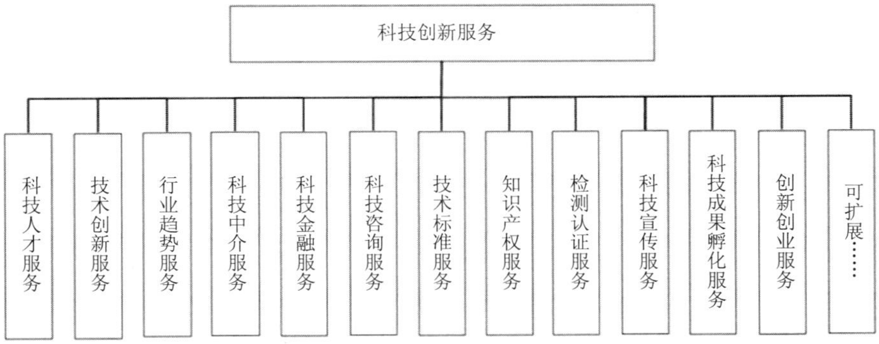

图 2-17 科技创新服务平台

2.3.5.4 智慧工商

建设包含市场准入、市场秩序监管、合同监管、消费维权、广告监测等公共服务领域的智慧工商系统，实现纵向工商行政对接，横向与税务等相关部门的信息资源共享；适应公众对电子政务的需求，形成智慧工商网上办事平台；同时，注重系统整合和移动监管执法等特色系统建设，健全智慧政务体系建设。

1．工商数据中心

建设整合行政、重要门户网站交互的工商数据库及12315申述举报数据库，实现数据统一管理、共享与挖掘，建成集服务公众、行政决策的综合服务体系。

2．移动监管执法系统

通过移动终端访问工商业务系统，实现无线网上办公及12315申述举报的GPS定位指挥等工作。

3．掌上工商

公众通过手机、平板电脑登录系统，线上查询信息、投诉与举报、信息资讯、政策法规、信息推送等多种服务。

2.3.5.5 智慧资讯

充分运用新技术新应用创新媒体传播方式，建设城市最权威的新媒体资讯发布平台。

1．城市新闻网

更新新闻采编系统，改版网站，提升图文、视频、即时发布的便民信息、网上互动等资讯的影响力和覆盖面，打造城市公共资讯传播首要网站。

2．新闻移动客户端

充分发挥城市日报社权威媒体的优势，整合强大的采编力量，在移动客户端传播新闻资讯。

3．户外电子阅报系统

通过在社区、道路、公园等公共场所的终端设备，让居民第一时间了解最新最全面的城市信息。

2.3.6 智慧经济体系

2.3.6.1 智慧电商

城市依托得天独厚的区位优势和产业优势，以全面建设全省电子商务示范城市、国家电子商务示范基地为契机，围绕实现再造一个“产业城市”的战略目标，提出了“一条供应链+三大基础工程+六种电商”的发展战略，具体包括：

“一条供应链”。即电子商务供应链（E-Supply Chain），贯穿全市电子商务整体规划，全面集成供应链上下游各种资源，打造城市电子商务的核心竞争力。

“三大基础工程”。即消费互联网、产业互联网以及移动互联网，紧紧抓住“互联网+”的良好发展机遇，推进产业、消费、服务与互联网的融合，不断提升产业创新水平和服务水平，进一步满足社会生产和生活消费需求的需要。

“六种电商”。即工业电商、农村电商、O2O 电商、文化旅游电商、跨境电商和移动电商，实现电子商务在各个产业应用的全覆盖，全面提升全市产业发展水平，依托电子商务积极打造经济增长极。

为了保证城市电子商务发展的战略目标的实现，将全面打造“1+2+3”的电子商务战略部署，形成基地、中心、平台网络化的电子商务结构体系，其中，“1”基地为“国家电子商务示范基地”——城市临港产业物流园区，“2”中心为城市电子商务中心和城市长江物流中心，“3”平台为白酒供应链电子商务平台、城市产业电子商务平台和城市商贸电子商务平台，全面促进全市商贸流通业和传统服务业的升级。

2.3.6.2 智慧旅游

打造集“服务、管理、营销”三位一体的智慧旅游平台，推进智慧旅游服务体系、智慧旅游营销体系、智慧旅游文化体系、智慧旅游监管体系建设，提升智慧旅游服务和管理的能力。

1．智慧旅游数据中心

制定与省级旅游信息数据中心统一的数据采集标准，全面了解游客、旅游资源、旅游企业等相关信息，解决信息数据交换和共享问题，建立智能数据分析系统，发挥数据应用和服务作用。

2．智慧旅游服务体系

将相关旅游资源的信息进行整合，加强完善旅游配套服务体系，实现对“出发前、旅途中、行程后”三类游客的全流程旅游服务。

3．智慧旅游营销体系

拓展新网络、新渠道、新方式的营销手段，构建跨网络、跨平台、跨终端的营销平台；实现旅游宣传、经营、销售、管理全过程的数字化、智能化。

4．智慧旅游文化体系

增强城市旅游的核心竞争力和个性化吸引力，推动文化与旅游经济的互动。包括旅游文化宣传片、旅游动漫、新媒体微电影、主题电影、主题连续剧等。

5．智慧旅游监管体系

建立面向景区景点、旅游机构、企业、商户的监管体系，实现旅游服务质量与产业动态数据的全程深度监管。

6．旅游公共服务平台

基于 GIS 地图，结合触摸屏、平板和手机等多种智能终端，搭建信息服务系统、电子商务系统和自助导游系统。

7．旅游企业管理平台

通过建设企业会员管理系统、景区营销管理系统、旅行社管理系统、信息发布管理系统、电子商务管理平台、业务渠道管理系统等多个子系统，整合旅行社、酒店、餐饮娱乐等相关产业资源，为游客提供多方面的服务。

8．旅游政务管理平台

通过建设视频监控、协同办公、应急指挥、调度等多个子系统，实时掌握景区游客数量及分布、旅游设施设备等情况，建立全面监控、管理的旅游政务管理体系。

2.3.6.3 智慧工业

智慧工业工程，是“大力推进信息化与工业化深度融合”的具体表现，包含从研发设计、制造、传输、服务到经济指标分析等各个环节，带动产业转型升级，形成产业链的有效聚合，推动制造过程逐步向信息化制造的高级阶段发展。

围绕本土传统优势产业，完善信息化管理与服务手段，继续深入开展信息化与工业化深度融合工作，试点实施并逐步推广“工业 4.0”城市模式，提升企业信息化生产、管理、销售水平，实现“智能工厂”和“智能生产”。加大对本地企业两化融合的扶持力度，设立城市“两化融合”专项补贴资金。

智慧工业，主要建立“一个平台、四个体系”，即以智慧工业应用支撑平台为基础，推进自动控制体系、企业管理体系、安全生产体系、绿色工业体系的建设，全面提升城市新型工业化水平、资源节约能力、招商引资吸引力，为工业信息化的长效发展提供支撑。

2.3.6.4 智慧农业

建成农业综合服务信息平台，实现农业信息服务从产前、产中、产后的“一站式”信息服务与全程指导。平台围绕农业经济、社会管理和公共服务，公开涉农信息，推动建立网上办事、在线互动等服务，其中包含以下关键系统。

1．建立农业生产管控系统

通过各种无线传感器等物联网技术和设备，实时采集农场等生产地的光照、温度、湿度等参数及农产品的生长状况等信息。

2．建立农业专家咨询服务系统

将采集的参数和信息数字化，通过实时传输网络平台汇总整理，由农业专家根据农产品生长指标对下一步生产进行指导和管理。

3．建立农业生产物联控制系统

进行定时、定量、定位云计算处理，精确遥控关键农业生产设施，实现农业生产智能化，提高农业生产效率。

4．建设农产品安全溯源系统

加强农业生产、加工、运输到销售等全流程数据共享与透明管理，实现农产品全流程可追溯，提高农业生产的管理效率，促进农产品的品牌建设，提升农产品的附加值。

2.3.6.5 智慧物流

搭建物流公共信息平台，建立科学的物流运作与服务规范和信息交换标准，采集物流信息，通过平台数据分析结果优化物流路线，平台建设后将成为物流业的运作中心，实现物流运作的全流程电子化交易和在线客户服务。

建设高效经济的智能物流网络体系，提供包括电子商务中心、物流作业应用中心、金融服务中心、咨询服务中心和增值服务中心等，满足物流行业不同客户、不同应用场景的需求。在此基础上结合电子口岸和B级保税物流中心建设，打造通关便利化的综合物流信息系统。

整合金融与物流产业体系，实现金融、物流与信息的深度融合，实现智能化的现代物流服务。

依托物流产业园区，采集、整理、分析各类物流数据，对物流基地资源进行整合，建成包括物流服务平台、支付管理系统、三维模型展示系统和网上教育平台等多功能的物流公共信息平台，提升物流行业服务宽度与深度。

2.3.6.6 智慧园区

以智慧化手段建设“四大平台”的“智慧园区”工程，以智慧园区数据中心为基础，通过感知系统推动技术有机融合，形成资源共享，实现以园区管理、服务为主导的智慧园区。

1．智能园区运行管理平台

智能园区运行管理平台主要内容包括园区智能交通、园区视频监控、园区中央指挥管控、园区OA办公系统等。通过视频监控、物联网等技术手段，实现对园区运行状态的监测，提高精准管理能力，推动园区运营安全高效。

2．智能园区综合服务平台

通过提供智能办公、会务、商业等一系列应用服务。一是建立园区企业办公软件，实现与园区管委会与企业之间的互联互通。二是建立园区外网门户，实现信息发布、查询、网上办事等功能，为园区招商、重点项目和产品推介、园区内外企业办事提供平台。

3．园区环境监测平台

与智慧生态环保进行联动，对园区企业的排气、排水、生产设备、垃圾倒放等设施加装气体、水质、声音传感器，实现对园区各类排放物的实时监测，便于环保部门进行有效管理，其他数据需求部门实现信息广泛共享。

4．招商引资平台

该平台将主要分为对外服务网站和对内监管子系统两个部分。对外服务网站主要是在现有招商局网站的基础上进行扩展，实现招商、投资、代理加盟、创业项目等供求信息的发布；对内监管子系统主要面向区招商部门进行项目的管理，实现对所有区内项目从签约开工，到竣工投产的全程跟踪和管理。

第 3 章 智慧城市与“电子信息+”战略

3.1 智慧城市知识体系规划

3.1.1 知识体系框架

智慧城市由数字虚拟城市与实体城市相映射、相连接而组成。智慧城市的数字虚拟城市架构由应用层、网络层和感知层组成。其中，感知层以传感器、RDID 等技术技术为代表，为智慧城市的高效运行提供信息采集的基础输入。网络层以宽带、IPv6 技术为代表，为智慧城市提供互联基础和高速传输通道。应用层以云计算、GIS 和虚拟现实技术为代表，为智慧城市提供数据和信息资源的处理、分析和挖掘手段，以及城市管理、信息共享、决策支援等服务支撑。智慧城市整体形成以云计算和物联网技术为核心，融合无线通信、宽带通信、IT 支撑等基础设施的闭环技术体系，如图 3-1 所示。

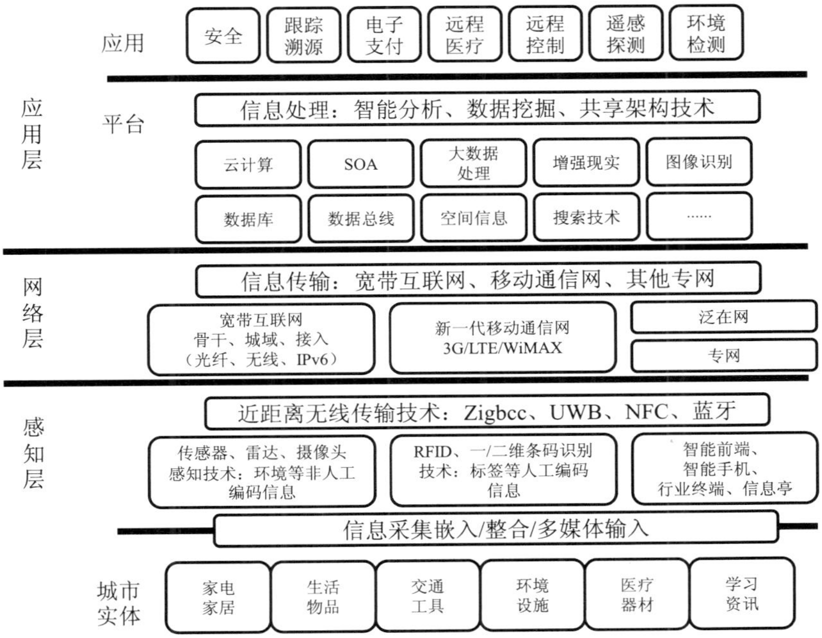

图 3-1 智慧城市的技术架构

3.1.2 感知层技术

感知层的关键技术主要包括条码和RFID、传感器、GPS、智能终端等智能感知和采集技术，通过近距离无线传输等技术，以自动或人工的方式，对城市居民和企业活动及城市实体基础设施和城市公共服务应用平台等城市运行核心系统的各项关键信息进行广泛而全面的获取。

3.1.3 网络层技术

网络层是连接智慧城市感知层与应用层的中间环节，提供感知层信息的泛在接入和高速传输通道，主要包括宽带互联网（骨干网、城域网、光网宽带、无线宽带）、移动通信网、未来网络（IPv6、泛在网）和三网融合等技术组成，形成以“宽带、无线、泛在、融合”为特征的智慧一体化网络，实现更高的宽带速度、更便捷的接入方式、更深入的融合程度，同时支持城市要素中“人—机—物”之间全面的信息联通与共享。

3.1.4 应用层技术

应用层是智慧城市建设与运营的核心环节，关键技术包括SOA、中间件、虚拟化、云计算、智能识别和处理、数据库、地理位置信息服务等应用层技术，通过基于云计算的智慧处理平台，整合并创新应用先进科技，满足智慧城市对于海量数据的计算和存储要求，实现敏捷智能响应城市生活需求。

3.2 智慧城市建设体系规划

3.2.1 智慧城市建设原则

1. 以民为本。智慧城市的建设必须坚持以人为本。

2. 需求导向、注重实用。围绕经济效益和社会效益，以城市发展需求为导向。

3. 可持续发展。城市功能与城市管理服务的水平同步良性提升发展。

4. 政府主导，各界协同、市场运作。

5. 既切实可行，又具科学性与前瞻性。

6. 边建设边收益。基础设施先行，再优先建设可快速取得经济和社会效益的项目。

3.2.2 智慧城市建设目标

智慧城市建设的基础目标是通过基础设施、应用器件、服务配套这一有机系统的建设和运行，促进人的智慧参与，构建效率、通畅、舒适、便捷、安全、和谐的环境。

智慧城市的愿景就是利用技术来改造和完善城市，帮助城市达成以下目标：更好地理解和控制城市运营；有效地平衡社会、商业和环境发展需求；优化现有的可用资源。为市民、游客和各行各业创建最佳的生态环境，提供更加可靠和优质的城市服务，并使得市民及游客获取服务的过程更加便捷。各城市根据自己的定位和特点，对上述目标的理解和侧重点将会不同。智慧城市建设可从以下具体目标入手。

1．以城市经济、商业发展为建设目标

建造基础设施和服务，支撑城市经济可持续增长；增加资金资本、人力资本和智力资本投入，吸引城市发展产业领域的优质企业入驻。通过对业务需求、技能、本地人口和人口分布的变化进行预测及适应来实现保留高层次人才的能力。

2．以城市的可持续发展为建设目标

降低能耗和水资源消耗以及降低二氧化碳排放；改进城市规划设计、建筑物的架构和建造原则提高土地利用率；能源和水资源管理信息化，提高环境质量。

3．以人民健康和城市安全为建设目标

通过医疗网络、疾病管理和预防、社会服务、食品安全、公共安全和个人信息隐私等领域的创新，解决居民和游客的健康和安全问题。

4．以提升城市管理水平为建设目标

努力提高城市服务的质量和效率，实现各个政府层次的透明度和问责制。提供聆听、理解及响应市民和企业需求的途径。重视提供城市服务信息和访问的便利性和易用性，从而满足市民的需求。

5．以交通自由的城市为建设目标

建立有效便捷的交通运输系统，使各种形式的运输（比如公路、航空、铁路和公交）变得便宜且便捷。提高城市交通管理的智能化水平，主动识别和管理拥堵情况，使城市更加有秩序和通畅。

6．以提高市民生活质量为建设目标

为市民、游客和各行各业创建最佳的城市居住环境，提供更加可靠和优质的城市服务，并使得市民及游客获取服务的过程更加便捷。

3.2.3 智慧城市建设导向

3.2.3.1 统筹规划、政府主导

智慧城市建设需要由政府主导、引导，企业以及社会各界共同参与，应成立专门的组织协调机构，领导、管理和监督智慧城市的建设工作。必须做好统筹规划，制定中长期发展目标，确定不同阶段的任务和重点，对资金筹措、技术支持、工程施工等具体工作制定详细的方案和规范。

政府主导是智慧城市建设的基本原则，一方面要对智慧城市建设具有深刻的认识，要从城市可持续发展的角度认识到智慧城市既是时代发展的要求，也是城市发展的必然趋势；另一方面，政府有关部门应从转变政府职能、提高行政效率入手，加快数字化政府建设步伐，以政府信息化带动企业信息化，从而促进经济与社会的智慧化。

3.2.3.2 需求导向、注重实用

建设智慧城市必须牢牢把握“需求导向、注重实用”的原则。“需求导向”就是要从城市经济与社会发展的实际出发，认真研究智慧城市建设的具体应用领域，必须克服只以形象展示为主要目的的信息化建设项目，也应避免某些政府主管部门的“长官意志”，形成不必要的盲目投资。“注重实用”就是要高度重视智慧城市建设的实际效果，要讲究实效，能够解决城市发展中的实际问题，而决不能搞劳民伤财的“花架子工程”。

3.2.3.3 以民为本、服务经济

智慧城市建设应牢牢坚持面向人民生活、面向经济建设的发展思想，真正体现“以民为本、服务经济”的原则。“以民为本”要求政府部门自觉树立“执政为民”“全新全意为人民服务”的观念，从人民群众的需要与愿望出发，充分利用数字化技术为人民服务，满足老百姓工作、学习、生活、娱乐等各个层面的需求，以解决老百姓的现实问题为最终目标。“衡量智慧城市建设合格与否的唯一标准应该是“群众是否舒心满意”。

“服务经济”原则要求在智慧城市建设过程中把调整和优化城市产业结构、促进城市经济发展紧密结合起来，把智慧城市建设作为提升城市经济竞争力的重要契机，切切实实地把“以信息化带动工业化”落到实处，加快传统产业的信息化改造，增强城市经济发展的后发优势。

3.2.3.4 统一标准、联合共建

一个地方的智慧城市规划常常由不同的政府部门协同实施，这必然存在着标准的不一致。因此，建设的第一步应该确立好相应的标准。智慧城市标准的制定应尽可能避免所谓的“地方特色”，否则又会回到计划经济时期使用“地方粮票”的老路上去，对城市发展和国家的信息化建设都不利。

“联合建设”原则就是要求在智慧城市建设中克服各自为政、封闭建设的做法，应将多方力量聚集起来，充分利用，实现资源合理优化配置，联合共建，最终达到缩短工程周期、提升工程质量的理想效果。

3.2.3.5 互通有无、资源分享

在智慧城市建设中一定要坚持“互通有无、资源分享”的原则，避免通常在信息化工程中存在的两大问题——“信息封闭”“资源封锁”，使政府的各种信息资源为社会各界所共享。“互通有无、资源分享”是我们在进行智慧城市建设中必须遵循的准则，它能够使我们的城市更进一步实现对外开放，同时能够促进城市经济的发展进步。

3.2.4 智慧城市建设的方法步骤

3.2.4.1 建设智慧公共服务和城市管理系统

通过加强就业、医疗、文化、安居等专业性应用系统建设，提升城市建设和管理的规范化、精准化和智能化水平，有效促进城市公共资源在全市范围共享，积极推动城市人流、物流、信息流、资金流的协调高效运行。在提升城市运行效率和公共服务水平的同时，推动城市发展转型升级。

3.2.4.2 采用视觉采集和识别、各类传感器等技术构建智能视觉物联网

对城市综合体的要素进行智能感知、自动数据采集。将采集的数据可视化和规范化，为管理者提供可视化城市综合体管理服务。

3.2.4.3 开展智慧社区安居的调研试点工作

以部分居民小区为先行试点区域，充分考虑公共区、商务区、居住区的不同需求，融合应用物联网、互联网、移动通信等各种信息技术，发展社区政务、智慧家居系统、智慧楼宇管理、智慧社区服务、社区远程监控、安全管理、智慧商务办公等智慧应用系统，使居民生活智能化。

3.2.4.4 积极推进智慧教育文化体系建设

建设完善城市教育城域网和校园网工程，推动智慧教育事业发展，重点建设教育综合信息网、网络学校、数字化课件、教学资源库、虚拟图书馆、教学综合管理系统、远程教育系统等资源共享数据库及共享应用平台系统。继续推进再教育工程，提供多渠道的教育培训就业服务，建设学习型社会。继续深化“文化共享”工程建设，积极推进先进网络文化的发展，加快新闻出版、广播影视、电子娱乐等行业信息化步伐，加强信息资源整合，完善公共文化信息服务体系。构建旅游公共信息服务平台，提供更加便捷的旅游服务，提升旅游文化品牌。

3.2.4.5 重点推进“数字卫生”系统建设

建立卫生服务网络和城市社区卫生服务体系，构建以城市区域化卫生信息管理为核心的信息平台，促进各医疗卫生单位信息系统之间的沟通和交互。以医院管理和电子病历为重点，建立城市居民电子健康档案；以实现医院服务网络化为重点，推进远程挂号、电子收费、数字远程医疗服务、图文体检诊断系统等智慧医疗系统建设，提升医疗和健康服务水平。

3.2.4.6 建设“数字交通”工程

通过监控、监测、交通流量分布优化等技术，完善公安、城管、公路等监控体系和信息网络系统，建立以交通诱导、应急指挥、智能出行、出租车和公交车管理等系统为重点的、统一的智能化城市交通综合管理和服务系统。

3.2.5 智慧城市建设体系总体规划

根据城市相关发展规划，结合社会结构、产业结构、经济结构等特点，遵循整体规划、分步实施的原则来进行智慧城市建设体系总体规划。

3.2.5.1 智慧城市总体设计

按照“2 个中心+N 个智慧”应用模式来构建智慧城市的建设，如图 3-2 所示。

1．2 个中心：智慧城市云服务中心和城市运行管理中心。

云服务中心：提供智慧应用支撑云服务，以及大数据处理和服务。

城市运行管理中心：负责部门、业务的协调处理，面向公众的综合服务。

2．N 个应用：主要包括智慧基础设施、智慧政务应用、智慧民生应用、智慧产业四大领域中能快速取得经济效益和社会效益的重点项目。

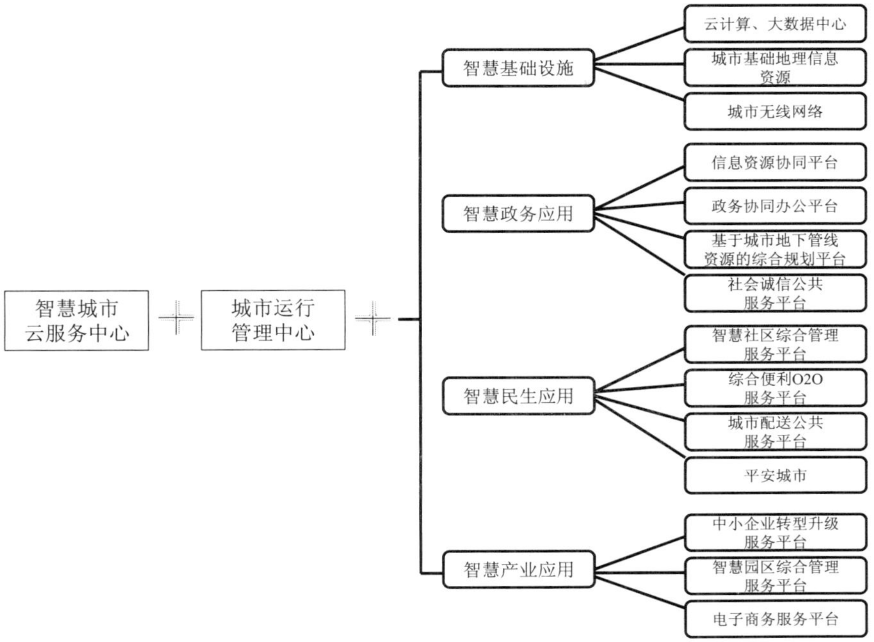

图 3-2　智慧城市总体设计

3.2.5.2　建设的主要任务

以政府主导、市场运作方式，在基础设施、管理服务、生态宜居、产业发展等方向进行相关智慧城市项目的建设，其建设主体任务如图 3-3 所示。

1．资源共享

利用智慧城市云服务中心将城市内各信息资源进行共享与采集，同时为相关领域提供基础服务支撑和数据支撑（如图 3-4 所示）。

2．服务民生

通过各领域资源和业务的整合，以城市资源为基础、以人为核心，围绕便民服务，有针对性地为人民群众提供贴心服务，为产业和经济提供指导，为政府相关部门提供决策支撑（如图 3-5 所示）。

3．可持续发展

智慧城市云服务中心采用大数据技术，将城市各方面的信息数据日积月聚，形成一个全面、庞大、精准的城市发展数据库，为城市发展提供决策辅助，为城市规划提供精准指导，为城市产业和经济发展提供明确指引，从而使整个城市健康、可持续发展（如图 3-6 所示）。

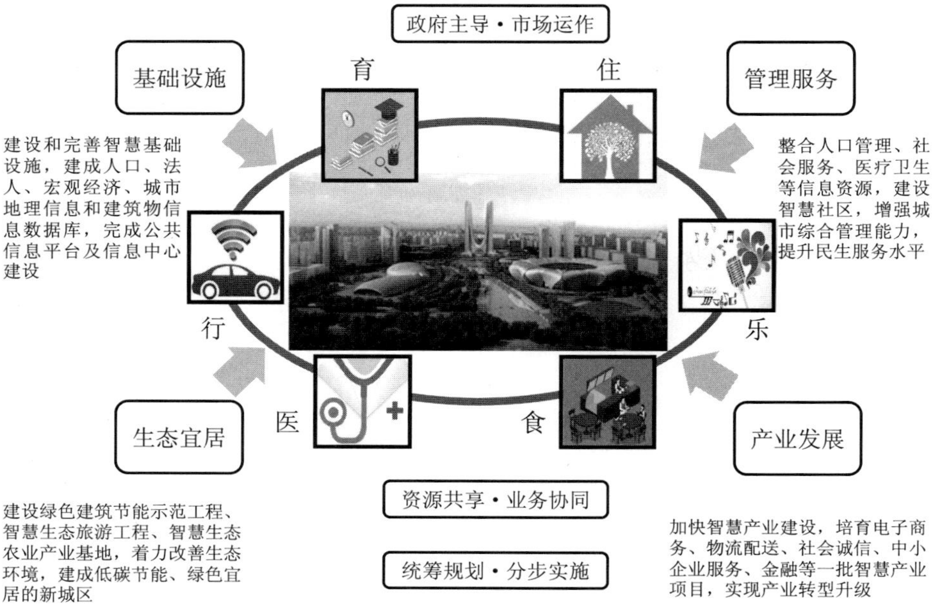

图 3-3　建设任务框架图

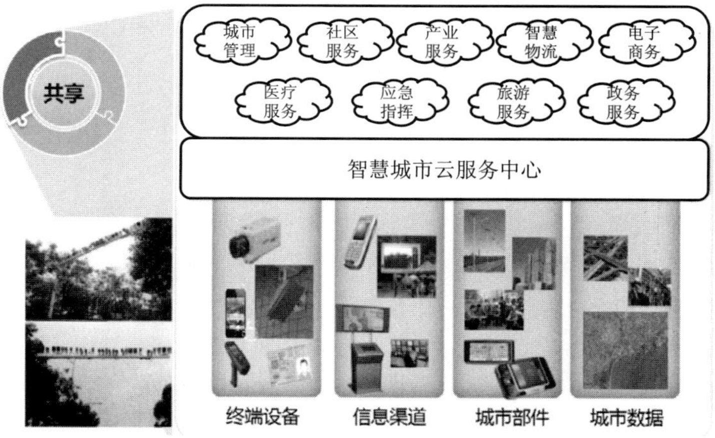

图 3-4　智慧城市云服务中心——共享

图 3-5 智慧城市云服务中心——民生

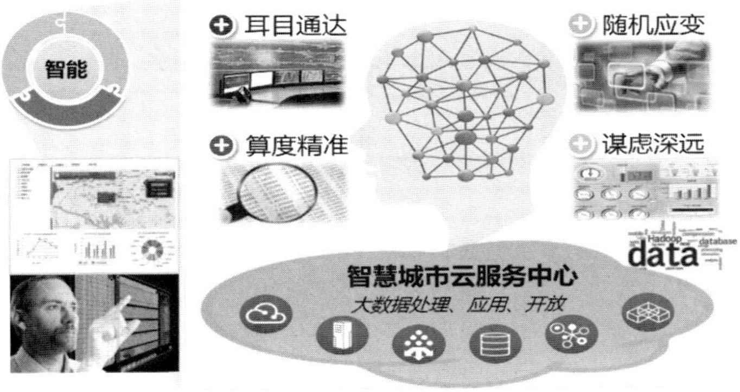

图 3-6 智慧城市云服务中心——智能

3.2.5.3 重点项目规划

按照总体设计，优先发展尽快能取得经济效益和社会效益的项目。在边收益边发展的原则下，结合城市实际发展需求和发展目标，重点建设以下项目。

1．智慧基础设施

（1）云计算、大数据中心

建设云中心。依据先满足自我，再提供外部服务的原则，采用高性能价优的设备，以及先进的云平台和大数据平台来建设为整个城市提供 IAAS、SAAS 服务及数据服务的城市云数据中心。城市云数据中心是智慧城市公共的硬件设施中心、公共的软件资源中心、公共的信息资源中心、商业信息资源服务中心、产业信息资源服务中心。城市云平台和大数据平台的建成可以实现城市软硬件和以四大基础数据库为核心的信息资源的集中存储和优化应用。

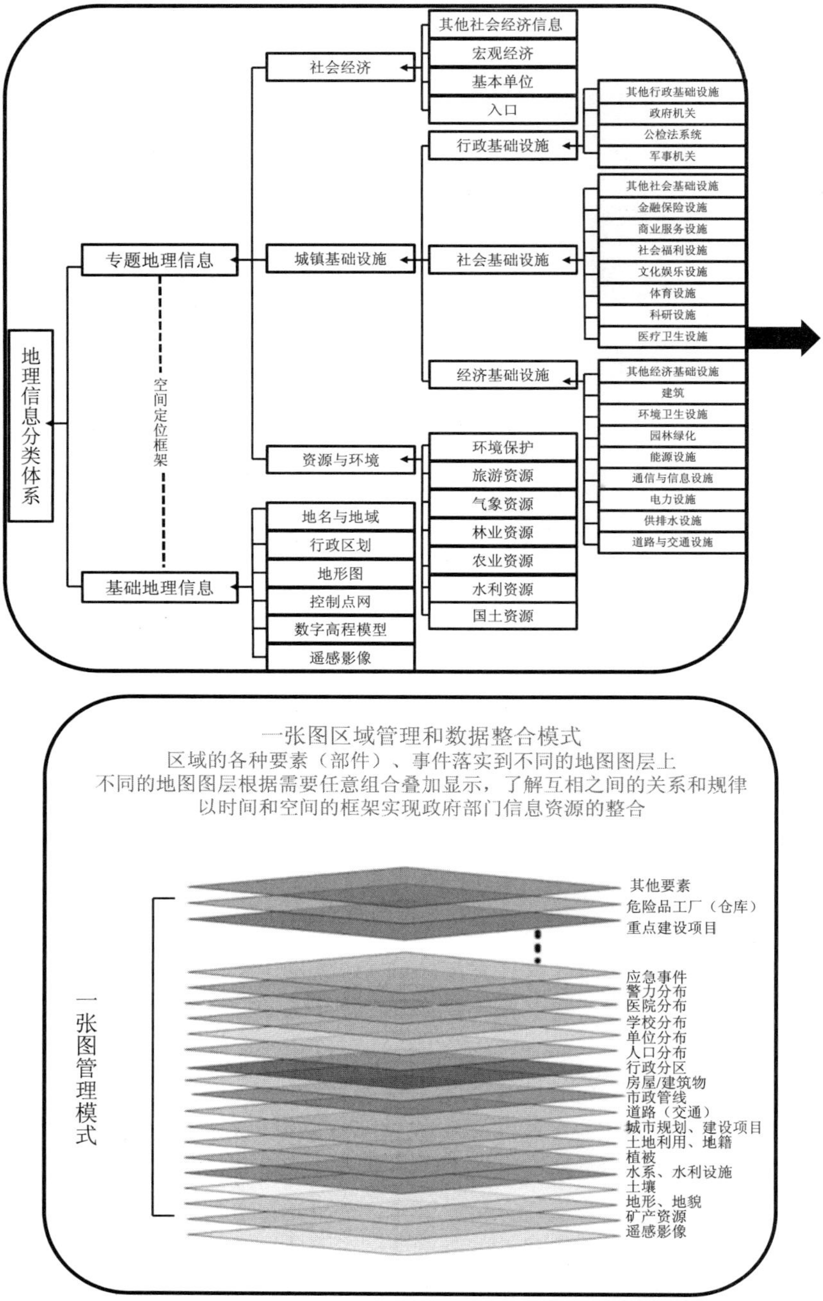
地理信息分类体系
专题地理信息
基础地理信息
空间定位框架
社会经济
城镇基础设施
资源与环境
地名与地域
行政区划
地形图
控制点网
数字高程模型
遥感影像
其他社会经济信息
宏观经济
基本单位
入口
行政基础设施
社会基础设施
经济基础设施
环境保护
旅游资源
气象资源
林业资源
农业资源
水利资源
国土资源
其他行政基础设施
政府机关
公检法系统
军事机关
其他社会基础设施
金融保险设施
商业服务设施
社会福利设施
文化娱乐设施
体育设施
科研设施
医疗卫生设施
其他经济基础设施
建筑
环境卫生设施
园林绿化
能源设施
通信与信息设施
电力设施
供排水设施
道路与交通设施
一张图区域管理和数据整合模式
区域的各种要素（部件）、事件落实到不同的地图图层上
不同的地图图层根据需要任意组合叠加显示，了解互相之间的关系和规律
以时间和空间的框架实现政府部门信息资源的整合
一张图管理模式
其他要素
危险品工厂（仓库）
重点建设项目
应急事件
警力分布
医院分布
学校分布
单位分布
人口分布
行政分区
房屋/建筑物
市政管线
道路（交通）
城市规划、建设项目
土地利用、地籍
植被
水系、水利设施
土壤
地形、地貌
矿产资源
遥感影像

图 3-7　一张图管理模式

云计算具有设备动态扩展、资源根据实际需求智能调优的特点，因此在构建城市云中心时，可以根据首期建设重点项目的实际需求来投资相关硬件资源。随着业务的增加，逐步扩展，从而降低成本，提高效率。

（2）城市基础地理信息资源

城市基础地理信息资源是整个智慧城市建设和规划的基础资源，其主要涉及了整个地区的基础地图、城市三维地图、城市部件、管线资源、城市部件等地理信息资源，在此基础上可根据业务构建不同的业务应用地图（如图3-7所示）。

（3）城市无线网络

以“光纤+光桥设备”为主干线，无线AP为各分支节点的思路，形成天地一体的宽带数字信息网，为城市的各项应用系统提供高效先进的网络和通信基础，以实现在全市范围内的网络无缝覆盖，保证无线高速上网。针对城市行政办公、文化教育、工业园区、商业网点和市政基础设施铺设无线网络，为未来拓展多种应用提供底层支持，支撑公共安全、应急联动、智能交通、公共服务、商务旅游、生活学习等全方位信息化应用。

2．智慧政务应用

（1）信息资源协同平台

市级政府通过数据框架、数据标准和流程规范的建设，搭建协同中心平台。区域其他部门基于市级共享平台，结合自身特点和需求进行二次开发和部署（如图3-8所示）。

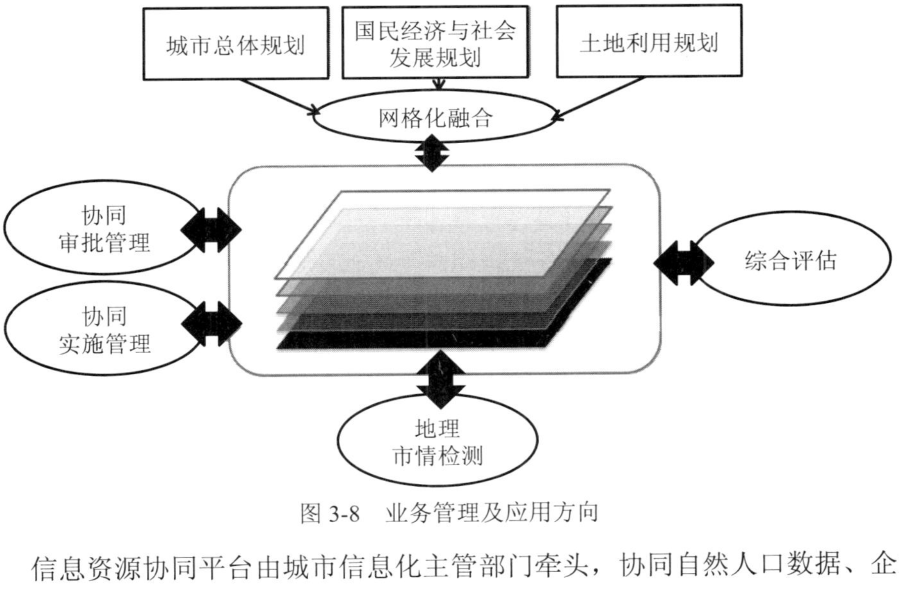

图3-8　业务管理及应用方向

信息资源协同平台由城市信息化主管部门牵头，协同自然人口数据、企业法人数据、空间地理数据和宏观经济运行数据的权威生产管理部门，建设四大基础数据库。通过平台实现数据管理、数据交换管理、数据基本应用等功能，使各应用系统与数据共享交换平台相连。通过数据共享交换平台来实现路由、数据交换和共享，为各业务系统的有效协同提供支撑，同时保证各应用系统的相互独立性和低耦合性，从整体上提高系统运作效率和安全性。为城市各类部门应用协同奠定数据基础，并实现与市级平台之间的规定数据交换。

（2）政务协同办公平台

在原有办公自动化系统基础上，进一步拓展功能，在公文管理、信息发布等基本功能外，进行个人办公、档案管理、会议管理、邮件管理和辅助办公等功能开发。实现无纸化、移动化、协同化办公。

（3）基于城市地下管线的规划管理平台

以市级统一的 GIS 支撑平台为基础，建立地下管线综合管理系统。一方面，实现对给水管线、污水管线、雨水管线、燃气管线、热力管线、路灯管线、交警信号管线、通讯管线和电力管线 9 大管网数据的统一展示和管理；另一方面，实现与供水供电等地下管网管理部门之间的信息资源交换与共享，为规划建设工作提供跨部门、跨行业的管网信息在线网络服务。

（4）社会信用综合管理平台

社会信用综合管理平台的重要属性包括公共性和基础性。公共性，即依法采集、整合企业的基本信用讯息后，提供给政府及整个社会。基础性，即该平台能够实现的服务是信用服务产业链的基础，并可以与类似的征信服务平台共存与联合服务。

平台建设的方法是通过对市域内各地方、政府各部门、各类组织及个人的各类信用相关数据进行采集，通过相应的交换管理与数据转换，将市域内各政府部门征集的信息与各类组织、企业、个人自报及网络搜索到的信用信息进行整合并实现实时跟踪和更新，通过汇总各个共建单位的信用数据，并对数据进行比对整合、汇总生成区域内各类组织和个人社会信用综合数据库，之后进一步生成信用报告。

3．智慧民生应用

（1）智慧社区

以人为本，以云计算、大数据服务为支撑，通过整合资源，实现社区管理信息化、智能化。社区居民生活便利化、服务社会化（如图 3-9 所示）。

1）社区管理

主要围绕社区居民管理为出发点，以面向人的全生命周期和面向服务项目为核心，通过构建社区管理平台实现社区居民档案、居民健康档案、人群管理、婚姻生育、养老管理、物业管理、社区安防等，利用互联网智能盒子等前端信息采集设备提供社区安防的服务。

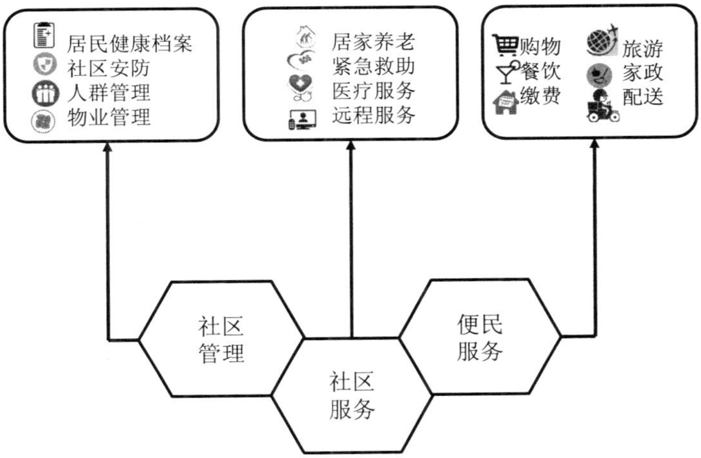

图 3-9 智慧社区

2）社区服务

以社区管理数据为基础，结合政务延伸，集成现有民政、医疗等公共服务资源，利用互联网开展多维度的服务，其社区服务主要包括居家养老、紧急救助、救残救助、医疗服务、通知公告等。

3）便民服务

以社区便利店为基础，通过构建社区 O2O 电商平台实现生鲜、日常用品、周边各种服务资源、旅游、缴费等线上线下资源的深度整合，以移动客户端、智能销售终端等为居民提供全方位的综合便利服务。

（2）城市共同配送服务体系

以现有配送龙头企业优势资源为基础，整合社会配送服务资源，搭建相关的服务标准化及诚信体系，促进城市物流配送产业升级，降低配送成本，增加政府在城市配送过程中的参与、决策、监管和服务功能，为城市配送工作的开展建立基础平台。

以云计算、大数据为基础，形成资源及效益的再优化，为制造商、平台（垂直电商）、承运商（快运快递、第三方物流）、个人消费者等打造电商与物流快递业务协同和物流快递管理信息化平台。其建设思路如图 3-10 所示。

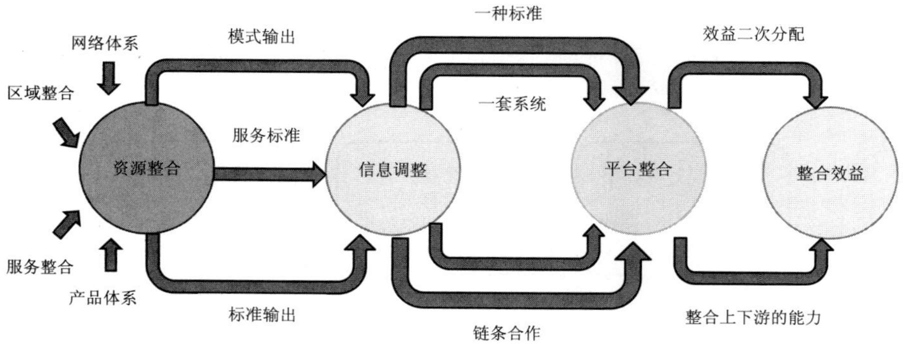

图 3-10　电商与物流协同发展平台建设思路

从电子商务与物流快递协同发展的业务服务目标来分析，信息服务平台其主要业务可分为：信息与业务整合、统一资源的管理服务、统一服务提供、行业信息发布、标准规范的执行等。其业务场景如图 3-11 所示。

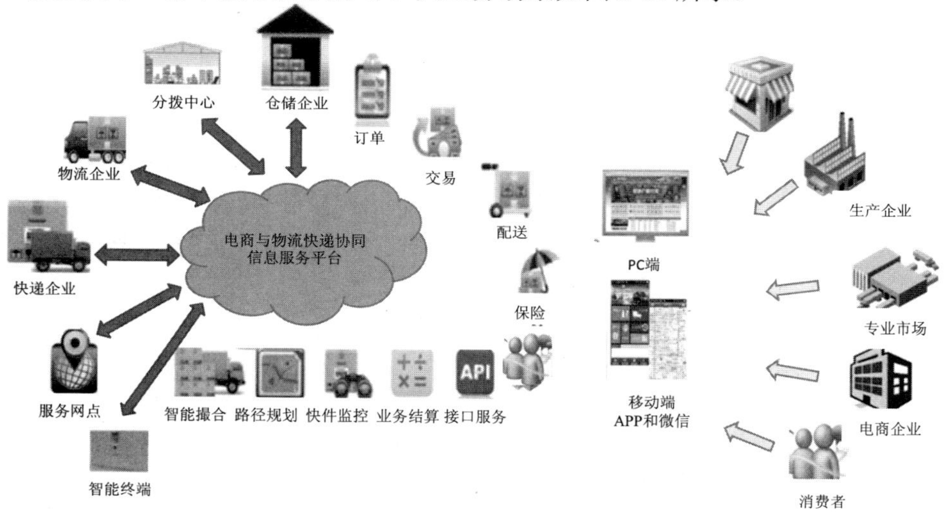

图 3-11　电商与物流协同发展平台业务场景

4．智慧产业应用

（1）电子商务公共服务平台

以城市优势资源和商贸产业园区为基础，打造具有区域特色的电商平台。

电子商务公共服务平台以电商生态环境为核心，着重打造基于产业的 B2B2C 平台，打造基于本地服务资源的生活 O2O 服务平台，其业务思路如图 3-12、图 3-13 所示。

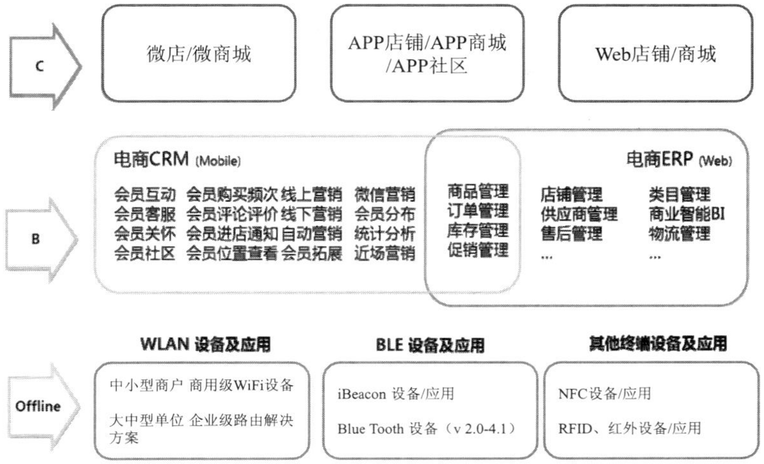

图 3-12　电子商务公共服务平台线上线下一体化解决方案

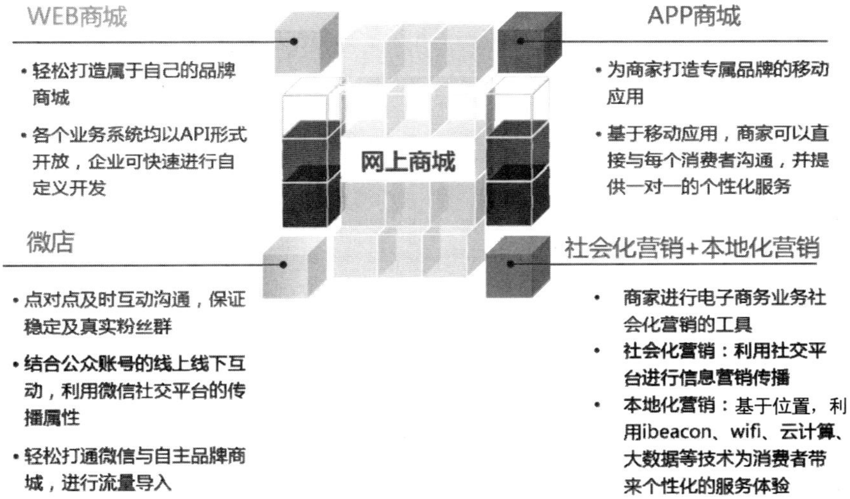

图 3-13　电子商务公共服务平台产品形态

（2）中小企业转型升级服务平台

目前我国正处于全力推动经济转型、加快产业升级的关键时期，作为中国社会和经济发展的重要力量的中小企业，虽然发展迅速，但仍然面临着重重困难。通过构建中小企业转型升级服务平台，从政策、企业管理、技术发展、上下游供应、金融等方面提供综合服务（如图 3-14 所示）。

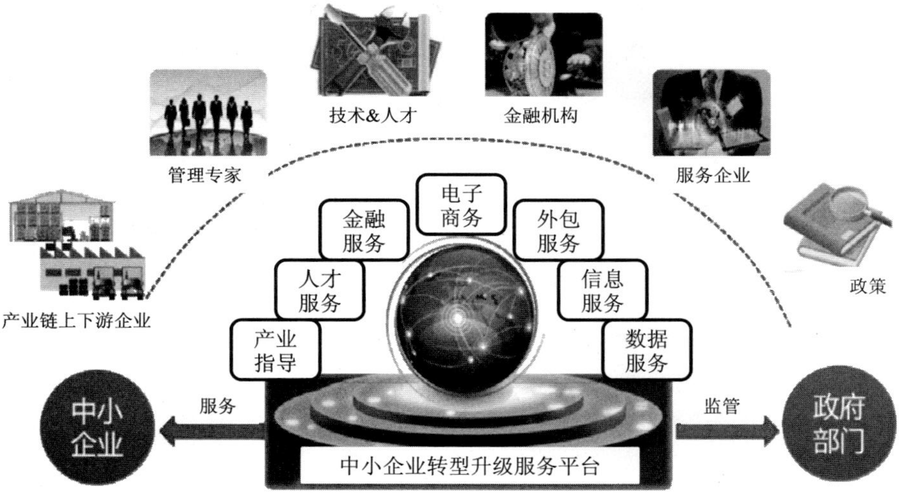

图 3-14　中小企业转型升级服务平台

（3）互联网产业创业孵化基地公共服务平台

近年来，城市不断进行产业结构调整与升级，随着民营经济发展步伐迅速加快，经济发展主体的多元化需求不断增加，一批企业家主体（包括企业中层管理、营销、科技人员）、外出务工经商人员、在校大学生和毕业生、农村致富带头人的创业热情不断高涨，设立综合创业孵化与实训基地的各项要素已经完全具备。但是创业初期团队或企业均面临着资金短缺、资源缺乏、产业层次低、无固定办公场所、风控能力低等问题。

为解决创业中存在的热点难点问题，通过政府引导、市场运作、政策支持等措施，建立综合创业孵化与实训基地，为广大创业者开辟一片“试验田”，引导广大创业者走合法、优质、高效的创业道路，储备一批成长性中小企业，培育一批规模创新企业，为智慧城市的建设提供持续不断的创新技术和人才，为城市经济发展提供后续动力。

3.2.5.4　必要保障要素

1．以做好顶层设计引领建设

智慧城市建设是全局性的、长远性的，只有从全局出发做好顶层设计，才能整合整个城市资源，使智慧城市建设贴近本城市的发展需要。有些城市的管理者认为智慧城市建设主要是信息产业部门的事，这导致建设方案存在天生的局限性，与智慧城市建设的全局性形成反差。智慧城市建设过程中，政府部门既要看到眼前的建设需要，又要看到长远的建设要求；既要尊重政府各部门的意见，又要清楚城市百姓对智慧城市建设的长远期望。除了要依靠已有的建设经验外，还要认真学习信息技术带来的新思想新内容，以及其他国家和地区的建设经验。据统计，信息化可以解决城市发展过程中25%的问题，而余下的75%则需要通过顶层设计解决。智慧城市是政府在城市管理理念和模式上的长期持续的系统改革，只有做好顶层设计，才能推进切实推进。

2．从立足城市本质找准定位

智慧城市建设要回归到城市本身，从城市建设角度看智慧，而不是从智慧角度看城市。智慧城市就是指把感应器嵌入到城市的各种事物中，并且被普遍连接。形成物联网然后将物联网与现有的互联网整合起来，为城市提供更便捷、高效、灵活的公共管理的创新服务模式，实现人类社会与物理系统的整合。

物联网把真实世界虚拟成了数字世界，使人们可以“坐观天下”。但是，仅有数据的整理和信息技术应用不是智慧城市建设的全部，物联网也只是为智慧城市建设奠定了基础，物理上的建设代替不了科学治理，更何况智慧城市建设的根本是城市建设，而不是信息技术建设。智慧城市的本质是城市，只有立足于城市这个本质才能找准定位，才能真正实现建设智慧城市的目标。

3．用建设数据平台打破信息孤岛

智慧城市建设需要高水平的信息化系统平台、高质量的社会保障设施、较全面的信息收集系统。没有统一整合的智慧城市管理平台，智慧城市建设只能是分立的行业智慧孤岛。

4．借调整政绩观解放思想

智慧城市建设过程中，政府部门需要进一步提高思想认识，改革干部选拔任用、干部考核方面存在的瑕疵。

5．以融合数据资源促进智慧决策

智慧城市建设要将处在不同部门、不同行业、不同系统、不同数据格式之间的海量数据进行融合和共享，深度挖掘数据资源，充分应用大数据等相关技术，形成支撑城市智慧决策的数据源。因此，智慧城市建设的基础除了硬件建设外，更重要的是数据资源建设，没有数据就没有构架在数据整合开发基础上的智慧决策。

6．以重视信息安全降低风险

海量信息数据的搜集存储，是智慧城市建设的必须，同时也让信息数据处于安全风险之中。智慧城市建设中信息流将成为城市运转的“血液”，没有安全的数据就没有智慧城市建设的顺利发展，只有数据安全有保障，才能使智慧城市管理成为可能。

7．以新兴信息技术支撑城市发展

大数据、云计算、移动互联网、物联网这些新一代信息技术，正在智慧城市建设中发挥越来越重要的作用，而如何运用好这些新技术，开发出满足城市运行发展需求的应用和产品，成为打造特色智慧城市的关键因素。

3.3 “电子信息+”智慧城市

3.3.1 “电子信息+”战略的内涵与外延

电子信息是一种以电子的产生、运动和作用为物理特征，以信号、电路和场为技术特征，实现信息的获取、传输、存储、处理和显示的综合技术。“电子信息+”代表着一种新的经济形态，它指的是依托电子信息技术实现电子信息行业与传统产业的融合，以优化生产要素、更新业务体系、重构商业模式等途径来完成经济转型和升级。它强调的不仅仅是电子信息技术，而是整个电子信息行业与传统产业的融合，是通过预测电子信息技术的发展趋势结合对国家的发展意义总结出来的。“电子信息+”战略的目的在于充分发挥电子信息的优势，将电子信息与传统产业深入融合，以产业升级提升经济生产力，促进我国早日实现“两个一百年”的奋斗目标。“电子信息+”概念的中心词是电子信息，它是“电子信息+”战略的出发点。“电子信息+”战略的内涵为“+”代表了联合与互通、交叉与融合，这阐明了“电子信息+”战略的适用维度是电子信息和传统产业的联合，通过电子信息领域的先进技术与传统产业的融合，用电子信息技术改革传统行业，实现“电子行业”向“行业电子”的演变，实现不同产业间的协同跨越发展。同时，“电子信息+”还是产业发展方向的有力引导。电子信息技术是信息革命的核心，是世界经济发展的重要要素，其发展趋势将是未来国家乃至世界社会经济发展的一条重要脉络。因此，“电子信息+”代表了产业发展的方向和路径，对产业的发展预测具有极为显著的科学性和前瞻性。

3.3.2 “电子信息+”应用

3.3.2.1 无线通信技术应用

无线通信主要包括微波通信和卫星通信。无线通信技术已深入到人们生活和工作的各个方面，这些技术将在建设智慧城市、提升城市智能化管理方面凸显出无可比拟的优势和发展潜力。

1．无线通信技术类型

（1）蓝牙技术

蓝牙是一种支持设备短距离通信（一般 10m 内）的无线电技术，它能在包括移动电话、PDA、无线耳机、笔记本电脑、相关外设等众多设备之间进行无线信息交换。利用蓝牙技术，既能够有效地简化移动通信终端设备之间的通信，也能够成功地简化设备与因特网之间的通信，从而使数据传输变得更加迅速高效。蓝牙采用分散式网络结构以及快跳频和短包技术，支持点对点、点对多点通信，工作在全球通用的 2.4GHz ISM（即工业、科学、医学）频段。其数据速率为 1Mbps，采用时分双工传输方案实现全双工传输。

（2）WiFi 技术

Wi-Fi（WirelessFidelity）是一种网络传输标准，与蓝牙技术一样，它同属于短距离无线技术。Wi-Fi 是一种允许电子设备连接到一个无线局域网（WLAN）的技术，通常使用 2.4G UHF 或 5G SHF ISM 射频频段，能够在数百米范围内支持互联网接入的无线电信号。它的最大特点就是方便人们随时随地接入互联网。

（3）3G 技术

3G 是第三代移动通信技术，是指支持高速数据传输的蜂窝移动通讯技术。3G 服务能够同时传送声音及数据信息，速率一般在几百 kbps 以上。3G 是指将无线通信与国际互联网等多媒体通信结合的新一代移动通信系统，目前 3G 存在 3 种标准：CDMA2000、WCDMA、TD-SCDMA。

（4）LTE

LTE 是第三代通信技术的演进，但 LTE 并不是大多数人所理解的 4G，而是 3G 和 4G 技术之间的过渡。LTE 技术改善了小区边缘用户的性能，网络延时时间大幅度减少，提升了小区的容量，同时还降低了系统的延迟性。与 3G 技术相比较而言，LTE 优点主要体现在数据传送速度提升、分组传送、网络延迟时间大大缩减、覆盖面积广以及向下兼容。

（5）4G 技术

4G 技术又称 IMT-Advanced 技术。4G 核心技术主要包括：正交频分复用（OFDM）技术、软件无线电、智能天线技术、多输入多输出（MIMO）技术、基于 IP 的核心网。

（6）卫星通信技术

卫星通信技术（Satellite Communication Technology）是一种利用人造地球卫星作为中继站来转发无线电波而进行的两个或多个地球站之间的通信。卫星通信具有覆盖范围广、通信容量大、传输质量好、组网方便迅速、便于实现全球无缝链接等众多优点，被认为是建立全球个人通信必不可少的一种重要手段。与其他通信手段相比，卫星通信具有许多优点：一是电波覆盖面积大，通信距离远，可实现多址通信；二是传输频带宽，通信容量大；三是通信稳定性好、质量高。

（7）5G 无线新技术

第五代移动电话行动通信标准，也称第五代移动通信技术，外语缩写 5G，是 4G 之后的延伸。目前，各个国家已开始着手研究面向 2020 年的宽带无线新技术，国内外相关机构 5G 方面的研究工作已经启动，业界陆续启动新技术研究项目。未来 5G 网络将朝着网络多元化、宽带化、综合化、智能化的方向发展。

2．无线通信技术在智慧城市建设中的应用

无线通信技术是当前信息产业中发展最快、竞争最激烈、创新最活跃的领域，无线通信技术极大地拓宽了信息传播的范围，拓展了信息交流的渠道，通过广覆盖、高便捷的信息流，带动和支配人流、物流、资金流的高效运行，大幅降低了传统产业营销、渠道等环节成本，显著提高了生产效率，加速了城市经济、社会发展全球化进程。

在智慧城市建设方面，无线通信技术广泛应用于行政、医疗、交通、教育、就业、社区服务等社会领域，智能交通、智慧医疗、政务微博等一系列无线通信技术创新应用极大地提升了社会公共服务水平，改善了民众参与体验，促进了社会服务模式“以人为本”持续变革升级。

3.3.2.2 物联网技术应用

智慧城市中的人与人、人与物、物与物之间的联系本质上就是基于建设一个互联互通的通信系统，这也是发达国家和地区争先发展智慧城市的先决条件和实际基础。这个通信系统包括了各种通信技术基础，其中最为重要的便是物联网技术。

物联网是继计算机、互联网之后的又一新的信息科学技术。目前，世界主要国家已将物联网列为抢占新一轮经济科技发展制高点的重大战略，我国也将物联网从战略性新兴产业上升为国家发展重点。物联网技术的进步，以及如智能电表、家庭网关、智能电器等智慧设备的开发，均为物联网在智慧城市市场的发展创造了机会。目前全球已有超过 200 多个智慧/智能城市项目，为物联网销售商、服务供货商、平台供货商以及咨询公司等提供了巨大的商机。物联网技术已经成为实现智慧城市的关键因素与基石。

1．物联网架构

物联网架构主要包括感知层、网络层和应用层三个部分。

（1）感知层类似人类的眼睛、耳朵、口腔等感知器官，主要功能为识别物体、采集信息。它包括二维码标签和识读器、RFID 标签和读写器、摄像头、GPS 等。

（2）网络层类似人类的神经中枢和大脑，主要功能为信息传递和处理。它包括通信与互联网的融合网络、网络管理中心和信息处理中心等。

（3）应用层是物联网与应用技术的融合，是实际的应用。

2．传统关键技术

（1）传感器技术

传感器（Transducer/Sensor）是一种用于采集被测量（非电量）信息的电子器件。它是能把物理量或化学量转变成电信号的检测装置，能把检测到的被测量信息按一定规律变换成为电信号或其他所需形式的信息，以满足信息的传输、处理、存储、显示、记录和控制等要求。它通常由敏感元件、转换元件、测量电路三部分组成，如图 3-15 所示。

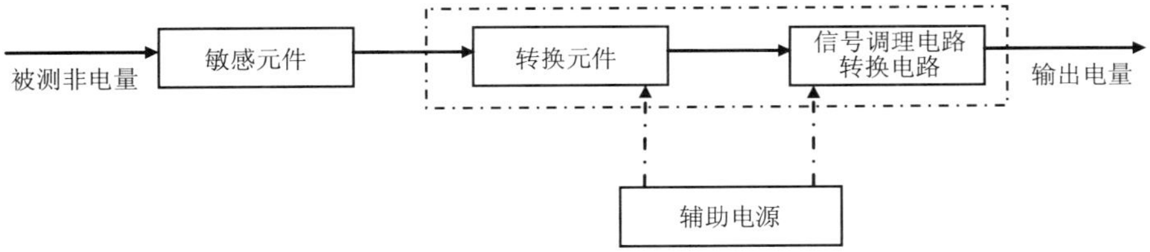

图 3-15　传感器的电路元件组成框图

当前，传感器已成为城市环境和生产领域中获取数据信息的主要途径和手段。在智慧城市的各种自动检测和自动化生产控制系统中，传感器位于系统的最前端，是被测量信号输入的第一道关口，直接感应外界信息，并实时测量机器工作状态信息。

传感器的种类很多、原理各异，常见种类和原理如表 3-1 所示。

表 3-1　常见传感器的应用领域和工作原理

传感器品种	工作原理	可被测定的非电学量
敏力电阻、热敏电阻半导体传感器	阻值变化	力、重量、压力、加速度、温度、湿度、气体
电容传感器	电容量变化	力、重量、压力、加速度、液面、湿度

（续表）

传感器品种	工作原理	可被测定的非电学量
感应传感器	电感量变化	力、重量、压力、加速度、旋进数、转矩、磁场
霍尔传感器	霍尔效应	角度、旋进度、力、磁场
压电传感器、超声波传感器	压电效应	压力、加速度、距离
热电传感器	热电效应	烟雾、明火、热分布
光电传感器	光电效应	辐射、角度、旋转数、位移、转矩

无线传感器网络是由部署在监测区域及附近的大量廉价的、具有通信、感测及计算能力的各种类型无线传感器节点通过无线通信方式形成的自组织“智能”测控网络。它通常包括无线传感器节点、网关和服务器三个组成部分，如图 3-16 所示。

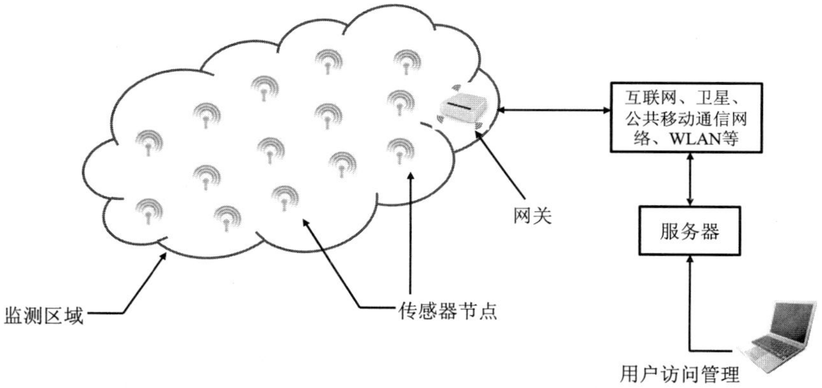

图 3-16　无线传感器网络系统组成

无线传感器节点用于采集和处理网络覆盖区域中被感知对象的信息，完成环境监测、目标发现、位置识别或控制其他设备的功能。它一般需要大量组网、易部署和便于携带。微型化、低成本和低能耗是无线传感器节点的主要性能要求。网关则负责实现无线传感器网络和外部网络的通信与协议转换，以及节点到服务器的信息传输。服务器用于接收监测区域的数据，分析区域内监测目标状态。

（2）RFID 自动识别技术

无线射频识别技术（Radio Frequency Identification，RFID）是一种非接触的自动识别技术。它的基本原理是利用射频信号和空间耦合（电感或电磁耦合）

或雷达反射的传输特性，通过无线射频信号自动识别特定目标物体，读取相关电子数据信息。RFID 可工作于不同状态（移动、静止或恶劣环境）下，实现对各类物体或设备（人员、物品）的自动识别和管理，并可同时识别多个目标物体标签，在整个过程中无须人工干预，操作快捷方便。

RFID 是一种比条形码和智能卡技术更方便和智能的非接触自动识别技术。条码利用的是“光”学接触，智能卡利用的是机械接触（插卡金属触头）。RFID 利用的是“磁场”或“电磁场”，可以实现从几毫米到几百米远的非接触识别，具备识别距离远、识别速度快、多目标自动识别、信息存储能力更大、防伪能力更佳、环境适应性更强等多种优势。RFID 系统通常包含电子标签（Tag）、读写器（Reader）和中间件（数据交换与管理系统）三大部分，读写器通过天线同 RFID 标签通信，与主机系统通过标准网口、RS-232 串口或 USB 接口相连，如图 3-17 所示。

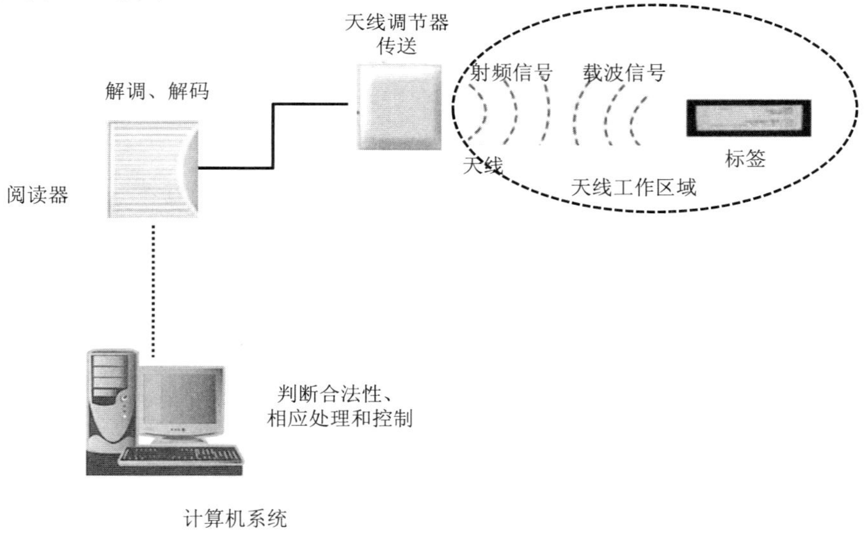

图 3-17　RFID 系统的基本组成

1）电子标签

电子标签由耦合元件及芯片组成，其中包含带标签天线、串行存储器、微处理器 CPU、射频收发及控制模块。电子标签具有智能读写和加密通信的功能，每个标签具有唯一的电子编码，附着在物体上标识目标对象，每个标签都有一个全球唯一的 ID 号码（UID）和一个应用标识（AFI）用来表示卡片的应用种类代码及用户数据区（DATA）存放的约定格式的电子数据。电子标签采用与条码相似的预编代码技术，实现物品的代码化、虚拟化和信息化，标签芯片相当于一个具有无线电收发功能的存储器，可进行存储器读写、覆盖和增加等操作。

2）读写器

读写器又称应答器（Interrogator），主要由射频收发模块、内外置天线、控制模块及接口电路等组成。读写器通过天线发送特定频率的射频信号，当标签进入磁场后，利用耦合线圈产生感应电流，反馈电子标签的射频数据信息，读写器读取信息解密后送到主机进行相关处理，并将主机的读写命令传送到电子标签。读写器对标签的操作有识别（Identify）——读取 UID、读取（Read）——读取用户数据、写入（Write）——写入用户数据三类。读写器在 RFID 系统中起着举足轻重的作用，读写器的好坏与优劣，直接影响到 RFID 电子标签的识别能力、标签处理速度等系统性能，读写器通常能够达到每秒辨认 1000 个标签的速度。

3）中间件

中间件又称 RFID 管理软件。它的主要任务是对读写器传来的与标签相关的数据进行过滤、汇总、计算、分组，过滤无效的 RFID 数据。中间件是 RFID 系统的“神经中枢”，是衔接硬件设备，如标签、阅读器和企业应用软件（如 ERP、CRM 等）的中介桥梁，可以屏蔽不同来源 RFID 标签的多样性和复杂性，提高应用可移植性和互操作性，加快 RFID 项目的开发速度，并可提供 RFID 系统的运行监视和维护功能。RFID 中间件可分为应用程序中间件、解决方案中间件和架构中间件，是可重构的通用 RFID 中间件，能够根据不同的硬件设备，向应用层提供灵活的数据接口，能够完成数据的采集、过滤，平台维护、管理等功能。

依据射频标签工作所需能量的供给方式，可以将 RFID 系统分为主动式、被动式和半主动式，如表 3-2 所示。被动式标签（Passive Tag）内部没有电源设备，又称为无源标签，其芯片所需的全部能量由电感耦合提供，读写器在可阅读的距离范围内产生电磁能量场来激活电子标签。目前 RFID 应用以被动式 RFID 为主，以供应链物流、门禁管理系统、票证管理系统为应用领域。被动式 RFID 有免充电、价格低廉优势。主动式标签（Active Tag）内部携带电源，又称为有源标签，可随时将标签信息主动送出和从读写器获取信息。主动式标签体积大、价格昂贵，但通信距离更远，可应用于健康医疗照护、贵重资产管理等较远及较稳定的应用领域。半主动标签（Semi-active Tag）和被动式标签类似，通过读写器发射的电磁波获取通信能量，但内部携带电池，可为标签内部计算提供电源，并可携带检测环境参数的温度、湿度等传感器。

表 3-2　主动式标签和被动式标签对比

性能比较	主动式标签	被动式标签
能量来源	自身电池供电，可持续供电	通过电磁感应获取
工作距离	可达 100m	可达 1～3m，通常 20～70cm
存储容量	可达 16KB 以上	通常小于 128B
信号强度要求	低	高
平均价格	高	低
工作寿命	2—4 年	10 年以上，免维护

RFID 工作频率是一个很重要的参数指标，它决定了 RFID 系统的技术特性、工作原理、通信距离、设备成本、天线形状和应用领域。国际上对于 RFID 使用频段制定了相关频率标准，根据 RFID 标签与读写器间的无线通信工作频率，可以将 RFID 系统分为低频（LF）、高频（HF）、超高频（UHF）、微波（MW），如图 3-18 和表 3-3 所示。

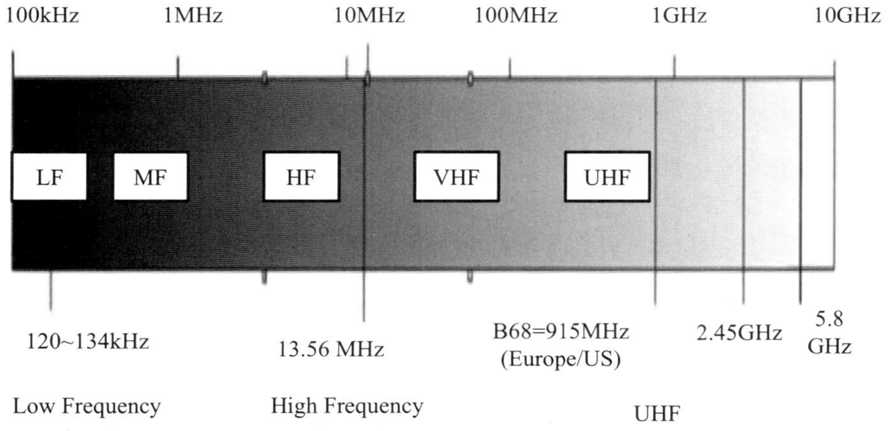

图 3-18　RFID 系统的工作频率标准

表 3-3　RFID 系统的各工作频率技术特性比较

性能比较	低频	高频	超高频	微波
频率范围	30～300kHz	3～30MHz	400～960MHz	2.45～5.5GHz
常见工作频率	125kHz 134.2kHz	13.56MHz	915MHz	2.45GHz 5.8GHz

（续表）

性能比较	低频	高频	超高频	微波
读取距离	达 1.2m	0.7～1.2m	达 4m	达 15m
潮湿环境	没有影响	没有影响	严重影响	严重影响
天线方向要求	没有	没有	部分必要	总是必要
对人体有害性	无	无	有	有
应用	门禁控制、校园卡、煤气表、水表、锁车架、加油站和洗衣店	智能卡、电子ID、电子票务、二代身份证、一卡通	盘货记录、卡车登记、拖车跟踪、开放式门禁系统、无障碍通道	高速公路收费、集装箱跟踪、移动车辆识别、电子防盗门锁

RFID 的低频（LF）范围为 30～300kHz，常见的工作频率有 125kHz 和 133kHz。低频标签一般都为无源标签，其工作能量通过电感耦合的方式从读写器耦合线圈的辐射场中获得。低频系统具有可导媒介的强穿透力，但速度、距离、抗冲突性较差，通信范围一般小于 1m。低频主要应用于汽车防盗、遥控开门、酒店门锁和自动停车收费等领域。

RFID 的高频（HF）范围为 3～30MHz，常见的工作频率为 13.56MHz。该频率的标签不再需要线圈绕制，可以通过腐蚀活字印刷的方式制作标签内的天线，采用电感耦合的方式从读写器辐射场获取能量。高频系统具有电子标签成本较低、标签内保存的数据量较少、阅读距离较短（无源情况一般小于 1m，典型阅读距离为 10cm）、外形多样（卡状、环状、钮扣状、笔状）、读写器天线方向性不强等特征，其主要应用于二代身份证、票务（电子车票、地铁圆币卡）、智能卡等短距离领域。

RFID 的超高频（UHF）范围为 400～960MHz，典型的工作频率为 433MHz、860～960MHz，处于 860～960MHz 内的 UHF 频段的产品因为工作距离远且最可能成为全球通用的频段而最受重视，发展最快。超高频标签分为有源标签与无源标签两种，通过电磁耦合方式与读写器通信，通信距离一般大于 1m（典型情况为 4～6m，最大可超过 10m）。超高频主要应用于开放式门禁系统、无障碍通道、产品防伪和港口仓储物流等领域。

RFID 微波频段主要是指 2.45GHz、5.8GHz，其基本特点是阅读距离较远（可达几 m 至十几 m），物体高速运动适应性强，具有多标签同时识别能力，标签内保存的数据量较大，读写器天线及电子标签天线均有较强的方向性，且系统标签和读写器成本都比较高。微波 RFID 的典型应用包括移动车辆识别、电子防盗门锁等。

目前，在全球范围内低频 / 高频 RFID 在技术与应用方面都更为成熟，且具有较大的成本优势，但仅限于短距离、低成本的应用中。超高频、微波系统可应用于阅读距离较远（可达十几 m）、高速运动等应用场景，因标签和读写器成本高等原因，超高频、微波系统的大规模应用时机尚未成熟。

（3）短距离无线传输技术

短距离无线通信一般是指在小范围内（数十 m）收发双方通过无线电波传输信息的通信技术。低成本、低功耗和对等通信是短距离无线通信技术的三个重要特征和优势。常用短距离无线传输技术包括 Zigbee、UWB、NFC 和蓝牙等技术。

ZigBee（智蜂技术）是一种低功耗、低成本、可靠性高的无线通信技术，可在数千个微型传感器之间实现相互协调通信。Zigbee 通常使用 2.4GHz 波段，采用跳频技术，基本速率是 250kbps，在室内通常能达到 30～50m 作用距离，在室外如果障碍物少甚至可以达到 100m 作用距离，当传输速率降低到 28kbps 时，传输范围可扩大到 134m，并获得更高的可靠性。ZigBee 技术命名来源于蜜蜂的八字舞，以 Zigzag 形状来相互交流共享食物源的方向、距离和位置信息的群体通信。由于蜜蜂体积小，所需能量少，人们用 ZigBee 技术来代表具有成本低、体积小、自组织性强、能量消耗小和传输速率低的无线通信技术。

UWB（超宽带）技术是指信号带宽大于 500MHz 或者是信号带宽与中心频率之比大于 25%的低功耗宽带无载波通信技术，利用纳秒至微微秒级的非正弦波窄脉冲传输数据，通过基带脉冲作用于天线的方式发送数据，能在 10m 左右的范围内实现数百 Mbps 至数 Gbps 的数据传输速率，在高速通信的同时，UWB 设备的发射功率却很小，仅仅是现有设备的几百分之一。

NFC（近距离无线通信技术）是由索尼和飞利浦公司联合手机厂商诺基亚公司制定的无线技术标准，NFC 基于 RFID 技术并能与之兼容，工作中心频率为 13.56 MHz，可以实现 0～20cm 的无线数据传输，数据传输速率可达 106kbps、212kbps、424kbps，甚至更高。NFC 最初仅是遥控识别和网络技术的合并，现在已发展成包括身份识别、信息存储和内容传输在内的无线通信技术，主要应用于手机支付等领域，实现消费类电子设备（尤其是手机）与其他的网络产品或计算机外设在短距离范围进行无线通信和数据交换，使电子设备间互相访问更直接、更安全和更清楚。NFC 技术不仅向后兼容 RFID 技术，还能兼容非接触智能卡平台，与 ISO/IEC14443 和 ISO/IEC15693 非接触式 IC 卡兼容，可以用支持 NFC 功能的手机来阅读兼容 ISO/IEC14443 Type A 或 Sony FeliCa 的非接触式 IC 卡或电子标签。

（4）亟待突破的重大共性关键技术

1）物联网低功耗可信泛在接入技术

面向智慧城市基础设施、管/线/路重大工程等监控系统的远程信息接入需求，亟待建立物联网低功耗可信泛在互联平台架构，突破低功耗可信泛在互联的重要关键技术瓶颈，开发极低功耗处理接入模块和可容纳多种传感器感知信号的压缩终端模块，研制具有多元、多维多参分布式智能感知功能的低功耗接入设备，建立统一的网络接入服务平台。

2）支撑新兴业态的工业互联网

亟待建立满足产业互联、业务互联、工业互联的网络技术体系架构。突破贯穿工厂内全层级、工厂外全价值链的高可靠、高带宽、高连接数、低时延的工业网络技术，能使海量工业数据能够承载从底层机器设备到上层控制系统无缝传递。研制出低时延、安全可靠的新型标识解析技术，解决我国目前工业互联网中标识编码不统一、解析系统不完善和标识解析安全问题；完善我国工业互联网安全技术及认证管理，推进工业互联网安全标准化进程，形成基于工业互联网的数据分析和应用体系。

3）城市多尺度立体感知技术

亟待面向城市日常运行和突发应急两种典型场景，突破城市多尺度立体感知位置、时空和群智支撑关键技术，建立城市多尺度立体感知服务技术体系和标准规范，研制城市多尺度立体感知集成管理与即时服务平台，并通过应用示范开展技术体系验证，最终提升城市各种观测手段的感知效能，实现热点和重点区域的立体即时感知服务。

4）城市多维认知与知识萃取技术

亟待针对城市规划、管理及服务的核心业务领域，重点突破城市多源数据大规模聚集、深度挖掘技术，掌握面向城市智能决策的多目标优化方法，从设施、社会、服务、文化等多维度，对城市状态变化、组织模式、潜在规律形成全面认知，并且面向效用、能耗、环境、成本等多种优化目标，建立关键领域的智能决策系统。

5）城市透明管理与智能化技术

亟待将城市实体和运营业务模型化和抽象化，利用智能技术融合城市信息化基础设施，根据城市规划以及时空分布，利用网络基础设施，建立分布式的城市运营信息池和信息管道并通过信息管道透明连接和服务；面向政府、企业和市民研制透明信息提取和推送服务的软硬件系统；研发多层次细粒度的城市透明管理和智能化公共服务平台。

6）城市空间高效构建与动态表达

亟需针对典型行业服务的技术升级与发展，借助低成本的全向视觉感知和增强现实可视化手段，突破城市空间的高效构建与动态表达关键技术，重点发展智慧城市时空信息数据采集与融合分析技术，掌握城市空间的数据在线认知与处理技术，研制城市空间的高效构建与虚拟现实全空间融合分析技术，研发形成城市空间实时构建与动态表达技术平台，达到物联网传感采集、数据分析和虚拟现实全空间的融合分析的全过程模拟。

3．物联网在智慧城市中的应用

（1）意义

1）加快城市化进程：促进城市产业结构的升级和知识型人才的聚集。

2）打造高效城市管理：提高城市的运转效率，促进城市的可持续发展。

3）创造绿色城市生活：助力城市以低碳和环保方式发展，提供和谐宜居的生活环境。

4）提供完善的基础设施：实现人与人、人与物、物与物之间的全面连接，无碍通信。

（2）物联网在智慧城市中的主要应用

1）智能家庭：主要应用场景包括远程监控、三表远抄、家庭远程医疗等。

2）移动商务：主要应用场景包括移动支付（购物、超市等）、移动票务（电影、火车、汽车等）、移动一卡通等。

3）智能交通：主要应用场景包括城市车辆出入控制、ITS-交通控制、停车付费管理、互动式汽车导航、车辆追踪与定位、小偷追踪与报警、汽车联网信息与娱乐、汽车对汽车通信等。

4）数字城管：主要应用场景包括环境监控、市政管理、远程路灯控制、桥梁及河流监控等。

3.3.2.3 云计算技术应用

云计算是一种基于网络的支持异构设施和资源流转的服务供给模型，侧重于信息的处理与存储，通过平台进行数据整合，实现协同工作。云计算可以实现资源的按需分配、按量计费，达到按需索取的目标，最终促进资源规模化，促使分工的专业化，从而有利于降低单位资源成本，促进网络业务创新。

智慧城市是以多应用、多行业、复杂系统组成的综合体。多个应用系统之间存在信息共享、交互的需求。各不同的应用系统需要共同抽取数据综合计算和呈现综合结果。如此众多繁复的系统需要多个强大的信息处理中心进行各种信息的处理。

要从根本上支撑庞大系统的安全运行，需要考虑基于云计算的网络架构，建设智慧城市云计算数据中心。在满足上述需求的同时云计算数据中心具备传统数据中心、单应用系统建设无法比拟的优势、随需应变的动态伸缩能力以及极高的性能投资比。

1．云计算技术概述

云计算通过以太网连接数据中心内的计算、存储资源，实现各种 IT 资源的租用服务，满足各领域社会信息化需求。与之相似的技术——超级计算则是通过高速专用网络连接本地分布式计算、存储资源，依赖大量高性能计算单元的堆叠和高速总线网络实现大规模计算，主要应用于需要大型软件和复杂计算的场景，客户群比较集中。云计算较超级计算在实现机制上并无本质差别，只是借助互联网的普及在商业模式上实现了突破性创新，取得了成本、效率、商业模式等方面的平衡。

云计算是网格计算、分布式计算、并行计算、效用计算、网络存储、虚拟化、负载均衡等传统计算机和网络技术发展融合的产物。云计算系统运用了许多技术，其中以编程模型、数据管理技术、数据存储技术、虚拟化技术、云计算平台管理技术最为关键。

云计算的特点主要有以下几个方面。

（1）超大规模：前所未有的计算能力。

（2）虚拟化：任意获取相应的服务。

（3）高可靠性：数据多副本，计算节点同构可互换等措施。

（4）通用性：千变万化，不针对特定应用。

（5）高可扩展性：动态伸缩，满足规模增长需要。

（6）按需服务：庞大的资源池，按需购买。

（7）极其廉价。

2．云计算在智慧城市建设中的应用

云计算具有多租用、资源池化、按需自助、快速弹性和可扩展、可测量服务、广泛的网络接入等特点，能够为有效解决智慧城市建设中存在的大规模分布式数据管理、面向服务应用集成、快速资源部署等问题提供有力的支撑手段。

（1）云计算是智慧城市的基础支撑

智慧城市各类智慧应用的承载和实现，需要云计算的数据计算与处理综合平台的有力支撑，这将极大改善资源部署及应用开发模式，实现统一的服务交付，从而提升资源利用率，降低智慧成本，深化城市智慧程度。

1）云计算在智慧城市中的数据处理应用

智慧城市中的要素如人、财、物、信息等就如自然界生态系统中的植物、动物、水源、光合作用、能量流动、循环代谢等。这些要素彼此之间的动态关系构成了智慧城市的内在发展机制，并使智慧城市中的各类应用得以有序运行。

智慧城市的应用包括了智慧交通、智慧金融、智慧医疗、智慧商务、智慧能源、智慧政务等。如果将这些应用比作生态系统中植物的花朵和果实，那么云计算就是孕育这些植物生长的土壤。云计算的各个层次也就如同土壤的各个层次，为植物生长提供着不同的营养支持。SaaS 层为智慧应用云生态系统的开花结果提供“化学作用”。PaaS 层为智慧应用云生态系统提供强应用能力支持。IaaS 层的云计算数据中心为智慧应用云生态系统的运转提供资源承载。

云计算平台如同智慧城市的“大脑”，实现对海量数据的存储与计算、成本及资源利用率的优化调整。未来是否具备强大数据分析能力的云计算平台将是智慧城市能否持续发展的决定性因素。

2）云计算在智慧城市中的信息融合应用

智慧城市本质上是为了不断促进信息化、工业化和城镇化的深度融合。当传统产业与信息技术相融合时可以直接带动新兴产业的产生，间接推动城市传统支柱产业的发展，从而促进城市发展水平整体提升。

智慧城市的各模块、各要素之间是既相互制约又相互促进的，它们的存在和运行组成了一种动态关系网络。这使得在智慧城市的建设、运营和管理过程中，城市管理者将面临更多的挑战和问题，他的视野要处于高层次关系和高维度关系上，要关注网络中各种要素的流动，要分析研究信息流、资金流、物资流、能量流、人才流，把握城市发展的全局。

云计算平台恰好能够实现数据的交换整合和信息共享，它能将政府职能与信息技术充分融合，解决医疗、交通、教育、金融、能源供给、社会保障、公共安全等一系列社会管理服务问题，为城市管理者的评估、预测、反馈、干预、决策等提供有力参考。

（2）云计算是智慧城市的应用支撑

智慧城市建设、运营和发展是一个复杂的系统性工程，涉及到城市管理、交通、社区生活、医疗卫生、金融商务等多个领域多个具体应用，。而云计算则是各类智慧城市应用在数据和信息层面上的基础支撑。云计算从底层上支撑整个智慧城市的建设、运营和发展，又相对独立地支撑每个具体应用的运行，这些基于云的独立应用，因为云计算的作用又相互融合，从而有机地组成了智慧城市的应用系统。

1）市政云

政府是推动智慧城市建设、运营和发展的主导力量，政府的智慧化是智慧城市建设的前提和必经之路。我国的各级政府采用“矩阵”式的管理模式，其条块分割又紧密相连。市政云依托云计算高度集成信息技术、综合应用信息资源，促进政府从信息化向智慧化演变。

2）交通云

交通云针对公众出行的信息需求，整合各种类位置数据、交通信息资源和服务，形成统一的交通信息来源，通过专网中的智慧交通数据中心，一方面为各个交通业务系统提供数据接收、存储、处理、交换、分析等服务，另一方面为公众提供多形式、便捷、时效性的出行信息服务。

3）社区云

社区云通过云计算获得海量存储和集中调配的能力，实现平安社区视频监控、家庭家电、楼宇消防、电梯等多种智能安保和智能管理，建设实现以人为本的智慧社区。

4）医疗卫生云

医疗卫生云是通过云计算建立市民的健康信息网络，使个体拥有健康档案并置于云端，医疗机构则根据共享健康信息提供服务。具体而言，一是市民所有医疗及健康记录都存于云端；二是具有相应资质的医院及疗养机构都可根据权限进行访问和写入；三是获得访问权限的医院及疗养机构可让医生、护士通过无线网络，实现病历的检索、电子处方的下达、多方会诊等功能，使医院诊疗效率得以大幅度提升。

5）金融商务云

金融商务云结合无线宽带和云计算技术，实现移动支付、个性化商业信息推送和提醒、顾客无线上网、商圈内银行账务管理等多项“智慧商业”应用，使顾客的购物和交易更加安全便捷。

3.3.2.4 大数据技术应用

大数据指无法在一定时间内用常规的数据库管理工具对其进行抓取、管理和处理的大量而复杂的数据集合。大数据技术描述了一种新一代技术架构，可以用很经济的方式，通过高速的捕获、发现和分析技术，从各种超大规模的数据中挖掘价值。其中，数据挖掘是指从大量的、不完全的、有噪声的、模糊的、随机的实际应用数据中，挖掘出隐含的、未知的、对决策有潜在价值的知识和规则的过程。一般分为两类数据挖掘，即描述型数据挖掘和预测型数据挖掘。描述型数据挖掘包括数据总结、聚类及关联分析等；预测型数据挖掘则包括分类、回归及时间序列分析等，其目的是通过对数据的统计、分析、综合、归纳和推理，揭示事件间的相互关系，预测未来的发展趋势，为决策者提供依据。

1．大数据关键技术

（1）关键技术分类

1）大数据采集技术

通过 ETL 抽取、文件适配器、网络抓取、实时数据采集等多种技术从外部数据源导入结构化数据（关系库记录）、半结构化数据（日志、邮件等）、非结构化数据（文件、视频、音频、网络数据流等）及实时数据。

2）数据存储技术

针对全数据类型和多样计算需求，以海量规模存储、快速查询读取为特征，存储来自外部数据源的各类数据，支撑数据处理层的高级应用。

3）数据处理技术

对多样化的大数据进行加工、处理、分析、挖掘，生产新的业务价值，发现业务发展方向，提供业务决策依据。

4）数据可视化技术

即数据的视觉表现技术，旨在借助图形化手段，清晰有效地传达和沟通信息。

5）数据安全技术

解决从大数据环境下的数据采集、存储、分析、应用等过程中产生的诸如身份验证、授权过程和输入验证等大量安全问题。由于在数据分析、挖掘过程中涉及企业的核心商业数据，防止数据泄露、控制访问权限等安全措施在大数据应用中就尤为关键。

6）系统运维技术

全面监测大数据处理全过程中各参与方的整体状态，支持大数据应用功能的配置化定义，可快速扩展应用功能。

（2）关键技术介绍

1）Hadoop

Hadoop 是分布式的系统基础架构，它的产生实现了分布式文件系统（HDFS）。HDFS 具备高容错性，可部署在价格低廉的硬件上，提供高吞吐量访问数据等特点。HDFS 可通过流的形式对文件系统中的各类数据进行访问，一定程度上放宽了 POSIX 的限制。MapReduce 和 HDFS 是 Hadoop 框架的两大核心设计，它们分别为海量数据提供计算和存储。其优点集中表现在用户无须了解分布式底层的细节，也能通过集群的高速存储和计算进行分布式程序的开发。

2）NoSQL

NoSQL 数据库指的是非关系型的数据库。互联网 Web 2.0 网站时代，传统关系型数据库已不能满足超大规模、高并发度的 SNS 类型的动态网站的需求，甚至已经无法满足 Web 2.0 网站的基本需求。由此导至了可以处理超大量数据的非关系型数据库的兴起。

2．大数据技术特征及发展趋势

（1）大数据的特征

1）数据量巨大：据 IDC 估计，2011 年，全球产生和被复制的数据量超过 1.8ZB，5 年中增长了 9 倍；到 2020 年，全球数据使用量预计将暴增到 35.2ZB。

2）大数据来源多：传感器、社交网络、金融交易等产生大量的结构化、半结构化和非结构化数据，目前互联网上以图片、文本、视频、声音等为代表的非结构化数据占比已达 75%。

3）大数据变化快：只有高效的数据处理才能获得应有的价值。以电子商务为例，需要根据交易情况的实时分析结果来指导补货、调价等，分析结果不能做到快速处理，就无法达到决策支撑的目的。

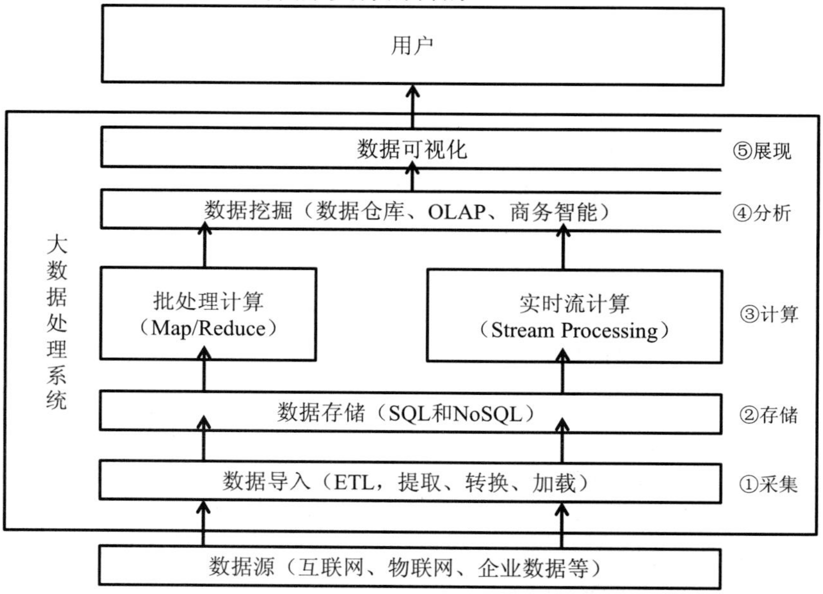

图 3-19　八大数据技术框架

4）大数据的价值化：随着信息化程度的不断提高，数据存储量的不断增加，数据正成为一种新型资产，成为提升竞争力的关键点。

大数据的海量、多样性和动态变化的特征对传统数据处理技术提出了严峻的挑战。大数据技术是一系列信息技术的集合，从数据的生命周期看，涉及数据采集、存储管理、计算处理、数据分析和知识展现五个方面。面向大数据的新型体系架构如图 3-19 所示。

（2）大数据带来的技术挑战

1）对数据采集技术的挑战

①如何按照特定策略自动实时地过滤接收到的海量数据，丢弃无效信息，从而大幅度降低后续存储和处理的压力；

②如何自动生成元数据，准确描述数据出处、获得途径和环境等背景信息。

2）对数据存储管理技术的挑战

①量的扩展，存储系统需要以低成本的方式及时按需扩展存储空间；

②存储面向非结构化数据，要求具备数据格式上的可扩展性。

3）对计算处理技术的挑战

因为海量数据处理要消耗大量的计算资源，这要求解决以合理的成本实时和自适应地处理各类数据的问题。

4）对数据分析技术的挑战

传统数据挖掘侧重得到概率分布结果，而对非结构化数据分析，仅得到概率分布是难以满足要求的，需要发展预测性数据挖掘技术，需从大数据中获得新知识而不仅是统计规律。

5）对知识展现技术的挑战

因为大数据的分析系统要求提供数据来源、分析过程、查询机制等一系列信息，并以可视化的方式呈现出来。这要求以更直观、互动的方式充分展示分析结果。

（3）低成本、实时性和可扩展性是大数据技术发展的总体趋势，并具体表现在以下几个方面。

1）在大数据采集技术方面

①未来的发展方向主要包括适用于存储持续产生数据的新的数据存储技术、I/O 系统和体系架构；面向大数据的数据流化、数据过滤、数据压缩技术；

②自动对数据进行注释、增加语义和上下文信息的新方法（机器和人可读）。

2）在数据存储与管理方面

大数据对数据库技术提出了新的要求，包括极高的并发读写速度、海量数据的高效率存储和访问、高可扩展性和高可用性等。这就要发展面向结构化、半结构化和非结构化数据集的高效归档、查询、获取、恢复工具。此外，为确保未来能够对持久保存的数据进一步挖掘，还应发展可对数据的产生和修改进行追踪的技术，以及增强数据质量、有效性、完整性的方法。

3）在大规模计算技术方面

①基于 MapReduce 的开源 Hadoop 平台已经成为业界大数据并行计算的主要平台，并被互联网企业广泛使用；

②面对源源不断地流入系统的实时数据，需要以极低的时延进行处理，这就需要采用流式计算模式，如 Yahoo 的 S4 系统、Twitter 的 Storm 系统等。

4）在数据分析技术方面

①需要突破数据提取技术（自然语言处理），以便从大量现存非结构化数据中提取丰富信息；

②面向大数据的数据挖掘技术，包括异常检测、趋势分析、假设生成和自动发现等；

③实现自动化建模的机器学习、自动推理等技术。

目前，大数据分析应用已经渗透到社会生活的各个方面，从城市交通到空气质量，从建筑设计到影视制作，大数据都将扮演着重要角色。加州电网系统运营中心采用 Space-Time Insight 的软件对 3500 万电力用户进行智能管理，能够综合分析包括天气、传感器、计量设备等各种数据源的海量数据，从而有效平衡全网的电力供应和需求，并对潜在危机做出快速响应。佛罗里达州迈阿密戴德县与 IBM 的智慧城市项目合作，将 35 种关键县政工作和迈阿密市紧密联系起来，帮助政府在制定治理水资源、减少交通拥堵和提升公共安全方面的决策时获得更好的信息支撑，为戴德县带来多方面的收益，例如，公园管理部门因及时发现和修复跑冒滴漏的水管而节省了 100 万美元的水费。

3．智慧城市与大数据的关系

（1）智慧城市产生大数据

智慧城市中的数据资源有如下特点。

1）数据来源多样化。智慧城市的数据来自各行业系统和城市基础库，涵盖智能交通、智能医疗、智能楼宇、智能电网、智能农业、智能安防、智能环保、智慧旅游、智慧教育、智能税务等大数据资源。

2）数据类型多样化。智慧城市中的数据多是互联网、传感设备、视频监控、移动设备、智能设备、非传统 IT 设备等渠道产生的海量结构化或非结构化数据。

3）数据规模海量化。智慧城市的数据资源体量巨大，但有价值的信息密度低，需要进行深度整合和分析。

（2）大数据是智慧城市的核心要素

智慧城市建设需要大数据做支撑。实时、全面、系统的数据采集和实施是智慧城市的基础，从食品安全溯源系统到智能社区的管理和安防，从汽车导航、电子警察到交通调度和售票系统，各个行业的智慧化都要依赖于数据采集、统一调度和分析挖掘。智慧城市的管理也从传统的“经验治理”向“科学治理”转变。智慧城市的本质是数据的智慧处理，对大数据进行收集、存储、分类、重组分析、再利用等一系列的智能化处理后，将其结果作为决策者的参考。

4．大数据在智慧城市中的应用

（1）智慧经济方面——大数据为营销、管理等提供决策支持

随着计算机的普及以及互联网的发展，足不出户的消费方式逐渐成为主流。在商业上，可以分析用户的购物行为、如何搭配商品、品牌的市场状况、消费者行为情况、如何将适合的营销信息推送给消费者等，并据此做出经营决策。无纸化付费也成为时尚潮流，通过分析用户信用卡的消费记录，可以得出该消费者的个人信用评分，从而推断出客户支付意向与支付能力，发现潜在的欺诈。另外，利用大数据分析还能够实现对库存量的合理管理，可以依据求职网站岗位数量推断就业率等。只要通过网络进行的活动，都涉及数据的存储，通过对大数据的分析与运用均能为决策提供参考。

（2）智慧运输方面——大数据缓解了交通及物流方面的问题

大数据下的智慧交通，主要是指融合传感器、监控视频和 GPS 等设备产生的海量数据，为用户提供最佳的出行方式、路线等。同时，通过对以往大数据的分析，可以设计合适的旅游线路。在交通管理上，通过研究实时交通数据，可以有效缓解交通堵塞，并快速应对突发状况，为交通良好运转提供依据。

传统物流由于信息化程度不高，物流信息系统不够完善等问题，经常出现物品丢失、损坏等现象，对企业产生了一定的损失及影响。通过对大数据分析，可以知道如何改变部署，还可以实现节能，降低行业成本；同时，通过实现数据的整合，能更好地进行集装箱运输能力的预测。

（3）在智慧环境方面——大数据支持预测并能快速响应灾害

随着物联网的发展，大数据将遍布城市的各个角落，大数据的价值也将进一步被挖掘出来。利用大数据对大量实时和历史数据的挖掘、评测与关联性分析，深度获取相关环境数据，可以帮助环保部门准确判断环境变化趋势。另外，

利用大数据对环保事件的预警、态势分析、联动和应急指挥、决策辅助、环境变迁的关联性规律等的分析，为完善环境法律、环保行业检测规程与环保发展战略的规划等提供了充分的科学依据。

（4）智慧生活方面——大数据实现居民衣食住行智能化

大数据应用遍布居民生活的方方面面，促进了生活的智能化。例如，在医疗方面，现代很多医院依托大数据分析技术加快了医院信息化平台的建设和应用，使用网上自助挂号、自助就诊、自助取药、自助缴费等措施，简化了患者的就诊流程，减少了排队等待的时间，为群众提供了安全、有效、方便、价廉的医疗卫生服务。

（5）智慧管理方面——大数据支撑并推动城市的管理

大数据是智慧城市的智慧之源，使数据共享成为可能。大数据的价值源源不断地推动智慧城市向更加智慧、更加科学、更加高效的目标迈进。例如，在政府管理层面，有了数据库作为支撑，可以实现高效的互联互通，极大地提高政府各部门之间的协同办公能力，提高了为民办事的效率，降低了政府管理成本，最重要的是为政府决策提供了有力的支撑。

3.3.2.5 新能源技术应用

新能源技术是高技术的支柱，包括核能技术、太阳能技术、燃煤技术、磁流体发电技术、地热能技术、海洋能技术等。其中核能技术与太阳能技术是新能源技术的主要标志。

1．新能源技术简介

（1）核能技术

核能是人类最具希望的未来能源之一。核能是地球上储量最丰富的能源，又是高度浓集的能源。开发核能的途径有两条：一是重元素的裂变，如铀的裂变；二是轻元素的聚变，如氘、氚、锂等。重元素的裂变技术，已得到实际性的应用；而轻元素聚变技术，也正在积极研究之中。

（2）太阳能技术

太阳能是由太阳内部氢原子发生氢氦聚变释放出巨大核能而产生的，来自太阳的辐射能力。

太阳能的应用主要有三大技术领域：光热转换、光电转换和光化转换。此外，还有储能技术。

太阳光化学转换包括：光合作用、光电化学作用、光敏化学作用及光分解反应。目前该技术领域尚处在实验研究阶段。

太阳光电转换主要是各种规格类型的太阳电池板和供电系统。太阳电池的应用范围很广，例如人造卫星、无人气象站、通信站、电视中继站、太阳钟、电围杆、黑光灯、航标灯、铁路信号灯等。

太阳光热转换是指通过反射、吸收或其他方式把太阳辐射能集中起来，转换成足够高温度的过程，以有效地满足不同负载的要求。

（3）地热能技术

地热能大部分是来自地球深处的可再生性热能，它起于地球的熔融岩浆和放射性物质的衰变。还有一小部分能量来自太阳，大约占总的地热能的5%，表面地热能大部分来自太阳。

在我国的地热资源开发中，经过多年的技术积累，地热发电效益显著提升。除地热发电外，直接利用地热水进行建筑供暖、发展温室农业和温泉旅游等利用途径也得到较快发展。

（4）海洋能技术

海洋能指蕴藏于海水中的各种可再生能源，包括潮汐能、波浪能、海流能、海水温差能、海水盐度差能等。这些能源都具有可再生性和不污染环境等优点，是一项亟待开发利用的具有战略意义的新能源。

海洋能的利用是指利用一定的方法、设备把各种海洋能转换成电能或其他可利用形式的能。

2．能源技术与未来城市发展

低碳经济是实现城市可持续发展的必由之路，也是当前智慧城市建设的首要遵循原则。低碳城市，就是在城市实行低碳经济，包括低碳生产和低碳消费，建立资源节约型、环境友好型社会，建设一个良性的可持续的能源生态体系。低碳经济必然要求人类的能源生产方式发生改变。要提高能源转化使用效率和应用绿色能源，其核心是能源技术创新。

3．能源技术在智慧城市建设中的应用

太阳能技术是解决未来城市能源问题最重要的突破口，太阳能的规模化应用能有效减少化石能源的消耗和温室气体排放，未来的智慧城市是太阳能的城市。北京奥运会期间，比赛场地及其相关场所90%使用太阳能照明。通过太阳能屋顶或幕墙利用光伏组件收集太阳能，产生电能后向住户供电。也可与公共电网相连接，组成并网光伏系统。因有太阳能、公共电网同时给负载供电，既充分利用了光伏系统所发的电能，又增强了供电的可靠性，同时，建筑本身消耗不完的电量也可反馈给电网，起到调峰作用。

风能也在新型智慧城市中具有重要作用。过去素有“煤电之城”美誉的阜新市正在打造百万千瓦风电城。年发电量可达到36亿千瓦时，每年可节约110多万吨标准煤，减少二氧化硫、二氧化碳等有害气体排放4万多千克，减少废渣排放5万多千克。

生物能源也为城市的发展建设提供了新助力，利用生物技术发酵处理城市生活垃圾。建造大规模沼气工厂，可为城市供热和提供燃气。回收地沟油等厨房垃圾，生产生物柴油，可用于车辆驱动和工业生产。

海洋潮汐能和地热能同样是新能源的有力组成。我国共拥有20多座潮汐电站，浙江温岭的江厦电站是我国第一座潮汐电站，已经安全运行31年，技术水平走在世界前列。西藏的羊八井地热电站总装机2.5万千瓦，为日光之城拉萨供电已超过14亿千瓦小时，占拉萨总用电量的80%。高原之城的智慧生活离不开涌动于地壳深处的热力。

3.3.2.6 新材料技术应用

新材料指新近发展或已在发展中具有比传统材料更为优异性能的一类材料，具有知识与技术密度高、与新工艺和新技术关系密切、更新换代快以及品种式样变化多等特点。新材料技术则是按照人的意志，通过物理研究、材料设计、材料加工、试验评价等一系列过程，创造出能满足各种需要的新型材料的技术。新材料技术的发展对于国家工业、农业、社会以及国防和其他高新技术产业的发展均具有重要的支撑作用。

1．最具潜力的新材料

（1）泡沫金属

泡沫金属是指含有泡沫气孔的特种金属材料。因结构独特，泡沫金属拥有密度小、隔热性能好、隔音性能好以及能够吸收电磁波等一系列优点，是随着人类科技逐步发展起来的一类新型材料。它具有导电性，可替代无机非金属材料不能导电的应用领域，在隔音降噪领域具有巨大潜力。

（2）3D打印材料

3D打印是一种以数字模型文件为基础，运用粉末状金属或塑料等可黏合材料，通过逐层打印的方式来构造物体的技术。它改变了传统工业的加工方法，可快速实现结构成型等，在复杂结构成型和快速加工成型领域有很大的应用前景。

（3）离子液体

离子液体是指全部由离子组成的液体，如高温下的KCL、KOH呈液体状态，此时它们就是离子液体。离子液体具有高热稳定性、宽液态温度范围、可调酸碱性、极性、配位能力等特点。

（4）超材料

一般认为超材料是具有天然材料所不具备的超常物理性质的人工复合结构或复合材料。迄今发展出的超材料包括左手材料、光子晶体、超磁性材料等。超材料具有常规材料不具有的物理特性，如负磁导率、负介电常数等。主要用于制造微波隐形衣、二维隐形衣和具有奇特光学性质的材料。超材料改变了传统的根据材料的性质进行加工的理念，未来可根据需要来设计材料的特性，应用潜力无限。

（5）超导材料

超导材料是指具有在一定的低温条件下呈现出电阻等于零以及排斥磁力线性质的材料。超导材料并非罕见，我们生活中的很多材料，如铝、钙、硫、磷等都具有超导特性。只是要实现超导性就必须达到临界温度、超高压等极端条件。未来如可突破高温超导技术，则有望解决电力传输损耗、电子器件发热，以及绿色新型传输磁悬技术等难题。

（6）非晶合金

非晶合金指的是内部原子排列不存在长程有序的金属和合金，通常也称为玻璃态合金或金属玻璃。这种非晶合金具有许多独特的性能，由于它的性能优异、工艺简单，从20世纪80年代开始成为国内外的研究重点。它的一个非常具有前景的应用领域为非晶变压器的制备。

（7）石墨烯

新材料中，石墨烯是目前发现的最薄、最坚硬、导电导热性能最强的一种新型纳米材料，被称为黑金。它具有十分良好的强度、柔韧、导电、导热、光学特性，因而在物理学、材料学、电子信息、计算机、航空航天等诸多领域都得到了长足发展。

2．新材料在智慧城市建设中的应用

（1）新材料的应用原则

1）以有效节省成本为基础。新材料的使用是为社会经济发展服务的，因此在各个领域推广和使用新材料时，必须将经济成本作为重要的参考因素。可以有效节约成本、提高使用效率、降低资源浪费与损耗的新材料才适合应用和推广。有些新材料虽然很有价值，但因投放或使用领域的不合适，不能发挥其最大效用，实则是一种浪费。因此，在各个领域使用新材料时，需要与各个领域的特性相结合。只有实现了应用领域与新材料二者特性的吻合，才能最大限度地发挥其价值，起到节约包括原料、人力、物资等一系列成本的作用。

2）以提升社会效率为前提。在各个领域采用适宜的新材料，是对原有使用材料的突破与变革，能够提升社会生产效率，促进生产发展。

3）以满足人类需求为原则。人类的需求一直在随着社会的进步而变得多样化、复杂化，停留在传统材料基础上的社会生产力已逐渐不能满足新的需求。就整体环境而言，资源相对从前更加匮乏，想要从材料数量上突破以满足人类不断增长的需求是不现实的，而新材料的运用则能从质量上突破瓶颈促进经济发展。因而只有通过新材料的推广应用、新途径的开发，才能不断适应人类发展需求。

（2）新材料在智慧城市建设各个领域的应用情况

1）新材料在建筑领域的应用。建筑材料是一切建筑工程项目的物质保障，新材料的应用可以有效地保证建筑工程的质量、安全和可靠性。新材料在建筑行业中的推广应用与可持续发展的需求是契合的，因而从某种意义上新材料的发展代表了建筑行业的整体发展方向和水平。当前我国在建筑行业普遍应用的新材料主要有木塑复合材料、纳米复合涂料、常温固化纳米自洁玻璃、高分子材料等。这些新材料的应用，已经基本涉及建筑过程的所有环节。随着科技的进步和人们意识的增强，在建筑领域推行具有环保、高效、节能的新材料取代耗能大、污染严重、材料质重等传统材料已是大势所趋。

2）新材料在消防等安全领域的应用。随着高层建筑、地下建筑、大型商场等的大量出现，各种安全隐患也随之增大。安全器材亟需不断完善，以消防尤为显著。利用新材料研发制作的具有特殊性能的消防产品为提高消防技术提供了支撑，如形状记忆合金、纳米材料、复合材料等新材料在消防设备中的应用。因此，新技术和新材料不断在消防领域更新应用。

总而言之，随着社会的进步，为不断促进人们生活水平的提高、提高社会经济效益、提升工作效率、节省各类成本，各个领域将会自驱性地根据行业特点，有选择性地促进新材料在智慧城市建设的各个领域中广泛应用。

第 4 章 智慧城市部分建设项目详细设计

智慧城市作为最具创造力的城市形态，已成为全球城市发展的战略选择。2014 年 3 月，《国家新型城镇化规划（2014—2020 年）》发布，其中专门提出“推进智慧城市建设”。2014 年 8 月，《关于促进智慧城市健康发展的指导意见》提出，“到 2020 年建成一批特色鲜明的智慧城市”。智慧城市建设项目的详细设计需要用理论指导实践，同时更需要在实践中探索并总结经验。

本章根据笔者开展的智慧城市建设项目的实践和提炼，从智慧城市的实施指导方针及路线、业务级平台规划与设计两个方面进行了论述。其中，业务级平台规划与设计部分主要从大数据平台、智慧电商平台、智慧党建平台、智慧医疗平台、智慧社区平台、智慧城管平台、智慧旅游服务平台七个方面，对建设规划与设计进行了详细的展开。

4.1 实施指导方针及路线

4.1.1 夯实区域中心基础，增强城市凝聚力及辐射力

党的十九大报告提出，必须坚持和完善我国社会主义基本经济制度和分配制度，更好发挥政府作用，推动新型工业化、信息化、城镇化、农业现代化同步发展，主动参与和推动经济全球化进程，发展更高层次的开放型经济，不断壮大我国经济实力和综合国力。

第一，通过智慧城市建设，发挥信息化强有力的加速器和倍增器作用，推进民生服务、区域交通等一体化，提升城市在区域交通枢纽服务、区域商贸金融服务、区域物流集散服务、区域分级医疗服务等方面的能力和水平。借助信息化强有力的凝聚和辐射作用提升城市对下属县市及邻近其他城市的辐射带动能力。

第二，通过智慧城市建设，强化信息化与工业化深度融合，依托实时感知、监控、采集生产过程中产生的大量数据，整合企业间的优势资源，促进生产过程的无缝衔接和企业间的协同制造，实现生产系统的智能分析和决策优化，使智能制造、网络制造、柔性制造成为生产方式变革的方向。推动城市现有的传

统产业转型升级，增强工业内在发展动力，加快培育大数据产业、智能电网产业等新兴产业，建成产业转型升级示范区，进而增强城市的产业竞争能力。

第三，依托已有大数据基础设施、智慧医疗、智慧电子商务和智慧党建建设成果，建成区域的大数据基础服务和行业大数据交易中心、医疗卫生中心、电子商务中心和党建示范中心，支撑城市的辐射能力。

4.1.2 抢抓国家战略机遇，融入“一带一路”国家大格局

在“一带一路”背景下推进智慧城市建设，整合产、学、研、用资源，充分发挥聚集优势、促进技术创新和成果转化、优秀实践和示范应用推广，加大开放，对实现合作共赢共谋发展、加快城市提档升级具有重要的战略意义。

同时加强跨境网络信息基础设施建设，发展跨境电子商务等新商业业态，加快建设国家电子商务示范基地，有效打破渠道垄断，为本地企业创建品牌、提升品牌的知名度提供有效途径，提升城市本地产业的竞争力。

4.1.3 创新城市治理模式，全面推进新型城镇化建设

建设智慧城市，就是要贯彻“以人为本”的智慧城市理念，借助于全面的集成智慧技术，建立统分结合、协同运行的城市管理智慧应用系统，通过更全面的互联互通、更有效的交换共享、更协作的关联应用、更深入的智能化，促进人流、物流、信息流、交通流的协调高效运行，使城市运行更安全、更高效、更便捷、更绿色、更和谐。

探索多元化可持续的城镇化投融资机制，进行行政管理高效与行政成本降低的管理模式等方面的研究和试验，用好国家试点政策、争取资金支持，选择具备条件的区域进行城市功能区转型试点，探索 PPP 等建设模式，创新新型城镇化建设的体制机制，谋划生成和加快建设一批新型城镇化建设试点项目，为全国新型城镇化建设提供可复制、可推广的经验和模式。

4.1.4 破解城乡统筹难题，城乡基本公共服务均等化

智慧城市建设很重要的一个方面，就是统筹城乡协调发展，推进城乡发展的一体化。通过建立覆盖城乡的基础设施及管理机制、建立城乡均衡化的公共服务体系及保障机制、建立覆盖城乡居民的便民服务体系、城乡居民医疗保障体系等智慧应用体系，进行城乡电子商务应用、城乡金融建设，促进城市工业化和城镇化良性互动、城镇化和农业现代化相互协调，促进城市发展与产业支撑、就业转移和人口集聚相统一，促进城乡要素平等交换和公共资源均衡配置，

形成以工促农、以城带乡、工农互惠、城乡一体的新型工农、城乡关系，破解城乡二元结构，促进城乡和谐发展。

4.1.5 拉动城市经济发展，催生本地经济发展新契机

通过智慧技术的广泛应用，提高信息、知识、技术和脑力资源对经济发展的贡献率，可以转变经济增长方式和优化产业结构，建立创新生产和服务新模式，实现由劳动密集型、资本密集型向知识密集型、技术密集型转变，加快经济结构的调整和产业转型升级，从而使经济发展更具“智慧”。

与此同时，智慧城市建设对智慧产业具有关联效应和催化效应。建设智慧城市需要海量的智慧基础设施、智慧产品、智慧技术和智慧设备，由此将形成市场大、范围广、关联多、链条长的智慧产业链和产业群，催生并带动很大一批具有广泛市场前景，低消耗，多就业机会的新型智慧产业。这恰恰是城市发展的重要契机。以物联网为例，由于物联网涉及的技术是一个大集成，将带动大规模产业链的形成，其中包括物联网设备与终端制造业、物联网网络服务业、物联网基础设施服务业、物联网基础支撑产业、物联网软件开发与应用集成服务业、物联网应用服务业等。因此，推进智慧城市建设、针对智慧城市的研究将会使政府和人民都受益，堪称“一把钥匙开多把锁”。对于城市经济而言，将促进产业链升级和提高获利能力，能够提高经济的知识含量和产业的科技含量，催生出智慧社区、智慧家庭、智慧交通、智慧物流、智慧医疗、智慧银行、智慧电网、智慧政府、智慧教育、智慧环保、智慧建筑和跨行业的智慧应用等对城市经济和社会发展具有直接拉动作用的、可持续发展的新兴产业。

4.1.6 加快政府职能转变，提升行政效率和服务水平

相对传统人为行政管理和决策手段，智慧城市所提供的智慧化城市服务手段可大大提升公共服务部门的行政效率和决策水平，有助于实现政府从管理到服务，从治理到运营，从零碎分割的局部应用到协同一体的平台服务的三大跨越。

智慧政务建设是有效实现城市服务型政府的技术保证，智慧政务不仅是一个简单办公自动化的问题，还是实现政府如何运作高效、廉洁、精简等诸多方面的有效途径，更是实现“小政府”的主要动力之一。现代城市治理的行政审批比较复杂。如大部分城市的证件办理过程往往因人而异，普通民众和关系民众不被同等对待，使政府的服务质量大打折扣。而智慧政务建设将有助于政府重新了解、审视和正视自身能力，为构建服务型政府提供强有力的保障。智慧

政务是推进政府转变职能的重要途径，其重要性主要表现为在传统电子政务的基础上，充分运用智慧政务的理念使政府的透明度和工作效率极大提高。智慧政务可以有效地实现信息整合，通过技术营造应用和通信平台，能更好地实现跨部门、跨机构、跨地域的网络虚拟政府。智慧政务还能够客观地提高行政公开度，而信息公开的扩大化则会使公众监督权更行之有效。

4.1.7 聚焦科技人才要素，建设区域科教和创新中心

智慧城市的建设离不开物联网、互联网、云计算等技术支撑，而每种技术又都各成体系，涉及众多学科和领域。就物联网而言，仅其感知层就涉及 RFID 信息编码标准、数据采集、传感器中间件、中高速短距离信息传递等关键技术，还不论其网络层、应用层，更遑论智慧城市中其他内容所涉及的技术了。

通过集成数字化、网络化、智能化等关键技术，推进全市各方面服务的信息化建设。采取科技手段支撑智慧应用工程，创建社会管理与服务新模式，探索产学研服务模式，一方面能引领关键核心技术实现重大突破，不断提升城市科技实力和自主创新能力，加快智慧城市建设步伐；另一方面有利于人才要素、技术要素、资金要素的集聚，造就一大批高层次创新型科技人才，提升城市软实力，为科技教育事业发展营造良好的环境，为教育改革和科技创新提供人才保障和智力支撑。可以预计，智慧城市的建设必将引发新一轮大规模的科技创新浪潮。

4.2 业务级平台规划与设计

4.2.1 大数据平台建设规划与设计

4.2.1.1 总体架构设计

总体架构采用面向服务的技术架构（SOA），使用开放标准和松耦合的设计模式，构建一个易于扩展和可伸缩的平台（如图 4-1 所示）。

1. 应用展现层

应用系统在信息安全防护体系和管理体系基础上，依托信息资源层及中间服务层，由基础功能平台支撑并运行。

2. 应用支撑层

应用支撑层包括应用数据交换平台、大数据模型分析、应用中间件、数据库中间件。这些中间件可以通过动态扩展形成一个整体集成的应用支撑平台体

系，为上层的业务系统提供中间层服务，并通过数据交换服务实现系统间的信息交互。

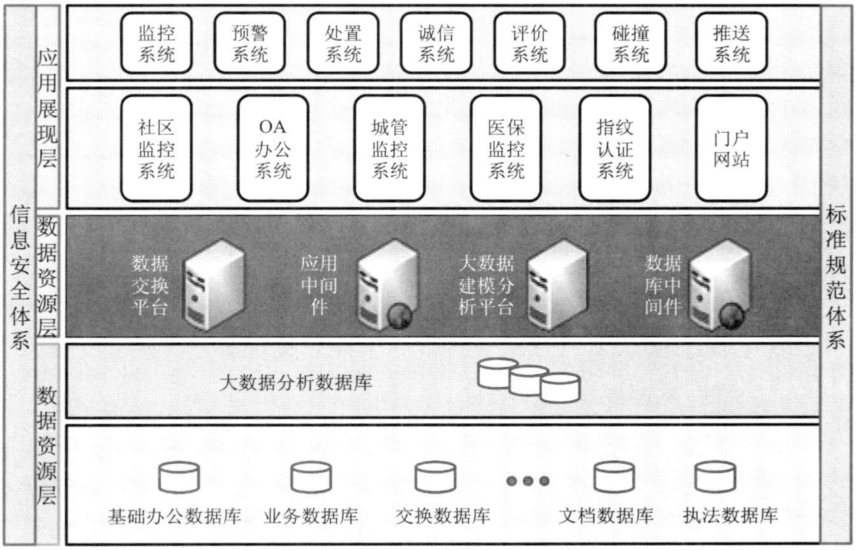

图 4-1　平台总体架构

3．数据资源层

数据资源层旨在建成服务整个系统的数据管理与服务的基础设施，为长期积累的数据资产的处理、备份与保存，提供一个集中的、稳定的数据库环境。

4．信息安全体系

信息安全保障体系贯穿系统建设各个层次。安全体系建设包括物理安全、网络及系统安全、应用及数据安全和安全管理几个方面，通过建设从物理层到应用层的整体安全防御体系，保障系统稳定、可靠、安全地运行。

5．标准规范体系

标准规范是指导整个项目建设的基础，对项目建设具有指导和规范作用。从系统不同的层面实施管理与维护，为各种应用系统提供统一的标准规范。

4.2.1.2　技术路线

在国家层面，智慧城市仍处于初步发展阶段，许多概念仍在探索阶段。针对智慧城市项目，虽然目前也有部分可参考的成功方案，但相关的系统也仍在不断完善中。在实施过程的每个迭代周期中，需要层层深化系统的设计，以最终实现一套符合群众、政府等相关方利益的、可持续发展的大数据平台。

1．JAVA EE 技术

JAVA EE 核心是一组技术规范与指南，其中所包含的各类组件、服务架构及技术层次，均有共同的标准及规格。这种规范让各种依循 JAVA EE 架构的不同平台之间，存在良好的兼容性，解决了过去企业后端使用的信息产品彼此之间无法兼容，企业内部或外部难以互通的窘境。

容器和服务容器设置定制了 JAVA EE 服务器所提供的内在支持，包括安全、事务管理，JNDI（Java Naming and Directory Interface）寻址，远程连接等服务。

2．IAAS、PAAS、SAAS 技术

根据 NIST 的权威定义，云计算有 SPI，即 SaaS、PaaS 和 IaaS 三大服务模式。这是目前被业界最广泛认同的划分。PaaS 和 IaaS 源于 SaaS 理念。PaaS 和 IaaS 可以直接通过 SOA/Web Services 向平台用户提供服务，也可以作为 SaaS 模式的支撑平台间接向最终用户服务。

SaaS：提供给客户的服务是应用供应商运行在云计算基础设施上的应用程序，用户可以在各种设备上通过客户端界面访问，如浏览器等。最终用户不需要管理或控制任何云计算基础设施，包括网络、服务器、操作系统、存储等。

PaaS：提供给最终用户的服务是把客户通过开发语言和工具（例如 Java，python，.Net 等）开发的或收购的应用程序部署到供应商的云计算基础设施上去。客户不需要管理或控制底层的云基础设施，包括网络、服务器、操作系统、存储等，但客户能控制部署的应用程序，也有可能控制运行应用程序的托管环境配置。

IaaS：提供给最终用户的服务是对所有设施的利用，包括处理、存储、网络和其他基本的计算资源。用户能够部署和运行任意软件，包括操作系统和应用程序。最终用户不管理或控制任何云计算基础设施，但能控制操作系统的选择、储存空间、部署的应用，也有可能获得有限制的网络组件（例如，防火墙，负载均衡器等）的控制。

3．SOA 技术

SOA（Service-Oriented Architecture）是面向服务的架构，可以看作是 B/S 模型、XML/Web Service 技术之后的自然延伸。它可以根据需求通过网络对松散耦合的粗粒度应用组件进行分布式部署、组合和使用。服务层是 SOA 的基础，可以直接被应用调用，从而有效控制系统中与软件代理交互的人为依赖性。服务之间通过简单、精确定义接口进行通讯，不涉及底层编程接口和通讯模型。

SOA 具有几个鲜明的基本特征，即可从企业外部访问、随时可用、粗粒度的服务接口分级、松散耦合、可重用的服务、服务接口设计管理、标准化的服务接口、支持各种消息模式、精确定义的服务契约。因此，SOA 能够帮助软件工程师站在一个新的高度理解企业级架构中的各种组件的开发、部署形式，它将帮助企业系统架构者以更迅速、更可靠、更具重用性架构整个业务系统。总之，较之以往，以 SOA 架构的系统能够更加从容地面对业务的急剧变化。

4．MVC 框架

MVC（Model View Controller）是一种软件设计典范，是组织代码采用的一种业务逻辑和数据显示分离的方法。这个方法的前提是业务逻辑被聚集到一个部件里面，并且界面和用户围绕数据的交互能被改进和个性化定制，而且不需要重新编写业务逻辑。MVC 被独特地发展起来用于将传统的输入、处理和输出功能映射到一个逻辑的图形化用户界面的结构中。常见的 MVC 有 Struts 和 Spring。

5．SSO 技术

SSO（Single Sign On）即单点登录技术，是指用户在多个应用系统中只需要登录一次就可以访问所有相互信任的应用系统。它是一种可以将当前主要的登录用户映射到其他应用中的机制，是目前比较流行的企业业务整合的解决方案之一。

SSO 的实现机制为：

（1）当用户首次访问应用系统 1 的时候，会被引导到认证系统中进行首次登录；

（2）认证系统根据用户提供的登录信息进行身份校验，若通过校验则返回给用户一个认证的凭据 ticket；

（3）用户访问其他应用系统时将会带上上述作为自己认证凭据的 ticket；

（4）该应用系统接受到请求之后会把该 ticket 送到认证系统校验其合法性；

（5）如果通过校验，用户即可在无需再次登录的情况下访问应用系统 2、应用系统 3 以及其他更多的应用系统。

6．ESB 技术

ESB（Enterprise Service Bus）即企业服务总线，它是传统中间件技术与 XML、Web 服务等技术结合的产物。ESB 提供了网络中最基本的连接中枢，是构筑企业神经系统的必要元素。它改变了传统的软件架构，可以提供比传统中间件产品更为廉价的解决方案，同时它还可以消除不同应用之间的技术差异，让不同的应用服务器协调运作，实现了不同服务之间的通信与整合。从功能上看，ESB 提供了事件驱动和文档导向的处理模式，以及分布式的运行管理机制。它支持基于内容的路由和过滤，具备了复杂数据的传输能力，并可以提供一系列的标准接口。

7．BPM 技术

BPM（Business Process Modeling）是一种建立工作流程的计算模型的技术。也就是说，它是一种将工作流程中的工作逻辑和规则在计算机中建立模型，并对其实施计算分析的技术。其主要解决的问题是，为实现某个业务目标，利用计算机在多个参与者之间，按某种预定规则自动传递、协同工作。它属于计算机支持的协同工作（Computer Supported Cooperative Work，CSCW）的一部分。

8．LDAP 数据库

LDAP（Lightweight Directory Access Protocol）即轻量目录访问协议，是一种用来发布目录信息到许多不同资源的协议。简单来说来，LDAP 是一种得到集中、静态数据的快速方式。它基于 X.500 标准，但与之不同的，一是它相对简单并可根据需要定制。二是 LDAP 支持 TCP/IP。三是 LDAP 的核心规范在 RFC 中都有定义，所有与 LDAP 相关的 RFC 都可以在 LDAPman RFC 网页中找到。

9．大数据技术

大数据（Big Data）或称巨量资料，指的是所涉及的资料量规模巨大到无法透过目前主流软件工具，在合理时间内达到撷取、管理、处理，并整理成为帮助企业经营决策更积极目的的资讯。大数据技术的战略意义不在于掌握庞大的数据信息，而在于对这些含有意义的数据进行专业化处理。换言之，如果把大数据比作一种产业，那么这种产业实现盈利的关键，在于提高对数据的“加工能力”，通过“加工”实现数据的“增值”。大数据具有 4V 的特点，即 Volume（大量）、Velocity（高速）、Variety（多样）、Veracity（精确）。

4.2.1.3　系统组成

1．大数据管理平台

基础信息库数据经数据交换平台交换到中心，通过资源整合、清洗比对转换处理完成中心基础信息数据库，形成统一的数据标准及管理规范，实现对城市信息资源中心数据库的日常管理与维护。

大数据管理平台实现对数据处理环节的全程监控。通过对数据流关键环节，如数据获取层、数据存储层、分析应用层、访问层以及各数据流阶段间的 ETL 过程中部署相应的数据质量检查点，在数据产生、存储、管理、使用等数据生命周期每一环节上定位数据质量问题产生的根源，促进建立或实施有关的工作流程来解决数据质量的问题，从而保证数据质量的不断改进和数据可用性的不断提升。

（1）总体设计

大数据管理平台通过数据交换系统将各类参建部门的数据采集交换至中心，提供了统一的数据转换、清洗、比对和整合加工功能模块，形成了基础信息库、业务基础信息库、主题信息库以及元数据库。在共享数据服务的基础上实现了共享服务管理、统计分析以及信息直报等功能模块。系统架构如图 4-2 所示。

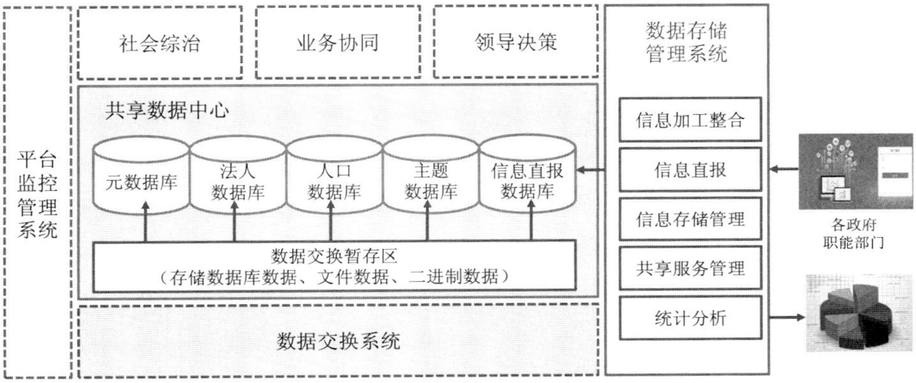

图 4-2　数据管理平台总体架构图

（2）技术架构

数据管理平台充分利用云计算技术和 HADOOP 大数据技术，提供了一套集数据采集、存储、传输等功能为一体的高性能、高扩展性、高可靠性的多用途新一代政务数据交换平台。

数据管理平台由 HADOOP 大数据基础组件、交换平台、管理监控系统、数据处理四部分构成。数据处理是指对各类格式的数据进行采集。HADOOP 大数据基础组件是基于 HADOOP 技术框架的分布式运行环境。交换平台是基于分布式消息中间件的新一代云交换中间件。管理与监控系统则采用了 WEB 方式实现配置和管控。技术架构如图 4-3 所示。

（3）数据处理

数据处理的主要功能是，运用 ESB DataService 提供的数据处理服务将由交换系统交换至数据暂存区的数据进行统一的合并、过滤、比对、编目以及主题加工等操作；将不同格式、类型、结构的数据进行标准化；在共享数据服务区进行统一的存储等。

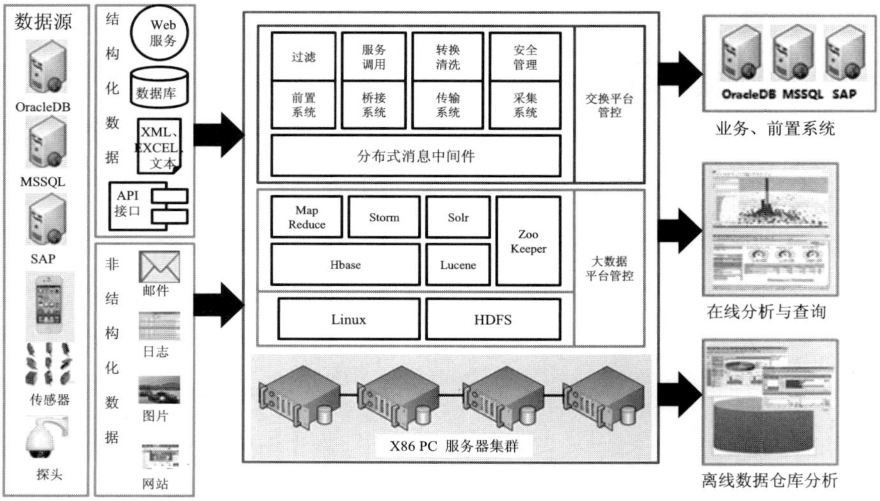

图 4-3 大数据管理平台技术架构

2．大数据分析平台

数据分析是大数据应用的核心流程。MapReduce 是当前广泛采用的大数据集计算模型和框架。顾名思义，它的名称体现了它的思想，即 Map（映射）和 Reduce（归约）。由此可知，MapReduce 是一种编程模型，主要应用在大规模数据集（大于 1TB）的并行运算上。MapReduce 由谷歌公司最先提出并研究设计，设计初衷即为了解决谷歌搜索引擎中大规模网页数据的并行化处理的问题。此后，谷歌公司利用 MapReduce 重新改写了文档索引处理系统。因为 MapReduce 能够将大规模杂乱无章的数据根据某些特征归纳并处理得到所需的结果，到目前为止它在解决谷歌公司数以万计的算法问题上得以应用。事实上，它的产生给大数据并行处理带来了巨大的革命性影响，使其已经成为事实上的大数据处理的工业标准。

MapReduce 的一个大名鼎鼎的应用案例就是 Hadoop，由此实现了分布式文件系统（Hadoop Distributed File System），即前述的 HDFS。Hadoop 的框架核心是 HDFS 和 MapReduce，其中 HDFS 提供海量数据的存储，而 MapReduce 提供海量数据的计算。

基于 MapReduce 等大数据技术，大数据分析平台实现了计算架构、查询与索引、数据分析和处理等大数据分析功能，以下是大数据分析平台的具体设计。

（1）计算架构

为了能够支持实时分析任务，在 MapReduce 架构的基础上形成了数据流分析解决方案 MARISSA，同时也提出了基于时间的大数据分析方案 Mastiff 以及 TiMR 框架来进行实时流处理。

（2）查询与索引

基于 NoSQL 类数据库技术建立的混合数据访问架构 HyDB、并发数据查询及优化方法，解决了传统关系型数据库无法有效处理大量非结构化和半结构化数据的问题。

（3）数据分析与处理

大数据多样化的特点导致数据语义分析时术语难以统一从而影响信息的挖掘。大数据的处理具有“要全体不要抽样，要效率不要绝对精确，要相关不要因果”的特点，一般的处理流程如下：

①采集组件。大数据的采集是指利用多个数据库来接收发自客户端的数据，并且用户可以通过这些数据库来进行简单的查询和处理工作。比如，电商会使用传统的关系型数据库 MySQL 和 Oracle 等来存储每一笔事务数据，除此之外，Redis 和 MongoDB 这样的 NoSQL 数据库也常用于数据的采集。

②统计/分析组件。统计与分析主要利用分布式数据库，或者分布式计算集群来对存储于其内的海量数据进行普通的分析和分类汇总等，以满足大多数常见的分析需求，在这方面，一些实时性需求会用到 EMC 的 GreenPlum、Oracle 的 Exadata，以及基于 MySQL 的列式存储 Infobright 等，而一些批处理或者基于半结构化数据的需求可以使用 Hadoop。统计与分析这部分的主要特点和挑战是分析涉及的数据量大，对系统资源特别是 I/O 会有极大的占用。

③导入/预处理组件。虽然采集端本身会有很多数据库，但是如果要对这些海量数据进行有效的分析，还应该将来自前端的数据导入到一个集中的大型分布式数据库或者分布式存储集群中，并且可以在导入基础上做一些简单的清洗和预处理工作。也有一些用户会在导入时使用来自 Twitter 的 Storm 对数据进行流式计算，以满足部分业务的实时计算需求。导入与预处理过程的特点和挑战主要是导入的数据量大，每秒钟的导入量经常会达到百兆甚至千兆级别。

④挖掘组件。数据挖掘一般没有预设的主题，主要在现有的数据上采用各种算法进行计算，以起到预测的效果，从而实现一些高级别数据分析的需求。比较典型的算法有用于聚类的 K-Means、用于统计学习的 SVM 和用于分类的 Naive Bayes，主要使用的工具有 Hadoop 的 Mahout 等。

3．应用服务器中间件

应用服务器中间件是支撑应用系统运行与开发的基础组件，需要满足以下需求。

（1）支持“云计算”PAAS 平台功能。支持将现有的服务器、操作系统、数据库，整合构建“资源池”，根据用户的访问量、系统响应时间，按需进行启动、部署、迁移、均衡和关闭低负载设备，实现“按需计算、节能减排”。

（2）支持 Windows 系列、Linux 系列、UNIX 等国内外主流操作系统，支持所有国内外主流的数据库。

（3）性能要求。采用多线程工作模式，可利用硬件设备的多 CPU 资源；支持过载保护功能，在系统负载超出既定阈值时，系统能够进行自我保护。

（4）安全服务。具有强加密机制，支持数字签名和多种加密技术算法，且加密位长度必须不受限制。

（5）提供 SSO 服务。以对应用系统编程零侵入的方式实现统一认证和统一授权。在不对业务代码做任何修改的情况下，实现统一认证和授权；信息交互采用 SSL 协议，保证信息的安全性；采用缓存机制，减少业务系统访问 SSO 服务器的频率。

（6）扩展性要求。提供基于微内核插件框架。服务插件以可插拔的方式进行优化组合，可针对不同的需求定制不同的版本，实现基础支撑环境的随需应变、快速构建。

（7）集群与可用性。支持异构集群技术，当硬件平台或操作系统不是同一产品时，应用服务器应能建立异构集群。可将负载分布到多个应用服务器上；提供单机和多机环境下应用级的负载均衡功能，提供多种负载均衡的实现机制。提供 HTTP 会话复制和失效转移能力，支持会话亲和。支持集群节点之间的内存自动复制。可提供集群的故障恢复和故障迁移功能。能够通过管理控制台进行集群管理的配置。支持多播技术，用于群集实例的健康检查。

（8）集成开发环境。提供与服务器无缝集成的开发环境。可自动创建方便持续集成与测试的工程目录结构及框架文件。自动选择增加所依赖的各种工具包的引用。可支持模块化的系统开发及部署，允许以独立模块的形式扩展系统功能单元的实现。可为测试、打包、部署、运行调试等应用开发各阶段提供相应的工具支持，提供持续集成的系统开发环境。在构建项目时自动加入统一认证和授权的能力。

（9）部署与管理工具。提供版本化的并行部署能力，同一应用能够同时部署多个版本，支持多个版本之间的快速切换。管理端口与应用端口分离，管理工具与业务应用使用不同的访问端口，通过应用端口无法管理工具。

（10）事务支持。保证事务的完整性，支持事务的死锁检测并提供自动解除死锁技术。支持分布式的事务，能够跨越多种的资源类型。提供数据库连接池机制，具备连接配置向导；能够对连接进行健康性检查。

（11）消息支持。提供内建的遵循 JMS 规范的企业级消息服务。提供存储转发的机制，从而提高远程消息传递方面的可靠性。支持多点传送技术，能够将大量的消息同时传递给多个接收者。支持异步消息 I/O，以满足对消息持久的高性能需求。

（12）Web 服务支持。支持部署 Web Service，提供开发环境。

4．数据库中间件

数据库中间件是指一切连接应用程序和数据库的软件，位于客户机服务器的操作系统之上，通过使用统一接口提供对运行在多种平台上的不同数据库的访问。通过使用数据库中间件，可扩展性得到了大大的增强，可以最大限度地不影响上层应用程序的结构，减少系统维护的难度。由于对数据库的操作都被封装在数据库中间件，用户对数据的管理实现了对数据库操作的透明性。

5．数据交换平台

数据交换平台是提供实现数据整合、交换的系统平台，实现各业务系统有机结合。它通过接口、数据库同步工具等方式实现数据的自动提取与转换，同时支持手工录入与审核数据，是一个为不同数据库、不同数据格式之间进行数据交换而提供服务的平台，它有效地解决了不同业务、不同数据类型、不同数据库间的信息数据自由对接转换的问题。

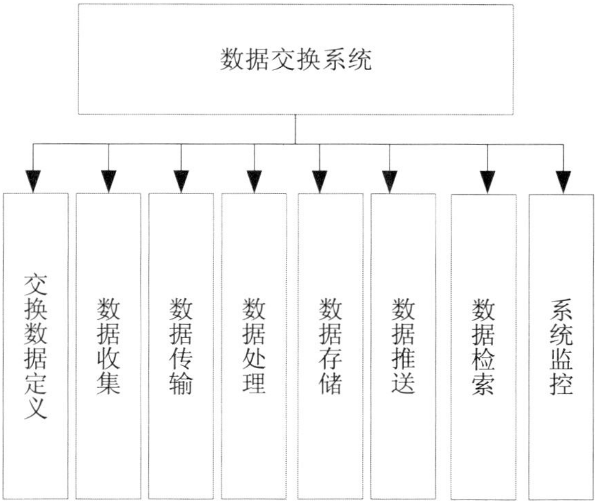

图 4-4　数据交换系统功能图

一方面，它通过开发数据交换系统以统一数据交换标准，规范数据交换流程，实现各业务系统与大数据基础平台之间的信息共享与互联互通；另一方面，它开放对外接口，实现业务应用系统等对接和信息查询需求。通过数据交换系统的隔离作用确保在与外部互联互通的同时，能够保证大数据基础平台采集的数据的完整性和稳定性。

数据交换系统支持实时接口交换、数据库之间抓取推送交换、批量导入导出三种交换方式，支持订阅发布机制，支持一对一、多对多交换。主要实现功能如图 4-4 所示。

4.2.1.4 系统功能

应用支撑平台是位于网络系统、操作系统与应用系统之间的一个逻辑上的平台，由相关组件和中间件所组成，是构建应用系统的基础，起着承上启下的作用。对下应用支撑平台提供最基础的组件，负责与底层的硬件进行数据传输和统一资源调配。对上应用支撑平台提供对上层应用系统建设的统一支持，以降低系统建设的复杂度、提高可靠度。

应用支撑平台包括数据交换平台、数据建模分析平台、应用服务器中间件、数据库中间件等建设内容，面向客户提供各项服务。

1．大数据存储服务

可通过分布式文件系统实现文件的分布式存储，将服务器文件通过网络分散存储到多台服务器上，实现大规模数据集的多节点高容错性存储和高效率传输，实现以流的形式访问分布式文件系统中的数据，保证数据访问的速度和安全性。

2．大数据建模分析服务

按照统一的方式，利用分布式数据库和分布式计算集群对存储于其内的海量结构化和非结构化数据建立数据分析模型、架构底层计算逻辑模型，进一步地挖掘分析研判。

大数据分析组件提供高效的多维数据分析模型和数据算法，为其他数据分析应用提供数据分析服务。大数据分析组件服务实现了分析模型语义引擎、分布式文件分析与存储、分析模型构建、结构化和非结构化的大数据分析等服务功能。

大数据分析方法的五个基本方面如下：

- Predictive Analytic Capabilities（预测性分析能力）
- Data Quality and Master Data Management（数据质量和数据管理）
- Analytic Visualizations（可视化分析）
- Semantic Engines（语义引擎）
- Data Mining Algorithms（数据挖掘算法）

大数据分析组件服务，主要是提供一体化的贯穿整个数据处理流程的软件和数据服务。在大数据获取、大数据加工、大数据分析、大数据挖掘、大数据信息分发等整个软件设计和数据处理环节中，系统提供运算的逻辑定制能力和运算的平台均衡能力。

（1）大数据获取

在海量数据及不断频繁更新涌入的巨量并发数据中，及时快速地获取所需数据，并通过业务主题的定义将大数据有效地利用起来，是大数据的价值所在。针对数据结构化的程度，按照结构化数据、半结构化数据和非结构化数据进行分类，而大数据的处理重点是其中的非结构化数据。

（2）大数据加工

大数据处理环节中，大数据加工至关重要。主要通过 MapReduce 架构进行数据的加载、清洗、提炼。大数据的 Map 服务是大数据被定义好的系统进行利用、管理、理解、聚合等的基础，是数据运算的基石。大数据 Reduce 服务是大数据最复杂、最繁重、最依赖业务需求的服务。

（3）大数据分析

大数据分析是大数据知识发现的关键一步。大数据分析，主要重点提供一套工具和模型，并编制一套模版，适应实时数据、历史数据等已经经过 MapReduce 后的数据的统计分析。

（4）大数据挖掘

大数据挖掘是大数据运用的深度环节，挖掘系统在大数据上的运用可以起到事半功倍的作用。系统主要提供成熟的挖掘算法和数据探查工具供用户调用，并支持调用后的运算服务。

（5）大数据信息分发

大数据分析的结果、数据信息和知识信息只有通过访问接口，才能被广泛地被系统所应用，才能发挥最大效益。大数据信息分发服务即提供大数据信息的推送、订阅、协议转换、数据变换、路由和寻址、请求响应、同步异步、事件触发等功能服务，使数据能够更加方便地分发和响应。

3．流程服务

随着互联网的发展，SOA 和云计算等概念的提出和不断成熟，SaaS 软件服务作为新兴的软件交付模式，其软件服务的理念已经成为当前软件发展的一个重要方向。基于软件服务化模式的流程引擎和规则引擎服务模型，即采用面向服务的架构思想来构建流程引擎和规则引擎，使流程引擎以服务化的形式对外提供相关服务。

流程引擎采用SOA构建相关服务，并采用Web Service作为实现技术，从而保证具有广泛的实用性、平台无关性、编程语言无关性等特点。图4-5说明了面向服务的分析与设计流程。

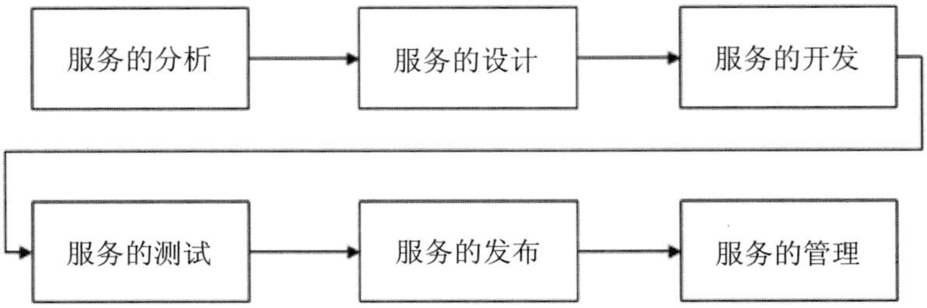

图4-5　流程服务

4．消息服务

统一消息服务（GMS，General Messaging Service）将所有类型的消息，如语音、电子邮件、传真、短消息（SMS）、即时消息（Instant Messaging）等进行统一管理。人们可以通过任意一种通信终端，如电话机、传真机、手机、计算机等访问消息，进行阅读、听取或者转发内容。统一消息服务的最终目标将使用户可以在任何时间、任何地点，使用不同的技术通过任意通信终端（包括有线Internet和无线移动的设备）与任何人进行通信。

统一消息服务由大数据中心Paas平台建设，再通过发布Web服务提供给各自系统调用。

5．检索服务

全文检索技术，就是以数据如文字、声音、图像等为主要内容，以检索文献资料的内容而不是外表特征的一种检索技术。通过计算机索引程序扫描文章中的每一个词，并对每一个词建立一个索引，指明该词在文章中出现的次数和位置。当用户查询时，检索程序就根据事先建立的索引进行查找，并将查找的结果反馈给用户。

全文检索服务为信息资源中心及各大平台提供高效的搜索管理能力，以及对外部系统提供标准的开发API规范，提供站内搜索的统一支撑平台，包括索引的建立、权限的控制以及搜索分析等。全文检索的工作流程如图4-6所示。

Lucene是一个全文检索引擎的架构，提供了完整的查询引擎和索引引擎。Lucene以其方便使用、快速实施以及灵活性受到广泛的关注，它可以方便地嵌入到各种应用中实现针对应用的全文索引、检索功能。基于Lucene构建的全文检索服务能够提供准确的搜索服务。

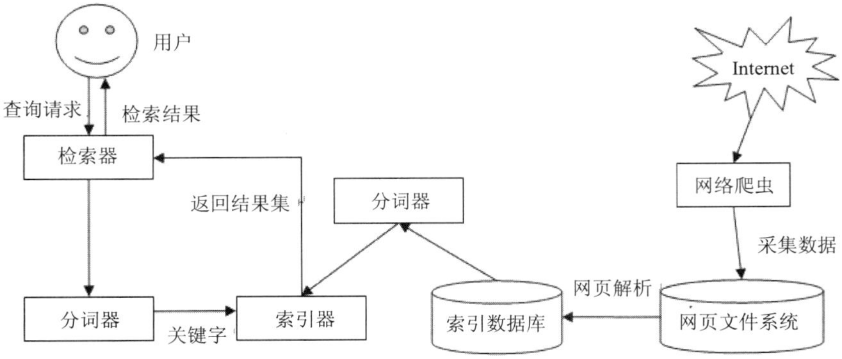

图 4-6　全文检索流程

6．报表服务

报表服务是指信息资源中心系统提供的高效的报表设计方案、强大的报表展现能力、灵活的部署机制，并且具备强有力的填报功能，为其他业务系统应用提供高性能、高效率的报表解决方案。信息资源中心通过数据挖掘工具进行数据分析、数据清洗、数据聚合形成数据多维度立方体，数据立方体对外提供数据查询服务。数据挖掘和数据展示模型如图 4-7 所示。

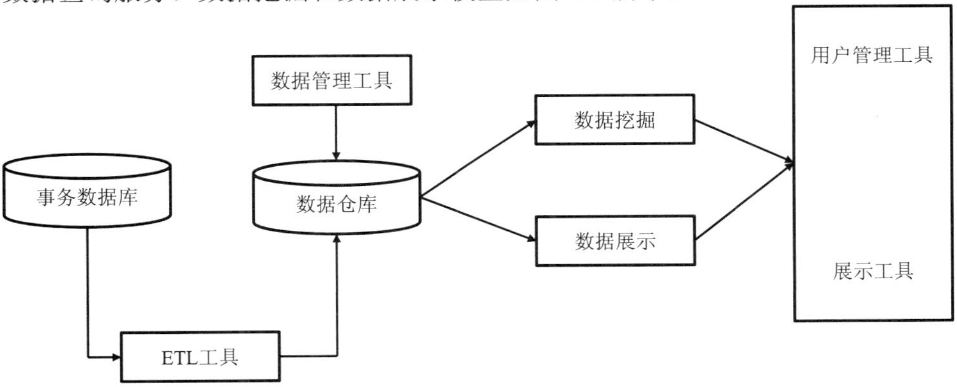

图 4-7　数据挖掘与展示模型

报表服务功能涵盖自定义报表、自定义图表、OLAP 分析、旋转、切片、钻取、自定义指标、自定义维度、数据过滤、多数据源连接、可视化拖拽、数据导出（Excel、pdf、xml、txt）、信息加密、自定义 SQL、SSL、定时任务等。

各个业务系统库数据从源数据库通过 ETL 过程流入数据仓库中，再通过数据建模将数据仓库中的数据组织成多维的立方体模型。报表服务如图 4-8 所示。

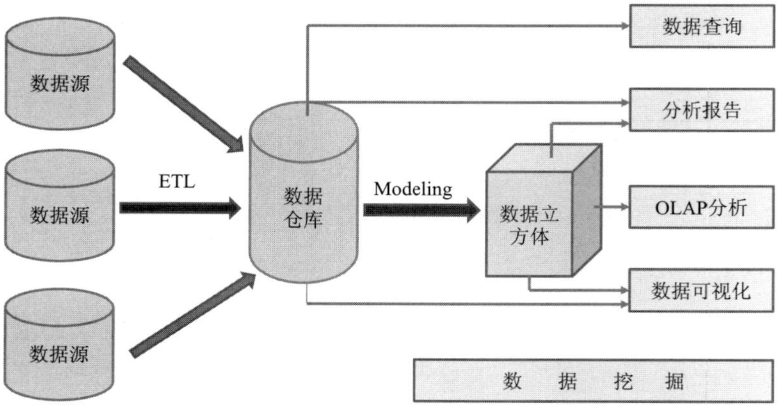

图 4-8 报表服务

7．统一身份认证

所谓身份认证，就是判断一个用户是否为合法用户的处理过程。最常用的简单身份认证方式是系统通过核对用户输入的用户名和口令，看其是否与系统中存储的该用户的用户名和口令一致来判断用户身份是否正确。复杂一些的身份认证方式采用一些较复杂的加密算法与协议，需要用户出示更多的信息（如私钥）来证明自己的身份，如 Kerberos 身份认证系统。

统一身份认证服务系统的一个基本应用模式是统一认证模式，它是以统一身份认证服务为核心的服务使用模式。用户登录统一身份认证服务后，即可使用所有支持统一身份认证服务的管理应用系统。

4.2.1.5 基础架构

1．应用架构

大数据平台通过大数据生产平台和大数据分析平台为城市综合信息服务应用系统提供数据、信息服务。应用架构如图 4-9 所示。以下从信息资源中心各功能模块实际作用的角度来设计其应用架构。

大数据生产平台是信息资源中心的数据采集平台，负责城市信息资源中心的数据采集、数据处理、数据入库工作。在该平台中，通过共享交换平台实现了城市四大基础资源库的数据交换；通过物联网大数据整合平台实现对环保、交通、安保等委办局物联网信息的采集与整合；通过互联网数据采集平台实现对互联网中新闻媒体、社交图文信息的分类采集与入库。数据采集以后通过数据整合平台实现了数据的清洗比对、转换入库、质量管理等工作；同时，信息资产管理平台实现了信息资产的登记注册、目录管理等工作。最终形成了基础核心大数据、政务业务大数据、社会综合大数据三大类数据。

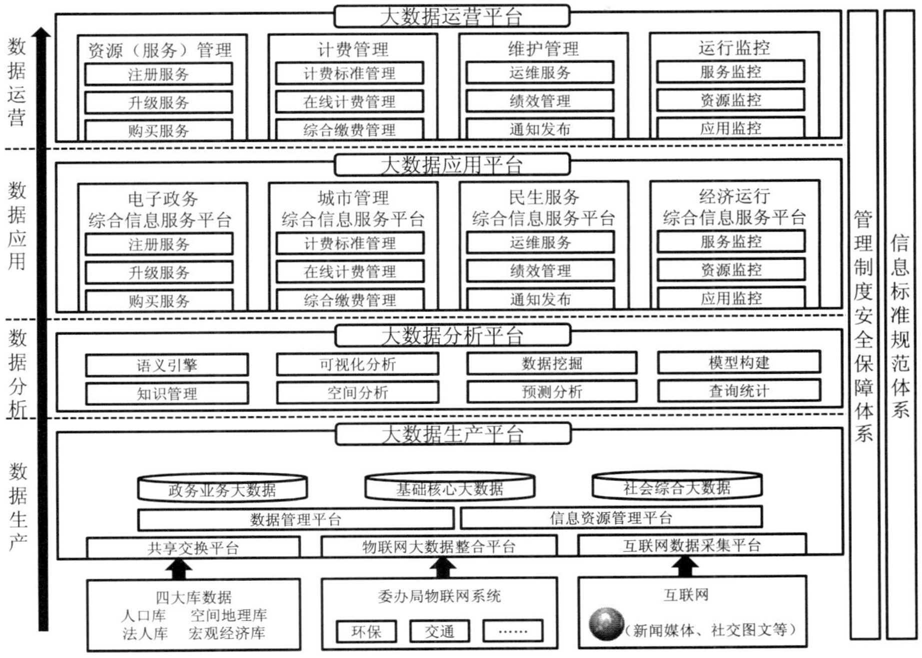

图 4-9 应用框架

大数据分析平台是城市信息资源中心的大脑，对数据进行统计分析、深度挖掘。该平台实现了语义引擎、知识管理、可视化分析、空间分析、数据挖掘、预测分析、模型构建、查询统计等大数据分析功能。

大数据应用平台实现了包括“四大综合信息服务平台”在内的城市大数据的综合信息服务，是基于城市大数据整合共享基础上的增值数据应用。各项信息服务是通过二次开发服务接口提供的接口服务，以面向 SOA 服务的方式为各项专题应用提供支撑服务。“四大信息服务平台”整合各专题应用的数据服务、功能服务以统一门户的方式呈现给用户。展示终端可能是网页、Pad 端、手机端、展示屏等。

大数据运营平台是信息资源中心正常运行的保障平台，实现了城市信息资源中心的可持续发展、增值应用。通过资源服务管理实现了新增资源的注册、升级、购买等管理。通过计费管理实现了信息资源对社会化服务的有偿使用。通过维护管理实现了信息资源中心的日常运维管理。通过运行监控实现了软件、数据、硬件等资源的实时监控和资源分配。

2．数据架构

数据架构如图 4-10 所示，包含城市大数据，如业务模型库、主题模型库、原始数据、委办局前置数据等。

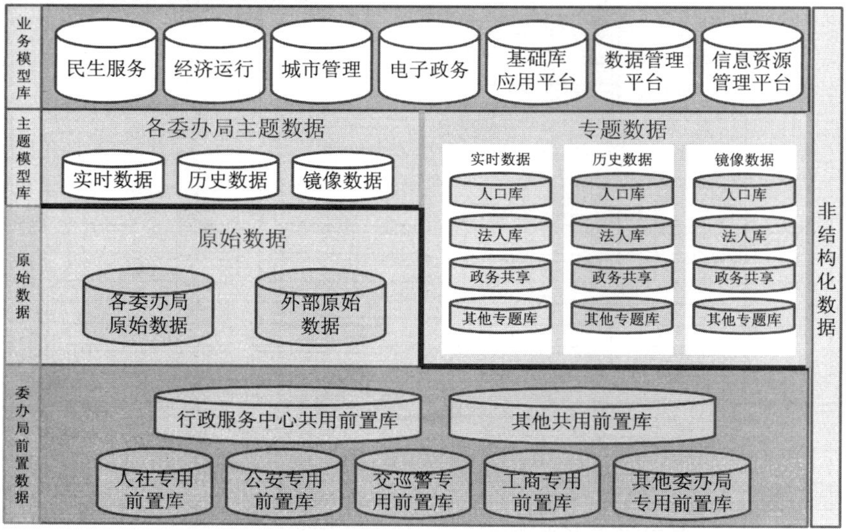

图 4-10　数据框架

3．硬件平台

（1）逻辑架构

逻辑结构如图 4-11 所示。硬件平台整体架构采用虚拟化云计算及分布式计算架构设计，主要由基础设施层、支撑软件层、安全保障体系、服务保障体系组成。

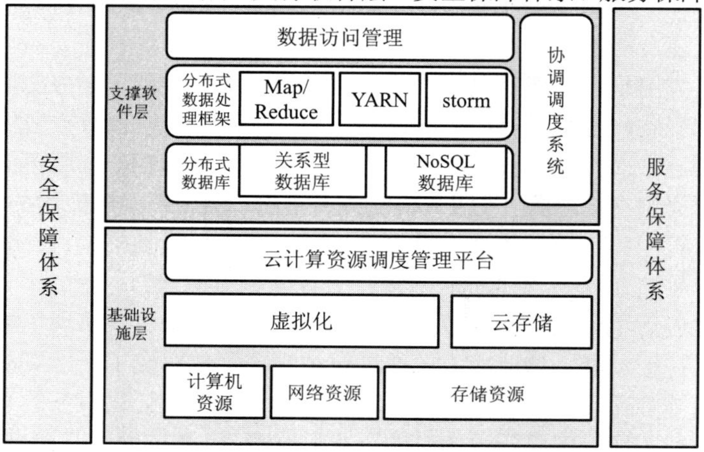

图 4-11　逻辑架构

基础设施服务对上层应用提供基础的云计算服务。基础设施层通过虚拟化以及分布计算技术对基础设施进行云化并统一管理，实现硬件设备（计算设备、存储设备、网络设备）的池化并充分利用，同时实现资源的动态扩容等功能。

支撑软件层利用分布式处理框架以及数据访问机制、协调调度机制，对应用软件的数据操作提供相应的处理框架支持，提供分布式数据库服务。

服务保障体系通过信息资源中心的日常运维管理提供可靠性、标准性的服务保障。

（2）拓扑结构

网络拓扑结构如图 4-12 所示。作为整个系统的技术设施支撑部分，网络系统采用模块化、层次化的结构设计，在追求性能优越、经济实用的前提下，本着严谨、慎重的态度，从系统结构、技术措施、设备选择、系统应用、技术服务和实施过程等方面综合进行系统设计，以确保网络系统本身的高性能、高安全、高可靠、可扩展性以及与其他各个系统模块良好的兼容性。

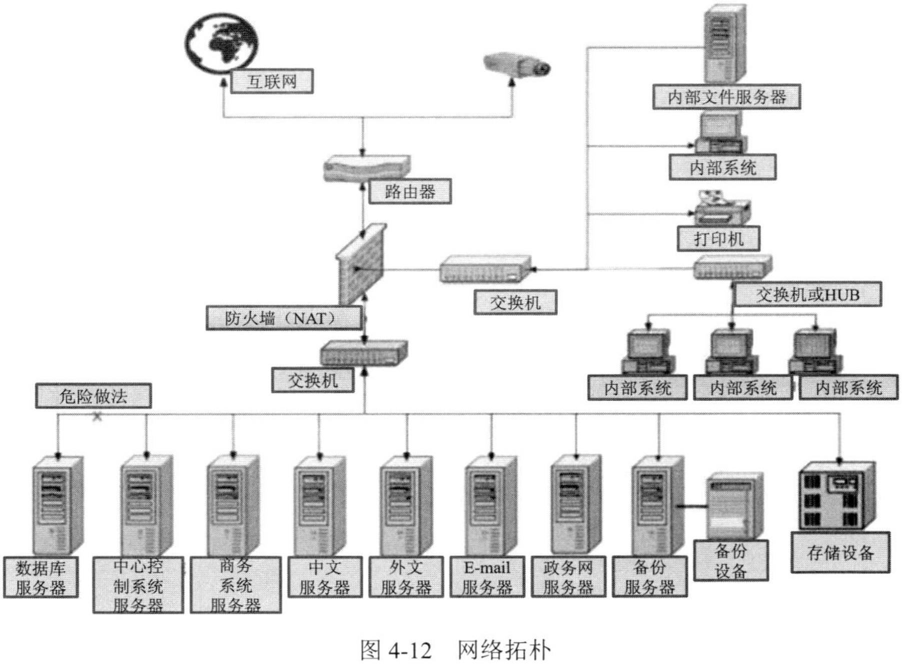

图 4-12 网络拓朴

大数据平台网络结构根据功能分为网络接入区（Internet 接入、政务外网接入、政务内网接入）、DMZ 区、核心交换区、计算资源区、存储资源区、数据备份区、安全管理区。

4.2.1.6 指标体系

1．功能性要求

主要软件模块至少包含以下功能模块，如表 4-1 所示。

表 4-1 功 能 模 块

序号 \ 系统名称	大数据基础平台
1	管控中心
2	资源管理
3	数据抽取
4	算法库
5	分布式数据库
6	分布式文件系统
7	流计算
8	数据分析

2．技术性要求

大数据基础平台技术性要求如表 4-2 所示。

表 4-2 技 术 要 求

序号	服务内容	内容描述、基本要求	数量	单位
1	管控中心要求	实现平台统一监控、管理，包括群集、主机和服务管理	1	项
2	资源管理要求	能够对各种资源的分类进行管理，满足资源注册、资源目录、任务管理及作业管理	1	项
3	ETL	提供 ETL 引擎，支持对结构数据、半结构数据和非结构数据的抽取、清洗、转换和存储，以及操作作业管理	1	项
4	算法库	提供实现分类、聚类、协同等算法	1	项
5	运行环境	应提供分布式文件系统及 Hadoop 分布式架构服务和 Spark 架构服务	1	项
6	目录服务系统	提供支持 LDAP 协议的目录管理系统	1	项

（续表）

序号	服务内容	内容描述、基本要求	数量	单位
7	监控系统	平台能够对所有主机的操作系统、任务等进行实时监控，并当出现故障时具备自动恢复能力	1	项
8	操作员管理	支持人员及权限、访问控制管理	1	项
9	日志管理	具备按多种形式对操作日志、系统日志的查询功能	1	项
10	高可用性	系统不存在单点故障风险。	1	项
11	性能	要求计算单元的整体能力必须满足处理器≥48 核，内存容量≥96GB，每计算节点磁盘容量≥3TB，每计算节点网络带宽≥4000Mb	1	项
12	运维	具备故障诊断及自动恢复能力	1	项

4.2.1.7 建设规范

1．设计原则

（1）目标性原则

建立大数据基础平台的目标是，按照科学的分类体系指导电子政务及相关信息化建设工作成体系成系统地开展，解决信息化建设过程中的共性问题，从而降低服务和技术的研究、生产、使用或消费、维护乃至管理的成本和风险度，使标准化工作发挥最佳效益。

（2）整体性原则

现代标准规范体系以标准的整体性为特征。构成标准规范体系的各标准，并不是独立的要素，标准之间相互联系、相互作用、相互约束、相互补充，从而构成一个完整统一体。

（3）有序性原则

标准规范体系是一个复杂的系统，包含众多的标准，但任何一个标准体系都不是杂乱无章的堆积，整个标准规范体系的结构层次应该是有序的。标准体系的结构是指标准系统内各标准内在有机联系的表现方式。标准体系结构应具备合理的标准层级、时间序列和数量比例。标准体系结构层次的有序性是由系统中各层次要素之间的依从关系决定的，上一层是对下一层的抽象（归纳），而下一层又是上一层的具体。

（4）开放性与动态性原则

标准体系既不是封闭的，也不是绝对静止的。因为任何标准体系总是处于某种环境之中，总是要同环境之间进行相互作用，交换信息，并且不断地调整或淘汰那些不适用的要素，及时补充新的要素。标准是科学技术和生产水平的综合反映，科学技术不断发展，社会经济不断提高，业务需求也不断丰富，所以标准也要不断提高水平、拓宽领域、不断更新。

2．安全系统设计标准规范

《计算机信息系统安全保护等级划分准则（GB/T 17859-1999）》

《信息安全技术信息安全风险评估规范（GB/T 20984-2007）》

《信息安全技术信息系统通用安全技术要求（GB/T 20271-2006）》

《信息安全技术信息系统等级保护安全设计技术要求》（GB/T 25070-2010）

《信息安全技术网络基础安全技术要求（GB/T 20270-2006）》

《信息安全技术操作系统安全技术要求（GB/T 20272-2006）》

《信息安全技术数据库管理系统安全技术要求（GB/T 20273-2006）》

《信息安全技术服务器安全技术要求（GB/T 21028-2007）》

3．安全系统统计思路

本书介绍的项目安全系统的建设主要从云平台数据中心以及云服务应用支撑服务平台两部分安全保障措施进行考虑。自主可控的安全保障是系统可靠运行的重要前提，数据中心安全设计可以从以下六个层面进行建设。

（1）安全定级；

（2）数据价值分析；

（3）数据安全风险分析；

（4）安全策略部署；

（5）安全设计方案；

（6）应用和管理策略。

4．信息安全等级定级

结合业务应用的重要性和遵循国家有关信息安全法律法规原则，根据《计算机信息系统安全保护等级划分准则（GB/T 17859-1999）》，根据实际项目进行平台安全的等级定义。具体的安全措施依据国家关于信息系统等级安全保护的基本要求。

4.2.2　智慧电商平台建设规划与设计

4.2.2.1　智慧电商总体规划

1．全面创新电子商务服务模式

根据国家工业和信息化部制订的《电子商务“十三五”发展规划》，结合城市产业结构和社会经济特征以及电子商务发展环境，提出了“一条供应链+三大基础工程+六种电商”的发展战略，如图 4-13 所示。

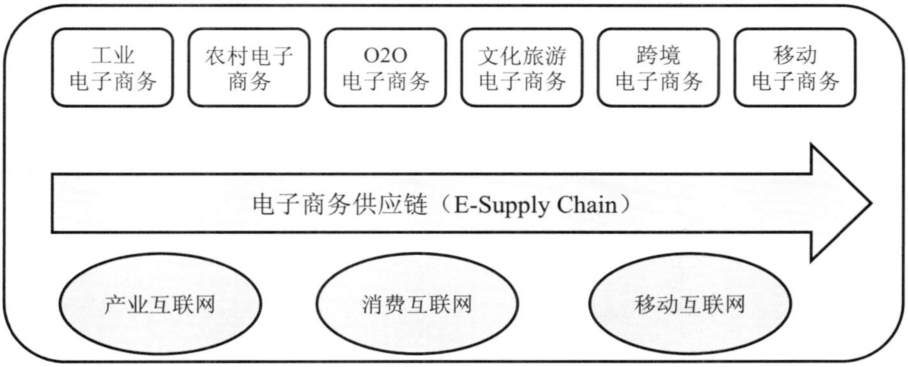

图 4-13　X 市电子商务发展战略部署

（1）“一条供应链”。积极打造电子商务供应链（E-Supply Chain），贯穿未来电子商务整体规划，凭借互联网服务平台，实现供应链交易过程的全程电子化，彻底变革传统的上下游商业协同模式，实现传统经营方式向互联网方式转变，全面集成供应链上下游各种资源，打造城市电子商务的核心竞争力。

（2）“三大基础工程”。抓住“互联网+”的良好发展机遇，加快消费互联网、产业互联网以及移动互联网建设，推进产业、消费、服务与互联网的融化，不断提升产业创新水平和服务水平，进一步满足社会生产和生活消费需求的需要。

（3）“六种电商”。重点发展工业电商、农村电商、O2O 电商、文化旅游电商、跨境电商和移动电商，实现电子商务在各个产业应用的全覆盖，全面提升城市产业发展水平，依托电子商务积极打造经济增长极。

2．全面推进电子商务平台建设

（1）打造区域电子商务综合平台

随着市场需求个性化的趋势，企业或个人对平台的选择是多元的，由阿里巴巴、淘宝（天猫）等电子商务平台一统天下的格局将会发生变化。由于这些综合性电子商务平台会因个性化服务不足而褪色，而行业性、专业性电子商务平台以其独特的服务功能会弥补综合性电子商务平台的不足，中国化工网、纺织网、医药网、机械网、服装网等专业性、行业性电子商务平台应运而生。随着市场格局的变化，为建设具有区域特色、行业特色的电子商务平台创造了良好机会。我国是典型的以地缘为基础的区域经济，全国 350 多个地级市，分布着 4300 多万家企业，80%以上的中小企业立足于本地服务与销售，这在客观上需要适合本地化推广的商务平台支撑。因此，应通过对城市现有电子商务平台的升级和集成，积极打造区域性的电子商务综合平台。

一是进一步提升本土特色电商平台，促进网上交易和信息平台建设，集成一批新兴电子商务平台。

二是充分利用现有电商平台，加快构建城市电商专区，全面推动城市企业普及和应用电子商务，实现全企入网，开拓国内外市场。

三是依托城市重点企业大力发展行业电子商务平台。

（2）建设智慧电子商务基础平台

1）电子商务云计算中心

以城市云计算中心为基础支撑，以智慧城市建设为核心，打造城市智慧产业集群，实现平台的统一高效、资源调配与资源整合，以及效能最优化，全面应用于智慧交通、智慧金融、智慧医疗、智慧社区、智慧政府等领域。电子商务云计算中心主要提供工业云、商务云、公共服务云、民生云，以及大数据分析、数据存储备份等服务。

2）电子商务大数据中心

大数据被誉为信息化时代的“石油”，开发大数据资源的能力将影响未来国家的核心竞争力。数据在国民经济与社会发展中的重要作用日益突显，数据已成为国民经济发展中赖以发展不可或缺的资源。目前，我国已进入大数据时代，越来越多的行业涉猎大数据交换平台领域，大数据已成为电子商务中的最重要资源。

积极推进大数据中心建设。随着大数据技术的广泛应用，在电子商务中有关数据贷款、数据担保等大数据产品，将取代现在电商信保、盈利等商业模式，大数据将成为电商竞争新高地。通过开展电子商务大数据，提供有效的市场分析报告、监测市场异常、开发消费指数，从而为政府、社会、民众了解网络消费特征、消费趋势变化、消费市场热点提供决策依据与信息参考。

（3）建设垂直电商平台

1）工业电子商务平台

工业革命之后，纵观全球经济发展，商品流通模式经历了从分销模式到连锁模式的演变过程。目前全球新兴市场国家还主要以分销模式为主导，而欧美等成熟市场国家，流通领域已经转变为连锁模式。随着“互联网+”的全面实施，通过建立行业垂直的电商平台，为我国直接跨越连锁经济发展阶段，实现从分销经济直接向电商经济的跨越式发展成为可能。

• B2B2C 模式

在"互联网+"的推动下，依托城市在酒业、化工、机械、能源四大传统主导产业的优势，集成产业链上下游企业，实施 B2B2C 的电子商务模式，推动全市经济由连锁经济直接升级到电商经济。

垂直产业电商平台是借助互联网促进行业的整合，真正推动实体经济的发展。相比较水平电商 B2C 模式，垂直电商实际上是一个 B2B2C 平台。B2B 部分实际上是一个供应链平台，这个平台的设计与开发难度很大，没有一定企业的功底很难把它设计出来，它不是 ERP 中的企业内部供应链，而是跨越行业内各企业间边界的全程供应链。而 B2B2C 中的 B2C 部分则是网上商城平台，如图 4-14 所示。

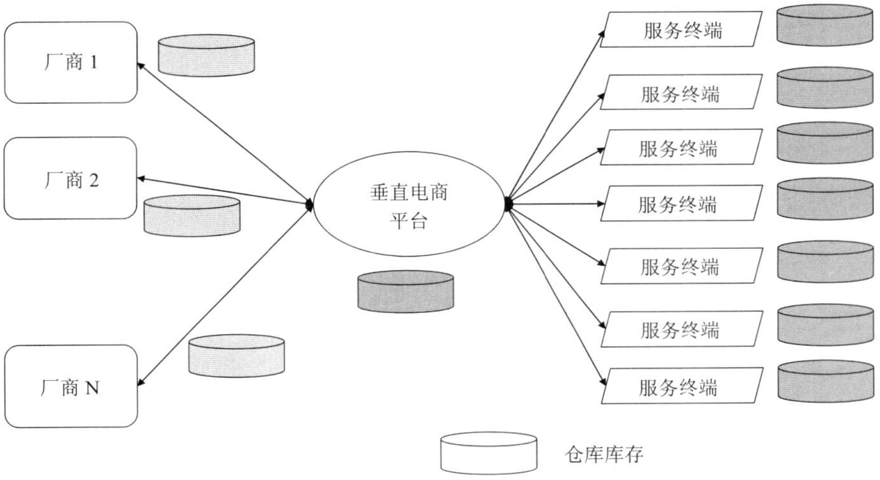

图 4-14　工业电子商务 B2B2C 模式

行业垂直电子商务着力打造产业链的"通路"，而不是做商品买卖，相当于铺了一个"自来水网管"，上游的水源——原材料供应商与零配件配套企业都是经过认证的，挑选后进入水厂；下游把水龙头装到装配厂，尽可放心饮用。

行业垂直电子商务是一个网上平台，具有良好的订单与结算功能，仓储与配送是落地的实体平台，通过它们将商品交付给客户。

行业垂直电子商务区别于淘宝——把落后的分销经济中的实体大市场搬到网上，一品多商，比价、血拼，而且对商品质量难以做到有效管控。

行业垂直电子商务也区别于京东模式——统购统销，买了再卖出去，这实际上是将连锁模式搬到网上，只是用一个网店取代了连锁模式中的若干实体店面，虽然去除了实体店面营销成本，但却新增了客户配送成本。

行业垂直电子商务的B2B2C模式是一种创新，既不是把分销的大市场搬到网上，也不是把连锁的模式搬到网上，而是创新通路的一个模式。在行业垂直电子商务平台上采购的商品，不仅具有价格优势、质量优势，送货及时，品质有保证，并且对产业链上下游企业高度集成，将形成产业竞争优势。

• F2R模式

B2B2C模式的进一步演化成熟，将产业链扁平化，形成F2R 模式如图4-15所示。

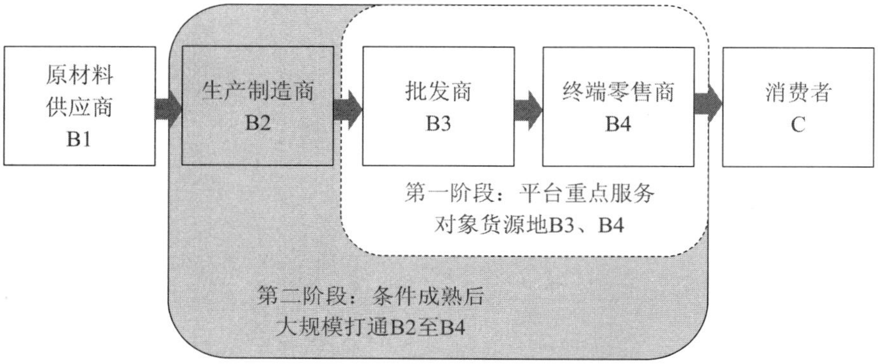

图4-15　工业电子商务F2C模式

区别于传统产业的B2B模式，F2R模式是一个多层级分销体系，是一种从工厂到零售终端实现高效对接的新型电商模式，从F（Factory）到R（Retailer）能够把多个渠道环节扁平化，直接供货给线下零售终端，从而提高供应商销售收入，降低线下零售终端的采购成本，提高整个供应链和物流流通效率。

对于行业垂直电子商务F2C模式，其核心在于缩短流通环节，依托电商平台围绕从原料和零配件供应商到终端零售商各级B端优化服务，建立数据体系，实施精细化运作，最终形成行业电商平台，并开展资本运作整合。

行业垂直电子商务F2C模式能够进一步整合跨境电商、移动互联网、供应链金融、物流服务等综合性资源，使平台功能更深入、专业、细化，更加重视企业用户的实际需求。

2）商贸旅游电子商务平台

商贸旅游电子商务平台将采用面向服务的体系结构（Service-Oriented Architecture，SOA）。SOA是一个组件模型，将应用程序的不同功能单元（称为服务）通过这些服务之间定义良好的接口和契约联系起来，如图4-16所示。

SOA参考架构及相关技术，主要应用在企业应用集成领域，它能够以服务的方式共享和复用企业现有应用资产，保护用户 IT 投资，并能够以服务的方式构建新的业务流程，对组织中的业务流程进行灵活的重构和优化，增强业务的敏捷性。

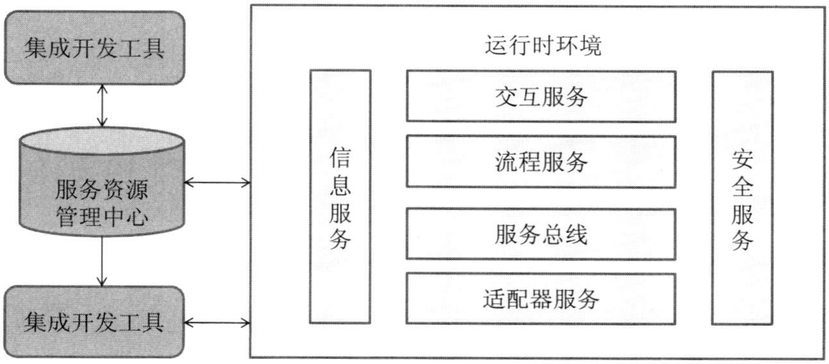

图 4-16　SOA 参考架构

商贸旅游电子商务平台采用 SOA 架构，可以采用标准化技术，解决跨网络、跨平台处理不同数据格式，与不同企业的软件进行交互的问题和软件功能模块扩展的问题，减小未来软件投资风险，做到业务和技术的完全分离，做到敏捷的、不受限制的信息集成。

同时，商贸旅游电子商务平台作为独立的第三方商务平台，可以把企业的产品和服务直接推向消费者，让企业有更多展示自己产品和服务的机会，加强企业间的信息交流和合作，同时让消费者获得更加丰富和更具性价比的旅游产品和服务。

平台对进驻的企业而言，商贸旅游电子商务平台运营成本和费用相对较低、管理正规、技术与后勤保障有力，相对于各单独的商贸旅游企业具有较大影响力。对于消费者而言，可以获得商贸企业、零售网点的各种服务；对游客而言，方便游客多终端接入，能够为游客提供丰富、可信度高的旅游产品，提供高效、便捷的站内检索功能，为商贸企业、零售网点以及景点、酒店、旅行社及其他旅游企业提供统一的交易场所和信息展示平台，促进城市旅游资源的横向整合，从而提高全市商贸旅游业整体的发展水平。

商贸旅游电子商务平台的整体业务模式如图 4-17 所示。

在该商务平台业务模式中：

商贸企业、零售网点以及景点、酒店、旅行社和汽车租赁公司等旅游企业通过标准服务接口向旅游电子商务平台提供各自的服务。

游客通过旅游电子商务平台浏览自己需要的旅游信息或根据需要直接预订（需登录）。

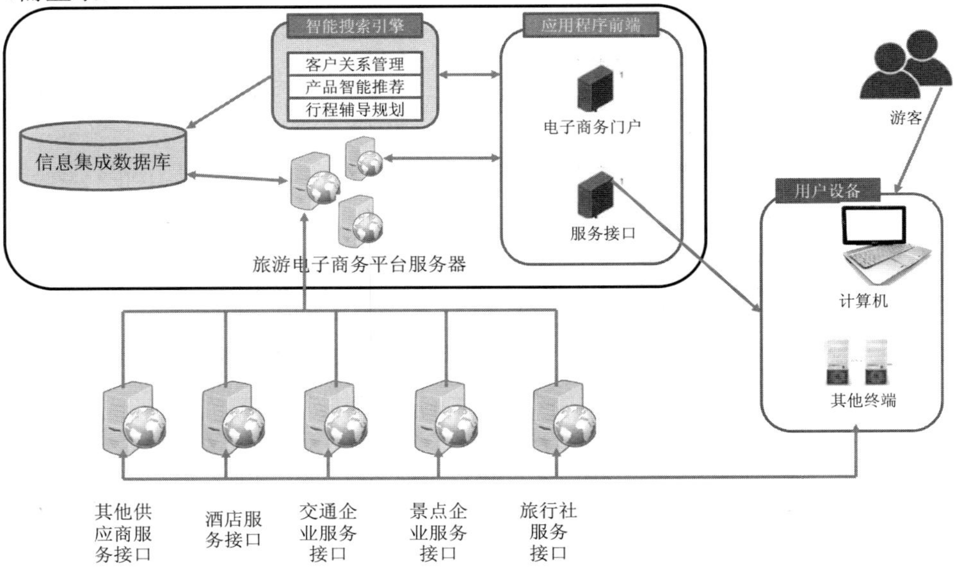

图 4-17　商贸旅游电子商务平台业务模式

旅游电子商务平台为各旅游企业提供了交易展示的平台，促进城市旅游资源的横向整合和集成提高，增强了城市旅游业的市场机会和竞争力。同时它作为独立的第三方交易平台也成为旅游服务（旅游资源）提供商和旅游者之间联系的中介和桥梁，游客通过旅游电子商务平台得到更多的可信度高的旅游产品信息，由于众多中小旅游企业的加入，游客在旅游消费方面有了更多层次的选择和比较机会。

面向服务的服务分解实际呈现一种业务领域内的垂直结构，它关注的是一种“功能基础结构”，而不是“技术基础结构”。服务分解不仅可将复杂的应用程序分解成多个可管理的部分，并且可以让项目中的业务人员和编程人员在共同的抽象级别看待系统结构。

根据类型和在架构里的角色，商贸旅游电子商务平台架构为层次结构，如图 4-18 所示。

服务层位于模型的最下层，包括开发平台（服务运行层）、服务提供商和中介服务。服务层的组件代表单个业务功能。

在 SOA 体系架构的旅游电子商务平台中，服务注册中心是重点。它把所有旅游相关的服务都储存起来，并通过应用程序来使用这些服务。服务注册保存在服务中，管理员可以通过服务管理器来管理。只有使用服务注册中心，商贸旅游服务的提供者才能发布各自的服务，服务使用者就可以通过标准的接口用应用程序的方式访问这些服务。商贸旅游服务的使用者、商贸旅游服务设计和开发者、商贸旅游服务的管理人员和商贸旅游服务提供者（包括商贸服务提供者、旅行社服务提供者、景区景点服务提供者、酒店服务提供者、旅游线路服务提供者等）都是旅游服务注册中心的 SOA 人员。

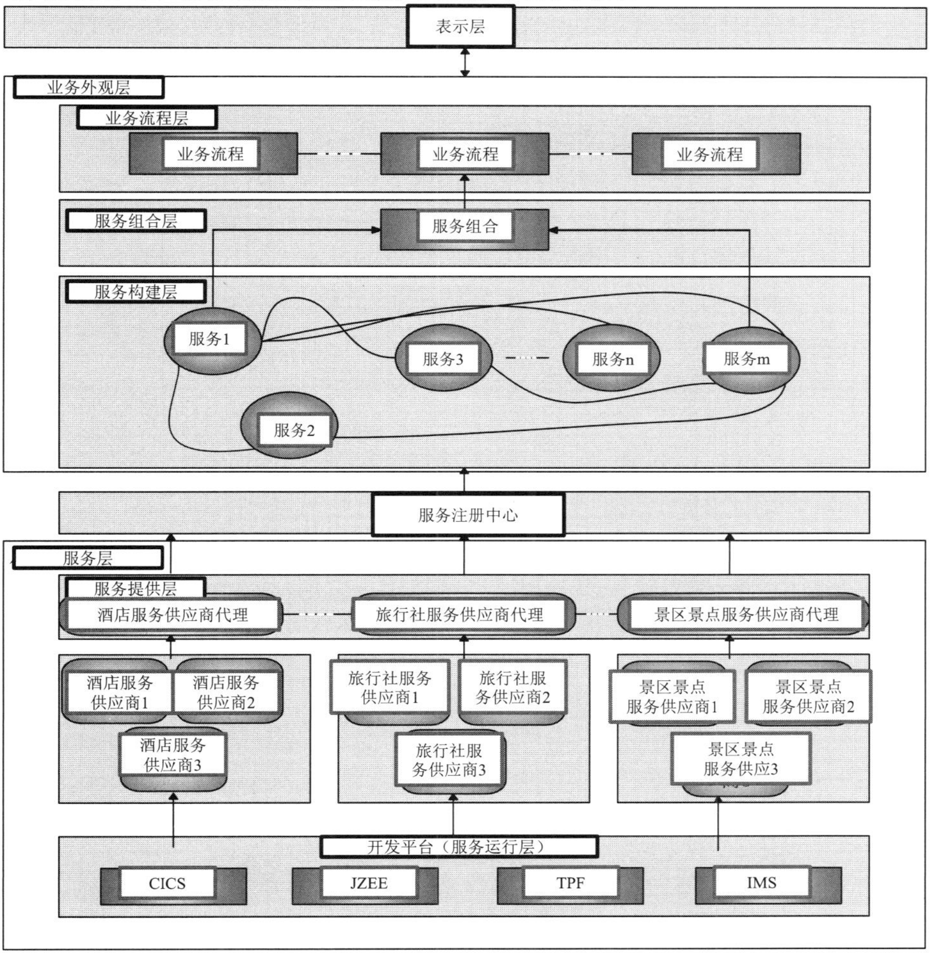

图 4-18　商贸旅游电子商务平台架构

业务逻辑层在体系架构中的位置很关键，它处于数据访问层与表示层中间，起到了承上启下的作用。由于层是一种弱耦合结构，层与层之间的依赖是向下的，底层对于上层而言是“无知”的，改变上层的设计对于其调用的底层而言没有任何影响。

表示层位于参考模型的最上层，它负责与用户交互。客户的使用端口是通过 ESB 来连接服务的。总体来说，表示层就是 UI 即用户接口，概括来说，UI 决定“怎么显示”，业务层决定“显示什么”。本系统的表示层主要负责提供各种角色的用户与旅游电子商务平台的人机交互，为用户提供业务处理和信息获取的友好的使用界面，提供 Web 版本的应用程序供用户完成相应的浏览、查询和预订等功能。

商贸旅游电子商务平台通过调用旅游企业的旅游产品服务和预订服务实现对旅游企业信息的整合以及业务的协作。

传统方式下需要客户、代理商和供应商之间多次确认和交流，效率低并且出错率大。采用了信息系统和 B2C 电子商务虽然从一定程度上改善了效率，能够满足企业信息单向传递的需求，但对于企业之间数据无法即时共享，业务操作也无法同步。

将 Web 服务引入旅游电子商务平台，旅游企业之间共享的是服务而不是数据库，从而很好地解决了信息和操作的同步问题。

Web 服务使用者有两种途径可以找到自己需要的服务：UDDI 搜索和已知的服务地址。发现 Web 服务后，.NET 为服务创建一个代理类，将服务引用到客户应用程序中。代理类隐藏了 Web 服务请求和响应的底层协议工作，服务使用者不必关心数据类型怎样序列化为 SOAP 消息格式，再通过 HTTP 协议与远程服务通信，最后响应消息又如何反序列化为本地数据类型。通过代理类透明的访问远程的服务，从服务使用者的视图上看如同使用一个本地类一样，如图 4-19 所示。

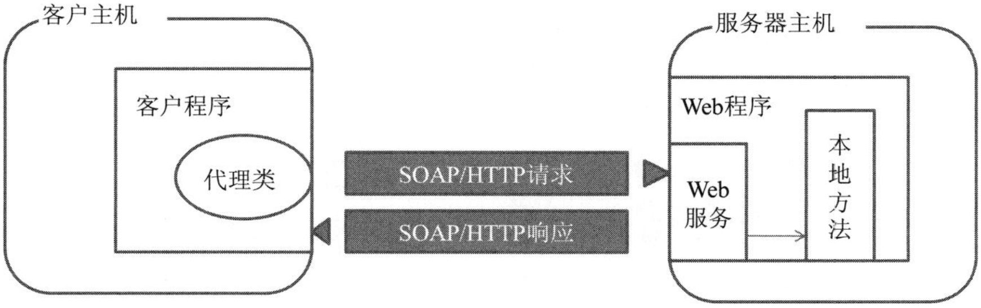

图 4-19　NET Web 服务调用模型

3）互联网金融电子商务平台

从广义上讲，在互联网上进行有关金融业务交互过程称为互联网金融产品

交易。理论上在互联网上金融理财产品和享受金融服务都应该是互联网金融产品交易平台的范畴，包括但是不限于为网商贷、第三方支付、P2P（Person-to-Person）、众筹、信用支付、在线金融理财获取收益等模式。从狭义的角度来看，实现互联网金融货币流通为互联网金融产品交易。

互联网金融产品交易平台主要包括的功能有：票据理财、基金理财、我的资产、交易等实现内容。

在互联网金融产品交易平台需求分析的过程中，本书关注了四个核心业务，分别为票据理财、基金申购与赎回、我的资产以及交易处理。系统总体功能结构如图 4-20 所示。

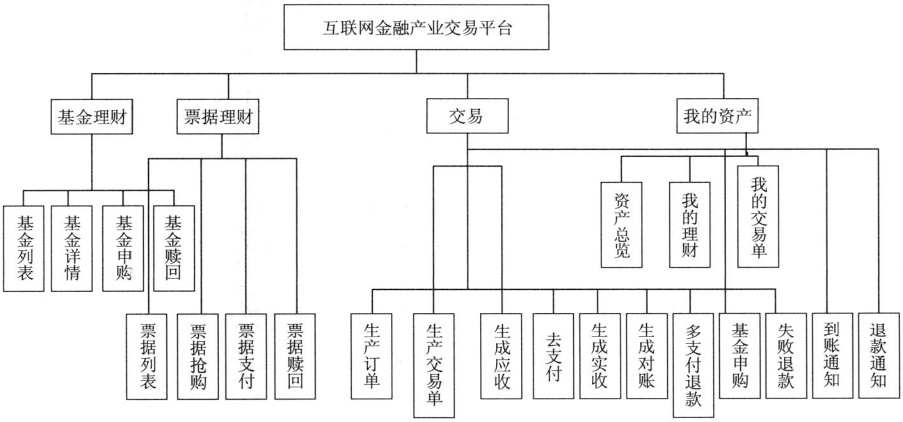

图 4-20　互联网金融交易平台功能结构图

互联网金融采用 MVC（Model View Controller）模式进行设计实现，具有良好的可维护性和可扩展性。它主要采用分层设计的思想，把系统分为视图、模型和控制器三个层次，每一层对应特定的功能。视图层负责接收用户操作、数据输入输出。模型层负责处理数据请求、进行相应的业务逻辑处理。控制器层接收处理用户数据、分发数据，不同的数据经过不同的模型处理后，再由控制器选择某一视图进行数据输出。

本系统应用 SpringMVC 思想将平台技术实现架构设计划分为三部分：界面部分（视图层）、业务逻辑部分（控制层）和数据存储部分（模型盾），如图 4-21 所示。

界面部分（视图层）主要使用 Velocity 模板技术进行 Web 页面开发，网页设计人员将静态页面完成，Java 软件工程师按照 MVC 架构开发整个平台功能。网页设计和制作人员只需要关注页面的显示效果，无须关注页面逻辑实现。Java

软件开发人员将逻辑实现并将数据保存到数据库。Velocity 模板作为 Model 和 View 之间的桥梁，可以实现很多 Java 代码的功能，例如，迭代循环、条件判断等为页面开发提供了一种可选的方案。

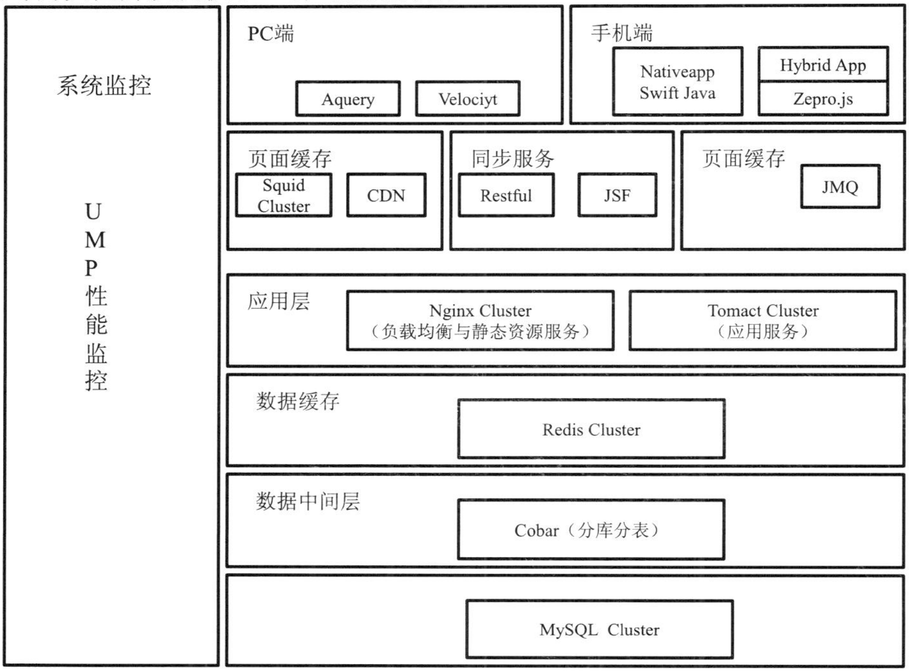

图 4-21　互联网金融交易平台架构

数据存储部分包含了各个业务功能的抽象对象，使用 Cobar 进行分库分表来存储和处理数据。本平台的数据都通过请求服务器端对应接口得到，并在本地数据库和文件系统中对一些用户信息和图片进行缓存。

业务逻辑部分（控制层）以 Spring 框架下 Controller 的相关类为主，负责进行业务逻辑处理。在处理逻辑的时候，会根据需要调用 Service 后台服务，并通过 JSF 分布式服务框架，以 Json 格式异步访问数据库，读取或修改数据。对于读取的数据，在控制层进行数据解析，将解析后的数据进行封装，然后根据业务需求返回给视图层或直接缓存到 Redis 集群。

3．全面规划电子商务生态系统建设

面对全球电子商务的快速发展以及国内外市场日益激烈的竞争，只有把握好未来电子商务发展趋势，审时度势，对全市的电子商务系统进行科学规划，集成本地区有限的各种资源，才能形成后发优势和差异化市场。

全面规划电子商务系统，旨在科学构建发展电子商务的物理空间和服务网络，形成“筑巢引凤”的基本市场格局，打造电子商务发展的物理平台，为电子商务产业布局和可持续发展奠定良好的基础。

（1）加强电子商务产业园区建设

电子商务产业园区作为一种全新的专业市场模式，为实体企业提供全产业链电子商务服务，促进传统产业“触电”转型升级。通过科学规划全市电子商务园区建设，有效整合了电商资源，加速传统企业与电商的联手。电子商务产业园区作为“互联网+传统商务”相结合的产物，涵盖诸多领域，包括电子商务、软件设计、仓储物流、人员培训等服务功能。通过电子商务产业园区建设，全面发展“电商平台+网商企业+电商服务商”的完整生态链，打造成为电子商务发展的创业孵化基地。

因此，紧密结合城市本身产业优势，以“智慧园区”主题，全力打造“网上交易比选，线下体验博览”的现代产业聚合服务平台和全新的O2O（Online to Offline）商业运营模式；进一步推进电子商务产业园建设，融合市场流通和信息化手段，推动企业转型，加速产业创新，打破产销二元结构。

首先，积极引导现有的相关工业园区直接升级为电子商务产业园区，进一步完善电子商务的功能建设。

其次，通过资源整合，积极推进区域内闲置的厂房、办公楼宇整合利用，发展综合性、专业性或组合式电子商务园区，突出电子商务资源功能性集聚，为企业和网商开展电子商务提供一站式的综合性服务，推动电子商务普及应用。

再次，进一步优化和集聚电子商务资源。依托本地优势，通过举办网货交易会展等形式，形成电子商务产业园区的聚集效应。

针对当地优势产业发展情况，以城市电子商务中心为依托，重点建设机械装备及制造、商贸、旅游、农副产品等产业特色鲜明的电子商务产业园区，同时在辖区重点区域分别建立电子商务产业园区，实现对所在区域经济的支撑。努力建设成为辐射全国、提升本地的现代化智慧园区和产业聚合平台。

（2）加快电子商务公共服务中心建设

按照政府推动和市场运作有机结合、公共服务和特色服务融合互动、丰富内容和提升品牌同步推进，建设城市电子商务服务中心。根据电子商务服务功能要求，建设内容主要包括区县电子商务公共服务中心，以及在乡镇、园区和专业市场设立电子商务服务联络点，逐步形成覆盖全市的主体多元、服务规范、高效有序的电子商务综合服务体系，为全市企业和个体经营户提供全流程、一站式、低成本的电子商务服务。

首先，加快电子商务公共服务中心建设。由商务部门牵头，整合电子商务服务企业，包括电子商务平台企业、服务企业、电子商务产业基地（园区）、电子商务培训机构和实践基地，以及其他电子商务服务资源和行业协会资源，满足全市企业和个体经营者在公共服务中心平台上能找到所需要的电子商务服务相关业务。公共服务中心要有固定办公场所，有专门人员任职，负责综合平台上的电子商务服务资源和辖区内企业的业务需求对接，提供电子商务培训、咨询等服务。

其次，加快电子商务服务联络点建设。由各区县服务中心牵头，在乡镇、工业园区、专业市场、电子商务产业基地（园区）等设立专业性电子商务服务联络点，为当地提供专业化电子商务业务咨询和联络等服务。联络点建设可采取多种方式进行，并鼓励其采取市场化运作方式，为当地企业提供电子商务增值服务。

通过构建以各区（县）电子商务服务中心为核心，辐射所辖地区的各个工业园区、专业市场、重点社区（村）等各类电子商务服务网络。

（3）不断完善电子商务服务网络

加快建设全市电子商务综合服务平台、区域性电子商务服务中心和专业化电子商务服务网点，逐步建成公共服务和商业服务有机结合，市、区（县）、电子商务基地多层次融合互补，各种服务资源有效整合的电子商务服务体系，为全市电子商务产业发展和应用推广提供强有力的支撑服务。

首先，按照市场运作、政府推动的模式建立市、区（县）各级电子商务综合服务平台。通过平台整合电子商务交易、技术服务、仓储配送、网络推广、代运营、视频、美工、教育培训及售后服务等电子商务服务资源，为全市的工业品、农产品、生产资料以及旅游、餐饮、文化等不同类型商品，提供网络零售、网络批发以及跨境电子商务等全方位的服务。

其次，推进电子商务服务中心网络建设，在全市的工业园区、产业集群、专业市场设立专业化电子商务服务网点，将全市的电子商务服务资源进行整合，为当地企业开展电子商务提供一站式服务。

同时，加大对电子商务公共服务的支持力度，通过由政府购买公共服务，免费为当地中小企业提供基本的电子商务服务，逐步扩大服务目录，积极通过市场化运作、行业协会价格指导的模式，由服务平台向各中小企业提供其他增值服务。

4.2.2.2 电子商务产业布局

1．全面推进战略性新兴产业发展

战略性新兴产业，是新时期推动经济增长的关键力量。2010 年 9 月，国

务院通过了《关于加快培育和发展战略性新兴产业的决定》，重点发展“节能环保产业、新一代信息技术产业、生物产业、高端装备制造业、新能源产业、新材料产业、新能源汽车产业及配套产业”。2012年7月份印发的《“十二五”国家战略性新兴产业发展规划》，节能环保产业、新一代信息技术产业、生物产业、高端装备制造产业、新能源产业、新材料产业、新能源汽车产业等七大产业成为我国重点培育的战略新兴产业。

2．全面升级传统优势产业

电子商务对于传统产业的效率提升、渠道拓展、品牌打造、增值服务等都具有深远的意义。特别是随着“互联网+”时代的到来，产业互联网堪称为互联网行业的下一个“风口”，为城市传统产业提升创造了机遇，泸州市也以互联网的快速发展为契机，大力推进传统产业战略转型。目前，传统产业对互联网接入、网络营销、网络管理等应用的依赖性不断加强，对互联网应用的需求不断丰富，VOIP、信息定制、精准营销等新需求不断涌现，同时传统产业对互联网通信、信息、管理等应用的整合服务能力的要求也在不断提高。互联网产业正在加速对传统产业的渗透和影响，同时传统产业的结构升级和业务创新也必须依赖互联网的技术和平台。

结合当地产业结构的实际情况，大力实施科技进步和技术创新，对传统的产业进行全面升级。

（1）提升机械装备及制造产业

良好的工业基础是发展工业电商、提升市场竞争力的重要保证，重点是加快推进机械装备及制造领域的电子商务应用。依托传统产业发展优势，深化机械装备及制造等传统产业的电子商务应用，包括：

1）推动行业内的电子商务平台进一步向专业化、国际化方向拓展深化。

2）推动企业内部的电子商务平台整合及与外部平台的对接，实现全球环境下的内外部资源集成和最佳利用。

3）鼓励大型骨干企业发展总集成总承包、工业设计、检验检测、产品研发、专业维修等制造服务的电子商务，促进生产性服务与制造联动发展。

（2）整合旅游与服务业

依托全市丰富的旅游资源与独特的酒业文化，整合旅游产业与服务产业，有效推动旅游业和服务业的发展。

首先，以打造电子商务供应链为核心，全面整合全市的文化、旅游、会展、餐饮、酒店等相关产业。

其次，通过实施O2O模式全面融合传统服务业与电子商务服务，快速构建

线上线下一体化电子商务解决方案。

在线上，人们可通过网站了解从城市到周边的所有线路及服务，与客服人员交流，了解出游信息，预定酒店、机票、门票，网上支付费用等。

在线下，业务人员会第一时间上门与完成网上支付的客人进行签约，完成出游前的说明培训等，线上线下无缝对接，保障游客顺利出行。

3．全力发展电子商务服务业

随着互联网应用的快速发展，我国电子商务已进入大规模、高速度发展阶段。随着世界产业结构由“工业型经济”逐步向“服务型经济”转型，电子商务服务业作为电子商务重要的组成部分，成为影响电子商务发展的关键因素。电子商务服务业主要为电子商务应用提供服务与保障，通过以硬件、软件和网络为基础，向电子商务企业和个人提供全面而有针对性的服务支持。服务内容主要包括交易服务、业务支持服务及信息技术系统服务。电子商务服务业作为一种新的服务行业，在采购、设计、营销和供应链管理等环节中，起到交易的基础设施的作用，是促进经济增长和电子商务升级、转变的关键。

为了加快全市电子商务的全面发展，促进电子商务服务业的协同发展，建立电子商务生态圈，完善电子商务服务体系，为全市电子商务的发展提出支撑和服务配套。重点围绕产业集群、专业市场、农村电子商务、跨境电子商务等重点领域，发展一批专业化电子商务服务企业，全面发展电子商务服务业。逐步培育和打造具有国内影响的电子商务服务品牌企业，为全市电子商务企业提供代开店、代运营全程服务和拍照、摄影、设计、广告等专项服务以及商品配送服务等全流程的服务体系，有力地推动了全市电子商务应用，同时也成就了企业自身发展壮大。

（1）电子商务平台服务

积极引导第三方电子商务平台建设，做大做强一批综合性、专业性的电子商务平台，带动中小企业电子商务应用。

（2）电子商务运营服务

积极培育和发展电子商务代运营、网络推广、数据分析和售后服务等营销服务业，提升网络市场拓展能力；积极开展电子商务美工设计、视频制作、园区管理等衍生服务业，完善电子商务服务生态链。

（3）电子商务物流服务

大力发展物流配送服务，完善物流系统建设，增强物流配送网络，广泛应用物流信息技术和互联网技术，解决“最后一千米”问题。

（4）电子商务信用与认证服务

为了塑造良好的电子商务市场环境，积极开展电子商务信用评价与企业认证，通过对电子商务经营主体进行真实性审查、信用状况评价、信用行为巡查等全方面的第三方信用服务，为消费者、合作企业、交易对象和政府管理部门等提供指导和参考。

（5）电子商务咨询与培训服务

积极开展电子商务的咨询、培训服务，满足电子商务企业和经营者对电子商务发展战略、业务流程、网络营销、商业模式等方面的专业咨询需求。

同时，围绕电子商务实践需要，提供电子商务理论培训、实战模拟，以及开展“一对一”的电子商务辅导，形成面向电子商务企业、商家、顾客的电子商务在线学习、经验交流、线下培训、资源共享的一站式服务增值服务平台。

（6）电子商务技术支撑服务

积极支持电子商务软件开发、网站建设、通信服务等IT服务业，强化电子商务技术等基础支撑。

（7）电子商务金融服务业

积极发展支付、融资、保险等金融服务业，优化电子商务企业金融服务体系，为发展电子商务创造良好外部环境。

发展电子商务服务业一定要紧紧结合电子商务发展水平和趋势，加快推动电子商务服务模式创新。一方面，全面整合电子商务服务资源，推进电子商务服务由原来的单一服务向全流程服务延伸，推广一站式电子商务服务；另一方面，不断扩大电子商务服务范围，逐步由网络零售向工业品批发、生产资料和大宗交易以及旅游、文化、金融等领域电子商务服务发展。针对中小企业电子商务应用，积极探索政府购买服务方式，提升电子商务服务层级和服务水平。

4．全面布局电子商务物流业

“无物流，不电商”已经成为电子商务行业公认的铁律。对于电子商务而言，物流价值不仅是快、慢，以物流为杠杆延伸出来的供应链、服务、营销等增值服务和价值也会凸显，尤其是在三级城市，物流已成为发展电子商务的桥头堡。

电子商务的发展离不开物流的支持，现代物流产业与电子商务的配套布局必将相得益彰。发展电子商务，必须先整合现有工业、商贸业、物流业等物流信息资源，推进物联网等先进物流技术及装备的应用。

第一，大力发展第三方物流，推进第四方物流，提高物流企业的社会化、组织化和信息化水平。

第二，推进新型物流配送中心建设，加快建立物流信息网络，切实降低物流成本；针对量大面广的电子商务商家，积极发展统一采购、配送、售后以及研发设计等服务体系，提高现代物流效率和效益。

第三，推进电子商务与第三方物流互动发展，为网上交易提供快速高效的物流支撑。培育信誉良好、服务到位、运作高效的重点快递配送企业，积极创造条件吸引国内外主要的物流公司及相关企业投资，推动本市的物流行业和网络零售快速发展。

第四，结合同城购物平台，推进都市生活品配送企业发展。支持电子商务企业建设仓储、配送等物流设施，推动电子商务和物流配送融合发展，建立高效通畅的电子商务物流配送体系。

4.2.2.3　智慧电商建设方案

为了实现电子商务发展的战略目标，全面科学规划电子商务的园区布局、服务网络规划、平台建设以及战略实施规划，形成服务领域广、功能完善、规模集约的电子商务空间系统，打造以政府指导、产业协同、企业主导的电子商务发展路径。

1．城市电子商务生态系统建设项目

根据电子商务系统规划，重点建设电子商务产业园区、电子商务公共服务中心以及电子商务服务网络节点。

（1）电子商务产业园区建设项目

电子商务产业园区主要以现有各类园区为基础，通过改造升级，打造成为以物流、信息、金融、网上交易、供应链管理为特征的产业园区。

电子商务产业园区由各园区（集中区）自建和申报、政府统筹规划和审批，由园区（集中区）完善相关服务和功能，打造电子商务产业集聚区和平台，积极创建国家、省市电子商务示范基地。

（2）电子商务公共服务中心建设项目

电子商务公共服务中心重点打造成为面向各类企业，提供电子商务软件开发、网站建设、通信服务等技术服务；提供网络推广、代运营、数据分析和售后服务等运营服务；以及电子商务信用、认证、咨询、培训、视频、美工、金融服务等第三方服务。

电子商务公共服务中心建设可以通过政府购买服务、政府建设而企业运营、政府与企业共同出资建设等多种模式。

（3）电子商务网络节点建设项目

电子商务网络节点建设将实现电子商务在区域上的全覆盖，重点是对各类产业园区和集中区、以村镇为核心的农村电子商务服务点以及以社区和楼盘为核心的城市电子商务服务点。

电子商务网络节点建设可以通过依托现有的产业园区和集中区，以及村镇、社区等各类公共设施或物业，打造成为覆盖整个园区、村镇、社区的电子商务服务点，提供物流、信息、网络服务等，充分满足全市电子商务基本功能需求。

电子商务服务网点建设可以通过政府购买服务、政府颁发特许经营、政府与企业共同出资建设等多种模式。

2．城市电子商务服务平台建设

在政府的统一规划下，以企业为主、政府指导为辅，积极引导企业新建电子商务平台、提升和改造现有电子商务平台，政府将通过以奖代补、项目资助等方式对各类电子商务平台给予资金支持。服务平台项目如表 4-3 所示。

表 4-3　X 市电子商务服务平台建设项目

序号	平台名称	主要功能
1	区域电子商务综合平台	集聚全市电商资源，集中产业优势资源推动电子商务产业发展，实现产业优化升级，打造电子商务产业集群地 整合区域内制造企业、商贸企业、电子商务企业、物流等企业的资源，为区域内不同行业、企业之间搭建一个交流、合作、发展的平台，不断培育大型电子商务企业，提高区域电子商务企业辐射能力和跨区域营销能力
2	电子商务云计算中心	以领先的云计算核心技术及综合资源汇聚能力，为政府和企事业单位提供一站式 IT 技术支撑 以云计算中心为基础支撑，以智慧城市建设为核心，打造全市智慧产业集群，实现平台的统一高效、资源调配和资源整合、效能最优化 主要提供工业云、商务云、公共服务云、民生云，以及大数据分析、数据存储备份等服务
3	电子商务大数据中心	实现分散数据的集成，打破信息孤岛；实现个人数据、公共服务数据、生产数据以及国内外电商用户数据的全面集成 促进各类数据交换与信息集成。通过大数据交换平台，为地区用户提供个性化、专业化的服务 充分发挥大数据作为电子商务的最重要资源，促进大数据产业的发展

（续表）

序号	平台名称	主要功能
4	电子商务政府公共服务平台	准确、及时地统计电子商务交易和相关企业供需信息 开展商务统计和政府监管工作，为政府相关部门提供科学有效的参考数据 依托云计算模式，实现子商务公共服务平台、企业基础信息共享平台、交通物流信息平台、电子商务监管系统的互联互通和信息共享
5	电子商务金融服务平台	丰富电子商务融资渠道，满足电子商务企业在种子期、初创期、成长期和成熟期等不同发展阶段的资金需求，有效解决电子商务企业轻资产融资难问题 充分发挥银行等金融机构的服务创新，扩大有效抵押物范围，开展供应链金融、互联网金融等，开发灵活多样的金融产品和服务 建立电子商务产业发展专项扶持资金，支持电子商务产业快速发展
6	电子商务教育服务平台	开展电子商务相关专业人才在线培训 通过电子商务平台，整合教育资源，促进人才交流 根据企业人才需求，合理引导电子商务专业人才流动 开展电子商务相关的资格认证 创建“××××电子商务（开放）研究院”
7	电子商务健康医疗服务平台	推进互联网在健康医疗服务中的广泛应用 集成电子病历、健康和康复辅助器械、可穿戴设备等各类健康和疾病数据库等信息系统 应用大数据技术对健康医疗数据进行高效开发利用，为临床辅助决策、医疗质量监管，抑或疾病预测、临床试验分析以及个性化治疗等方面提供支持 发展健康医疗大数据产业
8	电子商务便民服务平台	集健康医疗、交通、教育、商贸、旅游、金融等为一体的电子商务便民服务平台，提供更加方便快捷的民生服务 围绕民生需求，通过互联网、大数据技术，整合个体信息，拓展电子商务增值业务

3．城市电子商务服务项目培育

为了有力地推动全市电子商务应用，为电子商务企业提供全流程服务，积极培育和打造具有国内影响的电子商务服务品牌企业，重点开展以下服务项目，如表 4-4 所示。

表 4-4　×市电子商务服务项目

序号	服务项目名称	主要功能
1	电子商务技术支撑服务	提供电子商务软件开发、网站建设、通信服务等 IT 服务
2	电子商务运营服务	提供代开网店、网络推广、数据分析、售后服务，以及电子商务代运营全程服务等
3	电子商务专项服务	提供视频、美工、拍照、摄影、设计、广告、园区管理等
4	电子商务第三方服务	提供电子商务信用、认证、咨询、培训及商品配送服务等
5	电子商务金融服务	提供电子商务支付、供应链融资、保险等

第一，强化电子商务技术支撑服务。包括电子商务软件开发、网站建设、通信服务等 IT 服务等。

第二，强化电子商务运营服务。包括电子商务代运营全程服务、代开网店、网络推广、数据分析和售后服务等服务等。

第三，发展视频、美工、拍照、摄影、设计、广告、园区管理等电子商务专项服务等。

第四，发展电子商务信用、认证、咨询、培训以及商品配送服务等与电子商务相关的第三方服务等。

第五，培育电子商务支付、供应链融资、保险等电子商务金融服务。

同时，围绕产业集群、专业市场、农村电子商务、跨境电子商务等重点领域，发展一批专业化电子商务服务企业，全面发展电子商务服务业。

4．积极培育电子商务创新基地

（1）创建“××××电子商务（开放）研究院”

加强与知名高校的战略合作，共建电子商务（开放）研究院。进一步整合各校优势学科，将各校的人才优势、科技优势与全市电子商务发展的大机遇充分结合起来。

创建电子商务（开放）研究院的主要工作包括：

1）建立全市电子商务专家智库。聘请国内外高等院校、科研院所的相关专家担任城市电子商务特聘专家。根据专家的所在学科以及全市企业行业分布情况，建立完善的企业人才服务机制，为全市电子商务的研究、实施、运营等方面提供全面支持和服务。

2）建立开放在线课堂。与相关大学合作，开办计算机技术、网络技术、电子商务、运营管理、市场营销等电子商务相关专业的开放在线课堂，满足企业人员培训、电子商务创业团队的专业技能提升的需要。

3）建立电子商务实训基地。与相关大学合作，围绕全市电子商务园区规划与建设，分别建立各合作院校的电子商务实训基地，为高等学校的电子商务专业实习提供保障，以推动全市电子商务实践的发展。

4）建立电子商务研究基金。通过政府、行业协会、企业、各高等院校等单位的共同合作，建立全市电子商务研究基金，定期向各高等院校发放研究基金指南，为电子商务前沿技术、电子商务应用提供前瞻性的研究，促进全市电子商务的持续健康发展。

5）鼓励高校科技工作者参与电子商务创业实践。中共中央办公厅、国务院办公厅颁发《深化科技体制改革实施方案》（2015 年），鼓励高校科技工作者带着科研项目和成果、保留基本待遇到企业开展创新工作或创办企业。同时，加强高等学校和科研院所的知识产权管理，完善技术转移工作体系，鼓励高校科技工作者以转让、作价入股等方式加强技术转移。

（2）培养电子商务创新人才

通过培养、引进并举等多种措施，培养和储备电子商务人才，重视专业技术人才的培育和高端人才的培养引进，为电子商务人才的成长、晋升、创业、发展提供全面支持。

加强与知名高校的战略合作，进一步整合各校优势学科，将各校的人才优势、科技优势与全市电子商务发展的大机遇充分结合起来，弥补全市在科技人才、科学技术等方面的劣势。

4.2.2.4 电子商务保障措施

全市将以云计算和物联网为代表的新一轮信息技术变革为契机，结合 O2O、C2B、P2P 等电子商务新业态的蓬勃发展，围绕传统的生产、流通和生活方式进行转变，通过全面开展电子商务实现与三次产业特别是商贸流通、交通运输、金融旅游和城乡消费全产业链、供应链、价值链融合发展，成为全市新兴经济增长点。

为了全面推进全市电子商务战略的有序实施，重点针对电子商务服务体系、商业模式、品牌建设等方面提出相关的战略措施。

1．加强电子商务市场与实体市场的融合

为了进一步促进加强电子商务市场与实体市场的融合，积极引导专业市场建设网上商城，并探索推行网上虚拟市场和实体店的抵扣消费模式，让互联网成为线下交易的前台，达到“线上纳客、线下服务”的O2O融合模式。

2．引进国内外知名电子商务企业

积极引进国内外知名电子商务资源为本地经济发展服务。通过合作，力争在电子商务平台资源、人才资源、服务资源等方面加强引进与自我培育相结合，逐步形成自我市场竞争优势。

首先，加强与阿里巴巴、京东、百度、腾讯、当当、亚马逊等国内外电子商务知名企业的联系，并通过当地的土地资源、市场资源、劳动力资源等方面的优势，吸引国内外电子商务知名企业在当地设立了办事处或分公司。

其次，全面加强与省内知名电子商务企业的合作，通过共同投资、项目参股、市场布局等多种措施，吸引省内电子商务知名企业直接参与X市电子商务产业的规划与建设。

3．培育重点企业发展电子商务

近年来，城市政府部门高度重视本地电子商务产业的发展，进一步强化了物流配套体系建设。

第一，进一步加快扶强、扶大本地电子商务企业。重点培育行业性、专业性为特征的电子商务平台企业，以及以O2O、C2B等新型电子商务模式为主导的企业，进一步强化电子商务企业服务功能，不断完善电子商务物流支撑体系和金融支撑体系，不断培育壮大电子商务经营主体。

第二，积极引导和鼓励各类企业广泛应用电子商务，不断拓宽采购、销售渠道，创新营销模式，以电子商务应用优化企业供应链和销售链。各级政府有关部门应通过政策导向，引导企业积极开展电子商务应用。通过选取有实力的企业开展电子商务业务，重点扶持，形成带动效应。

第三，通过骨干企业电子商务应用进一步拓展到行业电子商务。以实际项目中的智慧×市项目为例，目前×市酒业历史悠久，特别是在机械装备及制造、化工等产业优势明显，以及商贸旅游服务业社会影响广泛，成为×市乃至川渝区域经济发展的重要引擎。因此，通过依托这些重点企业的电子商务应用以及在财政补贴、税收、用地等政策优惠，加强与阿里巴巴、淘宝、天猫、中国化工网等知名第三方电子商务平台的联系，重点培育酒业、机械装备及制造、工程技术服务、新型材料、化工等一批专业性、有特色的第三方电子商务平台，逐步形成相关行业的电子商务平台，为相关行业的上下游企业提供服务，成为行业电子商务的典范。

第四，积极为电子商务创业提供有利的外部环境。通过依托逐步完善的电子商务平台和支撑体系（包括认证机制、支付体系、信用机制等），鼓励青年创业，加入电子商务产业，充实电商产业大军。大力扶持电商创业，为创客提供从开发组件、分发推广、办公场地、前后期投资等系列创业扶持，以及创投对接、税收减免、计算资源、专业培训等服务。

4．完善电子商务配套体系建设

以智慧 X 市项目为例。第一，加强电子商务物流体系建设。

发展电子商务需要高效的物流业做支撑。进一步优化电子商务物流配送体系，大力发展第三方物流，逐步形成有效支撑电子商务的现代物流体系。通过创新和优化仓储、物流、配送和快递等物流服务业，有效整合电子商务业务流程，降低经营成本。围绕电子商务需求，全面规划全市电子商务物流配送体系，大力发展共同配送，建立和完善物流园区、物流中心、物流节点等物流枢纽建设，为电子商务的发展提供采购、分拣、配送为一体的全方位物流服务体系。

第二，加强物流信息平台建设。

鼓励基础条件较好的物流信息服务企业，广泛采用地理信息系统、全球定位系统、无线射频识别等先进物流技术与装备，建设物流公共信息服务平台，为社会提供物流供需信息发布、服务交易、过程优化与跟踪等服务，降低物流成本，提高物流效率。同时，完善城市集中配送和共同配送网络，加快培育新型城市共同配送试点企业，投放标准化配送车辆，提高城市配送专业化水平和配送效率。推动第三方、第四方物流配送企业与连锁经营企业深化业务合作，全面利用社区商业网点开展快件代存自提服务；同时鼓励快递企业不断整合社会资源，创新更加便捷的城市快递模式。支持大型 B2C 平台企业建设区域物流配送中心，面向社会提供代配送服务；支持更多的国内外快递企业、电子商务企业建立川南电子商务物流分拨配送中心；支持快递企业与电子商务企业结成战略联盟，提升 X 市电子商务物流服务能力。

同时，建立和完善 X 市物流信息公共平台，提高信息流通和处理能力，对物流各环节进行实时跟踪、有效控制与全程管理，推进物流公共信息平台数据与国内数据的互联互通，实现供应商、制造商、客户的供应链资源共享。

第三，积极推进电子商务支付的认证许可工作。

电子商务支付结算是电子商务整个产业链中的一个十分重要环节，也是核心利益所在，全市要力争支付业务零的突破。各级政府有关部门应积极推进条件成熟的电子商务平台企业率先获得《支付业务许可证》，积极解决电子商务支付结算相对滞后的问题。

第四，建立和完善电子商务协会，充分发挥中介组织、行业协会的作用，加强行业服务和自律，促进电子商务健康发展。

4.2.3 智慧党建平台建设规划与设计

4.2.3.1 总体方案与总体框架

1. 总体方案

“智慧党建”系统将打造省、市、区、县等各级的党员学习教育新阵地、传播发布新媒体、交流沟通新圈层、组织活动新平台、管理服务新模式等五大核心功能，并实现智慧党建大数据分析、党员行为分析、党费电子缴纳等，助推党建工作信息化、科学化发展，为全市经济社会发展提供坚强组织保证。

项目通过安全云桌面、云系统、党建大数据平台等，实现党建工作的党务工作数据化、信息处理移动化、党建数据可视化等多样特色。

定位如下：

（1）信息发布的平台

全市最新时政动态、党建动态、远程教育动态、通知公告等以图文形式展现。

（2）在线学习的平台

全体党员完成学习，内容在线选择、在线学习，及时记录学习完成情况和学时、学分记录，并在线通报学习情况。

（3）互动交流的平台

实现在线答疑解惑、视频网络会议等功能。

（4）管理服务的平台

实现党员党籍档案电子化，网上入党积极分子培养管理、组织关系转接、流动党员管理、党员志愿服务、先进典型宣传、党代表服务网络化等。

（5）多媒体直播的平台

实现在线直播全国远程教育卫星流媒体节目，直播和点播党员教育电视频道节目。

（6）党建大数据的平台

实现党员信息资料电子化，包括基础数据和工作数据，通过智慧党建大数据智库系统，对党政论坛、社交平台、党员行为的数据进行抓取和多角度分析，生成分析报告供各级部门和领导参考。

2．总体框架

智慧党建体系架构设计借鉴业界成熟的信息化架构模型，以城市基础网络、城市 WiFi 为基础设施平台，以块数据集聚和大数据分析平台建设为切入点，向上支撑党建业务应用系统。系统建设基础框架如图 4-22 所示。

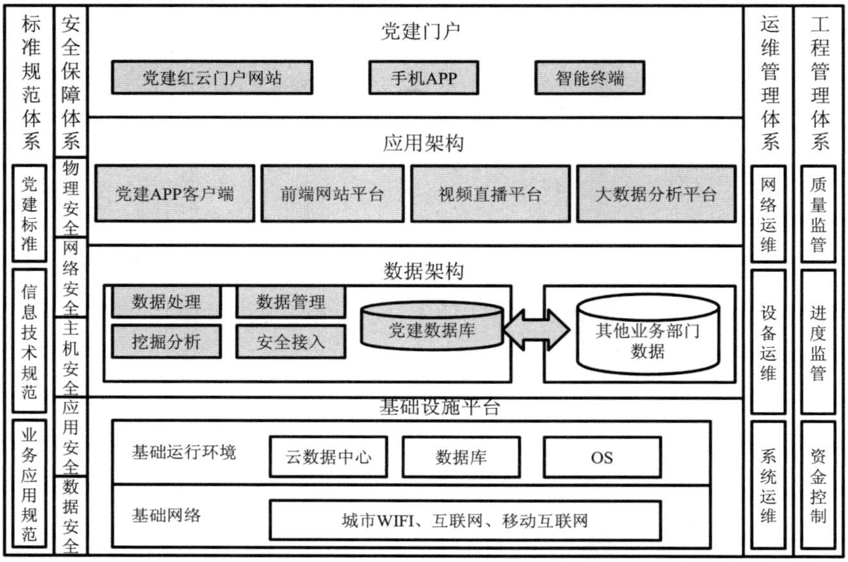

图 4-22　党建红云系统基础架构

党建红云的基础系统框架如上图所示，采用“四横四纵”结构设计。“四横”是指系统建设的基础设施层、数据架构层、应用架构层以及党建门户层共同构成。基础设施层是以 IAAS 的理念实现一体化的 IT 基础架构管理，使得上层应用服务的实现与基础设备无关，实现数据中心内部在网络、存储和计算资源上的虚拟化；数据架构层主要包括党建基础数据库和业务应用数据库，以及党建大数据平台的信息资源管理、信息资源共享、数据备份等；应用架构层是采用 SOA 技术建设党建红云各业务应用系统；党建门户层是面向全市党员、各级党组织和机关干部的统一操作平台，采用统一门户、统一身份/授权/认证的业务平台。“四纵”是指党建信息化的相关体系标准，主要包括标准规范体系、安全保障体系、运维管理体系和工程管理体系等四部分构成。

4.2.3.2　技术路线

1．系统体系架构

本方案基础架构概括为“五层架构，两大体系”，其中，五层架构从上至下指的是门户层、应用层、支撑层、数据层、基础设施层。两大体系指的是安全保障体系、标准规范体系。基础架构如图 4-23 所示。

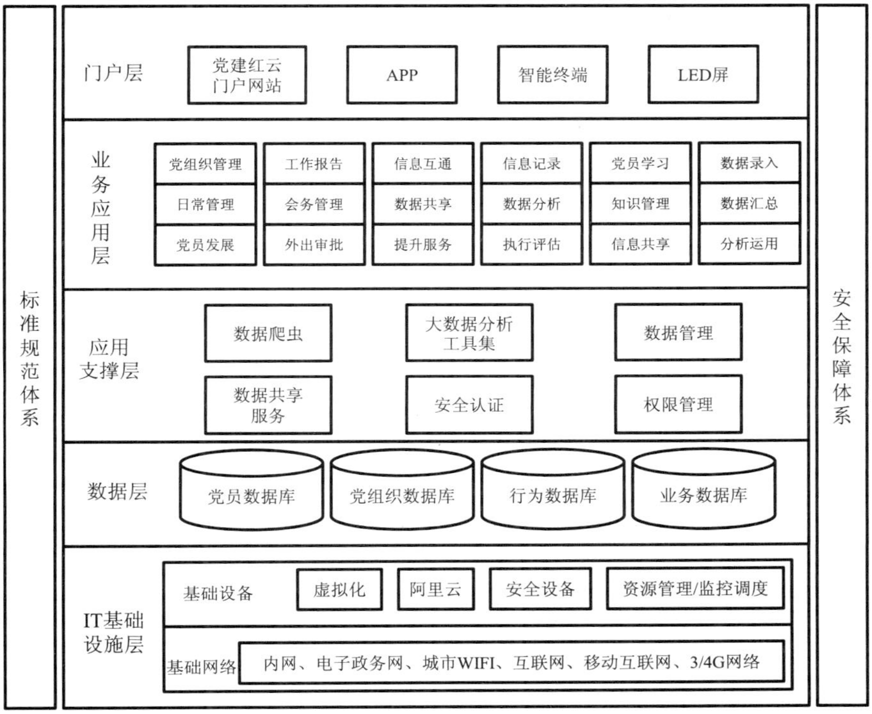

图 4-23 党建红云基础架构图

（1）门户层

门户层以“党建红云门户网站”主页为门户，提供菜单导航、个性化服务以及界面定制等功能，是应用系统层的前台表现，整合接入应用系统，为系统各级用户提供统一、集成、个性化的访问窗口。其中 APP 将辅助门户层方便用户进行查询管理等业务，同时配合智能终端和 LED 屏进行使用。

（2）业务逻辑层

应用层包含构成系统的四个应用系统，其中包括党建 APP 应用、党建红云门户网站、党建大数据分析平台和视频直播平台。

（3）应用支撑层

应用支撑层是业务系统的核心支撑部分。确保业务应用系统的快速开发、稳定可靠运行。业务支撑层系统框架将系统中的共性功能抽象、封装并统一解决，提供简单、易用的编程接口。应用支撑层逐步整合数据爬虫、大数据分析工具集、工作流引擎、数据管理、数据共享服务、安全认证和权限管理等功能，框架使开发人员可以将主要精力集中在业务逻辑，而不是复杂的底层技术实现。业务支撑系统框架的主要功能包括提供各类应用程序的支撑功能，非结构化文档的采集、管理、共享功能。

（4）数据层

数据层是整个架构的核心部分，为应用层、门户层的合理运行提供数据支撑。数据层为数据交互、交换、检索查询、统计分析提供数据支持。

数据层主要由党员数据库、党组织数据库、干部数据库、业务数据库、行为数据库构成。数据层数据库涵盖了党员及干部的基本数据信息及业务信息，通过大数据分析进行党员信息记录。

（5）基础设施层

基础设施层为系统软件、主机硬件以及网络基础平台，根据实施需要适当考虑软硬件采购、安装及联调。基础设施层包括网络设施、硬件平台（如服务器、磁盘阵列等）和操作系统等，是本项目的基础软硬件平台，其中利用城市WiFi、3/4G 网络和城市云计算平台等设施将极大降低成本并提高信息的及时性，能更好地实施资源管理与监控调度。

（6）信息安全保障体系

本项目系统通过身份认证机制和电子政务网络信息安全技术保障体系，为网络设备、安全设备、应用及业务系统提供统一的身份认证服务，建立信息安全保障体系。

（7）标准规范体系

美国：制订国家信息基础设施计划（NII）和全球信息基础设施计划（GII）。

国家信息基础设施（NII）是一个支持信息获取、传输、处理，利用全过程、覆盖全国，由现代信息技术要素构成的综合性开放的巨系统；是一个能随时向用户提供大量信息，由信息源、计算机、通信网络及日用电子设备所组成的完备的网络系统。

GII 的基本思路是现有各种网络资源的融合。GII 的演进是通过 GII 核心网的不断扩张，不同体制的接入网逐渐缩小以及扩大"共同点"来实现的，这是比较现实、可行的思路。

以上各个层面和支撑体系的建设，需要依托于现有的标准规范才可成功运行。

2．建设原则

（1）先进性原则

整个系统选型、软硬件设备的配置均要符合高新技术的潮流，系统设计具有先进性，并且在今后一段时间内保持一定的先进性。

（2）合理性原则

采用先进成熟的技术架构的各个子系统，组成稳定可靠的大系统，使系统能安全平稳地运行，有效地消除各子系统可能产生的瓶颈；选用适当的设备来保证各子系统具有良好的扩展性、稳定性和安全性；良好的数据共享、实时的故障修复、实时备份等形成完整的体系。

（3）经济性原则

在满足系统功能及性能要求的前提下，尽量降低系统建设成本。采用经济实用的技术和设备，利用现有设备和资源，综合考虑系统的建设、升级和维护费用，不盲目投入。

（4）实用性原则

在建设选型时，主要依据城市实际情况，并结合目前我国市场上的占有率高的各类产品，从中选择具有最优性价比和扩充能力的产品。

（5）规范性原则

控制协议、编解码协议、接口协议、视频文件格式、传输协议等应符合相关国家标准、行业标准和公安部颁布的技术规范。

（6）可用性原则

所设计的系统和采用的产品尽量简单、实用、易操作、易维护，以保证普通用户用好本系统。系统具备自检、故障诊断及故障弱化功能，在出现故障时，应能得到及时、快速地维护。

（7）管理性原则

前端、后台、各分系统集中于数据中心统一控制，实施对所有远端设备和信息的控制、设置，以保证系统高效、有序、可靠地发挥其管理职能。

（8）安全性原则

对系统采取必要的安全保护措施，防止病毒感染、黑客攻击，防雷击、过载、断电和人为破坏，应具有高度的安全和保密性。

4.2.3.3 建设方案

党建红云业务应用系统建设依托于“党建红云门户网站”，网站提供菜单导航、个性化服务以及界面定制等功能，为系统各级用户提供统一、集成、个性化的访问窗口。党建红云系统包括党建 APP 客户端、前端网站平台、大数据分析平台和视频直播平台，系统核心功能结构如图 4-24 所示。

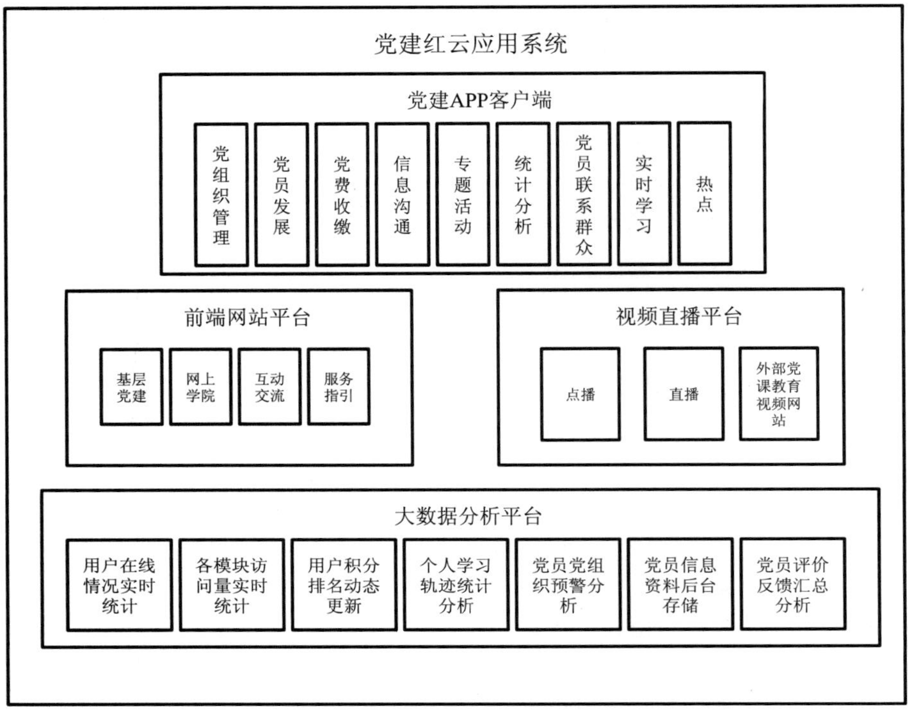

图 4-24　党建红云应用系统功能结构图

根据实际工作需求，基础规划、分步实施，按照分层分类、分批分阶段、先示范再推广的原则，分阶段进行。

4.2.3.4　系统组成

1．“智慧党建”全媒体平台前端网站平台

模块划分如下：

网站主栏目（如表 4-5 所示）

表 4-5　网站主栏目

序号	栏目名称	备注
1	首页栏目	
2	基层党建栏目	
3	网上学院栏目	
4	互动交流栏目	
5	服务指引栏目	

网站各子栏目（如表 4-6 所示）

表 4-6　网站各子栏目

序号	所属主栏目	子栏目	备注
1	首页栏目	组织动态	
2		通知公告	
3		酒城学习港	
4		党员服务	
5		智慧园区	
6		志愿服务	
7		党员论坛	
8		书记之窗	
9		智慧党建问题反馈	
10		政民互动	
11		留影墙	
12		查看比学排行榜	
13		基层评议	
14		大学生村官	
15		精准扶贫	
16		专题活动	
17	基层党建栏目	组织动态	
18		党代表直通车	
19		党员管理	
20		两新园地	
21		一支部一品牌	
22		志愿服务	
23		党内关爱	
24		关爱扶助金	
25	网上学院栏目	酒城云学习平台	
26		学习测试	
27		视频共享	

（续表）

序号	所属主栏目	子栏目	备注
28	网上学院栏目	先进典型	
29		组工期刊	
30		党务百宝箱	
31		下载库	
32		远程教育	
33		学习习近平同志重要讲话	
34	互动交流栏目	党员论坛	
35		政民互动	
36		智慧党建问题反馈	
37		智慧党建邮箱	
38		书记项目投票	
39		特色项目投票	
40	服务指引栏目	基层服务	
41		关爱服务	
42		志愿服务	
43		党代表服务	
44		参观党建阵地	

子栏目各模块功能说明

（1）组织动态（如表 4-7 所示）

表 4-7　组 织 动 态

序号	模块列表	功能明细
1	组织动态	浏览党组织最新工作动态
2	新闻摘要	浏览最新国际国内时事新闻
3	走进组织部	自动连接组织部网站

（2）通知公告（如表 4-8 所示）

表 4-8 通 知 公 告

序号	模块列表	功能明细
1	通知公告	浏览最新通知公告等相关信息

（3）酒城学习港（如表 4-9 所示）

表 4-9 酒城学习港

序号	模块列表	功能明细
1	云学习平台	党员在线学习平台，包括各类党课课件、视频等
2	学习测试	针对党员的学习情况进行在线测试
3	查看比学	根据党员在线学习情况进行排名
4	学习课件	为党员提供各类学习课件

（4）党员服务（如表 4-10 所示）

表 4-10 党 员 服 务

序号	模块列表	功能明细
1	我要入党	为想要入党的群众提供帮助，包括入党流程、入党培训、申请登记等
2	我找党代表	群众可在线与党代表交流
3	流动党员找组织	流动党员可在此查询，申请加入本地党组织，参加组织生活
4	预约参观党建阵地	预约参观党建阵地
5	组织关系转移	需要转移组织关系的党员在此提出申请，等待组织确认
6	党内关爱扶助金	发布关于党内扶助金政策的相关文件，党员可根据自己的情况提出申请，等待组织审批
7	党务百宝箱	针对党务工作的各项内容，为用户提供具体的党务工作说明，使用户清楚地了解各主要党务工作的实质，方便党员的工作
8	党费缴纳	党员可在线缴纳党费，并可查询自己的缴费情况，党组织可以汇总党员的缴费情况，方便统一管理

（5）智慧园区（如表 4-11 所示）

表 4-11　智 慧 园 区

序号	模块列表	功能明细
1	两新动态	浏览最新两新动态新闻
2	互动平台	民意调查互动，在线实现民意调查
3	工作文件	展示相关工作资料，并提供下载服务
4	问题咨询	用户在线咨询问题
5	支部风采	展示优秀支部建设，包括支部活动，支部会议等文字、图片资料

（6）志愿服务（如表 4-12 所示）

表 4-12　志 愿 服 务

序号	模块列表	功能明细
1	最新召集	查看最新志愿者招募信息
2	志愿者心语	志愿者参加志愿活动后的心得体会
3	我要当志愿者	报名参加志愿者
4	志愿品牌	展示优秀志愿活动和优秀志愿者

（7）党员论坛（如表 4-13 所示）

表 4-13　党 员 论 坛

序号	模块列表	功能明细
1	党员论坛	为党员在线讨论的阵地，党员可以在党员论坛里发表自己的观点，也可以评价他人的观点

（8）书记之窗（如表 4-14 所示）

表 4-14　书 记 之 窗

序号	模块列表	功能明细
1	书记之窗	可以浏览书记的相关信息，以及书记的最新工作动态，全方位展示书记的工作成果

（9）智慧党建问题反馈（如表 4-15 所示）

表 4-15 慧党建问题反馈

序号	模块列表	功能明细
1	智慧党建问题反馈	可供用户针对智慧党建系统存在的问题进行在线反馈

（10）政民互动（如表 4-16 所示）

表 4-16 政 民 互 动

序号	模块列表	功能明细
1	政民互动	可供市民在线反映问题，政府相关人员及时给与答复

（11）留影墙（如表 4-17 所示）

表 4-17 留 影 墙

序号	模块列表	功能明细
1	留影墙	展示各党建活动，重要会议，优秀党支部、党员，党课培训的相关图片资料

（12）查看比学排行榜（如表 4-18 所示）

表 4-18 查看比学排行榜

序号	模块列表	功能明细
1	查看比学排行榜	根据党员在线学习情况，对党员进行排名，用户可在此处查看自己的排名

（13）基层评议（如表 4-19 所示）

表 4-19 基 层 评 议

序号	模块列表	功能明细
1	基层评议	基层人员可在此处对各级党委、政府的相关工作进行评议
2	机关活动网上评议	用户对机关活动在线进行评议

（14）大学生干部（如表 4-20 所示）

表 4-20　大学生干部

序号	模块列表	功能明细
1	村干部名册	浏览大学生村干部名册
2	分析汇总	汇总村干部的信息和相关工作情况，统一分析
3	政策文件	浏览关于大学生村干部政策的文件
4	工作动态	浏览大学生村干部的工作动态
5	创业先锋	展示优秀创业人员
6	村干部风采	展示优秀大学生村干部的事迹

（15）精准扶贫（如表 4-21 所示）

表 4-21　精 准 扶 贫

序号	模块列表	功能明细
1	贫困村情况录入	将贫困村情况录入系统
2	帮扶项目及推进情况	展示帮扶项目，并及时跟进，展示帮扶项目进展情况
3	帮扶成果	展示帮扶项目成果
4	政策文件	展示帮扶相关政策文件
5	工作动态	展示帮扶工作最新动态
6	感悟体会	展示帮扶工作人员、被帮扶人员的感悟体会
7	第一书记风采	展示书记工作风采

（16）专题活动（如表 4-22 所示）

表 4-22　专 题 活 动

序号	模块列表	功能明细
1	专题活动	展示临时安排的特色工作或活动，比如“群众路线”专题教育、“三严三实”专题教育等，专题可根据需要更新

（17）组织动态（如表 4-23 所示）

表 4-23 组 织 动 态

序号	模块列表	功能明细
1	组织动态	浏览党组织的相关工作动态、相关决策、相关活动等信息

（18）党代表直通车（如表 4-24 所示）

表 4-24 党代表直通车

序号	模块列表	功能明细
1	党代表直通车	用户可与党代表进行直接的交流，反映问题，提出自己的建议

（19）党员管理（如表 4-25 所示）

表 4-25 党 员 管 理

序号	模块列表	功能明细
1	党员管理	党员信息录入、查询、统计、分析

（20）两新园地（如表 4-26 所示）

表 4-26 两 新 园 地

序号	模块列表	功能明细
1	两新园地	展示两新工作取得的成果，浏览两新动态和两新工作文件

（21）一支部一品牌（如表 4-27 所示）

表 4-27 一支部一品牌

序号	模块列表	功能明细
1	一支部一品牌	各支部展示自己支部风采

（22）志愿服务（如表 4-28 所示）

表 4-28　志 愿 服 务

序号	模块列表	功能明细
1	志愿活动召集	面向全社会召集志愿活动
2	志愿服务品牌工作室	展示优秀志愿服务团队的风采

（23）党内关爱（如表 4-29 所示）

表 4-29　党 内 关 爱

序号	模块列表	功能明细
1	信息速递	为党员及时提供党组织相关工作信息
2	爱心柜员机	方便党员存款取款
3	党内招聘	发布党内招聘信息

（24）关爱扶助金（如表 4-30 所示）

表 4-30　关爱扶助金

序号	模块列表	功能明细
1	申报窗口	申请关爱扶助金
2	审批流程	浏览审批关爱扶助金的流程
3	网上查询汇总	在线查询关爱扶助金的审批情况
4	统计分析	统计关爱扶助金的申请及发放情况
5	帮扶情况	浏览帮扶人员的情况

（25）酒城云学习平台（如表 4-31 所示）

表 4-31　酒城云学习平台

序号	模块列表	功能明细
1	酒城云学习平台	实现党员的线上学习，为党员提供各类党课资料

（26）学习测试（如表 4-32 所示）

表 4-32　学 习 测 试

序号	模块列表	功能明细
1	学习测试	党员进行学习测试，检验自己的学习情况，党组织考察党员的学习情况

（27）视频共享（如表 4-33 所示）

表 4-33　视 频 共 享

序号	模块列表	功能明细
1	视频共享	浏览分享的相关党课视频等

（28）先进典型（如表 4-34 所示）

表 4-34　先 进 典 型

序号	模块列表	功能明细
1	先进典型	浏览优秀党支部的相关工作介绍，浏览优秀党员的先锋事迹

（29）组工期刊（如表 4-35 所示）

表 4-35　组 工 期 刊

序号	模块列表	功能明细
1	组工期刊	浏览关于组织工作的电子版期刊

（30）党务百宝箱（如表 4-36 所示）

表 4-36　党务百宝箱

序号	模块列表	功能明细
1	党务百宝箱	为用户提供具体的党务工作帮助

（31）下载库（如表 4-37 所示）

表 4-37　下　载　库

序号	模块列表	功能明细
1	下载库	为用户提供相关党建工作的文件、党课课件、党课视频等资料的下载

（32）远程教育（如表 4-38 所示）

表 4-38　远 程 教 育

序号	模块列表	功能明细
1	活动简介	介绍最新促学活动情况
2	奖品展示	展示活动奖品
3	获奖名单	发布获奖名单

（33）学习习近平同志重要讲话（如表 4-39 所示）

表 4-39　学习习近平同志重要讲话

序号	模块列表	功能明细
1	学习习近平同志重要讲话	浏览并学习习近平同志的相关重要讲话

（34）党员论坛（如表 4-40 所示）

表 4-40　党 员 论 坛

序号	模块列表	功能明细
1	党员论坛	党员可以在党员论坛里发表自己的观点，也可以评论他人的观点

（35）政民互动（如表 4-41 所示）

表 4-41　政 民 互 动

序号	模块列表	功能明细
1	信息诉求录入	录入群众的信息诉求
2	办理流程	供用户浏览相关事项的办理流程
3	办理结果	查询办理结果

（36）智慧党建问题反馈（如表4-42所示）

表4-42 智慧党建问题反馈

序号	模块列表	功能明细
1	智慧党建问题反馈	供用户针对智慧党建系统存在的问题进行在线反馈

（37）智慧党建邮箱（如表4-43所示）

表4-43 智慧党建邮箱

序号	模块列表	功能明细
1	智慧党建邮箱	展示智慧党建系统的邮箱，用户可将自己的观点和意见等发送到此邮箱

（38）书记项目投票（如表4-44所示）

表4-44 书记项目投票

序号	模块列表	功能明细
1	书记项目投票	列举近期书记提出的项目，用户可根据自己的观点进行投票

（39）特色项目投票（如表4-45所示）

表4-45 特色项目投票

序号	模块列表	功能明细
1	特色项目投票	列举近期党组织提出的特色项目，用户可根据自己的观点进行投票

（40）基层服务（如表4-46所示）

表4-46 基 层 服 务

序号	模块列表	功能明细
1	我要入党	用户可在此提出入党申请
2	流动党员找组织	流动党员在此向所在地党组织提出加入申请
3	组织关系接转	办理党员组织关系的转入与转出

（41）关爱服务（如表 4-47 所示）

表 4-47　关 爱 服 务

序号	模块列表	功能明细
1	爱心柜员机	方便党员存款取款
2	关爱扶助金	浏览关爱扶助金的相关政策
3	党内招聘	发布党内招聘信息

（42）志愿服务（如表 4-48 所示）

表 4-48　志 愿 服 务

序号	模块列表	功能明细
1	最新召集	查看最新志愿者招募信息
2	志愿品牌工作室	展示优秀志愿服务工作室的风采
3	志愿者心语	志愿者参加志愿活动后的心得体会
4	我要当志愿者	报名参加志愿者

（43）党代表服务（如表 4-49 所示）

表 4-49　党代表服务

序号	模块列表	功能明细
1	党代表服务	展示党代表的各项服务工作，列举各代表团名单，同时提供党代表信息、活动公告、“约见党代表”“心声传递”等资料

（44）参观党建阵地（如表 4-50 所示）

表 4-50　参观党建阵地

序号	模块列表	功能明细
1	参观党建阵地	用户可在此提出参观党建阵地的申请，等待党组织批复

2．“智慧党建”手机 APP 平台

模块规划如下：

APP 端主栏目划分（如表 4-51 所示）

表 4-51 APP 端主栏目划分

序号	栏目名称	备注
1	首页栏目	
2	网上学院栏目	
3	互动交流栏目	
4	个人服务指引	

APP 端各子栏目（如表 4-52 所示）

表 4-52 APP 端各子栏目

序号	所属主栏目	子栏目	备注
1	首页	新闻摘要	
2		组织动态	
3		通知公告	
4		党员服务	
5		智慧园区	
6		书记之窗	
7		大学生村官	
8		精准扶贫	
9		特色工作	
10	网上学院	酒城云学习平台	
11		学习测试	
12		党务百宝箱	
13		组工期刊	
14		下载库	
15	网上学院	视频共享	
16		先进典型	
17		远程教育	
18		学习习近平同志重要讲话	
19	互动交流	通讯录	
20		移动三会	
21		政民互动	

（续表）

序号	所属主栏目	子栏目	备注
22	互动交流	智慧党建问题反馈	
23		书记项目投票	
24		特色项目投票	
25	个人服务指引	个人信息	
26		基层服务	
27		关爱服务	
28		志愿服务	

子栏目各模块说明

（1）新闻摘要（如表 4-53 所示）

表 4-53　新 闻 摘 要

序号	模块列表	功能明细
1	新闻摘要	浏览国内外时事新闻以及党建新闻

（2）组织动态（如表 4-54 所示）

表 4-54　组 织 动 态

序号	模块列表	功能明细
1	组织动态	浏览党组织的工作动态

（3）通知公告（如表 4-55 所示）

表 4-55　通 知 公 告

序号	模块列表	功能明细
1	通知公告	浏览最新通知公告等相关信息

（4）党员服务（如表 4-56 所示）

表 4-56 党员服务

序号	模块列表	功能明细
1	我要入党	为用户提供入党帮助，包括入党流程、入党培训、申请三个子模块
2	流动党员找组织	为流动党员提供帮助，包括流动党员申请、查询、组织生活三个子模块
3	党费缴纳	方便党员在线缴纳党费，包括缴费、查询、汇总三个子模块

（5）智慧园区（如表 4-57 所示）

表 4-57 智慧园区

序号	模块列表	功能明细
1	两新动态	展示两新工作取得的成果，浏览两新动态
2	工作文件	展示两新工作资料，并提供下载功能，包括资料展示、下载两个子模块
3	支部风采	展示各支部风采，各支部可将自己的工作成果以文字、图片、视频等形式展示

（6）书记之窗（如表 4-58 所示）

表 4-58 书记之窗

序号	模块列表	功能明细
1	书记之窗	浏览书记的相关信息，以及书记的最新工作动态，全方位展示书记的工作成果

（7）大学生村干部（如表 4-59 所示）

表 4-59 大学生村干部

序号	模块列表	功能明细
1	名册	展示干部名册
2	工作动态	浏览大学生干部的工作动态
3	村干部风采	展示优秀大学生干部的工作成果

（8）精准扶贫（如表 4-60 所示）

表 4-60 精准扶贫

序号	模块列表	功能明细
1	帮扶成果	展示政府扶贫工作的相关成果
2	政策文件	展示扶贫工作的相关政策文件
3	工作动态	展示扶贫工作的最新动态

（9）特色工作（如表 4-61 所示）

表 4-61 特色工作

序号	模块列表	功能明细
1	特色工作	展示临时安排的特色工作或活动（专题可根据需要更新）

（10）城市云学习平台（如表 4-62 所示）

表 4-62 城市云学习平台

序号	模块列表	功能明细
1	城市云学习平台	实现党员的线上学习，为党员提供各类党课资料

（11）学习测试（如表 4-63 所示）

表 4-63 学习测试

序号	模块列表	功能明细
1	学习测试	党员在此处进行学习测试，来检验自己的学习情况，党组织也可据此考察党员的学习情况

（12）党务百宝箱（如表 4-64 所示）

表 4-64 党务百宝箱

序号	模块列表	功能明细
1	党务百宝箱	针对党务工作的各项内容，为用户提供具体的党务工作说明

（13）组工期刊（如表4-65所示）

表4-65 组 工 期 刊

序号	模块列表	功能明细
1	组工期刊	浏览关于组织工作的电子版期刊

（14）下载库（如表4-66所示）

表4-66 下 载 库

序号	模块列表	功能明细
1	下载库	下载相关党建工作的文件、党课课件、党课视频等资料

（15）视频共享（如表4-67所示）

表4-67 视 频 共 享

序号	模块列表	功能明细
1	视频共享	浏览分享相关党课视频

（16）先进典型（如表4-68所示）

表4-68 先 进 典 型

序号	模块列表	功能明细
1	先进典型	浏览优秀党支部的相关工作介绍，浏览优秀党员的先锋事迹

（17）远程教育（如表4-69所示）

表4-69 远 程 教 育

序号	模块列表	功能明细
1	活动简介	介绍近期的远程教育活动
2	奖品展示	展示活动奖品
3	获奖名单	公布远程教育活动的相关获奖名单

（18）学习习近平同志重要讲话（如表 4-70 所示）

表 4-70　学习习近平同志重要讲话

序号	模块列表	功能明细
1	学习习近平同志重要讲话	浏览习近平同志的相关重要讲话，加深党员的学习程度

（19）通讯录（如表 4-71 所示）

表 4-71　通　讯　录

序号	模块列表	功能明细
1	通讯录	展示各支部党员通讯录

（20）移动三会（如表 4-72 所示）

表 4-72　移 动 三 会

序号	模块列表	功能明细
1	移动三会	创建讨论组，进行线上讨论交流

（21）政民互动（如表 4-73 所示）

表 4-73　政 民 互 动

序号	模块列表	功能明细
1	政民互动	群众将自己的疑问在线反映，政府工作人员及时予以回复

（22）智慧党建问题反馈（如表 4-74 所示）

表 4-74　智慧党建问题反馈

序号	模块列表	功能明细
1	智慧党建问题反馈	用户针对智慧党建系统存在的问题进行在线反馈，以使系统不断完善

（23）书记项目投票（如表 4-75 所示）

表 4-75　书记项目投票

序号	模块列表	功能明细
1	书记项目投票	列举近期书记提出的项目，用户可根据自己的观点进行投票

（24）特色项目投票（如表 4-76 所示）

表 4-76　特色项目投票

序号	模块列表	功能明细
1	特色项目投票	列举近期党组织提出的特色项目，用户可根据自己的观点进行投票

（25）个人信息（如表 4-77 所示）

表 4-77　个 人 信 息

序号	模块列表	功能明细
1	个人信息	展示用户的个人信息，用户可以对信息进行编辑

（26）基层服务（如表 4-78 所示）

表 4-78　基 层 服 务

序号	模块列表	功能明细
1	基层服务	用户可在此预约参观党建阵地

（27）关爱服务（如表 4-79 所示）

表 4-79　关 爱 服 务

序号	模块列表	功能明细
1	关爱服务	为党员提供关爱服务，包括节日问候、生活小常识等

（28）志愿服务（如表 4-80 所示）

表 4-80 志 愿 服 务

序号	模块列表	功能明细
1	志愿活动招集	向全社会召集志愿活动
2	志愿服务品牌工作室	展示优秀志愿服务品牌工作室
3	志愿者心语	展示优秀志愿者的心得体会
4	我要当志愿者	报名参加志愿者

各功能模块下各子模块功能说明

（1）我要入党（如表 4-81 所示）

表 4-81 我 要 入 党

序号	子模块列表	功能说明
1	入党流程	介绍入党流程
2	入党培训	对用户进行前期入党培训
3	入党申请	用户在此提出入党申请

（2）流动党员找组织（如表 4-82 所示）

表 4-82 流动党员找组织

序号	子模块列表	功能说明
1	流动党员申请	流动党员可申请加入所在地党组织
2	流动党员查询	流动党员查询自己所在地党组织
3	组织生活	流动党员参加所在地党组织的组织生活

（3）党费缴纳（如表 4-83 所示）

表 4-83 党 费 缴 纳

序号	子模块列表	功能说明
1	缴费	党员在线缴纳党费
2	查询	党员查询自己的缴费情况
3	汇总	党组织可汇总党费缴纳情况

（4）工作文件（如表 4-84 所示）

表 4-84 工作文件

序号	子模块列表	功能说明
1	资料展示	展示两新工作文件资料
2	资料下载	为用户提供下载两新工作文件的服务

3．“智慧党建”一体化管理云平台

“智慧党建”一体化管理云平台实现对网站平台、APP 平台、大数据分析平台的管理与信息共享。

云平台子栏目中各模块功能说明：

（1）信息添加/编辑（如表 4-85 所示）

表 4-85 信息添加/编辑

序号	模块列表	功能说明
1	新闻列表	可以查看所有的新闻列表，并可点击查看、编辑或删除
2	新闻添加	管理员添加新闻

（2）消息提醒（如表 4-86 所示）

表 4-86 消息提醒

序号	模块列表	功能说明
1	消息提醒	首先选定发送类型，若是“全部 ALL”则不用填写目标用户，若是“系统消息”则填写目标用户，然后录入消息主题和内容。可进行相应字段的搜索查看，以及编辑和删除

（3）文件资料（如表 4-87 所示）

表 4-87 文件资料

序号	模块列表	功能说明
1	文件管理	管理员可以管理现有文件资料，包括文件资料的编辑与删除
2	文件上传	管理员上传最新文件资料

（4）账户管理（如表 4-88 所示）

表 4-88 账 户 管 理

序号	模块列表	功能说明
1	网站后台账户	管理员可以查看并修改编辑已有网站后台账号的密码
2	手机端账户	管理员可以查看并修改编辑已有手机端账号的密码
3	大数据平台账户	管理员可以查看并修改编辑已有大数据平台账号的密码

（5）组织动态（如表 4-89 所示）

表 4-89 组 织 动 态

序号	模块列表	功能说明
1	动态列表	查看所有的组织动态列表，并可点击查看、编辑或删除
2	发布动态	管理员发布最新组织动态

（6）通知公告（如表 4-90 所示）

表 4-90 通 知 公 告

序号	模块列表	功能说明
1	通知公告	可以查看、编辑、删除各通知公告，并可以查看各条公告的意见
2	上传	管理员上传各类通知

（7）党员服务（如表 4-91 所示）

表 4-91 党 员 服 务

序号	模块列表	功能说明
1	入党培训	对入党流程和入党培训资料进行编辑、查看、删除等管理
2	上传	上传各类入党培训资料
3	服务管理	对入党申请、流动党员等进行汇总与管理
4	党费缴纳	对党员党费缴纳进行管理

（8）智慧园区（如表 4-92 所示）

表 4-92　智 慧 园 区

序号	模块列表	功能说明
1	两新列表	查看所有的两新动态列表，并可以查看、编辑和删除相关信息
2	两新发布	管理员发布两新动态
3	文件列表	查看、编辑、删除各类工作文件
4	文件上传	管理员上传最新工作文件

（9）支部风采（如表 4-93 所示）

表 4-93　支 部 风 采

序号	模块列表	功能说明
1	支部风采列表	查看编辑优秀支部资料
2	优秀支部添加	管理员添加优秀支部

（10）书记之窗（如表 4-94 所示）

表 4-94　书 记 之 窗

序号	模块列表	功能说明
1	信息管理	查看、编辑、删除相关信息
2	信息发布	发布相关信息

（11）村干部管理（如表 4-95 所示）

表 4-95　村干部管理

序号	模块列表	功能说明
1	村干部列表	查看、编辑、删除各村干部基本信息
2	村干部添加	添加村官
3	工作动态	查看、编辑 、删除村干部工作动态
4	动态上传	上传村干部工作动态

（12）村干部风采（如表 4-96 所示）

表 4-96　村干部风采

序号	模块列表	功能说明
1	村干部风采列表	查看、编辑、删除优秀村干部的信息
2	优秀村官添加	添加优秀村干部

（13）精准扶贫（如表 4-97 所示）

表 4-97　精 准 扶 贫

序号	模块列表	功能说明
1	成果列表	查看、编辑、删除扶贫成果
2	成果上传	上传扶贫成果
3	政策列表	查看、编辑、删除扶贫政策文件
4	政策添加	添加最新扶贫政策
5	工作动态	查看、编辑、删除各类扶贫工作动态
6	动态上传	上传扶贫工作动态

（14）特色专区（如表 4-98 所示）

表 4-98　特 色 专 区

序号	模块列表	功能说明
1	特色专区	编辑、更新最新特色工作

（15）网上学院（如表 4-99 所示）

表 4-99　网 上 学 院

序号	模块列表	功能说明
1	理论列表	查看、编辑、删除关于党的理论知识，习近平同志重要讲话等理论
2	理论上传	上传相关理论

（16）文件资料（如表 4-100 所示）

表 4-100 文 件 资 料

序号	模块列表	功能说明
1	资料列表	查看、编辑删除各类党课文件资料，党课视频，组工期刊等资料
2	资料上传	上传相关资料

（17）学习题库（如表 4-101 所示）

表 4-101 学 习 题 库

序号	模块列表	功能说明
1	题库管理	对学习测试中的题库进行管理
2	题库添加	添加题目

（18）互动系统（如表 4-102 所示）

表 4-102 互 动 系 统

序号	模块列表	功能说明
1	互动系统	对人民群众提出的相关问题进行汇总与管理

（19）投票系统（如表 4-103 所示）

表 4-103 投 票 系 统

序号	模块列表	功能说明
1	投票管理	对各投票项目进行管理
2	发起投票	发起投票活动

（20）服务管理（如表 4-104 所示）

表 4-104 服 务 管 理

序号	模块列表	功能说明
1	基层服务	对参观党建阵地的预约进行管理
2	关爱服务	发布节日问候，生活小常识、教育、医疗、美食服务、关爱扶助金、党内招聘等信息

（21）志愿者管理（如表 4-105 所示）

表 4-105　志愿者管理

序号	模块列表	功能说明
1	志愿者管理列表	管理各类志愿者招募信息
2	招募志愿者	发布志愿者招募信息

（22）活跃度积分排名（如表 4-106 所示）

表 4-106　活跃度积分排名

序号	模块列表	功能说明
1	活跃度积分排名	根据大数据分析平台的数据分析，得到各用户的活跃度积分排名，并对排名靠后的用户进行预警提醒。利用图表进行直观的展示，并能查询周、月的积分排名情况

（23）用户管理（如表 4-107 所示）

表 4-107　用 户 管 理

序号	模块列表	功能说明
1	用户管理	可以查看、编辑、删除、添加平台用户信息

（24）密码管理与注销登录（如表 4-108 所示）

表 4-108　密码管理与注销登录

序号	模块列表	功能说明
1	密码管理	修改云平台系统密码
2	注销登录	注销登录

4．“智慧党建”大数据分析平台

“智慧党建”大数据分析平台基于 Java Web 技术，进行数据收集与分析（如表 4-109 所示）。

表 4-109 大数据分析平台功能模块列表

序号	功能模块列表	备注
1	用户在线情况实时统计	通过后台系统，可以宏观掌握《城市党员干部日常管理教育服务平台》使用情况
2	各模块访问量实时统计	通过各功能模块访问量的实时统计，可以掌握用户热点关心的话题，便于舆情分析
3	用户积分排名动态更新	用户根据积分规则，获取相应积分，为党员评优争先提供切实参考，并对低分用户发出预警提示
4	个人学习轨迹统计分析	可以具体查看每一个用户系统使用情况，了解每一个党员思想动态，为党建工作提供帮助
5	移动会务纪要永久储存	实现党务会议移动化，为领导干部决策提供参考
6	党员信息资料后台存储	党员信息资料全部保存到数据库，方便查找与修改
7	干部评价反馈汇总分析	加强了群众的监督作用，评价情况将换算成相应积分，为干部考核工作提供第一手参考资料
8	榜单排行功能	根据各党支部党建工作的活跃情况以及党员个人参加党建活动的活跃性和学习情况等数据，按一定规则生成积分，对各支部进行排名。生成排名榜单
9	预警告警功能	对积分少于一定分数提出预警
10	实时监测功能	实时统计使用系统的人数，按一定的时间间隔，以图的形式展示
11	数据分析功能	综合各党支部的党建工作情况，以及与各县区相关的新闻等，结合该地区积分情况，对某地区积分大幅度变化、积分异常等情况进行可行性分析

5. “智慧党建”视频直播平台

实现在线直播全国远程教育视频节目，通过三网融合、互联互通建设，完成各级乡镇和村覆盖，利用已建成的网站平台、APP 平台和电视频道相互融合，打造城市党建新媒体，提升“智慧党建”品牌和知名度。

4.2.3.5 系统功能

党建 APP 客户端的主要模块包括党组织管理、党员发展、党费收缴、信息沟通、专题活动、统计分析等功能，党建 APP 客户端系统的功能结构如图 4-25 所示。

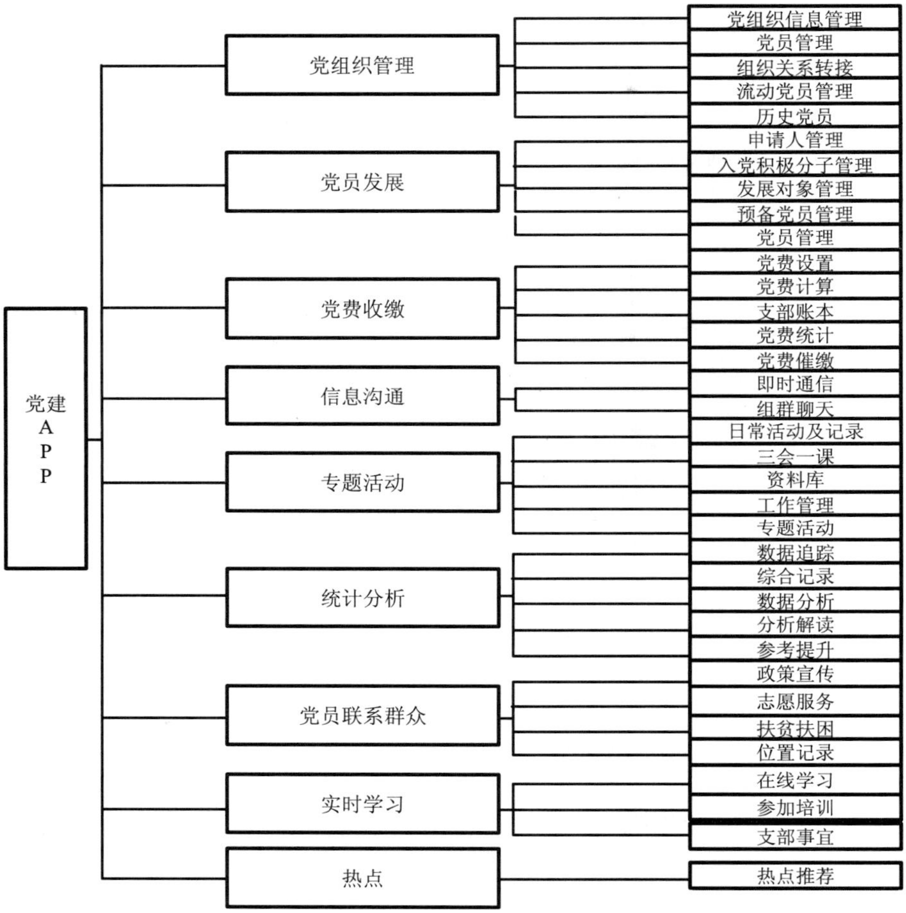

图 4-25 党建 APP 系统功能结构图

以下分别对各个模块的系统设计与功能进行描述。

1．党组织管理模块

党组织管理模块为后台系统功能，由系统管理员授权各级党组织对来自党建 APP 系统的数据进行管理，主要包括组织信息管理、党员管理、组织关系转接管理、流动党员管理和历史党员管理等（如图 4-26、表 4-110 所示）。

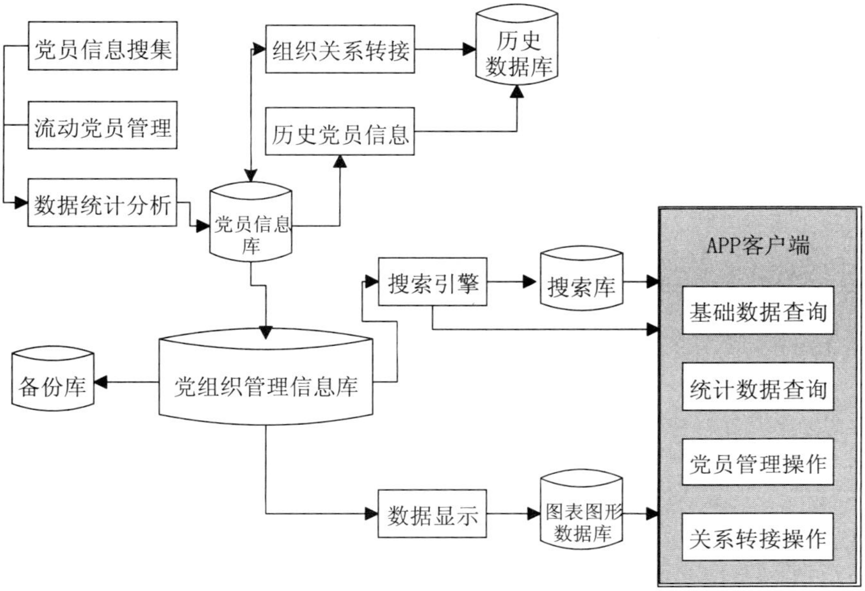

图 4-26　党组织管理模块系统流程图

表 4-110　党组织管理模块系统功能列表

功能分类	功能名称	功能描述
党组织信息管理	党组织设置	支持将党的基层组织放置在云端，将党建工作在移动互联网上开展
	基本功能	基层党组织可以建立、设置包括本级党组织管理的所有下级党组织的名称、简介、类型，可以让本级党组织迅速查看下级党组织的基本情况，也可进入下级党组织的门户界面查看具体情况
党员管理	查询功能	支持对全体党员进行科学规范的管理，查看一个支部某名党员的资料档案，包括党员所属组织、党内职务、入党日期、手机号码、入党介绍人等
	权限管理	为党员个人进行授权操作，使该党员具有相应的角色使用权限
组织关系转接	组织关系转入	支持对其他单位党员的组织关系转入，设置分配党组织及相关权限，使关系转入者迅速了解本支部的信息及人员情况，快速融入本支部；支持对特定时期内组织关系转入者的信息查询

（续表）

功能分类	功能名称	功能描述
组织关系转接	组织关系转出	支持本单位党员的组织关系转出，客户端在线预约及审批，简化流程；支持对特定时期内组织关系转出者的信息查询
流动党员管理		支持流动在非支部所在地的其他地方的党员通过 APP 能够及时“参加和接受”党组织的教育、管理和监督等
历史党员管理		支持记录历史党员信息，形成历史党员数据库，支持查询历史党员的相关信息

2. 党员发展模块

党员发展模块以党支部为阵地，为党员发展提供一站式服务。主要包括申请人管理、入党积极分子管理、发展对象管理、党员预备管理及党员管理（如图 4-27、表 4-111 所示）。

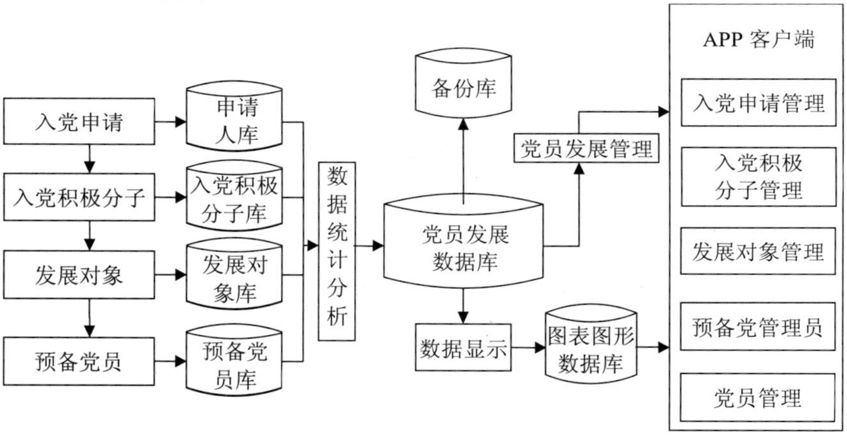

图 4-27　党员发展模块系统流程图

表 4-111　党员发展模块系统功能列表

功能分类	功能名称	功能描述
申请人管理	申请人	支持申请人查看自己的申请状态
	信息查询	支持党组织可以查看本级及下属党组织所有申请人的信息，如基本信息和入党申请书
	考察意见	支持党支部书记或组织委员在考察期后，为入党申请人填写支委意见，符合标准的入党申请人可以推送成为入党积极分子

（续表）

功能分类	功能名称	功能描述
入党积极分子管理	积极分子	支持入党积极分子本人查看某一阶段需要学习的材料，及所处的状态
	档案制度	健全其档案管理及培养考核制度
	管理者功能	支持管理者随时查看本级及下属组织所有入党积极分子的信息，查看过程一目了然，方便快捷。同时支部书记通过系统为该名积极分子指定本支部的两名党员作为培养人，填写相应的考察意见
发展对象管理	发展对象	支持发展对象本人查看某一阶段需要学习的材料，及所处的状态
	管理者	党组织可以查看到本级及下属组织所有发展对象的信息。对于支部，要在发展对象管理界面中为发展对象填写相应的考察意见
预备党员管理	预备党员	支持预备党员本人查看某一阶段需要学习的材料，及所处的状态
	管理者	支持党组织查看到本级及下属组织所有预备党员的信息
党员管理		支持正式进入党员管理模式

3．党费收缴模块

党费收缴模块可以设置党费系统自动计算（党费计算器），对支部上缴党费进行记录，形成支部账本，同时供管理员进行党费审核。其主要包括党费设置、党费计算、支部账本、党费统计、催缴党费等模块（如图 4-28、表 4-112 所示）。

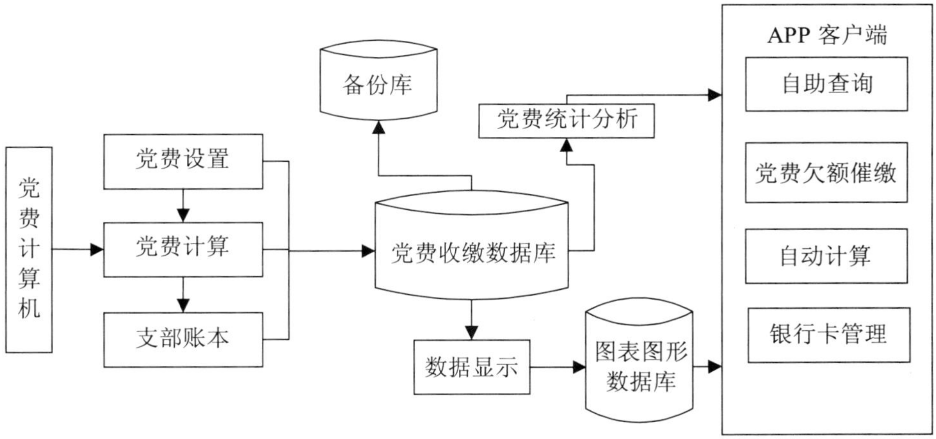

图 4-28　党费收缴模块系统流程图

表 4-112　党员发展模块系统功能列表

功能分类	功能名称	功能描述
党费设置	自助管理	支持党员本人查看自己的党费上缴情况
	设置方式	支持通过模板的方式设置党费的上缴及计算方法
党费计算	内置计算器	系统内置党费计算器，只需输入工资即可计算即时党费
支部账本	一键管理	支持对本支部党员党费信息的一键管理，即一键提醒所有未按时缴党费的党员上缴党费等
	账本记录	支持对本支部的党费账本花销等的记录，并形成党费开支记录
党费统计	统计功能	支持对所有上缴党费的统计及使用情况的统计
	管理者	支持统计信息供本支部党员公开查询
催缴党费	—	支持对未按时上缴党费的党员进行缴费提醒

4．信息沟通模块

信息沟通模块通过内置聊天界面，可以实现党员之间的直接信息沟通，实现即时通讯功能，同时还能实现群众聊天功能（如图 4-29、表 4-113 所示）。

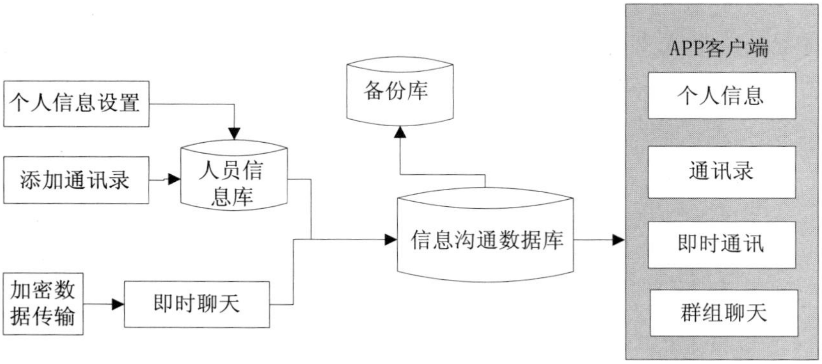

图 4-29　信息沟通模块系统流程图

表 4-113　信息沟通模块系统功能列表

功能分类	功能名称	功能描述
即时通信	数据传输	支持加密数据的传输
	通信录管理	支持建立通信录，并对通讯录人员进行增删管理
	即时通信	支持即点即聊模式的即时通信

（续表）

功能分类	功能名称	功能描述
群组聊天	群组管理	支持管理者对群组人员管理
	群组聊天	支持与目前主流群组聊天模式类似，通过群组即时聊天
个人设置	个人信息管理	支持添加个人信息，可设置信息是否展现给所有人

5．专题活动模块

专题活动打造组织生活互动平台，开辟网上组织生活区块，提供网上教、学、管于一体的网上互动平台，主要包括支部日常活动及汇总、三会一课、资料学习、专题活动及工作管理等功能（如图 4-30、表 4-114 所示）。

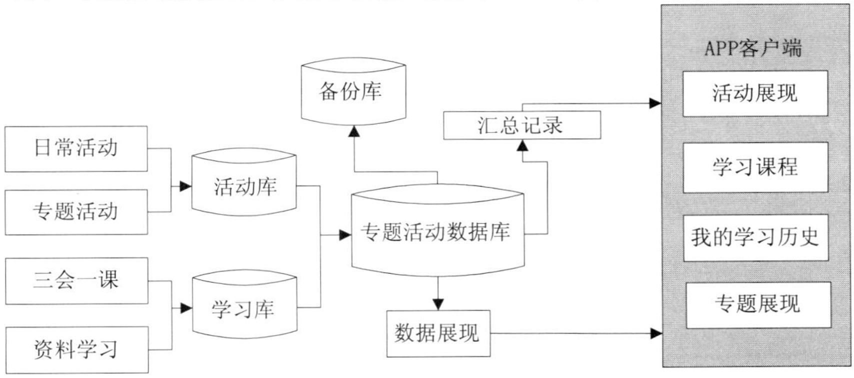

图 4-30 专题活动模块系统流程图

表 4-114 专题活动模块系统功能列表

功能分类	功能名称	功能描述
专题活动	日常活动	支持日常活动的开展及记录
	专题活动	支持专题活动的开展与记录，同时在 APP 端最大范围展现
	活动数据库	支持建立活动数据库，对所有活动记录与总结
三会一课	课程学习	支持对三会一课的学习推送、学习记录
	管理员	支持设置三会一课相关学习材料，即时推送给所有党员学习

（续表）

功能分类	功能名称	功能描述
资料学习		重要资料的推送及学习记录
工作管理	学习管理	支持党员对学习资料等的学习管理、对专题活动等的活动参加及学习管理、对三会一课课程管理
	工作管理	支持协助用户根据课程及活动开展情况安排工作日程

6．统计分析模块

统计分析模块为后台系统功能，包括数据追踪、综合记录、数据分析、分析解读、参考提升等模块（如图 4-31、表 4-115 所示）。

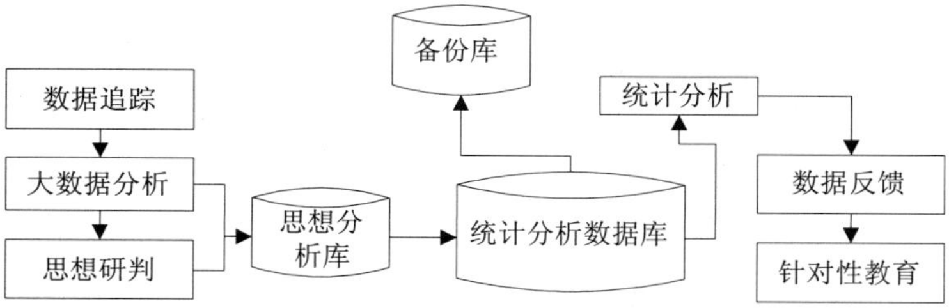

图 4-31　统计分析模块系统流程图

表 4-115　统计分析模块系统功能列表

功能分类	功能名称	功能描述
数据追踪	日常使用记录追踪	支持对党员日常使用 APP 的日常信息记录汇总
综合记录		支持对采集数据的记录
数据分析		支持对大数据的综合处理分析
分析解读		支持对分析后的数据进行解读
参考提升		支持对解读后的数据提供参考

7．党员联系群众模块

党员联系群众模块，对政策宣传、志愿服务、扶贫扶困等活动进行记录上报，同时设有位置记录功能，党员在服务地点点击位置记录功能将自动将其所在的位置上传到系统，记入党员信息库。其主要包括纪实打卡、汇报总结及位置服务等功能（如图 4-32、表 4-116 所示）。

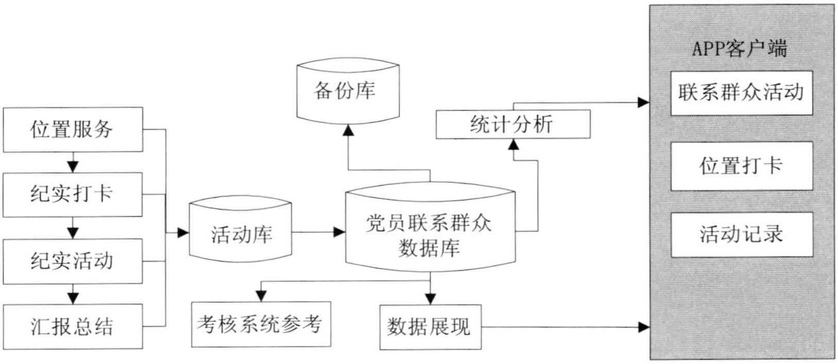

图 4-32　党员联系群众模块系统流程图

表 4-116　党员联系群众模块系统功能列表

功能分类	功能名称	功能描述
纪实打卡	打卡服务	支持纪实打卡，保存位置信息与活动的结合
	位置服务	支持手机定位，使用者不能自己设置位置信息，提供真实的位置信息，供打卡服务提取位置信息
汇报总结	活动汇报	支持对党员联系群众活动的汇报记录
	统计分析	支持对活动的统计，对活动类型、内容等的分析

8．实时学习模块

客户端提供实时学习的功能，通过拓展移动终端的学习模式，实时学习模块可以使用户充分利用碎片时间进行学习教育，既达到了教育学习的目的，又节约了时间提高了效率。主要包括在线学习、参加培训及支部事宜等内容（如图 4-33、表 4-117 所示）。

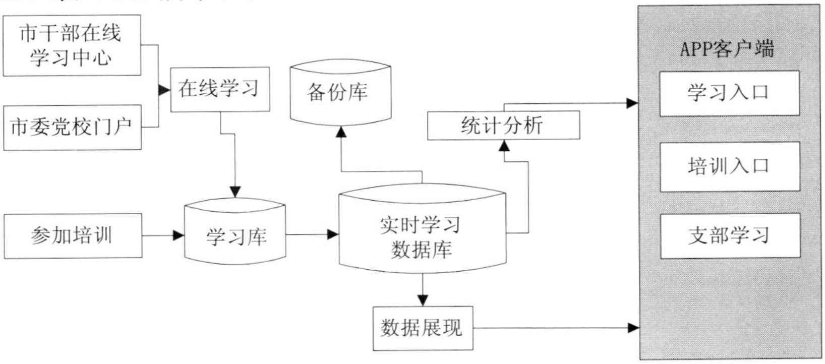

图 4-33　实时学习模块系统流程图

表 4-117　实时学习模块系统功能列表

功能分类	功能名称	功能描述
在线学习	打卡服务	支持纪实打卡，保存位置信息与活动的结合
	位置服务	支持手机定位，使用者不能自己设置位置信息，提供真实的位置信息，供打卡服务提取位置信息
参加培训	活动汇报	支持对党员联系群众活动的汇报记录
	统计分析	支持对活动的统计，对活动类型、内容等的分析
支部事宜		支部相关学习培训等的推送

9．热点模块

客户端提供热点推荐的功能，通过后台系统记录 APP 端点击最高，或短时间内点击量最大，或搜索量最高的模块，系统将其自动推送到热点推荐模块，方便用户尽快查找热门文章（如图 4-34、表 4-118 所示）。

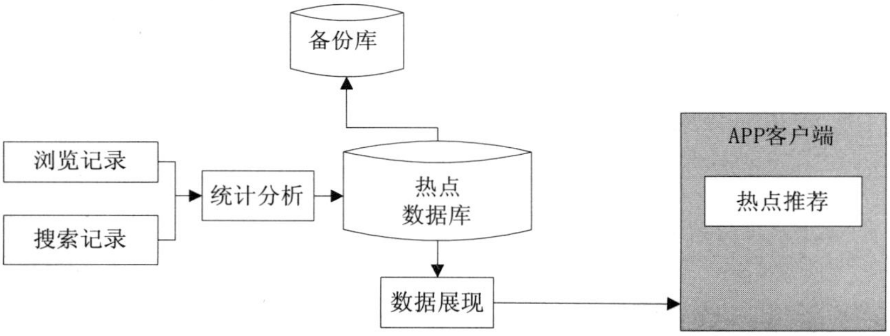

图 4-34　热点模块系统流程图

表 4-118　热点模块系统功能列表

功能分类	功能名称	功能描述
热门数据	浏览记录数据	支持浏览记录的排序，形成浏览数据的热门排行，推送到热点模块
	搜索记录数据	支持搜索记录的排序，形成搜索数据的热门排行，推送到热点模块
热点推荐	统计分析	支持对热点数据库的统计排序及整体分析
	热点展现	支持对热点的客户端展现

4.2.3.6 “智慧党建”基础支撑云平台

1．基础架构

“智慧党建”系统将覆盖全市的全体党员、党委、支部，是将移动互联网、云计算、大数据等信息技术融合，基于党建信息化刚性需求，围绕各级党委党建管理、组织生活、主题活动、学习教育与交流互动等，打造基于特定身份、位置服务的“互联网+”移动智慧党建云平台。

“智慧党建”系统采用云计算架构，其计算资源是动态、可伸缩且被虚拟化的，使用者通过网络访问集中共享计算资源，包括服务器、存储、网络、应用、服务等。服务提供者仅需很少的管理交互工作就可实现智慧党建系统的使用与信息的快速发布。

“智慧党建”基础支撑云平台 SOA 架构，如图 4-35 所示。

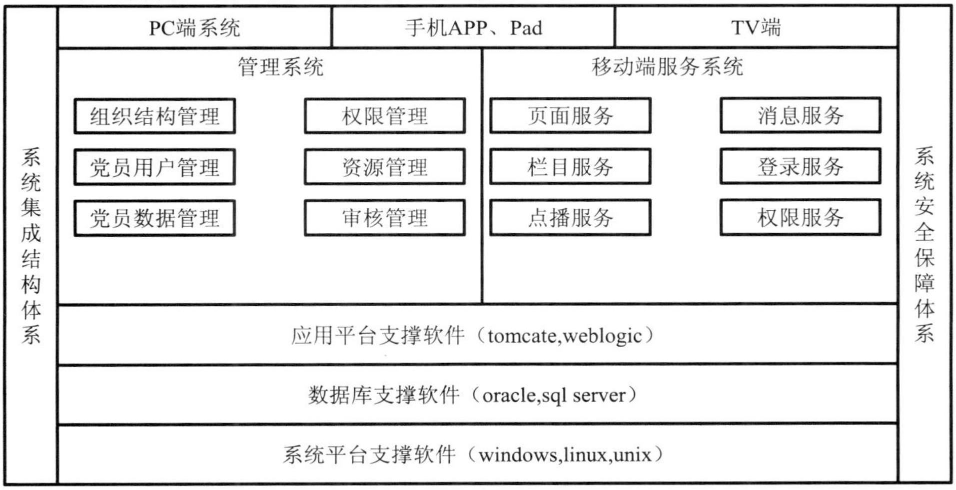

图 4-35 “智慧党建”基础支撑云平台 SOA 架构

（1）面向服务架构 SOA

软件架构遵循面向服务架构（SOA）的设计原理，“业务驱动服务，服务驱动技术”，适应不断变化的业务需求，满足系统间业务协作需要，充分考虑系统的未来扩展。

（2）平台部署

在市云计算大数据中心部署实施整套系统，在各区县集中使用。

（3）提供多终端应用服务

PC 端：提供传统的计算机访问系统的功能。

手机 APP 端：通过服务器获取信息资讯和视频点播内容。

TV 端：提供智能电视播放视频和浏览功能。

“智慧党建”系统云部署如图 4-36 所示。

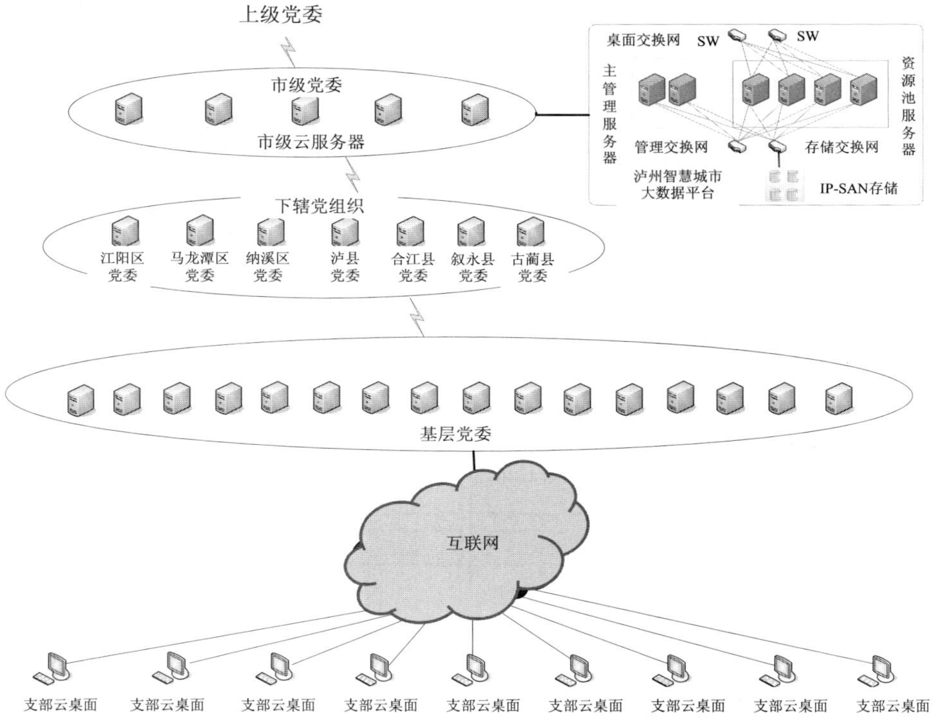

图 4-36　智慧党建网络架构

2．云平台建设

（1）基础设施层

基础设施层是所有应用系统的基础设施支撑层，包括主机、存储、网络、内存等。为提高基础设施资源利用率，提高基础设施资源的灵活性，提高基础设施资源的运维保障能力，采用成熟的云平台管理技术实现计算资源、内存资源、存储资源、网络资源等的虚拟化，形成虚拟资源池。通过基础设施服务提供云主机申请、审批、监控等功能。

（2）云平台安全

根据党建业务应用特点及平台架构层的特性，在采取传统安全防护基础上，进一步集成数据加密、VPN、身份认证、安全存储、虚拟化安全、安全防御设施和资源云化等综合安全技术手段，构建面向应用的纵深安全防御体系。

（3）软件技术架构

平台软件技术架构采用开放的 J2EE 技术路线，工作在 J2EE 应用服务器基础之上，采用面向服务的体系结构，涵盖了应用的开发和运行，为行业应用的发展提供了坚实的技术基础。具体如下：

应用开发：采用多层框架技术，结合构件化集成开发环境，支持基于框架的快速应用开发。

应用运行：基于 SOA 体系结构，结合基础框架，为业务逻辑和业务流程提供运行环境。

这样，一方面可以直接采用预制在应用基础框架中的先进体系架构，提升系统建设的起点；另一方面可以根据需要选用应用基础框架中的各种服务模块，实现系统的快速开发。

基于应用基础框架思想，将整个系统软件架构分为表示层、应用层、框架层、数据层，共四个层次，如图 4-37 所示。

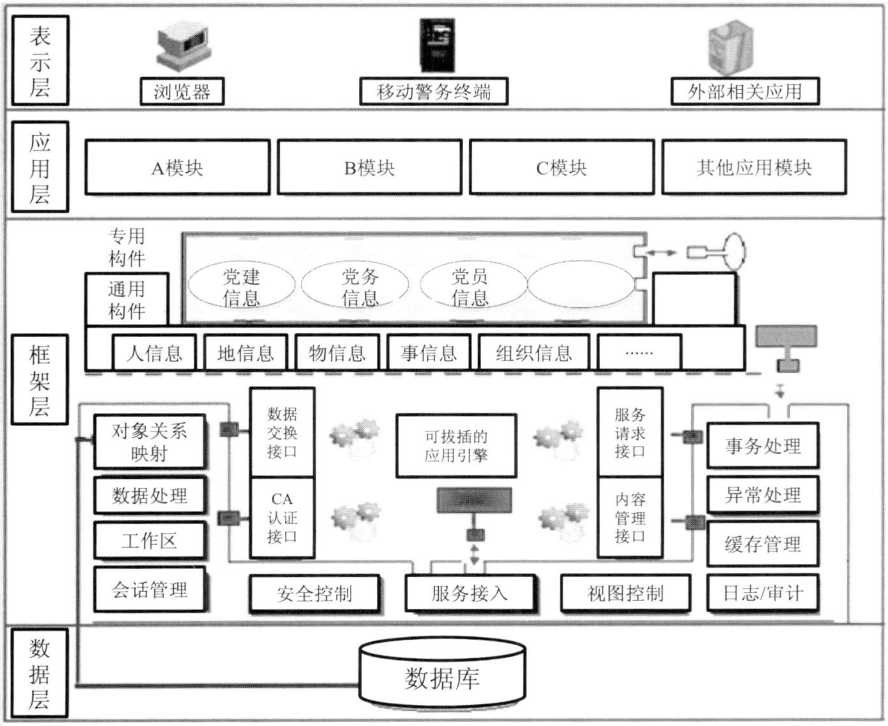

图 4-37 应用基础框架图

3．云平台支撑

“智慧党建全媒体平台”按照基础规划、分步实施的原则进行，在前述基础框架支撑上，建成“智慧党建”信息化平台，具体包括如下六大平台。

（1）基础支撑云平台；

（2）全媒体网站平台；

（3）APP 系统平台；

（4）大数据分析平台；

（5）一体化管理平台；

（6）视频直播平台。

4.2.4　智慧医疗平台建设规划与设计

4.2.4.1　项目总体规划

1．项目建设目标

总体目标：按照《城市智慧城市建设概念性规划》精神及所提要求，未来三年培育打造一批重点示范工程和一定规模的智慧产业，实现城乡信息一体化，服务于城乡一体化，形成智慧城市发展的基本框架。

智慧医疗作为智慧城市核心建设内容，依据按照国家、省、市卫生信息化建设相关标准及规范，以及国家、省、市对城市智慧城市项目总体建设规划，充分利用现代化的信息技术，依托本地医院、医学院等医疗技术核心资源优势，和电子类大学、科研院所的信息技术核心资源优势，通过基于“互联网+”的区域协同服务提升基层医疗机构服务水平，完善基层医疗服务模式，着力打造可运营可持续服务的新型网络化医疗、智能健康管理模式。

建立城市区域卫生信息平台，实现医疗卫生信息在区域内医院、社区卫生服务机构、公共卫生机构的共享交换，促进机构之间相互协作，全面提升全市范围内的医疗业务效率和质量，充分发挥城市医疗卫生资源优势，为居民提供各层次、多样化的医疗卫生服务。同时，探索新型医疗卫生服务模式，通过信息平台顶层设计，完善城市以电子病历为基础的医疗信息服务系统、公共卫生信息系统、社区卫生服务信息系统等业务系统的建设，促进城市医疗卫生事业不断创新发展。

通过城市卫生信息平台的建设，一是帮助卫生管理者动态掌握卫生服务资源和利用信息，实现科学管理和决策，从而达到有效地控制医疗费用的不合理增长、减少医疗差错、提高医疗与服务质量的目的。二是帮助医疗服务人员在任何时间、任何地点都能及时获取必要的信息，以支持高质量的医疗服务。三是帮助公共卫生工作者能全面掌握人群健康信息，做好疾病预防、控制和健康促进工作。四是帮助居民能掌握和获取自己完整的健康资料，参与健康管理，享受持续、跨地区、跨机构的医疗卫生服务。

具体任务：打造城市区域卫生信息平台，形成统一高效、资源整合、互联互通、信息共享、使用便捷的区域卫生信息体系。基于总体建设目标，任务分解如下。

（1）建设包括1个市平台和n个区县平台在内的市县两级区域卫生信息平台。通过城市卫生数据中心，统一数据标准，在全市范围内逐步实现卫生健康信息的互联互通和资源共享，满足各级卫生部门和医疗卫生单位业务和管理的需要。

（2）建设基于区域卫生信息平台的综合卫生管理系统、公共卫生服务系统、医疗服务和医疗协同信息系统、药品监管与供应保障信息系统、健康服务信息系统、计划生育系统。实现这6大重点业务领域信息系统在不同层级上的数据交换、信息共享和业务协同。

（3）各级各类医疗机构建成以电子病历为基础的医疗信息服务系统，主要包括医疗信息系统、实验室信息系统、影像归档和通信系统、远程会诊系统、自助服务系统和各种形式的网络医疗系统等。

（4）疾病预防控制、妇幼保健等公共卫生机构完善内部信息化建设，并与社区卫生服务机构、医疗单位做到数据和资源共享，实现医卫联动。

（5）各社区卫生服务中心、服务站建成以电子健康档案为基础的社区卫生服务信息系统，对居民健康进行全程管理，公共卫生服务在社区得到全面贯彻和落实。

（6）建设全员人口、电子健康档案、电子病历和卫生计生管理4个资源库。统一数据标准和规范，通过区域卫生信息平台将辖区分散、异构的卫生信息资源（数据和记录）进行规范化整理，并合理组织、汇聚于卫生数据资源中心，实现居民电子健康档案、电子病历的存储、整合和共享利用，形成用于支撑信息共享与业务协同应用的居民电子健康档案（EHR）数据库、电子病历（EMR）数据库以及卫生管理信息资源数据库等，作为城市重要的卫生信息基础资源，通过大数据分析挖掘为辅助决策、科学制定卫生政策、提高信息资源利用率和公众服务能力提供数据资源支撑，支持卫生数据资源中心实现信息交换和共享。

（7）建设1个统一的城市医疗卫生信息专用网络，进一步规范城市卫计委网络信息安全管理工作，让全市卫生计生单位统一出口管理，都在城市卫生计生城域网网络防火墙的保护下安全上网，实现全市医疗机构（卫生计生委、区县医院、村委计生办、社区卫生服务站以下统称“计生办”）和城市卫生计生委内部办公系统的内部网络互联。

（8）统一标准规范体系建设，城市区域人口健康信息化建设严格执行国家卫计委已出台的各类规范、指南与标准。对于没有推出可以执行的互联互通信息交换标准，必要时可以直接引进国外的流行标准。对于国家暂未制定的标准，执行省级行业地方标准。强制性和推荐性标准必须执行，不提倡自定标准。

（9）统一安全保障系统建设。

城市区域人口健康信息平台和数据中心要建立异地系统灾备、数据灾备、网络冗余、安全审计服务、许可指令管理服务等措施加固安全的信息系统。

在有条件的情况下，建立环状网络链路。各县级平台之间互为灾备，市级平台提倡与其他地级市之间建立互为灾备系统，省级数据中心为城市共享数据灾备中心。

隐私保护和信息安全保护方面。①要建立身份保护服务来屏蔽患者的身份信息；通过身份鉴别服务来验证用户的合法性；②通过身份管理服务来规范和管理用户及其访问权限；③通过访问控制服务来配置和管理用户及角色的访问授权；④通过加密服务来保护数据传输和存储过程；⑤通过数字签名服务来确保临床数据的不可否认性；⑥通过匿名化服务来避免信息传递过程中的患者身份泄露。

（10）发行城市市民卡（健康卡），建立居民卫生信息服务主索引，为城市的卫生健康信息提供共享、协同服务，以及跨机构就医、费用结算和金融服务。

2．项目总体架构

根据城市智慧医疗总体需求及目标，平台建设总体架构简称为“1764121”工程，即1个市级卫生信息平台及7个县级卫生信息平台；加强信息化在公共卫生、医疗服务、健康服务、基本药物制度、综合管理、计划生育等6项业务中的深入应用；建设全员人口、电子健康档案、电子病历和卫生计生管理等4个资源库；建设1个医疗卫生信息专用网络；逐步建设信息安全和信息标准2个体系；建设健康1卡通系统。

（1）一个市级卫生信息平台

通过市级卫生信息平台实现省/市级医院、县级平台以及与市级卫监、血站、疾控、计生等机构的互联互通，实现全市医疗卫生机构医疗、卫生、计生信息的互连互通和信息共享，以及全市医疗机构检查检验结果共享与互认，并与四川省区域卫生信息平台、市级其他平台（市政务交换中心、公安、民政、人社等外部单位）进行数据共享与交换。

其功能如下：市级平台是以居民电子健康档案为核心实现区域信息整合共享，实现电子病历与电子健康档案信息实时更新的载体，是跨县（县级市、区）业务协同和数据共享的核心，是推动全市区域人口健康信息化全面运行的动力，是联接省级平台的枢纽。向下联接多个县级市区域信息平台、市级直管的卫生计生机构、市级各业务子系统，支撑全市卫生计生业务协同、数据共享和运营监测；向上与省级卫计委信息平台联接，为省级信息平台提供数据支撑，并配合完成跨市业务协同和数据共享。

（2）七个县级卫生信息平台

通过县级卫生信息平台实现县级医疗机构、基层卫生信息系统以及与县级卫监、血站、疾控、计生等机构的互联互通，实现县域内医疗卫生机构医疗卫生、计生信息的互连互通和信息共享，并与城市区域卫生信息平台、县级其他平台（市政务交换中心、公安、民政、人社等外部单位）进行数据共享与交换。

其功能如下：县级（县级市、区）平台是以居民电子健康档案为核心实现区域信息整合共享，实现电子病历与电子健康档案信息实时更新的载体，是跨县（县级市、区）业务协同和数据共享的核心，是推动全县（县级市、区）区域人口健康信息化全面运行的动力，是联接市级平台的枢纽。向下联接多个直管的县级卫生计生机构和县级各业务子系统，支撑全县卫生计生业务协同、数据共享和运营监测；向上与市级卫计委信息平台联接，为市级信息平台提供数据支撑，并配合完成跨县业务协同和数据共享。

（3）六大业务应用

①医疗服务和医疗协作系统。优化和整合各级医疗机构信息系统，逐渐优化业务流程、实现诊间结算和用药智能提醒等；通过双向转诊系统、区域影像会诊系统、区域检查检验结果互认系统、区域临检中心、区域心电系统、远程培训考试系统等实现各医疗机构之间医疗协同服务。

②公共卫生服务系统。完善社区基本公共卫生服务信息系统建设，建设疾病预防控制信息系统、卫生监督信息系统、区域120急救系统、突发公共卫生应急指挥系统，并整合健康档案系统、计划免疫系统、血液管理信息系统。

③综合管理类业务系统。通过对卫生信息的综合分析及挖掘利用，对城市医疗服务进行多层次、多维度的服务统计、质量监管、绩效考核，辅助卫生决策者及各层级管理者开展全面的业务监管。

④基本药物和药品管理类业务系统。建立基于区域卫生信息平台的统一的药品招标采购配送系统，实现对医疗卫生机构基本药物和药品的统一全面监管。

⑤健康服务类业务系统。建设城市市民卡（健康卡）支付结算及自助挂号

等创新服务系统，并实施相应的自助设备以支持广大居民终端操作。建立健康云服务平台，居民能进行健康管理和服务。

⑥计划生育管理类业务系统。通过区域卫生信息平台实现卫生计生内部数据共享，和公安、教育、民政、流管、人力资源与劳动保障等部门的信息对接和共享，做到资源共享、优势互补，并以信息化推进人口计生科学管理与优质服务，推进决策科学化、管理规范化、服务人性化。

（4）四个信息资源库

①电子健康档案资源库建设。根据国家相关标准和规范，建立城市电子健康档案数据库标准。

②电子病历资源库库规建设。根据国家相关标准和规范，建立城市电子病历数据库标准。

③全员人口信息资源库建设。全员人口信息库涵盖区域内所有户籍人口和流入人口的全员人口个案数据，主要包括人口数量、质量、结构、分布，以及人口的婚、孕、产、育和生殖健康等信息，为育龄妇女、流动人口、孕情监测、技术服务、利益导向、医疗服务、公共卫生、医疗保障等医疗卫生和计划生育各项业务应用、宏观决策和科学管理提供数据支撑，实现和全省全员人口库的数据共享和动态更新管理。

④卫生信息资源库的规范化建设。支持各项管理辅助决策功能实现，能够支持卫生计生综合管理系统和基本医疗、公共卫生、药品管理等业务监测系统的数据抽取和统计汇总分析。

（5）统一的卫生专网

城市区域信息系统要逐步消灭多系统多网路现状，避免一个机构重复交纳多条网络链路费用，减轻机构沉重的网络费用。全市卫生专网建设采取分段建设，分段分头负担网络费用的思路进行建设。

市县两级平台之间的主干网络依托政府外网统一建设。市级负责到县，县级负责到乡镇社区，有条件的县可到村站；费用由县级酌情自定。

市级平台与市卫计委直管机构之间网络链路由市卫计委与市直管机构共建，各自承担费用。

县级平台与县卫计委直管机构之间网络链路由县级卫计委与县直管机构共建，各自承担费用。

组网方式规划为数字专线和虚拟专网两种方案，市县两级网络主干依托政务外网（政务 VPN），区域业务量不断增加，政务外网不能满足需要时租用网络数字专线；县区平台（数据中心）到县级及县以下的卫生计生机构租用本地网络运营商的网络，建立本县区的虚拟专网（商业 VPN）。

（6）二大体系

1）统一标准规范体系建设

城市区域人口健康信息化建设严格执行卫计委已出台的各类规范、指南与标准；对于没有推出可以执行的互联互通信息交换标准，必要时可以直接引进国外的流行标准；对于国家暂未制定的标准，执行省级行业地方标准。强制性和推荐性标准必须执行。不提倡自定标准。

2）统一安全保障系统建设

一是系统安全。城市区域人口健康信息平台和数据中心要建立异地系统灾备、数据灾备、网络冗余、安全审计服务、许可指令管理服务等措施加固信息系统的安全。各县级平台之间互为灾备，市级平台提倡与其他地级市建立互为灾备系统，省级数据中心为城市共享数据灾备中心。在有条件的情况下，建立环状网络链路。

二是数据安全。隐私保护和信息安全保护，是信息平台安全的重点。要建立身份保护服务来屏蔽患者的身份信息；通过身份鉴别服务来验证用户的合法性；通过身份管理服务来规范和管理用户及其访问权限；通过访问控制服务来配置和管理用户及角色的访问授权；通过加密服务来保护数据传输和存储过程；通过数字签名服务来确保临床数据的不可否认性；通过匿名化服务来避免信息传递过程中的患者身份泄露。

（7）健康一卡通管理

对全市各类医疗机构信息系统进行软硬件设备改造，做好市民卡（健康卡）建设与应用环境改造等工作。按照卫计委统一规划建立全市统一的市民卡（健康卡）管理系统和卡注册管理系统。依托省、市、县卫生计生信息平台，有效共享全员人口信息、电子健康档案、电子病历信息，逐步实现全市居民就诊一卡通。

3．项目功能架构

功能架构如图 4-38 所示。

4．部署方式

城市区域卫生信息平台项目是一个十分庞大的信息系统，涉及的机构众多，条件参差不齐，所以应该针对不同的应用和具体情况对各应用进行合理的部署，才能使系统更加有效推广和应用。

市级数据中心主要部署数据共享与交换平台等公用类平台，为整个区域卫生信息系统提供数据采集、数据共享、数据交换、数据利用与数据发布的平台。

区县医院和社区服务站的数据存储在本地，通过前置机模式实现。

市属医院的数据存储在各医院，并通过采用前置机模式，实现市属医院与数据共享与交换平台进行数据交换。

疾控中心、卫生监督、血站、计生、妇幼保健等专业机构通过采用前置机模式，实现专业机构与数据共享与交换平台进行数据交换。

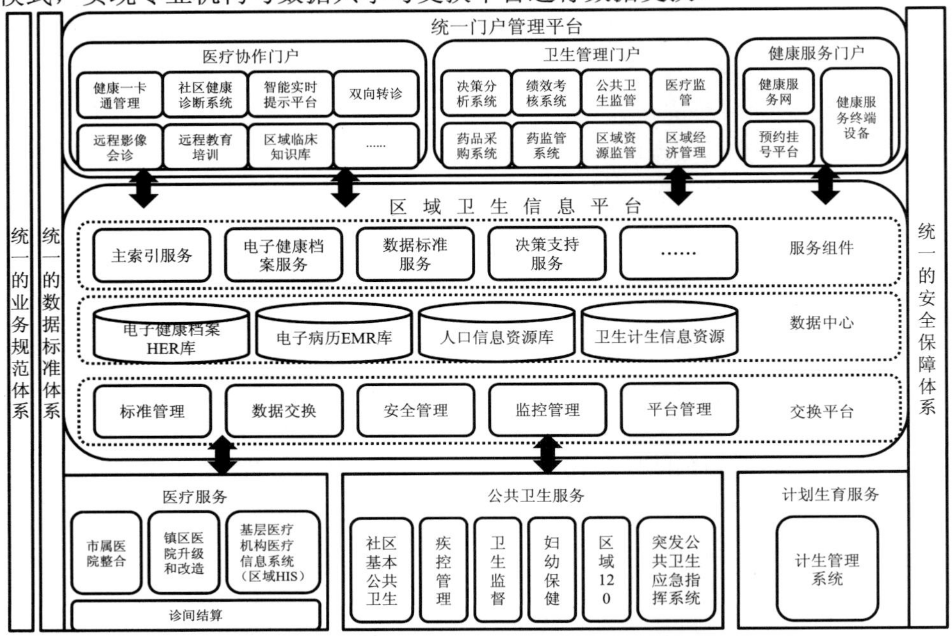

图 4-38　项目功能框架图

4.2.4.2　技术路线

1．设计原则

城市区域卫生信息平台项目的建设是一个复杂而庞大的系统工程，系统的设计和建设实施必须有一个统一的思想、统一的原则，按照统一的步骤进行。应坚持“规划自上而下，保证整体性；实施自下而上，保证可行性”的指导思想，按照“统一规划，统一管理，统一标准，全面集成，先易后难，分步实施”的原则，逐步实现城市医疗卫生信息化建设的目标。

2．建设思路

（1）以人为中心的指导思想

城市区域卫生信息化平台项目建设的根本目的就是实现对居民的卫生服务、全程健康关怀。在医疗卫生业务信息系统中，人作为基本对象的卫生服务对象在系统中的状态最为多样。以人为中心的分析表明，个人健康信息都直接或间接地和整个数字卫生系统各子系统发生联系。个人健康信息（包括健康人、患者等信息）主要由各个信息系统产生并动态更新，随着年龄的增长或疾病的发生等状态的转移建立各种专项档案、存储各种诊疗信息。这些信息可供各个医疗业务部门在服务过程中频繁使用（如图 4-39 所示）。

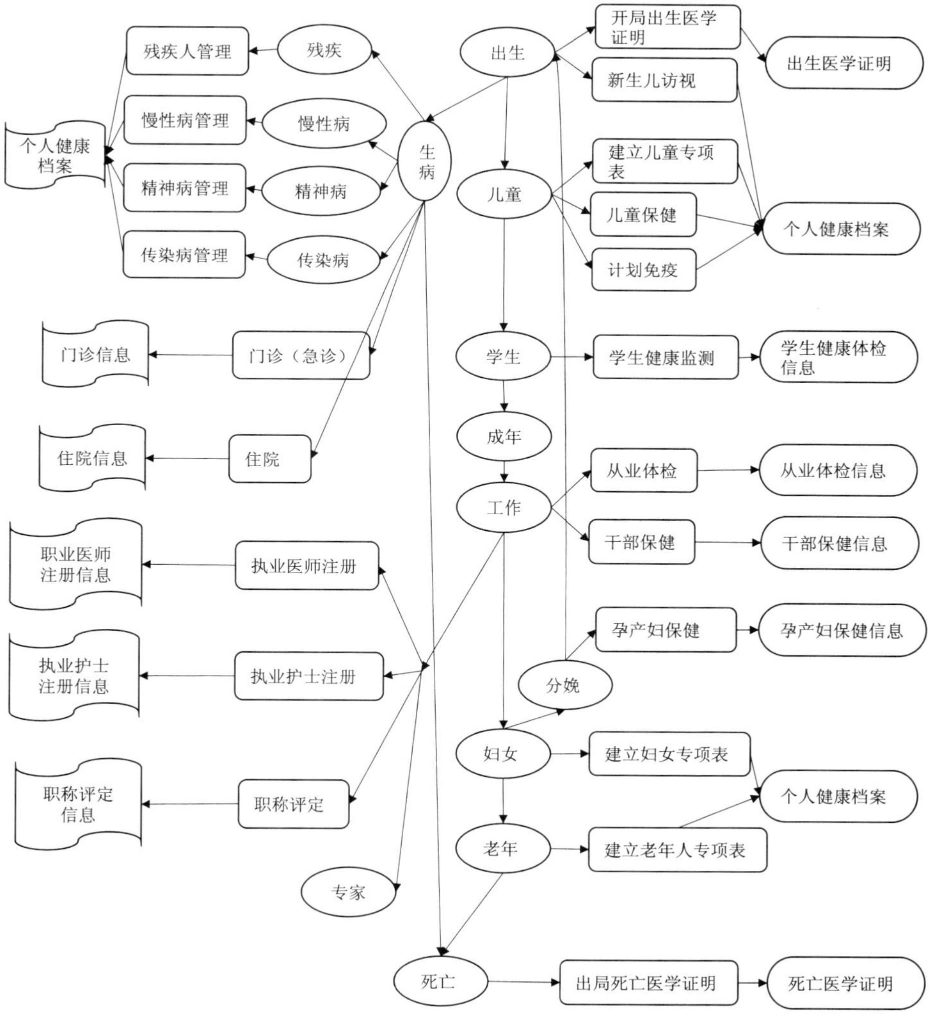

图 4-39　个人健康记录的全角信息视图

因此，建立的健康信息包括个人基本资料、出生信息、户籍信息、联系信息、个人健康数据，家庭健康数据，疾病情况，过敏药物等。这些信息都是以个人基本资料为核心，通过全市统一的、唯一的个人编码联系在一起的记录健康的全视角信息视图。

电子健康记录 EHR 是居民从生到死整个生命周期所有的关于医疗健康保健的信息和资料，包括居民的基本信息、出生证明、个人健康档案、家庭健康档案，以及每次就诊的病历、报告、处方、体检结果等。电子健康记录的共享就是各医疗卫生机构（医院、社区中心等）将各自对居民医疗卫生服务的业务数据采用统一的标准汇总到数据中心形成每个居民完整的健康档案信息，同时各医疗卫生机构又能够方便地共享查询这些资料为居民提供医疗卫生服务。

（2）基于 MPI 与 EHR 架构

城市区域卫生信息化建设必须避免其他地区以条线业务建设带来的教训，整合项目中各个系统建设和整合必须遵循病人主索引 MPI 与电子健康记录 EHR 的总体框架。这样不仅能保证完成医疗卫生纵向的管理业务和目标，同时又使基层的各项业务实现天然的整合（如图 4-40 所示）。

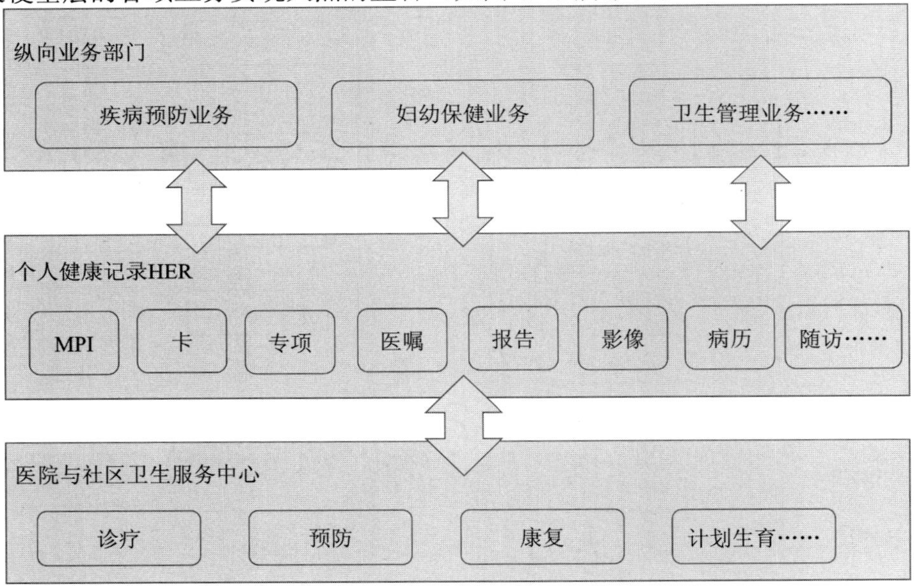

图 4-40　MPI、EHR 总体框架图

为了实现自然人数据及电子健康记录 EHR 的采集归并与整合，以及和其他子系统、区域化公共卫生信息系统网络之外的系统的联系，简化行政管理手段、提高系统效率、降低系统费用，就需要实施统一标识 MPI，并根据这个统一标识实现 EHR 的归并和整合。这类似于美国的社会保险号、新西兰的国民在线号码。

EHR 跨越不同的机构和系统在不同的信息提供者和使用者之间实现医疗信息交换和共享，为提高病人的安全、提高医疗质量、改善健康护理、推进病人康复和降低医疗费用提供有效的手段。

MPI 和 EHR 是区域卫生信息化建设和整合的关键。

（3）纵横向业务相结合整合

整个城市区域卫生化平台项目在建设时要处理纵横向业务的关系。建立纵向医疗卫生管理业务系统时必须兼顾考虑横向业务的整合或在横向业务系统的基础之上建设，建设基层横向医疗卫生业务系统或整合时又必须兼顾纵向管理业务的需要。通过居民主索引 MPI 和个人健康记录 EHR 的主框架实现医疗卫生资源纵向和横向的整合，充分利用资源实现各医疗卫生机构之间的协作。

4.2.4.3 系统组成

1．一张市民卡（健康卡）——全市健康 1 卡通

利用市民卡（健康卡）作为唯一身份识别的卡介质，实现“一卡多用，一卡通用”和“记录一生、管理一生、服务一生”的理念，全面提升城市健康服务水平。实现区域医疗一卡通，逐步替代现有诊疗卡。实现在全市范围内就医人员的身份识别和诊间结算。第一阶段在全市医疗机构实行一卡通，即用市民卡（健康卡）统一替换诊疗卡，在各医疗机构不单独发放诊疗卡，持有市民卡（健康卡）的居民可以在各级医疗卫生机构接受预防、医疗、保健、康复等服务；第二阶段再选取 1 家区县医院和 1 家市属医院作为诊间结算的试点单位开展诊间结算模式；第三阶段在其他区县医院、社区服务站、市属医院推广诊间结算。

远期按照智慧城市的统一规划，市民卡（健康卡）将集成交通、社保、公用事业、教育、商业、支付等更多领域的功能，为市民日常生活带来极大方便。

2．一张网——城市卫生专网

为更好地推动城市卫生计生委信息化事业的发展，进一步规范城市卫生计生委网络信息安全管理工作，让全市卫生计生单位统一出口管理，都在城市卫生计生城域网网络防火墙的保护下安全上网，实现全市医疗卫生机构（卫生计生局、区县医院、村委计生办、社区卫生服务站以下统称“计生办”）和城市卫生计生委内部办公系统的内部网络互联。

3．一个云数据中心

建立 1 个市级卫生数据中心，n 个区县卫生数据数据中心，市级卫生数据中心和区县卫生数据中心搭建在统一的云计算平台。该数据中心按照智慧城市总体规划进行规划建设。

统一数据标准和规范，通过区域卫生信息平台将辖区分散、异构的卫生信息资源（数据和记录）进行规范化整理，并合理组织、汇聚于卫生数据资源中心，实现居民电子健康档案、电子病历的存储、整合和共享利用，形成用于支撑信息共享与业务协同应用的居民电子健康档案（EHR）数据库、电子病历（EMR）数据库以及卫生管理信息资源数据库等，作为城市重要的卫生信息基础资源，为辅助决策、科学制定卫生政策、提高信息资源利用率和公众服务能力提供数据资源支撑，支持卫生数据资源中心实现信息交换和共享。

城市智慧医疗项目主要建设全员人口、电子健康档案、电子病历和卫生计生管理等 4 个信息资源数据库。

4．一个门户——统一门户管理平台

系统门户根据用户的不同而分为市民健康门户、卫生业务门户和卫生管理门户。三种门户都需提供健康信息、健康新闻的浏览功能，但同时要满足三大类用户根据自身权限在门户上完成一定的健康行为的操作和信息交流（如图 4-41 所示）。

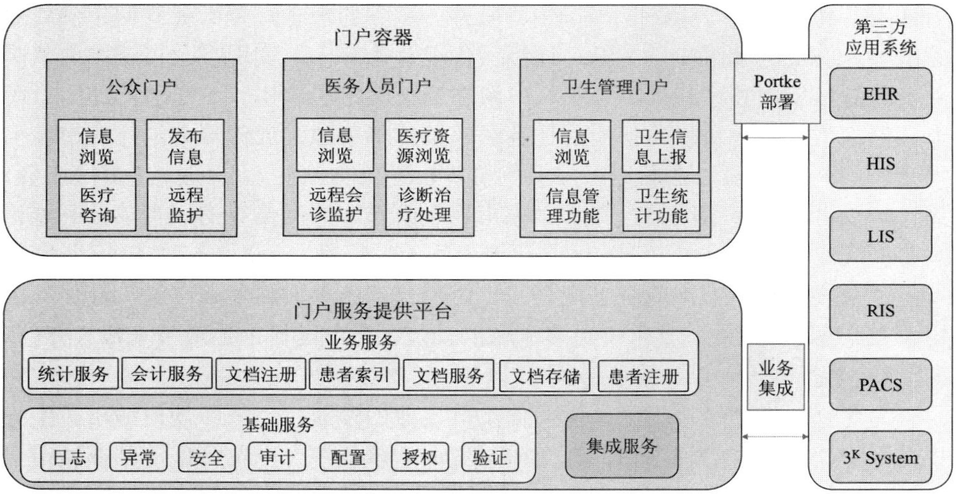

图 4-41　统一门户管理平台

本系统门户提供的功能包括三个层次：第一个层次为浏览功能，包括浏览医疗信息，医疗主管部门网站及最新医疗管理的规章制度，并可以通过权限控制浏览自己相关的临床资料、临床信息和政府信息；第二个层次为满足用户在门户上录入和发布信息的功能，可将该信息发布至相关人员和组织部门；第三个层次为支持用户在门户和网页上开展医疗实践的功能，包括诊断治疗及开处方的功能。

从技术角度看，用户注册、权限控制、安全性和系统跟踪是三类门户所必需的。

用户注册：注册又分为组织机构注册和用户注册。

权限控制：通过用户名和密码来控制，进行角色管理，包括使用者进入系统，提供病人信息到相关的医疗服务机构和医疗团队。通过权限控制可以保护用户资料尤其是患者的医疗信息和卫生管理者的行政管理资料和数据，从而起到对患者隐私的保护。

安全性和系统跟踪：系统自动记录所有登录和使用该系统的情况。

4.2.4.4 系统功能

1. 医疗服务和医疗协同类系统

（1）医疗服务系统

- 诊间结算
- 门急诊挂号划价收费系统
- 门诊分诊排队叫号系统
- 药房候诊排队系统
- 门诊中西药房管理系统
- 入出院登记结算管理系统
- 病区药房管理系统
- 药库管理信息系统
- 物资库房管理系统
- 病案统计信息系统
- 院长查询信息系统
- 多媒体导医查询系统
- 门诊应急系统
- 注射室管理系统
- 设备管理信息系统
- 固定资产管理系统
- 医技科室收费系统
- 临床信息系统 CIS
- 门诊医生工作站
- 住院医生工作站
- 病区护士工作站

• 电子病历系统 EMR
• 放射科信息管理系统 RIS
• 医院检验信息系统 LIS
• 输液管理系统
• 体检管理系统
• 皮试管理信息系统
• 超声信息系统
• 内镜信息系统
• 病理信息系统
• 心电图信息系统
• 临床路径系统
• 基本医疗系统推荐模块
• 门诊急诊挂号系统
• 门急诊划价收费系统
• 门诊医生站系统
• 门诊药房系统
• 超声系统
• 检验系统
• 门诊应急系统
• 辅助诊疗服务引擎

（2）社区健康诊断系统

• 危险因素与慢性病风险评估系统
• 移动产后访视系统
• 移动慢病访视系统
• 中医体质辨识系统

（3）健康档案共享系统（健康档案浏览器）

基于区域卫生信息平台，实现辖区内的卫生信息共享、调阅。不同机构的人员按照不同的权限实现信息的调阅，主要用于辅助诊疗，提高诊疗服务质量。可在社区机构、大中型医院等各级医疗卫生服务机构内实现调阅服务。信息调阅服务依托健康档案浏览器予以实现。健康档案浏览器是为终端用户提供的基于 Web 的访问健康档案的应用程序。授权的医疗卫生人员可以方便地访问区域卫生信息平台中全省居民的健康信息。调阅应用包含非影像信息调阅、影像信息调阅、居民身份模糊查询。

（4）智能实时提示平台

通过建立区域内的智能提示平台，为临床医生的就诊提供辅助支撑，包括健康档案调阅提示、近期同类检验检查提示、诊疗规范提示、处方管理提示、检验检查危急值报告管理等几个部分。

（5）药品使用智能提醒（与 HIS 整合）

①住院医生工作站。抗菌药物管理与医院的住院医生系统整合，确保用户操作的一致性。

②门诊医生工作站。抗菌药物管理与医院的门诊医生系统整合，确保用户操作的一致性。

③手术工作站。支持在手术管理系统中嵌入抗菌药物管理功能。

④专家评审功能。当后台管理程序的监控引擎发现有医嘱单审批完成后就提醒住院医生医嘱单审批完成，同时给出审批完成后医嘱单的审批信息。

6）医疗协同系统

①双向转诊系统。社区是患者就诊最便捷的选择，让社区医生为居民当参谋，提供预约诊疗、双向转诊等服务。促进医院与社区之间形成业务联动、优势互补、疾病诊治连续化管理的机制，最终实现小病在社区，大病进医院，康复回社区的就医格局。建立“乡镇社区卫生服务中心—区县医院—市属医院”和“区县医院—市属医院—省属医院”双三级转诊体系。

②检查检验结果互认系统。检验检查结果互认系统的主要功能是保证医院之间顺利开展相关项目检查检验结果的互认。

③区域临床检验系统。建设“乡镇社区卫生服务中心—区县医院—市属医院”和“区县医院—市属医院—省属医院”双三级区域临床检验体系。

④远程影像诊断系统。建设“乡镇社区卫生服务中心—区县医院—市属医院”和“区县医院—市属医院—省属医院”双三级远程影像诊断体系。

⑤全区域实验室登记系统。为了更好地履行卫计委《医疗机构临床实验室管理办法》，促进本区域临床实验室基本信息检查工作的顺利开展，以及使广大实验室用户获得更多更好的服务，建立全区域的实验室登记系统。这些登记表包括：临床实验室基本情况登记、临床实验室执业登记、临床实验室检验项目登记、外包项目登记、临床实验室负责人登记、诊断性报告签字人登记、实验室工作人员登记、仪器设备登记表、参加室间质量评价情况、实验室间比对情况、程序性文件登记、SOP 文件登记、管理制度登记、记录登记、实验室组织机构图、实验室平面图。

⑥全区域实验室管理系统。区域协同检验项目是一个系统工程，不仅要关注检验业务本身的规范，同时也要关注与检验相关的外部环境是否能够保证检

验的质量，《ISO15189：2007 医学实验室——质量和能力的专用要求》，是由国际标准化组织 ISOTC 212 临床实验室检验及体外诊断检测系统技术委员会起草，包含 ISO17025：2005 中检验与核准实验室的一般要求，并增加了医学实验室的特殊要求形成的对医学实验室认可的准则。

⑦区域心电诊断系统。建设“乡镇社区卫生服务中心—区县医院—市属医院（城市人民医院）”和“区县医院—市属医院（城市人民医院）-省属医院（省人民医院等）”双三级区域心电诊断体系。

⑧区域临床知识库系统。临床诊疗知识库是以疾病、症状、检查、药品、指南和病例报告等海量数据为基础，通过整合设计，优化搜索，关联知识点，方便医生查找相关知识及病例报告，辅助医生临床诊断。通过将权威和最新的医学、药学、检查检验及相关学科知识进行信息标准化处理后，形成区域临床知识库，为“临床辅助诊疗系统”“处方（医嘱）的药品监测和审查”“诊疗知识查询”和其他各种临床应用提供知识库的支撑。

⑨继续教育系统。全面提升医务人员业务水平及综合素质是全社会对医疗行业的迫切要求，同时也是考核一个医疗机构整体医疗服务水平的关键因素；医务人员只有通过持续不断地进行专业学习、训培及考试，才能达到医疗机构整体医务服务水平的实质提升。

⑩培训会议系统（直播课堂）。培训会议系统是一套基于互联网的网络教育互动培训平台，既能实现同步教育，又能完成远程会议需求。

2．公共卫生类业务系统

（1）现有公共卫生服务相关信息系统的整合

通过区域卫生信息平台整合现有的公共卫生服务相关信息系统，包括健康档案信息系统（社区基本公共卫生信息系统）、计划免疫系统、妇幼保健信息系统、血液管理信息系统、重性精神病管理系统等。获取区域卫生信息平台居民相关的健康档案信息，为公共卫生业务应用系统提供相关的信息，包括疾病、症状、慢性非传染病、慢性传染病等医疗机构的诊疗信息。

（2）社区基本公共卫生信息系统模块要求

社区基本公共卫生信息系统根据卫计委《2013 年国家基本公共卫生服务规范（征求意见稿）》进行建设。主要包括城乡居民健康档案管理、健康教育、预防接种、0—6 岁儿童健康管理、孕产妇健康管理、老年人健康管理、高血压患者健康管理、2 型糖尿病患者健康管理、重性精神疾病患者管理、传染病及突发公共卫生事件报告和处理以及卫生监督协管服务规范、婚前保健和中医健康管理。

（3）疾病预防控制信息系统

①疾病症状监测及分析系统。症状监测又称症候群监测，是指系统持续地收集、分析临床病例症状和体征，获得相关疾病暴发存在的可能性，并提供相关信息，为决策提供科学依据。

②疾病监测预警系统。系统实现对群体罹患某种疾病的预测，即某病的发病水平预测。根据现有数据、实时监测数据或未来的预测数据与预警条件进行比照，对符合对应条件的情况发出警示或反馈。警示和反馈的形式有多种，可以并存或叠加，可以同时计算并显示若干种疾病的单独走势和整体走势。

③疾病上报与管理系统。实现与国家网络直报系统相关数据的抓取与利用，进行资料的查询、报告质量的统计以及数据的分析与利用，为疾控部门的管理提供数据支撑。

④慢性非传染病管理系统。本慢性非传染病监测与管理系统主要实现城市统一慢性非传染病信息的调度与管理，增强信息整合能力，加强各级医疗卫生机构在慢性非传染病管理过程中的信息交流，应对慢性非传染病的预防、监测、控制，实现慢性病的早期发现、随时监控、合理进行治疗督导。此慢性非传染病监测与管理系统主要包括糖尿病、高血压、心脑血管疾病、肿瘤四类疾病的管理。

⑤学校卫生管理信息系统。学校卫生管理系统实现对全市的学校卫生工作进行管理，实现学校及学生基本情况统计、缺课监测、学生体检工作（生长发育监测）、学校卫生的督导和监督监测工作、学生常见病统计、学校传染病报告管理和数据收集、学校健康教育、统计分析、评估反馈等功能，对社区以及学校的工作进行质量控制。生长发育监测评价面向公众开放查询。部分监测模块向学校、卫生院、教育局等部门开放。

⑥疫苗冷链动态监测系统。疫苗是为了预防、控制传染病的发生、流行，用于人体预防接种的疫苗类预防性生物制品。疫苗的保存环境要求高，不同类型的疫苗的环境要求不一样，靠人为的检查、记录，很难避免风险。

（4）卫生监督信息系统

本着数据集中、应用分散、信息共享、统一认证登录的原则，本项目的建设将满足卫生监督业务需要的各个业务子类系统，使系统间相互关联互通，贯穿整个卫生监督综合执法全过程，并提供从执法检查、服务窗口到内部审批等“一条龙”服务，使各种业务模式、不同部门间的信息流转都由本应用系统统一管理，统一运营。

（5）区域120急救系统

通过对120信息系统的升级改造， 实现与区域EHR/EMR的对接，在急救调度、院前急救和院内抢救之间建设实时、智能、安全的双向信息通道，提高急救效率和管理，使120急救真正融入区域卫生体系，符合卫生部最新规范。

区域120急救信息系统总体框架如图4-42所示。

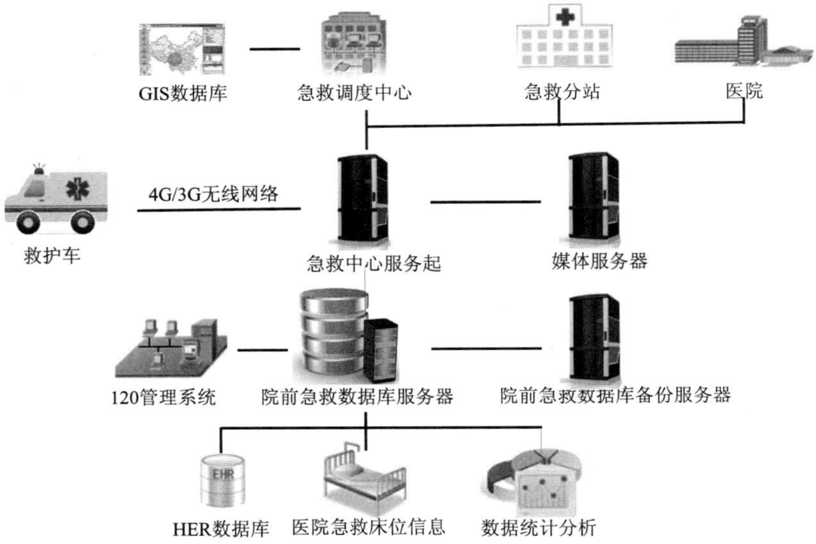

图4-42　区域120急救信息系统总体框架

区域120急救信息系统的业务流程如图4-43所示。

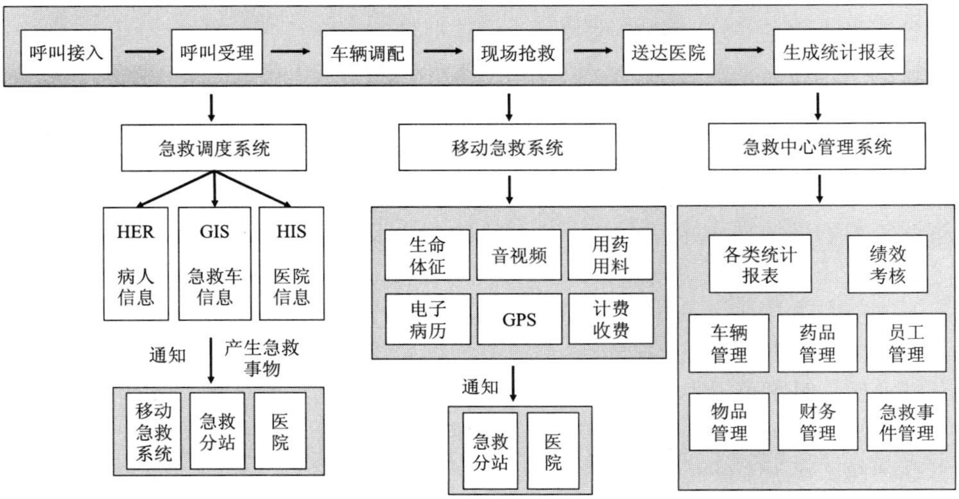

图4-43　区域120急救信息系统业务流程

120 急救服务分为呼救接入、呼救受理、车辆调配、现场抢救、送往医院等几个步骤，区域 120 急救信息系统记录急救过程中的患者情况、生命体征数据、现场音视频等信息，管理急救资源、处理重大事故、生成一系列绩效考核统计等。

（6）突发公共卫生应急指挥系统

按照卫生部《地级市突发公共卫生事件应急指挥与决策系统技术建设指南》的要求，建设城市的突发公共卫生应急指挥系统，协助卫生主管部门应对各类公共卫生突发的紧急事件，实现应急事件事前的监测、预警、防范；应急事件发生时进行快速、准确、科学地决策、协调、调度和指挥，向公众提供紧急救助信息和服务；事后进行事件评估、重建等工作。采用该平台建立应急系统，可以为政府构建起全面的应急预警、处警的平台，实现跨地区、跨部门、跨警区以及不同专业人员之间的统一指挥协调、快速反应、信息共享、应急联动、辅助管理者决策分析等。

（7）卫生从业人员健康证及卫生管理人员培训合格证发放管理系统

建设城市卫生从业人员健康证及卫生管理人员培训合格证发放管理系统。统一全市卫生从业人员健康证的发放，整合现有卫生监督所的卫生管理人员培训合格证发放。

以现有卫生监督所的卫生管理人员培训合格证管理模块为基础，增加企业网上培训、网上考试功能等，最终实现卫生管理人员足不出户就可以取得相应的管理人员培训合格证。

3．健康服务类业务系统

通过区域卫生信息平台整合的区域内的医疗资源（市属医院、区县医院、社区服务站医疗资源全面整合），利用健康云服务提供移动医联、医患互动、健康管理。“移动医联”可以实现健康档案查询、挂号、就医等一站式便民就医服务；“医患互动”构建网站和 APP 的医患互动平台；“健康管理”将医疗服务延伸到网上或 APP，基于居民的健康档案信息和就医信息进行健康管理和评估。

（1）慢病自我管理系统

慢性病可以影响人们日常生活的各个方面，医生可以给病人提供必要的治疗和教育，但鉴于卫生保健专业人士和慢性病患者接触的时间有限，慢病自我管理系统的出现可以弥补这个空缺。

自我管理是个体生活的一部分，而自我管理支持系统是医疗机构或社会工作者帮助个体进行自我管理。重点在于对病人进行慢性病等医学知识的相关培训，使病人能够有效与医生预约、沟通交流，共同参与到自我管理方案的确定。

慢病自我管理系统以患者为中心，与医护人员联动，以门户的形式统一展现给患者。

（2）个人健康移动服务平台

个人健康移动服务平台是面向个人提供个性化、实时化的健康信息服务，通过手机等终端打造了一个全新的互动医疗平台，为广大患者提供更便捷的医疗咨询服务，解决患者的健康需求。

通过个人健康移动服务平台多渠道、多终端、多网络的服务方式，扩大了医院各科室医务人员的服务范围，使患者与医生能实时互动，及时发现并处理问题。

1）个人健康微信服务

通过微信平台，患者可进行掌上预约、信息查询、结果通知、用药提醒等服务，并可与医生实现医患互动。

2）个人健康服务 APP

提供基于区域健康档案的移动端 Application 的服务，通过 APP 为区域居民提供更便捷、更有效的就医服务和健康指导，让居民通过智能手机实现与所有专家、社区医生的预约；实现与家庭医生沟通交流、疑难问题咨询；实现区域内检验、检查和体检报告查询；常用药品知识库和动态信息库的查询；居民日常体质和体检等健康指标的监测功能。

3）居民健康公众服务平台

提供居民电子健康档案查询、个人医疗服务查询、个人医疗保健查询、个人体检报告查询、网上预约服务、各入网医疗机构实时信息查询、互动咨询等服务。

（3）预约挂号平台

1）预约挂号资源采集中心

公布的资源包括医院、科室及医生简介。居民或医疗机构可以查询这些资源。定时收集门诊挂号科室更新信息。

2）预约挂号资源提供中心

通过改造医疗机构的医院信息系统，并通过区域卫生信息平台，实现各医疗机构实时提供挂号资源。

3）预约挂号系统

提供包括预约医院查询、预约专家查询、预约科室查询、预约排班医生查询、预约挂号操作、实时信息查询等功能。

（4）智慧终端

1）居民健康小屋

居民健康小屋通过提供常规医学检测设备，可以帮助居民实现自我健康指标检测，并提供相应的体检报告。系统通过与检测设备的软件接口，会自动采集并将居民检测数据记录到健康档案中；另外，如果居民的某些健康指标超标，系统会提供健康评估报告和保健建议。

居民健康小屋可以提供如下服务功能：居民实现自助健康检测；居民可以自主查询个人健康档案；居民可以自主更新EHR中的个人主观内容信息，如吸烟情况、饮酒状况、运动情况等；为居民提供健康评估报告；根据居民健康检测结果，社区卫生服务团队提供跟踪服务。

2）便捷式智慧终端

“便携式全科医生工作站”是一套集信息化和全科检查于一体的便携式医疗终端，其集成的全科检查功能包括12导联心电图、11项尿常规、自动血压、无创血氧、呼吸体温脉搏监测、血糖等；信息化功能包括电子处方、门诊、健康档案、公共卫生随访、医保结算等，并通过3G网络或者WiFi数据传输与上级医疗机构信息系统互联互通。

4．基本药物和药品管理类业务系统

建立统一的药品招标采购配送系统，实现医疗卫生机构从药品计划、采购、入库、消耗、库存的全过程管理，满足国家基本药物和药品监管需求。

借助信息化运作，由卫计委建立的药品采购领导小组统筹监管可以对药品筛选、采购、销售等环节实行全程网络化监管，简化监管方式。重点建设供应链管理系统和使用监管管理系统。药品供应链管理系统可以就医生用药情况做实时监控，开大处方、重复检查配药等现象一经发现并加以核实，能够立即处理；各种药品的流向、剂量、用法等可追踪到每个用药者，促进临床用药更为安全、合理。

建立基本药物制度，应在药品生产、流通、使用、价格管理、报销等方面完善相关制度和机制，保证群众能够获得基本用药。

（1）完善基本药物目录管理

围绕公共卫生和人民群众常见病、多发病和重点疾病，以及基本医疗卫生保健需求，积极组织开展以循证医学证据为基础的药品成本效益和药物经济学等分析评估，严格按照国家基本药物目录自动更新，保证人民群众基本用药。

（2）基本药物供应链管理系统

建立健全的基本药物集中配送机制，引导基本药物生产供应的公平有序竞争，不断提高医药产业的集中度；建立基本药物供应链管理系统，减少基本药物流通环节。

（3）区域药品监管信息系统

通过区域基本药物监管系统加强对医院基本药物采购、价格执行、使用、报销等重点环节的实时监控与预警分析，实现区域内各医院基本药物使用管理目标与一线临床应用的高度统一，保障国家基本药物制度的贯彻执行。

根据国家和四川省相关要求，建设城市区域基本药物监管系统，帮助监管人员通过对基本药物采购、配备使用、报销情况等环节的数据进行分析，评价基本药品制度的执行情况，包括药品存放监管系统和药品使用监管系统。

（4）区域合理用药监测系统

合理用药监测系统 PASS 主要在门诊医生工作站、住院医生工作站、护士工作站、静脉输液配置工作站等 HIS 平台上运行，除此之外，PASS 系统还有独立研发的临床药师工作站，可以为药师提供一个合理用药监控的工作平台。

（5）区域抗菌药物监测系统

对区域内各级医疗机构门急诊和住院业务使用抗菌药物的情况进行管理，促进抗菌药物合理使用，有效控制细菌耐药，保证医疗质量和医疗安全。主要包括：住院患者人均使用抗菌药物品种数及费用统计、抗菌药物费用占药品费用总额百分率、抗菌药物使用强度统计、抗菌药物越级使用统计、住院患者使用抗菌药物使用率统计、抗菌药物消耗量统计、抗菌药物用药频度统计、门诊患者使用抗菌药物百分率统计、抗菌药物门急诊处方统计、手术患者抗菌药物使用情况统计、抗菌药物使用金额排名、住院用抗菌药物患者病原学检查百分率统计。

5. 综合管理类业务系统

（1）综合管理与决策支持系统

通过统一多形式业务视图，聚合不同的业务信息，基于不同的业务访问维度和信息抽取，形成主题化表述，结合前端的多样展现格式和报表生成工具，进行灵活、快捷、易操作的业务信息展现和访问。主要包括医疗服务、公共卫生、基本药物、医疗保障、医疗卫生资源等。

决策分析系统分三层用户，包括市卫计委和业务管理部门、镇公卫办、镇医院（社区卫生服务中心）、农村（社区）卫生站，不同用户有不同的操作权限，上级管理部门可以查询浏览下级的数据报表，社区卫生服务中心可以看到本中心的统计报表或根据基础数据自定义报表，并进行数据查询。镇公卫办可以浏览所管辖卫生服务中心的所有统计图表，并可以进行中心和中心之间的横向对比，以及历年来工作的纵向比较。市卫计委和业务管理部门可以进行全市数据的分析比较，对镇公卫办进行业务考核。

• 综合信息查询

目前区域内各种医疗资源（如设备、医生、护士等）的配置比较分散，同时缺少合理的科学依据和信息沟通从而造成资源的浪费。而区域卫生信息平台的建设能够大大加强区域间信息的沟通，实现区域内各种医疗资源的共享，达到优势互补，同时通过大量的信息分析能够使领导更加科学地对区域内的医疗资源进行配置，避免重复投资，更好地为居民健康服务。

综合查询系统通过权限设置，对管理相对人及管理人员或机构等的卫生监督信息、传染病上报情况等信息进行采集，提供综合查询

系统为各用户提供查询服务，支持不同的数据源。通过系统可以见人知情，能够对人和事件进行全面的了解，用户可以查询各种格式的内容。支持不同的数据源类型进行查询。有灵活的扩展搜索和结果展示界面。

通过对医疗资源数据、居民健康档案数据、就诊数据等相关医疗信息数据的大数据分析挖掘，可以指导和帮助医疗管理机构、保险机构、药品和医疗器械研发生产机构根据城市区域卫生具体情况，调整人员、资金、物资配置，实现医疗资源的优化配置。

（2）区域医疗卫生监管系统

1）区域医疗服务监管系统

对提供医疗服务的门诊，住院过程中的数量、质量、费用、用血、医疗行为等进行全方位综合监管，满足卫生部医药卫生体制改革工作进展监测的要求。

2）医疗运行监管系统

医疗运行监管主要对资源配置、工作负荷、治疗质量、工作效率、患者负担、医疗费用等进行监管，通过监管掌握各级医疗机构的医疗运行情况。

3）医疗费用监管系统

指通过信息化手段实现对医院的住院或门诊医疗费用情况的及时统计，以及抽查住院或门诊病人个案，对具体的费用发生情况进行分析。对患者负担，主要对门急诊及住院的均次费用、均次药费以及主要床日费用进行监管。医疗费用主要对门急诊、住院各类费用情况进行监管。

4）医疗质量监管系统

医疗质量监管包括对重点病种、重点手术、危重病例、并发症进行监管。

5）医疗安全监管系统

医疗安全监管包括医院感染、医疗事故、危急值、植入物。

6）区域公共卫生监管系统

对疾病管理、疾病控制、妇幼保健、卫生监督、计划免疫等公共卫生服务的执行情况进行全方位的综合监管。卫生信息平台主要对全市的公共卫生信息进行监管和监测。

7）区域医疗保障监管系统

8）区域用血监管系统

通过区域用血监管系统与血站中心和各医疗机构的血液情况与用血情况进行监控管理，实现区域内各医院临床用血安全监控与评价、用血量预警与处置。

（3）区域经济管理系统

1）医疗卫生需求评价

医院覆盖范围内人群的实际医疗需求和基本医疗保障需求与人口情况、年龄分布、疾病谱等流行病学指标、个人或家庭收入、医疗价格等多种因素相关，研究建立医疗需求评价的数学模型，将上述指标与实际医疗业务发生情况进行相关性分析。

2）总体医疗成本评价

医疗成本包括直接医疗成本和间接医疗成本。直接医疗成本指患者就诊—治愈全过程产生的医疗费用，间接医疗成本则包括患者就诊所发生的机会成本（选择不同医疗机构对就诊结果可能造成的差异性），时间成本（除就诊本身花费的时间之外，还包括交通、排队、预约等时间，以及多次治疗导致疾病进展从而影响疾病的转归和预后等变化的成本），家属及亲友围绕患者就诊所发生的交通、误工、看护、营养、误餐等间接成本等。可选择2～3种不同类型的疾病作为代表，研究疾病总体医疗成本评价方法，筛选适宜的评价指标，探索建立疾病诊治总体医疗成本的评价体系。

3）医疗效果评价

居民健康的价值通常难以使用量化货币的方式来进行评估，使用成本-效果分析方法研究达到预期个体健康目标所需成本，探索不同医疗机构相适应的健康保健目标，建立一套针对不同等级、不同层次医疗机构医疗效果评价的指标与方法。

4）新型医疗措施评价

使用成本-效用分析方法，研究单一医疗项目或特定的综合医疗措施每增加一个质量调整生命年的成本，探索评价新型医疗项目实际效用的指标与方法，进一步探索建立新型医疗项目经济效益预测分析指标与方法体系。

5）区域卫生经济宏观经济监控

在区域卫生信息平台的基础上，选择各级医疗机构同类诊疗业务的经济指标进行横向对比，重点监控同类指标中超过上四分位数的项目、病人、处方、药品等诊疗活动的经济指标。

6）医疗卫生机构经济评价

采用横向对比、纵向对比、纵向对比横向分析等多种方法评估同类医疗机构的卫生经济效果。

（4）区域卫生绩效考核系统

绩效考核系统主要以满足卫计委对基层卫生服务机构工作考核和基层医疗卫生服务机构对人员的工作考核为主要目标。系统可根据工作绩效考核管理规定，配置相应的绩效考核模型，从工作量统计、核算维度、核算权重三方面计算工作绩效，并根据工作绩效结果提供绩效费用的参考数据。同时利用数据处理和数据分析的支撑作用，实现对工作量统计和绩效考核结果的统计分析展示，为绩效考核提供数据依据。

通过定义绩效指标体系（定义绩效考核指标体系、指标权重系数、工作量分摊、工作量条线权重系数），基于绩效数据采集，计算个人工作量比重、个人绩效指标计算形成个人绩效指标汇总、中心绩效指标汇总，最后以多种形式展示绩效考核结果。

（5）区域卫生全面预算管理系统

区域卫生全面预算管理系统通过进一步优化资源配置，推动管理集成、提升管理效率、促进整体有序、降低运行成本、化解综合风险，可以做到事前有计划、事中有控制、事后能评价，真正体现完善的法人治理结构，提高医疗卫生机构整体工作质量和水平（如图4-44所示）。

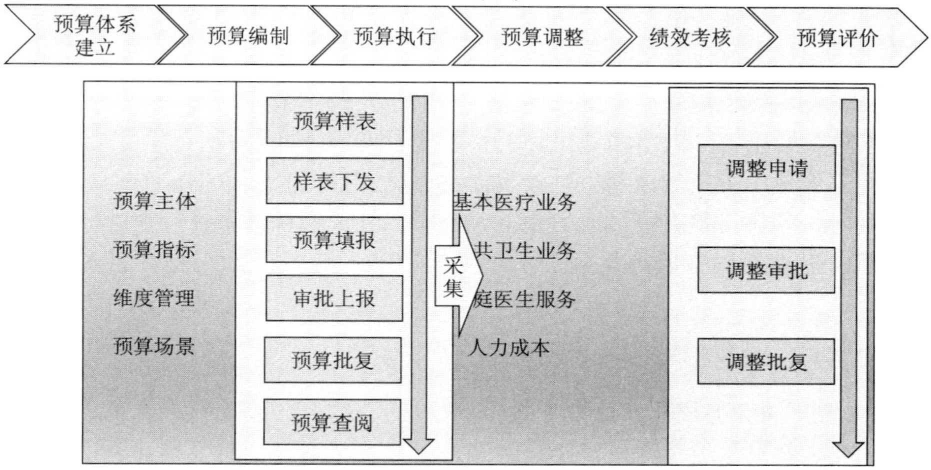

图4-44　全面预算管理

（6）区域卫生政府财政补偿管理系统

为进一步深化公立医院改革，确保公益性、调动积极性，提高政府投入使用效率，推进政府投入机制创新，根据医改提出的“将公立医院补偿由服务收费、药品加成收入和政府补助三个渠道改为服务收费和政府补助两个渠道”要求，以卫生事业经费统筹为基础，创新卫生经费的拨付方式，完善公立医疗机构政府补偿机制，大大提高了政府卫生经费使用效率，有效激发了医疗机构和医务人员的工作积极性。

6. 计划生育管理业务系统

以信息化推进人口计生科学管理与优质服务，推进决策科学化、管理规范化、服务人性化。实现卫生计生内部数据共享和公安、教育、民政、流管、人力资源与劳动保障等部门的信息对接和共享，做到资源共享、优势互补。充分利用强大的软件信息统计功能，更好地规范管理、落实政策、为民服务。利用全员人口信息系统的各类信息，引导基层开展更有针对性和有效性的服务，以更人性化的方式提供主动服务。

（1）全员人口信息管理

建立城市全员人口信息库，形成标准统一、更新及时、真实准确的全员人口统筹管理信息资源。利用区域卫生信息平台实现与四川省全员人口信息库进行对接，及时获取全市全员信息；通过区域卫生信息平台与医院信息系统、妇幼保健信息系统、计免系统、公安系统、教育系统、民政系统、流动人口管理信息系统等之间的数据交换。通过人口基本信息的变更，公安、民政、流管办等部门业务系统对人口信息的联动处理，实现政府各部门之间的业务关联和工作协同，提高管理效率。

（2）计划生育业务监测与分析系统

加强人口政策辅助决策支撑体系，加强对人口总量、素质、结构、动态分布、家庭发展能力、人口城镇化等关系社会发展重大问题的动态监测、分析评价和科学预测，为完善计划生育政策提供信息支持和科学依据。

根据业务部门和决策机构的要求，对人口统计指标体系进行统计分析，为业务部门提供不同主题的信息分析，为政府领导和管理部门提供科学的决策支持。

4.2.4.5 指标体系与建设规范

1. 统一的业务规范和标准体系

标准化建设是卫生信息化建设的基础工作，是进行信息交换与共享的基本前提。在信息资源整合的过程中，强调标准化的目的在于确保区域内医疗卫生机构的互联互通和信息共享；同时使投入信息化建设的资源得到充分利用。

制定全市卫生计生数据标准规范，并通过数据共享与交换平台整合城市医疗卫生计生资源。标准体系要按照国家、行业和地方标准化方针和政策，运用标准化原理，根据信息系统建设对标准化的总需求，遵循卫计委的标准规范，制定出适合城市医疗卫生服务机构业务工作流程、信息化建设规范、执行政策和信息系统运行需要的标准规范，包括标准的适用范围、引用标准，标准化对象的确定、命名、分类和编码原则与方法，指标分类与编码的基本原则、方法和编写要求。指标的确定、命名、定义是城市整个卫生信息标准和规范，并能适应未来城市卫生信息共享的扩展。

城市卫生信息标准体系建设的主要内容如下：

（1）首要完成城市数据类标准、接口规范制定，以保证健康档案信息的有效汇聚、交换及整合；

（2）制定应用/服务规范，基于平台提供的信息调阅、智能提示等应用或服务，需要制定相应的使用规范；

（3）制定工程管理规范，全市卫生信息化建设涉及单位/机构繁多、涉及居民数量巨大、涉及卫生业务条线众多，需要建立工程的组织保障、管理制度等，以有效推进工程的顺利实施。

2．城市区域卫生信息标准体系建设目标

建立城市区域卫生信息数据标准体系，确保能消除区域内的“信息孤岛”与“信息烟囱”现象，实现区域医疗卫生机构各系统的互联互通。集中整合辖区范围内各医疗卫生机构和卫生职能部门的数据信息资源。城市区域卫生规范标准体系将符合国际、国家及医疗卫生行业的相关数据标准或规范，遵循中国卫生信息标准，符合国家医疗卫生、医疗保障相关指标规范和技术要求。

3．城市区域卫生规范标准体系建设原则

从业务角度出发，标准化是支撑信息化的重要手段，信息化建设首先遵循国际上成熟的、通用的，标准、规范和协议，同时遵照执行国家、行业颁布的现有标准。

因此城市区域卫生规范标准体系建设遵循以下原则。

（1）有国家（行业）标准的，优先遵循国家（行业）标准；

（2）即将形成国家（行业）标准的，争取在标准基本成熟时，将该标准率先引入试用；

（3）无国家（行业）标准，等效采用或约束使用国际标准；

（4）无参照标准，按标准制定规范，自行进行研制；

（5）在编写卫生信息交换标准时，需特别考虑到未来的发展和变化。

4．城市区域卫生规范标准体系设计总体思路

城市区域卫生规范标准体系设计主要包括数据标准、技术标准、管理标准与业务规范。信息标准规范设计总体思路为：

（1）统筹规划，借鉴经验。城市区域卫生信息系统涉及各个业务部门，为确保其建设的有序性，少走弯路，必须做好统筹规划。以国家卫计委制定相关标准为基础，制订区域卫生规范标准体系总体规划，搞好顶层设计；分析区域卫生信息系统对标准规范的需求，研究国内外标准化成果，借鉴电子政务成功的标准规范工作经验，形成并不断完善与城市区域卫生信息系统相适应的标准规范体系。

（2）突出应用，抓住关键。重点研究解决城市区域卫生信息系统建设所需的业务和与应用相关的信息标准规范问题，集中力量抓信息共享、业务协同的业务流程规范和数据标准化的相关项目。

（3）急用先上，循序渐进。按轻重缓急合理安排标准研究和开发项目；充分利用国家标准、行业标准的已有成果，结合城市区域卫生信息系统的实际业务，把握需求牵引和技术驱动的统一，包括"技术要求""技术规范"，直至行业规范。

（4）搭建平台，集思广益。城市区域卫生信息系统标准规范工作将涉及众多各业务子系统，需要调动各业务主管部门和业务开发单位的力量。搭建开放式的工作平台，开展联合攻关的有效模式。

上下兼容，协调发展：标准规范工作必须在充分考虑利用和整合已有信息化建设成果的前提下，积极采用国家卫计委的相关最新的标准化研究成果，以最小的代价保证城市区域卫生数据中心建设的总体协调发展。

5．城市区域卫生规范标准参照与实施

标准体系按照国家、行业和地方标准化方针和政策，运用标准化原理，根据信息系统建设对标准化的总需求，遵循或借鉴卫计委的标准规范，制定出适合社区卫生服务、医院、公共卫生、妇幼保健等机构业务工作流程、执行政策和信息系统运行需要的标准规范，包括标准的适用范围、引用标准、标准化对象的确定、命名、分类和编码原则与方法，指标分类与编码的基本原则、方法和编写要求，指标的确定、命名、定义，是整个城市地区卫生信息标准和规范，适应未来区域卫生信息共享的扩展。

数据共享和交换平台使用的消息标准，采用 HL7。医院信息系统的设计，必须符合国家医院信息基本数据集的要求，对医院管理数据的交换，在 HL7 的

消息体中，使用基本数据集的编码，以实现通用的基于语义的交换。

对电子病历的交换，遵循 CDA 标准。病历类型的编码，采用 LOINC 中推荐的编码。病历结构化元素的编码，采用 SNOMED 编码。

对检验报告的交换，遵循 CDA 标准。检验项目的编码，采用 LOINC 编码。

对医学影像数据的交换，采用 DICOM。

对公共卫生数据的交换，使用公共卫生基本数据集的编码。

对社区卫生服务数据的交换，使用社区卫生信息基本数据集的编码。

6．城市区域卫生规范标准体系建设内容

卫生信息数据中心的标准规范由一系列的规范、机制、制度组成（如图 4-45 所示）。卫生信息数据中心的标准规范体系包含数据标准规范、技术标准规范、管理标准规范、业务标准四个部分。一是数据标准规范。包括公共数据元标准、公共代码标准、公共数据存取规范、数据交换规范。二是技术标准规范。通过技术标准规范支持医院、业务部门系统和数据中心之间的数据级和应用级整合，并提高业务系统之间的应用集成、互联互通的能力。三是管理标准规范。包括标准管理、安全管理、数据管理、项目管理，用于指导数据中心日常运行管理、数据维护管理。四是业务标准。独立业务标准由业务部门制定，关联业务标准由数据中心统筹，协调各业务部门联合制定。

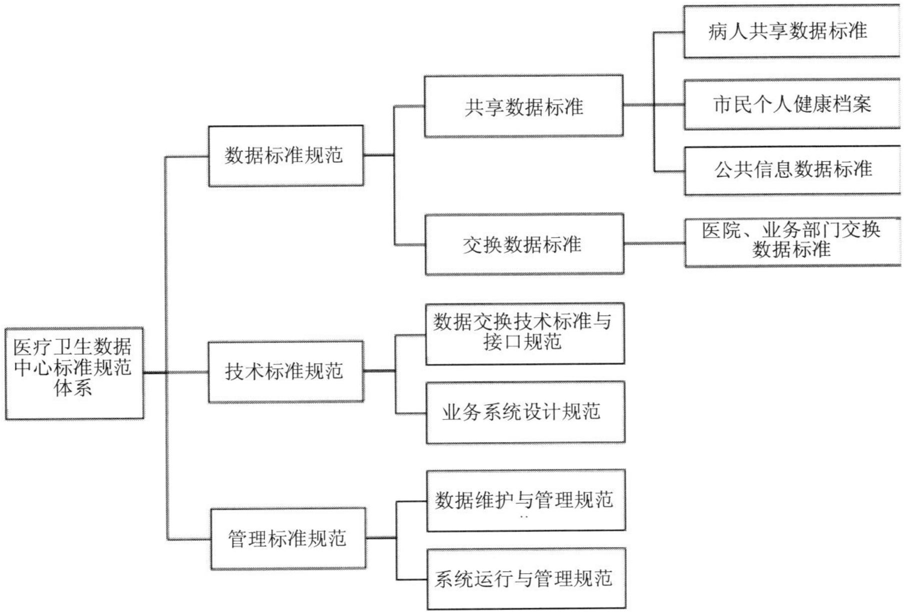

图 4-45　医疗卫生数据中心标准规范体系总体架构

城市卫生业务信息系统数据标准包括业务数据采集标准、个人健康信息标准、统计数据标准、共享数据标准、交换数据标准及医疗信息国际标准。我们要针对不同机构的不同业务，制定统一的应用服务接口标准体系，该标准体系是数据交换的保证。所有接入该平台的应用软件系统，都必须遵循这个统一的接口标准。

该标准体系根据接入方的对象不同可以细分为医院接口标准体系、社区接口标准体系、卫生行政接口标准体系、公共卫生接口标准体系等。由于医疗卫生行业的各业务中都有通用的国际标准，如 HL7、DICOM、HIPPA 等，故在建立接口标准体系时，可以很好地利用这些已有的标准，以提高标准的通用性，如图 4-46 所示。

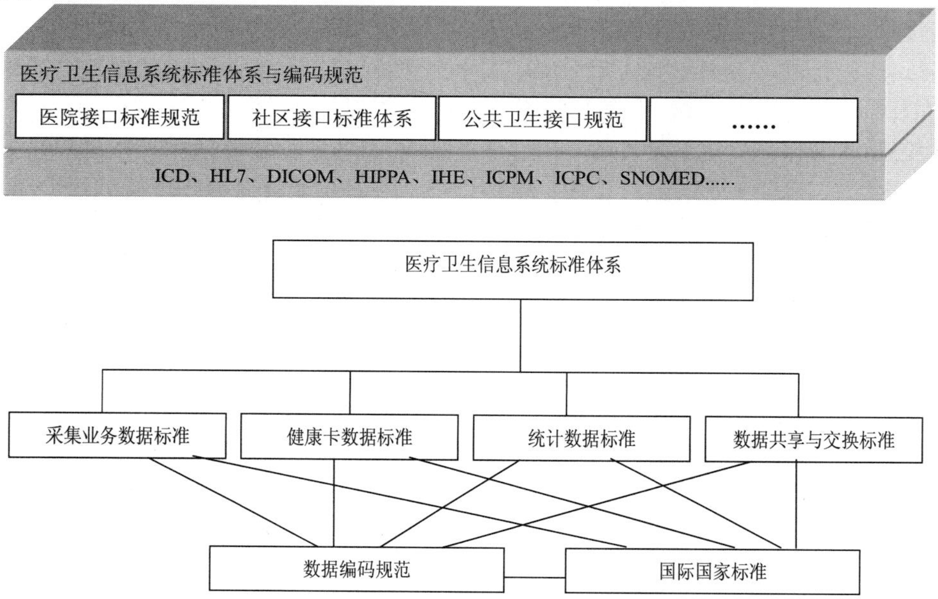

图 4-46　医疗卫生信息系统标准体系

各部门数据集标准，数据共享交换标准可以由数据使用方提出初步意见，由各部门审核通过，以上各标准的数据编码应遵循数据编码规范，数据编码规范由城市卫计委统一制定，制定各种标准和规范时可参考国际或国家的标准。

4.2.5　智慧社区平台建设规划与设计

4.2.5.1　总体框架

智慧社区是利用物联网、云计算、移动互联网、信息智能终端等新一代信息技术，依托先进的基础设施建设，通过智慧社区综合信息服务平台，用感知、传输、发布等方式整合共享与居民生活密切相关的区域内的人、地、物、情、事、组织和房屋等各类信息，统筹公共管理和服务资源，从而形成的社区治理和管理现代化、公共服务智能化的一种创新的社区形式。

智慧社区实现对社区居民“吃、住、行、游、购、娱、健”生活七大要素的数字化、网络化、智能化、互动化和协同化，使之成为居民工作、生活的主要方式，为居民提供更加安全、便利、舒适、愉悦的生活环境，让居民生活更智慧、更幸福、更安全、更和谐、更文明。

智慧社区建设是智慧城市建设的重要组成部分。社区作为城市管理的最小单元，具有城市管理的典型要素。智慧社区的试点建设，不仅可为社区信息化建设进行试点，而且可也是智慧城市总体架构设计与建设的有效探索与试验。

智慧社区试点项目应面向社区管理现代化，结合社区现代信息化重要需求，基于智慧城市研究的基础性关键技术、产品与平台，利用物联网、传感器、信息智能终端、（移动）互联网、云计算平台（大数据中心）、地理信息技术等，构建基于云计算平台基础设施的智慧社区信息服务平台，建立方便、快捷的社区信息资源采集与更新手段，完善社区功能，提升社区服务水平。

1．构建智慧社区基础信息设施

逐步提高接入社区和家庭的互联网宽带速度，实现无线网络公共领域全覆盖，设立社区服务的电子信息显示屏，安装便民缴费终端。

2．提供社区服务信息

整合社区服务信息，共享发布渠道，支持在电视、电脑、社区电子显示屏、智能手机、微博等显示，实现多屏互动，提供随时随地“一站式”信息云服务；为居民提供吃、住、行、游、购、娱、健等日常便民生活信息搜索服务，使居民可以随时随地获得最新最准确和最全面的周边生活消费信息；探索建立完善的社区生活服务配送体系，为老年人、残障人提供就餐、理发、家政、维修等日常生活服务项目；为居家养老人员特别是独居老人行动不便、走失、紧急求助、重度残疾人等提供便捷快速通道，快速、畅通、安心的紧急救助服务，提升为老人服务水平。

3．探索便民服务模式

根据社区规模，安装便民缴费终端；积极探索在高清交互数字电视终端开设智慧社区专区；探索在区县电视台开设智慧社区专区；社区设立便民缴费网点，提供水电气充值缴费服务；提供保姆、护理等家政在线预约服务；提供溯源、文化教育、劳动就业服务等；为社区 60 岁以上老年人、残疾人、病患人群配备电子辅助终端，为老年人提供居家养老信息化服务支持。

4．建设智慧城市公共服务

通过与智慧城市基础平台、专题信息平台、产品（如市民卡）的整合共享，让居民在社区享受到“一站式、互动式、高效率”的在线办事服务；结合智慧城市的智慧党建项目成果，建立社区党员学习交流园地；结合智慧城市的智慧医疗成果，建立居民电子健康档案和电子病历，开展网上预约挂号服务；城市市（或社区）有关部门建立与居民生活密切相关的公共服务信息推送机制，并及时将相关公共服务信息推送到社区或居民。

5．实现安全管理

在社区安装环境监控视频系统；积极探索车辆智能化管理，包括智能车辆出入管理、车位信息动态感知、车位引导等；居民能实时获知极端天气预警、应急避难场所、民防设施地理位置等方面信息。

6．实现安居管理

探索在居民楼、商务楼宇安装烟雾火灾报警设备，能识别火灾并与消防系统联动；探索在居民楼、商务楼宇安装燃气报警设备；探索水、电、气的远程抄表；探索智能家电控制；探索有毒有害气体检测预警。

7．建立网格化管理系统

实现对社区人、地、事、物、组织“全覆盖、全时空、全响应、数字化、精细化、动态化”管理，实现联系群众无盲点、社区服务无遗漏、社会管理无缝隙。

8．建设智慧小区平台

智慧小区平台主要试点小区的智慧小区服务平台、智能门禁系统、小区智能对讲系统、智慧家庭示范、健康小屋的开发与建设，为智慧小区建设提供应用示范。

9．建设社区公共服务综合信息平台

社区公共服务综合信息平台整合社区公共服务信息资源，应用窗口服务、电话服务和网络服务等形式，为社区居民与工作人员提供社区公共服务综合信息服务。

10．研究基于智慧城市云计算平台的智慧社区建设与应用架构，研究基于智慧城市的云计算平台，开发实现智慧社区的基础设施服务（IaaS）、软件服务（SaaS）和开发接口服务（PaaS），业务、运营管理模块，以及运营门户，为智慧社区的推广与应用提供云计算平台的服务支撑。

4.2.5.2 技术路线

智慧社区项目围绕社区居民日常需求，整合区域人、地、物、情、事、组织和房屋等信息，统筹公共管理、公共服务和商业服务等资源，以智慧社区综合信息服务平台为支撑，依托互联网技术和硬件基础设施，提升社区治理能力和小区业主生活质量（如图 4-47 所示）。

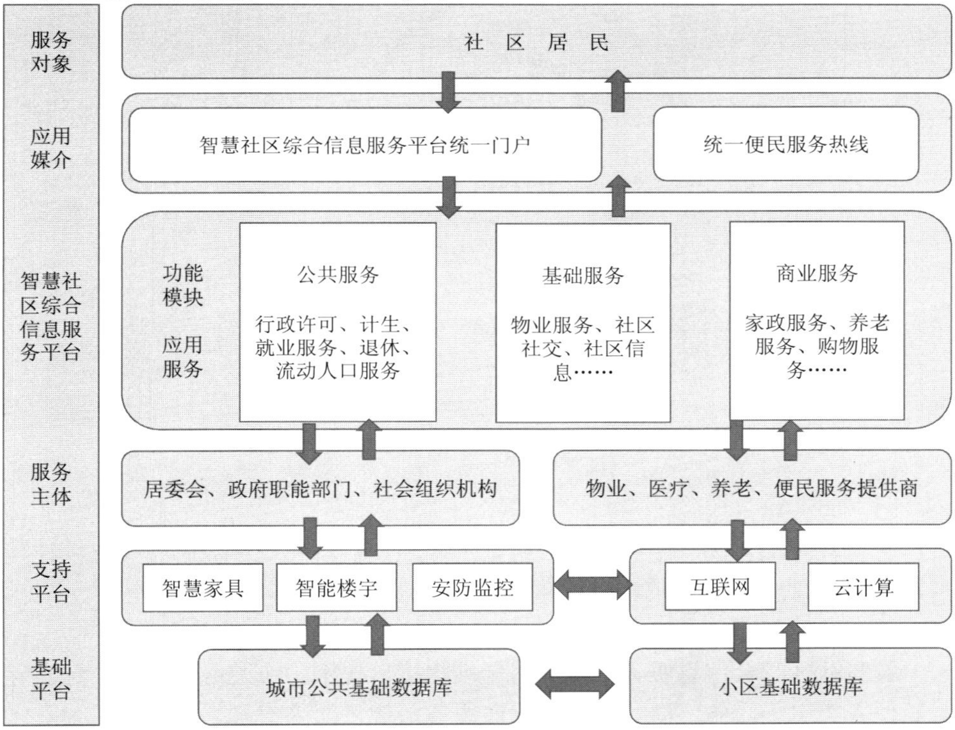

图 4-47 技术路线图

智慧社区服务平台以打造智慧社区为核心，以科技服务为导向，结合最新互联网科技，以智能化服务引领全新的生活方式。在传统的物业项目上，与互联网进行基因重组，将实体社区变成基于大数据的互联网平台，配合“智慧城市”建设，打造连接“社区居民”与“智慧城市”的桥梁。

1．智慧社区信息化体系结构

结合社区实际工作特点与运营模式，智慧社区综合信息服务平台应该是一个体系分层、接入多样、资源开放、业务轻载、功能模块化的平台（如图 4-48 所示）。

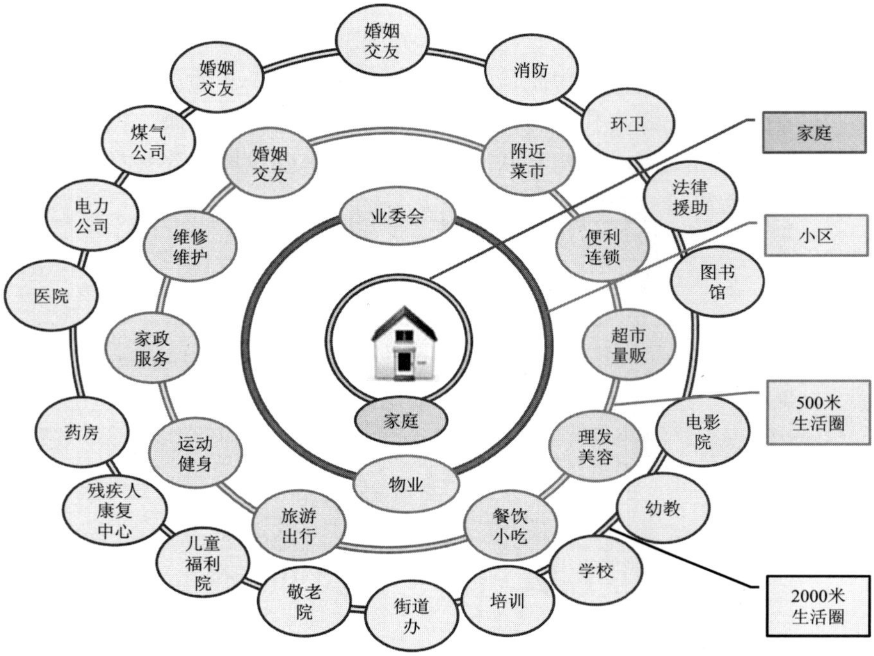

图 4-48 智慧社区

（1）服务接入层

智慧社区综合信息服务平台应根据不同用户特点和业务应用模式提供社区门户网站、移动 APP、服务热线和微信公众号等业务接入方式。

（2）软件层

智慧社区综合信息服务平台采用标准化接口技术，通过信息接入平台实现与其他各类电子政务、商业服务和行业服务系统之间的信息共享；采用标准化信息服务技术，通过应用商店平台实现各类商业系统在本平台上的快速部署和运营，推动商业模式的不断创新；采用标准化门户接入技术，通过系统接入平台实现各类外部系统针对社区用户的统一业务接入，提升外部商业应用的快速推广和社区用户应用体验。

同时，安全与管理平台实现用户业务接入、系统集成接入和信息共享的统一安全认证和监控能力，以及对构成智慧社区综合信息服务平台的信息化基础设施、软件、数据和应用的全生命周期管理，从而提升智慧社区的智能化运行管控能力。

智慧社区综合信息服务平台利用摄像视频、传感器、RFID、探测器、智能卡等技术，实现与智慧化社区基础设施的信息共享和控制管理。智慧社区综合信息服务平台应用层包括构建在平台层上的各种应用服务系统，既包括智慧社区综合信息服务平台运营机构自行开发的应用系统，也包括外部机构快速部署和集成的应用系统，这些系统共同向各类用户提供智慧物业、智慧服务、智慧政务三大应用。

（3）数据层

作为承载大量异构智慧型信息系统运行的信息存储和处理基础设施，存储与计算层应充分共享公有云、社区云、政务云等云资源，或者以自建社区数据中心资源的方式，支撑智慧社区综合信息服务平台的部署、运行和维护。通过统一的数据平台存储社区数据和外部数据，在满足构成智慧社区综合信息服务平台的各类系统应用的基础上，通过标准的交换格式实现与其他系统的数据共享。

（4）通信层

作为信息传输管道基础设施，网络层应综合利用有线宽带网络、移动通信网络、广播电视网等公网资源，以及政务专网资源和无线宽带接入资源，把社区内各种智能枢纽和节点统一接入到信息流通管道，实现网络无处不在、智慧运行的目标。

（5）感知层

作为信息采集基础设施，感知层应通过摄像视频、传感器、探测器、RFID、智能卡等物联网技术和设备，对社区中的人、车、物、道路、地下管网、环境、资源、能源供给和消耗、地理信息、民生服务信息、企业信息等要素进行智能感知和自动获取，实现社区的“自动感知、快捷组网、智能化处理”。

2．智慧社区综合信息服务平台设计原则

（1）开放性

智慧社区综合信息服务平台应是一个开放系统，系统集成的过程主要是解决不同系统和产品间接口和协议的“标准化”，以使它们之间达到“互操作性”。它应当提供标准数据接口、网络接口、系统和应用软件接口。做到可扩展性、灵活性好；兼容性和应用软件可移植性强；可维护性好、生命周期长。

（2）标准化和结构化

智慧社区综合信息服务平台总体结构必须是结构化和标准化的，既可使不同厂商的设备产品综合在一个系统中，并相互得到高度的信息共享，又可使系统能在日后得以方便地扩充，即满足通用性和可替换性。

（3）模块化

智慧社区综合信息服务平台要严格按照模块化结构方式开发，以满足通用性和可替换性。采用模块化设计，分布实施的战略。

（4）可管理性

智慧社区综合信息服务平台应具备支持网络监视和控制两方面能力，能监视控制到网络主要设备；应尽可能大的管理范围和尽可能小的系统开销；网络管理应标准化。

（5）先进性

智慧社区综合信息服务平台要采用与技术发展潮流相吻合的产品，建立一个可扩展的平台，保护前期工程和后继先进技术的衔接，使系统具有先进性。

（6）经济性

经济成本是智慧社区综合信息服务平台必须考虑的因素之一，要求系统设计者从系统目标和用户需求出发，在功能完善的基础上达到造价相对合理经济的优化设计。

（7）高效率

智慧社区综合信息服务平台具有实时响应与控制能力；通信的传输速率和带宽应满足要求；服务器拥有响应数据库请求的能力；宜具备网络的吞吐能力。

（8）可靠性

智慧社区综合信息服务平台设计应引入最先进的技术，采用分层和模块化结构，以增加系统的可靠性、兼容性和可扩展性，同时应考虑系统效率，减小 CPU 和网络负荷，加快响应速度，提高服务能力。为管理者提供高效、便利、安全的工作环境。

（9）可扩展性

智慧社区综合信息服务平台可以和其他建筑、其他区域进行连接，形成可不断扩展的区域平台。

智慧社区综合信息服务平台应具有与智慧交通、智慧医疗、物联网、云计算等智慧城市子系统的接口预留及连接标准。

3. 智慧社区综合信息服务平台技术要求

平台采用人性化设计，要具有可视化、简单化、图形化等特点。

平台提供各业务应用统一体验，统一业务访问 GUI，统一业务权限认证，对应硬件方面支持数字智能对讲终端和智能手机等。

平台界面要以动态图标、颜色变化、声音指示等多种手段体现整个系统的运行情况。

在监控部分界面的操控方面，系统的应用只需要操作鼠标便能实现各主要操控、调配及监视的功能运作，即点即得。系统界面高度图形化，并能提供大量的趋势图和图表，使得操作者对所需的信息一目了然。

平台应具备多类型的软件入口和硬件入口，软件入口如移动APP、微博、微信、QQ等社交化网络平台，硬件入口如PC、固话、移动智能终端等。

平台应支持多组织结构的灵活应用，支持各组织内部流程、标准和应用的定制化，组织与组织之间能够保持数据、应用、用户的独立运营。

智慧社区公共服务平台能收集各业主的日常生活习惯和爱好，作为业主之间互动平台，促进业主之间的互动。

应根据用户使用和管理需求，把用户软硬件平台、网络平台、数据平台等组成一个完整协调的集成系统，实现优化控制和管理，创造节能、高效、舒适、安全的环境。

集成系统应具备与各子系统联网通讯的能力，实现各个系统之间的语音、数据、图像的资源共享。

各子系统与集成系统之间可有不同的通讯、连接，子系统具有独立的监控功能，接受集成系统的统一安全控制，能够将运行数据发送到集成系统，按照集成系统的指令改变状态或运行方式，实现优化控制、管理。

集成平台或框架应采用国际、国内知名厂商产品，集成平台不应与某一子系统硬件绑定或受制约，应确保整个集成的开放性与设备的无关性。

采用跨平台技术，支持Windows、Linux、Unix等多种操作系统，支持SQL Server、Oracle、DB2、Mysql等多种数据库，系统提供随时、随地的Internet访问。

完善的报警管理和安全措施，平台访问权限至少应有多级操作权限，权限分配支持分权分域管理，支持系统自动注销时间设置，可自动注销当前登录的客户。

4．智慧社区综合信息服务平台接口技术

智慧社区综合信息服务平台应支持通过业务发展动态调整，并以统一接口方式提供各类智慧应用。平台应提供信息共享接口、系统集成接口和应用商店接口等不同方式，并制定具体接口技术标准实现信息获取、系统部署与系统集成。

（1）电子政务信息共享及系统接入接口

智慧社区综合信息服务平台采用门户接口方式，通过系统接入平台实现与城市公共信息平台的业务集成。

智慧社区综合信息服务平台采用信息共享接口方式，通过信息接入平台实现与城市公共基础数据库之间的信息共享。

（2）行业及商业服务信息共享及系统接入接口

智慧社区综合信息服务平台采用门户接口方式，通过系统接入平台实现与各类行业及商业服务系统的业务集成。

智慧社区综合信息服务平台采用信息共享接口方式，通过信息接入平台实现与各类行业及商业服务系统的信息共享。

智慧社区综合信息服务平台采用移动 APP 接口方式，通过应用商店平台实现对各类行业及商业服务系统在本平台上的部署和推广。

（3）感知信息接入接口

智慧社区综合信息服务平台应针对各类感知信息的技术特点和应用场景制定相应的接口标准，以实现与各类物联网设备的信息交互。

（4）用户访问及认证接口

智慧社区综合信息服务平台应构建完备的安全体系，具备提供满足安全需求的统一身份认证服务、密钥管理和数据安全保密授权管理等能力。

• 统一身份认证服务

由身份数据库、身份管理与数据服务、资源管理与访问控制 PKI 基础设施、电子签章及其应用等组成，能够向区域范围内所有系统提供用户身份数据服务，能够为智慧社区应用整合提供支撑满足单点登录的需求。

• 密钥管理

密钥管理提供信息安全加密传输的功能，通过密钥管理可进行公钥和密钥的查询、添加修改和删除，从而确保数据传输过程的安全性。

• 数据安全保密授权管理

数据只有经授权才可使用，需要设置数据管理的分级权限。

4.2.5.3 系统组成

整个系统由以下几部分构成：

社区居民基础数据库

小区基础数据库

房屋基础数据库

城市公共基础数据库

社区内部安防监控系统

智能楼宇系统

智能家居系统

智慧社区综合信息服务平台门户

智慧社区综合信息服务 APP（Android，IOS）

公共信息发布平台硬件系统

第三方服务接口系统
第三方业务子系统

4.2.5.4 服务功能

智慧社区服务包括基础服务、公共服务和社区生活服务。

1．基础服务

（1）物业管理服务

物业管理服务除了包括社区秩序维护、设备设施维护、环境管理和客户服务等基础服务外，还应能实现社区公共信息服务、物业服务费的远程缴纳、服务指南和收费查询、在线业务办理、客户投诉处理、社区文化、账目公示、服务报告等物业管理智慧化服务功能。

为了满足物业服务的应用需求，应建立数字化、网络化的物业管理信息系统。物业管理信息系统可根据具体社区物业管理的实际需求和智能化系统的配置来确定。

物业管理信息系统应能与政府有关部门的管理系统进行授权对接。通过各种智能终端（电视机、可视对讲、触摸显示屏、智能手机等）向住户发布各类公共资讯。

（2）社区及物业信息发布

社区动态发布，如停水、停电、清洁消毒等公共信息，社区内各种便民信息，如附近餐饮、娱乐消费、房屋租售等信息，快递收取信息等。

（3）电子投票

采用电话、互联网等数字化方式提供的投票系统。

（4）居民日常缴费管理

实现物业服务费用、水电气费用、电信费用（手机通话费、上网费）等足不出户即可在线缴纳。

（5）社区安防监控

小区门禁实现出入视频监控，通过人脸识别、无线 WiFi（RFID 卡）等门禁技术，并逐步采取与公安联网比对方法，建立平安城市数字化系统。

家庭安装烟雾火灾报警设备，燃气报警设备，及家庭视频监控布防系统，并与智慧社区 APP 连接。

使用智慧社区 APP，业主可查看公共区域视频监控。

（6）出入口控制

可实现人员进出的控制，采用 CPU 卡等社区智慧通系统代替传统的钥匙，实现人员进出的智能化控制，提高进出的安全性和可靠性，同时进出方便，通行效率高，出入口控制还可扩展组合开门（卡+密码、卡+指纹等）、胁迫报警、消防应急等功能。

同时，可通过业主手机等作为出入口识别业主和访客身份的工具，方便业主和访客的快速通行。

（7）停车场

停车场系统实现车辆进出的控制，将IC卡、车牌作为通行凭证，并结合车牌识别技术实现车辆进出的智能控制，增强车辆安全性。停车场系统可以对月租车和临时车辆区分管理，智能计费，同时能进行智能化的显示和语音提示，智能友好，节省管理成本。停车场可采取访客车辆提前预约，加快访客在出入口的通行速率。

（8）电梯

电梯系统实现对电梯使用的自动控制，只有有权限的人员（读卡通过认证）才能使用电梯，并且卡片权限可限制能到达的楼层，例如业主或住户只能到所住的单元楼层，安保人员则可到达所辖区域的任意电梯的任意楼层。电梯系统还可与对讲系统实现联动，实现临时访客或住户互访等功能。电梯系统能够提高社区的安全性、电梯的有效利用率，有利于延长电梯的使用寿命。

（9）建筑设备管理

对社区建筑设备进行信息化管理，所有设备维护情况建立档案。建立维护计划，跟踪设备运行情况。有故障的设备能够通过设备自身或者是运维监控系统及时进行报警，通知到责任人。设备维护过程可以进行事件跟踪。

（10）社区活动组织与召集

通过实体网点或综合信息服务平台建立跳蚤市场，实现物品交换、回收利用等服务，以提高闲置物品使用率、减少资源浪费。

利用物业公司、居委会资源，适时采取社区活动，拉近社区居民距离，重构熟人社区，打造社会稳定的调节器。

（11）智慧家居集成

与电视、空调等家用电器进行集成，实现物联网，可远程通过手机端社区APP进行控制。

2．公共服务

（1）智慧小区管理（业委会）

智慧社区平台可打造为业主、业委会与物业的互动专区，解决业主大会难开、业委会难成立、投票难进行的难题，提高小区自治能力，化解基层矛盾。

（2）社区治理（居委会）

集成社区网格信息采集、社区办事预约、办事流程发布、居委会办事网上申请等，以及对廉租房申请、社区结队帮扶、申请公益性岗位补贴、社会保险补贴等具体功能。

（3）便民服务

社保、公积金查询、汽车订票、公交查询等。

（4）政府职能服务

政府公共服务和社会管理既是实现方便社区居民在线办事的“社区家园网”，又是方便基层政府和其他组织提供公共服务和城市网格化社会管理的“电子政务工作网”。政府公共服务和社会管理服务系统应具有基层政府实施公共服务和管理、信息公告和发布、在线咨询和受理、网上办事、受理业务分流、应急反应以及内部监察、考核、评价等功能，并计划生育、退休、公安交警、低保、就业等服务。

（5）党团组织服务

将智慧党建、智慧工会与智慧社区平台有效打通。

（6）治安管控服务

1）社区警务——治安防控

以网格化管理为主要思路，引入视频监控和智能分析技术，实现社区管辖范围内的小区、人员密集繁华街区、大型公共场所、繁华商业场所、集贸市场、公寓写字楼、旧货市场、文化娱乐场所、公园景区、地下空间场所等重点部位信息的综合管理和现场的实时监控，创新立体化社会治安防控体系，严密防范和惩治各类违法犯罪活动。

2）社区警务——警民互动

构建警民良性互动平台，公安部门利用各种信息传播途径及时向社区居民发布治安防范预警信息，结合居民和社区工作者对社情动态的采集、发布，补充公安社会动态信息来源，丰富公安情报线索，为案件侦破提供更多有价值线索。

3）调解矫正——重点人群管控

以网格化管理为主要思路，实现对刑教释放人、社区服刑人、吸毒重点人、精神病人、犯罪青少年和其他重点人等各类重点人群信息的全掌握和行动的全监控。

4）调解矫正——矛盾调解

利用信息技术手段，在调解过程中记录、实时上报事件信息，整合各方资源，实现矛盾纠纷登记、分类受理、调解处理、回复归档的逐级流程管理，辅助社区调解员快速有效地化解社区矛盾纠纷。

5）调解矫正——社区矫正

以网格化管理为主要思路，与检察、公安、司法行政三部门建立互通平台，对社区矫正帮扶对象日常表现实行动态监控，帮助社区矫正工作人员更有效地对社区服刑人员进行矫正教育及社会监管，实现社区矫正工作有序有效地开展。

6）预警分析

充分利用社区监控设备（包括门禁上监控端），对社区出入人员进行动态分析，识别人群密度及动态特殊聚焦，对人员密集场进行预警。并可与重点人员数据库进行打通，结合人脸识别技术，对在逃嫌犯等情况进行报警。

（7）法律宣传

基于综合信息服务平台，整合律师、公证员、法律援助工作者、基层法律工作者和法律服务志愿者等法律服务资源，开展社区法律服务工作，使社区居民不出社区就能享受到高效优质的法律服务。

搭建宣传平台，充分利用辖区资源开展科普活动，面向各类专题建立社区科普宣传教育模式，建设社区图书馆，为社区居民服务提供具有公益性、教育性、休闲性等特征的文献信息集散场所。

3．社区生活服务

社区生活服务是充分发挥互联网、移动互联网的优势，通过准入认证和精准营销的方式，整合社区周边的商家，向业主提供各种居家生活服务，包括养老服务、健康服务、邻里服务中心、家政服务和公共文化服务等。

（1）社区购物

建立基于互联网的在线超市、在线便利店等销售平台，为社区居民提供物美价廉、种类丰富的日常商品批发、零售服务，同时配合物流末端配送体系实现真正的快捷送货上门。主要提供网上购物、订单查询、在线支付、商品便捷搜索、商品评价、在线客服等服务。

（2）家政

面向居民居家模式，建立家政服务平台，通过整合社会专业机构、社区机构、非盈利组织、家政服务公司和专业家政服务人员等资源，为市民提供包括保姆、护理、保洁、家庭管理等家庭生活服务，实现服务提供方和服务需求方的对接。

（3）公共文化

公共文化服务是以全体居民为服务对象，以保障居民看电视、听广播、读书看报、进行公共文化鉴赏、参与公共文化活动等基本文化权益为主要内容，满足居民基本文化需求、保障居民基本文化权益的主要途径。

（4）广告发布

通过社区 APP 及社区智能设备，发布民生相关的信息，整合商家资源，并可实现商家服务信誉评分。

（5）社区金融

预交物管费送商品和服务的金融模式、小区业主之间的小额贷款 P2P、业主项目众筹、保险代办服务、金融理财服务。

（6）智慧养老

在智慧社区中养老的服务重点是面向社区和居家养老模式提供信息服务，通过应用信息技术手段为老人（尤其是独居老人）行动不便、走失、紧急求助等提供便捷快速通道，快速、畅通、安心的紧急求助服务，提升为老服务水平。

根据小区情况，配备专业养老机构或由政府社工（志愿者）提供社区智慧养老服务。提供康复理疗计划、照护计划、慢病管理、精神慰藉、托养、适老化设计改造、远程监护、急救协助、养老产品、老年大学、旅游疗养、老年金融、CCRC 等老年服务项目。

（7）智慧健康医疗

以社区和家庭为基本单位，以居民个人电子健康档案为核心，以生命周期为主线，充分利用现代信息技术建立社区家庭健康管理服务体系，对健康人群、亚健康人群、疾病人群通过多样化的健康监测终端进行全面检测、后台分析评估、健康机构远程专业咨询和干预。

社区 APP 自动提醒定时到社区门诊/小区高端诊所进行体检，记录健康计划。

建立居民健康档案，提供紧急医疗服务及医院转诊服务。

（8）智慧教育

系统中整合教育资源，与智慧教育平台对接，实现入学报名、家校互动、在线课堂等功能。

（9）邻里沟通

通过建立邻里可视视频联络中心，实现业主与邻居间、业主与物业服务中心、业主与岗亭之间，通过室内多媒体终端、手机、电视等进行单方和多方的沟通，打通邻里之间、邻里与物业之间顺畅和高效的沟通通道，建设和谐社区。

4.2.5.5 智慧小区

1．智慧小区服务平台

基于云计算，以小区为单位，构建智慧小区云服务平台。用户基于智能手机可便捷体验物业基础服务（投诉、报修、门禁、缴费等）、小区社交自服务

（拼车、出游、拼保姆等）、社区商城（购物、团购等）。

2．小区智能门禁系统，智能停车系统

基于蓝牙及图像识别技术，对小区的人行闸、单元门、停车管理道闸等进行智能化建设，小区用户通过智能手机、智能手环、车载蓝牙感应器、智能车位锁等智能设备实现自动识别、自动认证、自动放行，提高用户体验。

3．小区智能电梯控制系统

在试点小区部署智能电梯控制系统，实现用户通过智能手机可自动感应识别用户身份及住址信息，不需用户操作，自动将住户送达所住楼层。

4．小区智能门锁

小区住户安装智能门锁，实现用户通过手机自动感应识别用户身份信息，不再需要传统钥匙开门，智能门锁自动打开住户门，同时实现报警、防盗、防撬等功能，为社区安全提供保障。

5．小区健康小屋

开发健康小屋检测系统，并在小区部署健康监测设备，方便用户对身体状态的常规指标的监测（血压、血糖等）。

6．智慧家庭示范建设

在试点小区选择1到2户，进行智慧家庭系统示范建设，实现电视、空调、冰箱、灯光、安防等系统智能控制，协同服务。用户可通过智能手机实现远程空调控制、灯光控制、家庭视频监控、冰箱食品查看、电视控制等。

7．基于社区O2O线下服务平台

在试点小区，联合物业公司建设小区服务中心，整合多种便民服务资源及垂直型社区服务，通过统一的小区服务中心线下支撑平台，给用户提供各种便捷服务。

用户通过个人终端与系统进行数据交互及体验，智能门禁系统和智能停车管理系统实现小区用户通过智能手机、智能手环、车载蓝牙感应器等智能设备实现自动识别、自动认证、自动放行。

小区部署智能电梯控制系统将实现用户通过智能手机可自动感应识别用户身份及住址信息，不需用户操作，自动将住户送达所住楼层。

通过对门禁系统、停车管理系统、电梯控制系统等智能化建设，构建小区安全管理新模式，让用户便捷体验的同时实现对人员出入的实时监控与管理，提高小区的安全性。

同时利用云计算，以小区为单位，构建智慧小区云服务平台，搭建社区O2O线下服务平台，联合物业公司建设小区服务中心，整合多种便民服务资源及垂直型社区服务，通过统一的小区服务中心线下支撑平台，给用户提供各种便捷服务，用户基于智能手机可便捷体验物业基础服务（投诉、报修、门禁、缴费等）、小区社交自服务（拼车、出游、拼保姆等）、社区商城（购物、团购等）。

4.2.5.6 基础架构

1．智慧社区架构

整个系统采用云计算搭建，各个服务模块分布式运行，通过整合平台提供统一的访问服务。各级账号分别授予不同的访问权限，形成协同工作的运作闭环。

对外接口上采用通用的接口层服务，在对应不同的外部系统对接时可以进行弹性的扩充，并且接口数据也能透过相应的权限设置进行精细化控制，保障数据接口的安全性和扩展性。

移动平台通过通用的 HTTP 协议与后台服务进行连接。所有的外部接入都将通过认证系统进行身份认证，确保数据在系统内安全传输不被泄漏。重要的身份认证将采用 HTTPS 加密手段进行传输。

子模块将采用数据、业务、交互分离的多层架构模式。

云平台分为 IT 资源层、云操作系统层、能力层、业务应用层、云安全等（如图 4-49 所示）。

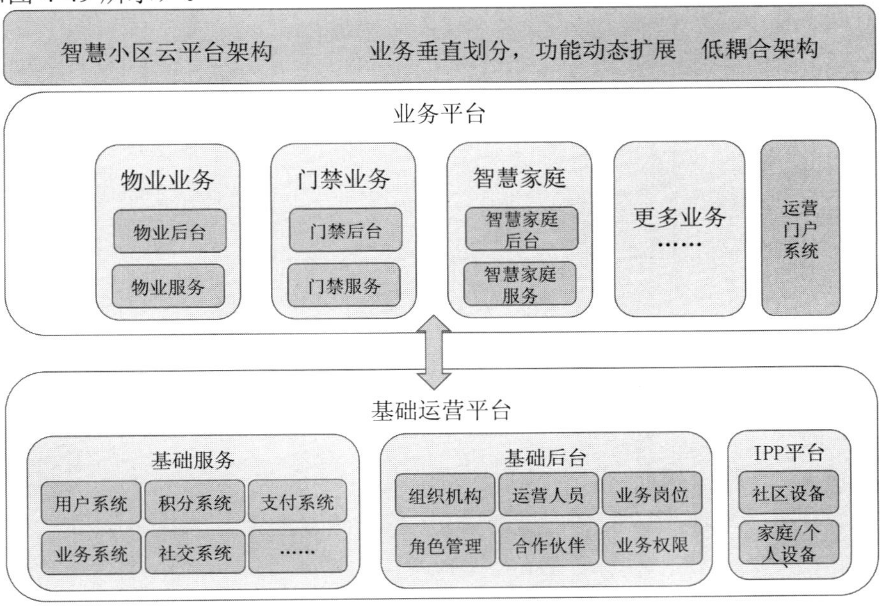

图 4-49 云平台架构

（1）IT 资源层和云操作系统层：主要提供基本架构的服务，比如提供基本的计算服务、存储服务、网络服务。

IT 资源层主要包括服务器硬件设备、存储硬件设备、网络硬件设备。

（2）能力层：主要提供基本业务能力。

能力层实现业务能力聚合与开放，通过 API 或者自己的接入能力，将能力层的服务进行封装，抽象成一个个原子服务，对上层应用提供服务，从而简化了上层服务的开发。

（3）软件服务层。

面向终端平台的交互层，根据不同的平台设计相应的交互逻辑。

2．智慧小区架构

智慧小区由云服务平台、门禁系统、停车管理系统、智能梯控系统、控制器、蓝牙感应器、红外器件（发射器，接受控制器）、车辆拍照识别一体机、岗亭工作站、岗亭客户端、ETC 卡、道闸、APP 及地感等辅助设备组成。用户通过个人智能终端与智能门禁系统进行数据交互及体验（如图 4-50 所示）。

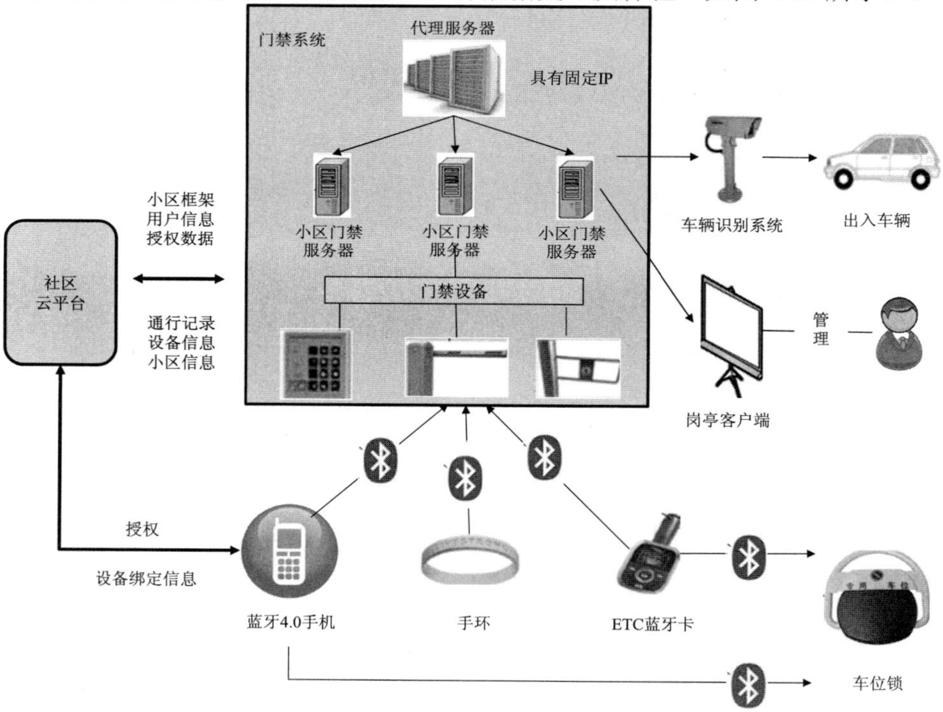

图 4-50　基础架构

4.2.6 智慧城管平台建设规划与设计

智慧城管是智慧城市的重要组成部分，是以新一代信息技术为支撑、面向知识社会创新 2.0 的城市管理新模式。伴随信息通信技术的演进、知识社会的发展以及创新的民主化进程，新一代信息技术及其催生的创新 2.0 正重塑着当代社会，为城市发展与社会管理带来崭新的机遇。当创新 2.0 与新公共服务的浪潮汇聚推动了政府 2.0，创新 2.0 与信息化城市建设的浪潮汇聚则推动了智慧城市。政府 2.0 与智慧城市的潮流进一步汇聚，共同塑造了智慧城管。智慧城管是新一代信息技术、知识社会创新 2.0 环境下的城市管理再创新，它以物联网、云计算为代表的新一代信息技术为支撑，通过全面透彻感知、宽带泛在互联、智能融合应用，形成以市民为中心、城市社会为舞台的用户创新、开放创新、大众创新、协同创新，将以人为本的价值实现提升到一个新的高度，实现城市管理者、市场、社会多方协同的公共价值塑造和独特价值创造，实现城市管理从生产范式向服务范式的转变。

智慧城管在理念上强调以用户创新、大众创新、开放创新、协同创新为特征的知识社会环境下以人为本的可持续创新；在制度上注重营造全社会参与塑造城市公共价值的开放创新生态；在技术上注重通过移动技术、物联网、云计算等新一代信息技术以及维基、社交媒体、FabLab、LivingLab、综合集成法等工具和方法的应用，实现全面透彻的感知、宽带泛在的互联、智能融合的应用、以人为本的可持续创新。智慧城管突出城市管理的智能化、人本化服务转型，强调通过协同共治、公共价值与独特价值塑造，以人为本实现创新 2.0 时代的城市管理再创新。

智慧城管的四大基础特征体现为：全面透彻的感知、宽带泛在的互联、智能融合的应用以及以人为本的可持续创新。

第一，全面透彻的感知。通过传感技术，实现对城市管理各方面监测和全面感知。智慧城管利用各类随时随地的感知设备和智能化系统，智能识别、立体感知城市环境、状态、位置等信息的全方位变化，对感知数据进行融合、分析和处理，并能与业务流程智能化集成，继而主动做出响应，促进城市各个关键系统和谐高效的管理。

第二，宽带泛在的互联。各类宽带有线、无线网络技术的发展为城市中物与物、人与物、人与人的全面互联、互通、互动，为城市各类随时、随地、随需、随意应用提供了基础条件。宽带泛在网络作为智慧城管的“神经网络”，极大地增强了智慧城管作为自适应系统的信息获取、实时反馈、随时随地智能服务的能力。

第三，智能融合的应用。现代城市及其管理是一类开放的复杂巨系统，新一代全面感知技术的应用更增加了城市的海量数据。集大成，成智慧。基于云计算，通过智能融合技术的应用实现对海量数据的存储、计算与分析，并引入综合集成法，通过人的“智慧”参与，提升决策支持和应急指挥的能力。基于云计算平台的大成智慧工程将构成智慧城管的“大脑”。技术的融合与发展还将进一步推动“云”与“端”的结合，推动从个人通讯、个人计算到个人制造的发展，推动实现智能融合，随时、随地、随需、随意的应用，进一步彰显个人的参与和群众的力量。

第四，以人为本的可持续创新。面向知识社会的下一代创新重塑了现代科技以人为本的内涵，也重新定义了创新中用户的角色、应用的价值、协同的内涵和大众的力量。智慧城管的建设尤其注重以人为本、市民参与、社会协同的开放创新空间的塑造以及公共价值与独特价值的创造。注重从市民需求出发，并通过维基、微博、FabLab、LivingLab 等工具和方法强化用户的参与，汇聚公众智慧，不断推动用户创新、开放创新、大众创新、协同创新，以人为本实现经济、社会、环境的可持续发展。

自 20 世纪 80 年代中期以来，我国许多城市开始应用“城市规划管理信息系统”；到 90 年代，GIS（地理信息系统）、MIS（计算机管理信息系统）、OA（办公自动化）技术在城市规划管理与设计中的推广和应用；到 2004 年北京市东城区实行的网格化城市管理模式；到近年来住建部大力推广数字化城市管理新模式，制定城市市政综合监管信息化标准。城市管理新模式的推广工作在全国各地迅速展开。建设部部长汪光焘在视察北京市东城区城市管理新模式后指出，相关部门要选择不同类型的城市进行试点推广工作。

2010 年 6 月 22—23 日在河北省秦皇岛市召开的全国数字化城市管理工作总结交流会中讨论了《关于在全国地级以上城市全面推广数字化城市管理模式的意见》（征求意见稿）。这意味着数字化城市管理经过 5 年的探索和经验总结，已经逐步成熟，即将从试点转向全面推广阶段。

与此同时，数字化城市管理模式已逐步成型，从基于地理空间（单元网格）的部件和事件管理着手，以监督中心和指挥中心为两个轴心，形成集城市信息采集和业务监督、指挥、处理、评价于一体的闭环控制系统，搭建了城市社会管理与公共服务的数字化大框架，可以将各种城市管理业务纳入到框架中，实现数字化的管理。

传统城管通过城管部门的相关城管工作人员进行问题上报、案件核实、案件核查。相比瞬息万变的城市变化，仅靠城管队员的城市管理模式远远不够，需要发动社会公众参与到可视化环境的城管，只有打破“城管管城管”的传统业务模式，创新“全民城管”新模式，才能提升服务管理水平和效率。

随着经济发展和城市建设的加快，广大人民群众要求加强城市管理、优化美化市容、维护良好秩序的呼声越来越高，他们通过多种途径，提出大量的问题、意见和建议，充分反映他们的愿望和需求。推行全民城管、建立城管新机制，顺应了群众的要求，可以激发市民群众参与城管的热情。目前全国武汉、荆州、昆山、延安、广州等城市均以不同的形式提供市民参与城市管理的途径，提升老百姓的归属感，或者将其作为智慧城管的重要组成部分，纳入其建设子项。

智慧城管是“数字城管”和“全民城管”的升级版。智慧城市管理与公共服务、智慧政府是智慧城市的重要方面，智慧城管是智慧城市的重要组成部分。智慧城管是以新一代信息通信技术为支撑、面向知识社会创新 2.0 的城市管理新模式。从数字城管到智慧城管，将不仅仅是技术手段的变化，更重要的是管理理念、管理对象、参与主体、管理方式的变化。智慧城管与数字城管存在以下八个方面的差异。

第一，数字城管通过城市地理空间信息与城市管理各方面信息的数字化在虚拟空间再现传统城市，智慧城市则注重在此基础上进一步利用传感技术、智能技术实现对城市管理与运行状态的自动、实时、全面透彻的感知。

第二，数字城管通过城市管理各行业领域的信息化及初步整合提高各行业管理效率、服务质量，并实现了初步协同，智慧城管则更强调通过云计算等新一代信息技术应用，进一步实现城市管理信息化的集约化和智能化，发挥城市管理信息化的整体效能。

第三，数字城管基于互联网形成初步的业务协同，智慧城管则更注重通过泛在网络、移动技术，依托执法城管通、市民城管通等载体实现无所不在的互联和随时随地随身的智能融合服务。

第四，数字城管的管理对象聚焦在基于地理信息系统的“部件”和“事件”管理，即围绕“物”（城市公共设施及环境）及与“物”相关的“事”的管理，智慧城管则更加重视人的主体地位及社会服务管理，将管理对象拓展到“人、地、物、事、组织”的全方位管理。

第五，数字城管通过专业队伍参与网格划分、数据普查等方式，关注数据资源的生产、积累和应用，智慧城管则更加关注社会各方参与的开放数据建设与共享。

第六，数字城管通过建立监督指挥中心、聘用监督员等方式实现指挥和监督的协同互动，智慧城管则更注重通过社会资源的广泛发动，通过市民城管通、城管政务维基的方式汇聚大众的力量和群众的智慧解决城市管理难题。

第七，数字城管更多注重利用信息技术实现城市各领域的信息化以提升社会生产和管理效率，智慧城管则更强调人的主体地位，更关注用户视角的服务设计和提供，更强调开放创新空间的塑造及其间的市民参与、用户体验，即以人为本实现可持续创新。

第八，数字城管致力于通过信息化手段实现城市运行与发展各方面功能，提高城市管理效率，服务城市建设与发展，智慧城管则更强调通过政府、市场、社会各方力量的参与和协同实现城市公共价值塑造和独特价值创造。

总之，智慧城管基于数字城管建设，是创新 2.0 时代面向以人为本可持续创新的城市管理再创新。

近年来，×市政府分别与四川电信、联通、移动等三大电信企业签署智慧城市建设战略合作协议，合作推进智慧城市建设。2014 年 10 月，×市政府印发了《×市智慧城市建设实施方案》，提出智慧城市建设是×市加快实现“六个突破，两个率先”的重要手段，对×市建设区域性交通枢纽、川滇黔渝结合部区域性中心城市和长江上游产业转型升级示范区，引领川南城市群发展，加快经济社会发展，增强城市综合竞争力，提升政府治理能力，促进产业转型升级，改善提高人民生活质量，具有十分重要的意义。

智慧城管作为智慧城市的重要组成部分，×市智慧城管应围绕“信息收集、案卷建立、任务派遣、任务处理、任务反馈、核查结案、综合评价”七大城市管理的核心业务阶段，建成包含“智能监控、业务管理、应急管理、决策支持、公共服务”五大应用的智慧城管系统。拓展智能监管范围、融入智慧决策元素，更大范围地整合信息资源、促进应用协同，全面实现“街面秩序、市政设施、公共环境、环卫作业、社会服务、执法业务”等城市管理工作的智能化，提升城市管理效率，提升公共服务水平，打造全国智慧城管典范。

4.2.6.1 总体框架

智慧城管将以城市地理信息系统（数字城市管理平台）为基础，首先满足城市网格、部件等基础管理需要，涵盖所有城市基础设施信息，实现整个区域的统一资源、设施管理；在此基础上，利用物联网、移动互联网等技术，整合其他政府资源，对城市的日常动态信息进行采集、分析以及预警，启动相应的处置工作，并为应急指挥、决策支持、领导查询提供支撑，同时为公众提供城管公众信息服务。

其规划建设主要框架如图 4-51 所示。

智慧城管建设主要包括以下几个方面。

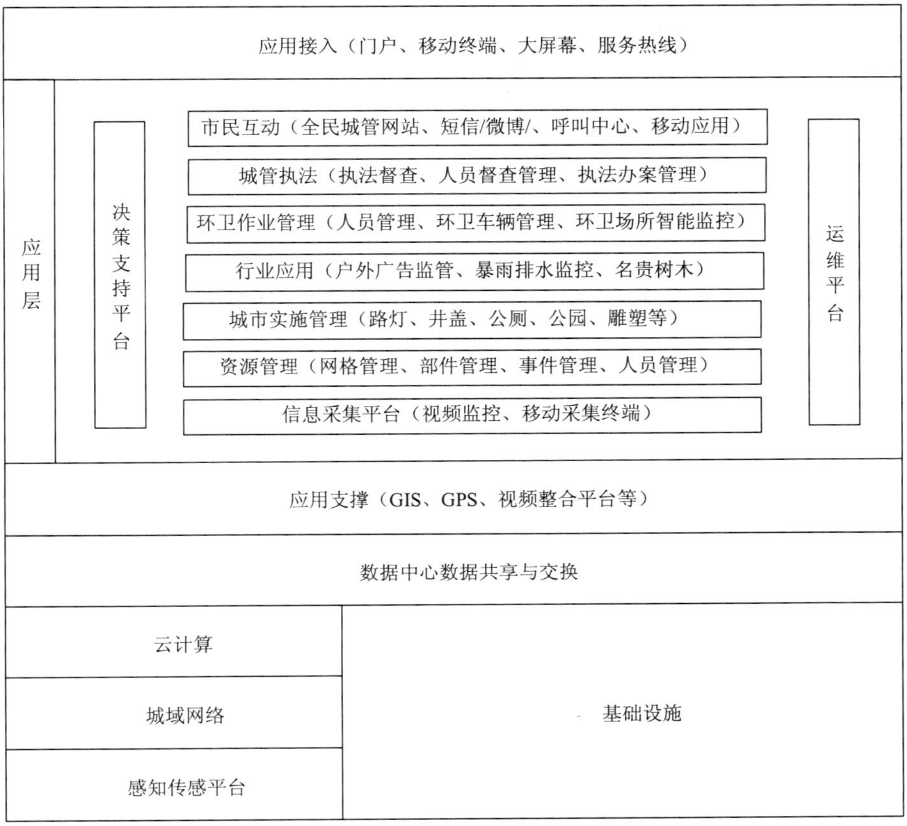

图 4-51　规划建设框架

1．平台化的数字城管系统是构建智慧城市信息系统的基础架构

平台化的智慧城管系统不仅可以满足城市管理不断发展的要求，也可以通过不断的资源整合，增加业务服务对象、行业监管对象、行业服务内容等，成为未来智慧城市的信息系统基础架构。

2．整合利用各种城市资源，实现行业管理、服务与监管的全覆盖

建设智慧城管数据资源中心，整合与利用城市部件、事件、人员、资源、方案等信息，通过数据采集、数据抽取、数据处理、采集交换、数据存锋、数据备份、数据挖掘分析等技术手段，从海量数据中获取有价值的信息，并能全面、完整、即时、智慧地展现在城市管理者、决策者和公众面前。为城市突发事件的应急指挥、领导决策、行业监管、绩效考核提供数据支持。

3．运用智能视频分析技术，支持异常事件检测预警

运用智能视频分析技术，在日常监测、视频联网监控、应急指挥等应用中，自动进行违法事件识别、车辆号牌识别、人员及车辆行为识别、入侵检测和视频质量诊断，能够自动生成监测记录和实现异常事件检测，为监控、监测、预警和调度指挥提供触发手段和信息依据。

4．运用物联网技术和设备，支持城市部件的智慧监控

给路灯、井盖、树木、垃圾桶、道路、停车场设施、广告牌等城市部件加装各种传感器、RFID 标签、无线通信模块、视频监控摄像头等物联网设备，以及唯一标识与定位城市部件。当这些部件出现丢失、损坏、移位等状况时，平台能够自动生成监测记录和实现异常事件检测，为部件的监测、预警、维修和更换提供触发手段和信息依据。

5．建设公众互动平台，支持公众广泛参与的互动型城市管理模式

创建一个可以广泛参与的城市管理互动平台，通过互联网门户、热线、电话、微博、微信、即时通讯工具等，给公众提供参与城市管理的互动渠道，城市管理者也可以通过这个平台，即时向公众提供各种信息查询、事件跟踪、问题反馈等。公众的积极参与将改变原有城市管理模式，提升城市的管理、服务和监管水平。

4.2.6.2 技术路线

智慧城管信息平台将建设成为覆盖城市管理各项业务的综合管理信息平台，包括环境卫生、城市园林绿化、城市灯光照明、城市部件、事件问题等信息采集、分类、处理和报送等综合业务管理系统，构建信息采集、综合业务管理、处理处置、综合考核评价、领导决策分析等一体化的城市信息管理平台，建立城市管理信息系统的协同机制，实现信息资源共享。

智慧城管信息平台建设，将物联网技术、3S（GIS、GPS、RS）技术、三维实景影像和云计算技术等先进技术具体应用到城市管理业务中；通过采用创新城市管理、运营模式的新方法、新思路，以“智慧+互联+协同”的现代城市管理运营理念，构建现代化新型市、区一体化的城市管理体系，有效地实现市、区城管系统各种资源的整合和更有效的分配。

智慧城管信息平台建设，能进一步提高城市管理质量、综合决策水平和行政服务效能，实现城市管理流程和体制的创新，并将成为国内创建新型城市管理信息化建设的标杆、示范工程，对建设“生态园林城市”“低碳生态城市”具有十分重要和积极的意义。

方案采用 B/S 多层体系结构，模块化结构设计。为满足系统的数据储存和管理需要，数据接口采用 Web Services 技术，以保证应用系统的易扩展和移植性。系统可实现与相关部门信息系统无缝联接。

项目总体技术路线具体内容是：

（1）采用三层 B/S 应用体系结构；

（2）采用标准服务端技术架构如 J2EE；

（3）采用 Web 服务技术和 XML 协议；

（4）统一的权限管理机制。

4.2.6.3 建设原则

1．统一规划，分步实施

智慧城管的建设在国内处于初期发展阶段，在建设过程中需要综合考虑业务、技术、经济、社会、人文等各种因素的现状和发展趋势，在领导小组的统一领导下，立足长远，统一规划，分步实施。

首先，架构设计不能目光短浅，它对城管的整体信息化存在着重要的影响，一个优秀的信息架构，必将确保信息化蓝图按照一种稳定的结构而逐步实现，它对于一个组织是基础性的、至关重要的，能够保证信息化的可扩展性，能够使信息系统随需而变，增强组织信息化的灵活性；而一个糟糕的架构设计，将影响所有其上的应用系统的运行，整个信息化架构是僵硬的，无法满足变革的需要，将会为后续的信息系统运维带来非常大的成本开销。

在总体架构设计上，应该放眼 3—5 年，甚至更长远，充分考虑未来几年在业务、技术上的可能变化，设计一种具有灵动性、可伸缩性的总体架构。

其次，由于工程项目工期紧张，需求并不明朗清晰，想在短期内梳理出所有的业务需求是不现实的。因此在分项系统设计上，应更多考虑本期的建设内容，这样可以使目标更小，实现更容易，且风险降低，信息化见效更快。

2．打好基础，稳步推进

智慧城管在 GIS 平台基础上搭建各类综合应用，为使用者提供信息化服务，所以 GIS 平台的好坏决定了智慧城管的建设效果。

GIS 平台必须具备一定的开放性、先进性、发展性。

开放性：具有开放式环境及很强的可扩充性和可连接性。GIS 技术支持多种数据库管理系统，如 ORACLE、SYBASE、SQLSERVER 等大型数据库；运行多种编程语言和开发工具；支持各类操作系统平台；为各应用系统，如

SCADA、EMS、CRM、ERP、MIS、OA 等提供标准化接口；可嵌入非专用编程环境。

先进性：GIS 平台采用与世界同步的计算机图形技术、数据库技术、网络技术以及地理信息处理技术。系统设计采用目前最新技术，支持远程数据和图纸查询，利用系统提供的强大图表输出功能，可以直接打印地图、统计报表和各类数据等。可实现分层控制图纸、无级缩放、支持漫游、直接选择定位等功能。系统具备完善的测量工具，现场勘查数据，线路杆塔等设备的初步设计，并可直接进行线路设备迁移与相关计算等，实现线路辅助设计与设备档案修改。具有线路的方位或区域分析判断功能，为用户提供可靠的辅助决策，综合统计分析，为管理决策人员提供依据。特别是把可视化技术和移动办公技术纳入 GIS 系统的总体设计范围。地图精度高，省级地图的比例尺达到 1∶10 000 或 1∶5000，市级地图比例尺达到 1∶1000 或 1∶500，地图能分层显示山川、水系、道路、建筑物、行政区域等。

发展性：具有很强的可扩充性和可连接性。在应用开发过程中，考虑系统成功后的进一步发展，包括维护性扩展功能和与其他应用系统的衔接与整合的方便。开发工具一般采用 J2EE、XML 等。

3．加强管理，标准先行

参照相关行业标准，统一信息系统建设，提高智慧城管理系统的兼容性、开放性、可靠性和安全性。整合现有资源，提高城市管理效能，避免重复投资建设。在建设和使用智慧城管的过程中，一定要认清其所处的地位。信息化系统在智慧城管中处于辅助管理的角色，并非领导角色。智慧城管发挥的作用好不好，很大程度上取决于管理制度和系统建立的标准体系。

良好的管理可以做到：

（1）增强运作效率；

（2）明确发展方向；

（3）使所有人员都充分发挥他们的潜能；

（4）可以向公众提供满足的管理和服务，创造良好的社会环境；

（5）可以更好地树立城管形象，为社会多做实际贡献。

信息化建设必须有标准化的支持，尤其要发挥标准化的导向作用，以确保技术上的协调一致和整体效能的实现。智慧城管项目建设所涉及的标准包括智慧城管系统业务流程标准、智慧城管部件和事件分类与编码规则、智慧城管单元网格划分与编码、智慧城管地理编码规则、智慧城管系统数据交换标准、智慧城管系统运行管理规范。

4．科学实用，信息共享

结合 X 市实际情况，突出智慧城管系统的科学性、实用性，注重创新、注重实效，降低运行成本，提高管理效益。实现技术数据共用、信息共享。

5．多种认证，保障安全

由于整个系统所涉及数据包括政府的内部资料和空间地理信息，这些数据的安全性至关重要，因此，系统应遵循安全性的原则。本系统在设计时将安全性问题分为以下三种情况：一是防止外部非法用户访问网络；二是防止内部合法用户的越权访问；三是意外的数据损害。为了提高系统的安全性，在设计时就进行了充分考虑，首先是将网络分为核心内网、办公内网、外部应用网和 Internet 网四部分，核心内网存放上述所有业务数据，并提供全网的数据访问服务，系统需要经过严格的身份认证、防火墙认证，达到较高级别的逻辑隔离。核心内网主要包括监管中心、指挥中心的核心数据库，形成对上述数据第一层保护；办公内容特指办公人员和操作人员，这些人员可以访问到系统的所有授权信息，包括精细地图数据，形成第二层保护；外网应用网特指通过 VPN 方式互联的县内的政府办公网络，这些网络可以连接到各街道或社区，网络仅用于传输城管业务数据，形成第三级数据保护；最后是 Internet 网，在政府门户网站，面向公众公布智慧城市管理的成果等。

4.2.6.4 系统组成

系统主要包括：市民互动平台、城管执法平台、环卫作业管理平台、户外广告监管系统、暴雨排水监控系统、重点文物保护系统、名贵树木监控系统、视频监控预警分析系统、城市路灯智能管理系统、无线井盖管理系统、数据共享接口、大数据挖掘技术、人脸和车牌识别技术、小型无人机航拍违规建筑等。

4.2.6.5 系统功能

整个智慧城管平台将规划为多个平台，其包括以下几个方面。

市民互动服务平台：为公众提供多维度的信息服务。

城管执法处置平台：包含智慧城管的日常执法督查、人员督查管理、执法办案管理、培训知识库模块。

环卫作业管理平台：包含环卫人员管理系统、环卫车辆管理系统、环卫场所智能监控系统等。

城市设施管理平台：包含城市基础设施的管理，包括井盖管理、地下管网管理、城市路灯管理等。

信息采集平台：可方便扩展的统一信息采集平台，可以接入多源的采集信息。

行业监管平台：具有户外广告监管、便民服务点管理等功能。

指挥调度平台：包含了事前预防、事发应对、事中处置和善后管理过程中的所有应用系统支撑。

决策支持平台：为领导者、决策者提供多方面、多维度的决策支持依据。

资源管理平台：包含了所有基础资源信息的管理。

运维管理平台：通过集中安全运维管理系统，管理员可以实现在同一安全界面下对整个系统网络环境、硬件设备及应用系统运行状况的集中管理，包括安全设备集中管理、网络设备集中管理、服务器性能管理和软件管理。

地理信息平台：通过地图普查等手段构建城乡二三维立体地图。

数据中心：数据资源中心是所有应用的基础。

热线呼叫中心：采用专业设备实现热线呼叫中心系统，提供电话话务操作、语音导航、自动应答、录音、多方通话、短信发送等功能，为市民提供查询、求助、投诉受理等服务，是城市管理问题的主要来源之一。

4.2.7 智慧旅游服务平台规划与设计

智慧旅游就是利用云计算、物联网等新技术，通过互联网或移动互联网，借助便携的终端上网设备，主动感知旅游资源、经济、活动和旅游者等方面的信息并及时发布，让人们能够及时了解这些信息，及时安排和调整工作与旅游计划，从而达到对各类旅游信息的智能感知、方便利用的效果，通过便利的手段实现更加优质的服务。智慧旅游有以下四个特点。

- 全面物联——智能传感设备将旅游景点、文物古迹、城市公共设施物联成网，对旅游产业链上下游运行的核心系统实时感测。
- 充分整合——实现全市景区、景点、酒店、交通等设施的物联网与互联网系统完全连接和融合，将数据整合为旅游资源核心数据库，提供智慧的旅游服务基础设施。
- 协同运作——基于智慧的旅游服务基础设施，实现旅游产业链上下游各个关键系统和谐高效地协作，达成城市旅游系统运行的最佳状态。
- 激励创新——鼓励政府、旅游企业和旅游者在智慧的旅游服务基础设施之上进行科技、业务和商业模式的创新应用，为城市提供源源不断的发展动力。

主要目标为通过智慧旅游建设，做好三个服务：服务游客、服务主管单位、服务企业。从而提高旅游业务的综合管理和运营能力，创建优质的旅游生态环境，提升旅游的服务品质，进而推动地区旅游经济的快速、健康发展。

- 服务游客：通过智慧旅游建设，将旅游带动地区经济发展所涵盖的六大元素（即行、食、住、游、娱、购）进行有序地整合，为游客提供便捷的服务，使旅游经济效应最大化。

• 服务主管单位：通过智慧旅游建设，提高旅游生态环境检测和保护的能力，提高对游客及工作人员的安全检测和保护能力，提高对景区综合管理监控能力，提高旅游业务的营销和服务能力。

• 服务企业：通过智慧旅游建设，使企业经营与地区旅游更有效地进行结合，拓展企业的营销宣传渠道，为企业发展创造更多机遇。

智慧旅游主要内容包括办公及管理业务系统的电子政务平台、集旅游信息资讯和商务交易为一体的电子商务平台、应用集成和系统管理的综合管理平台及旅游综合资源数据仓库（数据中心）等。根据实际应用与业务需求，将各平台进行有机整合，实现资源有效利用与调度。

4.2.7.1 总体设计

总体设计考虑到充分和有效地进行系统集成，实现各子系统的管理和信息最大程度的共享，便于今后系统的扩充及增容等，预留未来的功能扩展接口。

在安全防范系统中所选用的各个功能子系统设备都具有开放的通讯接口，可以通过 RS232、数据库或 TCP/IP 方式 API 协议接口与各个分控系统进行集成。每个子系统以各自的主控系统为中心，独立工作，同时通过集成与其他子系统有机地协同工作、联动防范，构成一个完整的旅游管理与服务体系。

总体设计原则可概括为：

• 先进性：在技术上应具有一定超前性，采用国际或国内通行的先进技术，以适应现代科学技术的发展。

• 成熟性和实用性：采用被实践证明为成熟和实用的技术和设备，最大限度地满足本项目现在和将来的业务发展需要，确保耐久实用。

• 开放性和兼容性：采用高度模块化设计，可与未来更换扩展的设备具有互联性和互操作性。

• 安全性和可靠性：智慧旅游系统必须具有高度的安全性、可靠性和稳定性，包括系统自身安全和信息传递的安全以及运行的可靠性。

• 经济适用性：设备选型和系统设计要在确保满足用户需求，系统集成要求的前提下具有良好的性价比。

1．整体建设框架

智慧旅游建设对于全面整合旅游资源，提升旅游产业发展能级，进一步增强旅游业的核心竞争力具有十分重要的支撑作用。是实施国家“金旅工程”，全面推进旅游信息化建设实现跨越式发展的关键项目和基础工程，它涵盖了“三网一库”以及政务网站、电子商务网站等用户交互界面构成，如图 4-52 所示。

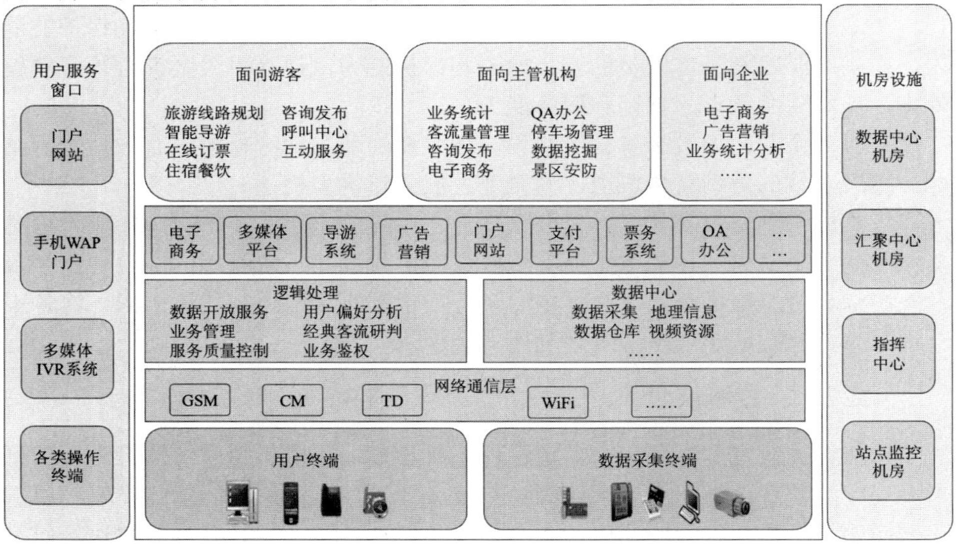

图 4-52 智慧旅游整体框架图

从框架结构上看，智慧旅游建设分以下五个层面。

（1）数据采集层，主要由用户操作终端、物联网设备及旅游信息输入设备组成，为综合系统研判和处理提供数据来源。

（2）网络通信层，负责前端设备与系统服务端的传输与通信。

（3）数据分析处理层，作为综合数据库存储信息数据，同时对各类综合数据进行分析处理，形成有价值的参考信息。

（4）信息展现层，作为信息数据的表现形式和管理形式，为用户提供使用平台。

（5）业务应用层，为不同使用对象提供业务功能。

2．业务应用关系

智慧旅游系统由主管单位办公网、业务管理网、电子商务网和游客服务系统四部分组成，围绕这四部分，构成了智慧旅游电子政务网、电子商务网（以资讯和产品为核心）、旅游体验网（以景区为核心）三大主网以及围绕智慧旅游工作重点和结合当前用户的迫切需求而衍生出来的招商引资网、旅游诚信网、节庆活动网、教育培训网和旅游人才网等，各网之间通过后台运营管理中心进行统一维护与管理（如图 4-53 所示）。

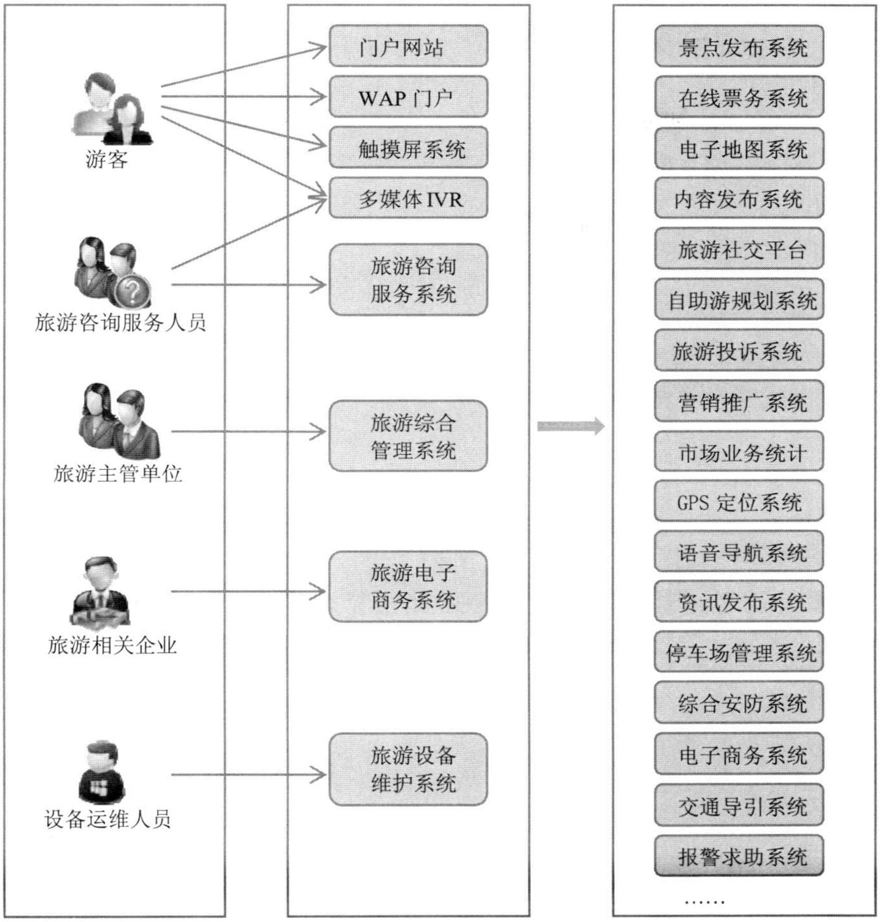

图 4-53　智慧旅游常见应用关系图

3．总体功能结构

智慧旅游系统通过政务内网、政务外网、管理业务网、交互/展示平台、综合资源数据库以及配套的支撑设施，为游客、旅游企业、投资者、主管单位提供配套的业务支撑，促进地区旅游经济的发展（如图 4-54 所示）。

4．整体技术架构

整体系统分为：基础设施层（系统所需的基础设备、系统、中间件等）、资源层（实现具体功能的各种数据与信息库）、应用支撑层（对所有应用系统提供各种数据访问功能的中心服务系统）、应用系统层（实现具体功能的各种应用系统）（如图 4-55 所示）。

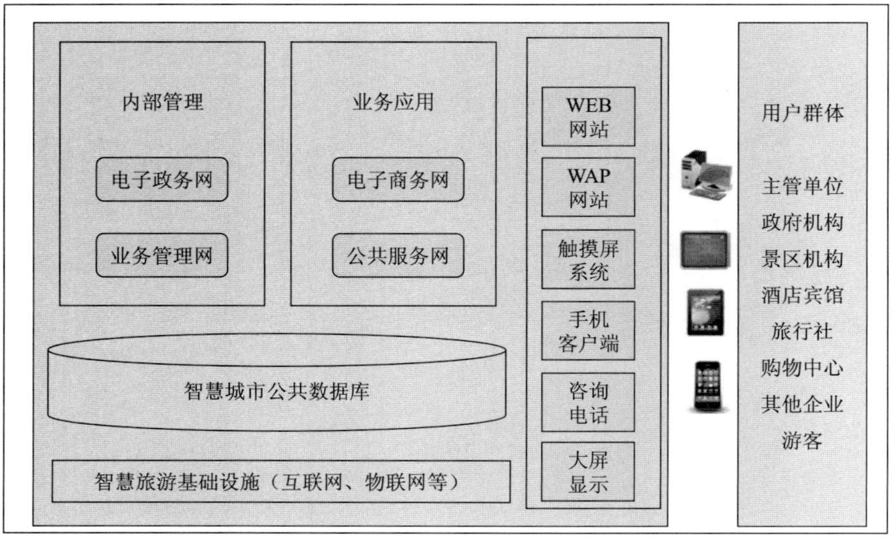

图 4-54　总体功能结构图

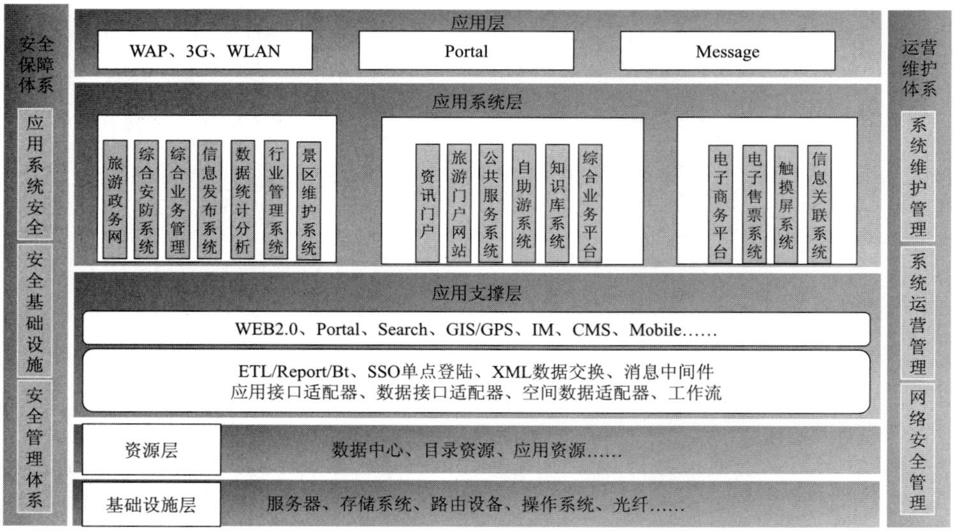

图 4-55　整体技术架构图

资源层提供集中的数据访问，包括数据连接池控制、数据库安全控制和数据库系统。集中的数据访问能够在大量用户同时并发访问时共享有关连接等信息，从而提高效率，集中的数据库安全控制，使任何来自互联网的数据库访问都必须经过强制的安全管理，不允许直接访问数据库的行为，杜绝安全隐患。

应用层通过提供统一的数据服务接口，为各个应用系统提供服务，应用系统的表现可以是网站、客户端系统、Web服务以及其他应用，并通过目录与负载均衡服务提供统一的负载均衡服务。任何一个应用服务器都可以同时启动多个服务，而通过目录与负载均衡服务来进行负载均衡，从而为大量用户并发访问时提供高性能服务。智慧旅游系统应用服务器提供核心智慧旅游系统服务，包括数据服务、管理服务、基本安全服务、其他业务服务等；数据同步服务器将数据有条不紊地同步到各个数据库；系统更新与版本升级服务器提供各个系统的版本升级管理，使任何一个系统都保持最新版本；Web日志分析服务提供用户访问分析，提高网站后期修改、维护、更新的针对性。

5．网络拓扑结构

智慧旅游系统网络设计采用应用数据、内部服务与外部服务分离的原则，系统的网站服务器、商务系统 WWW 服务器布署在防火墙的 DMZ 停火区，数据库服务器、政务网应用服务器、内部办公服务器等布署在防火墙的非军事区，严格设计访问规则，并配备入侵检测系统，以确保系统的安全（如图4-56所示）。

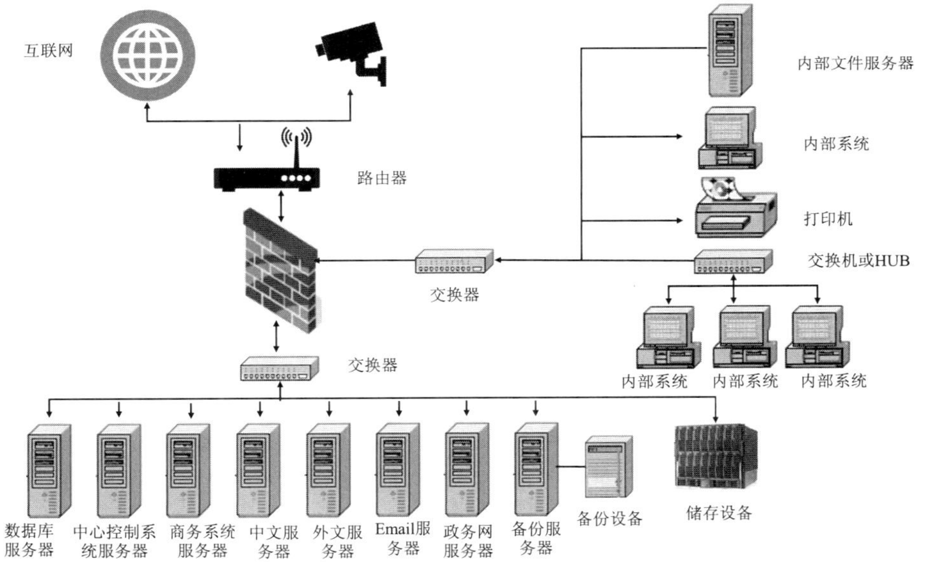

图4-56 网络拓扑结构图

智慧旅游系统集有关旅游信息的收集、加工、发布、交流和实现旅游的网上交易、拍卖和服务全程网络化为一体的综合性、多功能网络系统。参与各方为：政府主管部门，旅游企业（宾馆、酒店、旅行社、餐馆酒楼、娱乐场所、景点公司、票务公司、租车公司等），游客（网站会员、访客、旅游客户），银行和其他机构和个人。

本系统采用Internet/Intranet 的B/s模式，服务器端采用Windows Server2003或Linux 平台。整个系统以数据中心为信息交换平台，以Internet 为数据传输通道，政府各有关部门、旅游企业、游客、银行通过专线或拨号上网与系统中心互联，实现网上数据查寻、预订、购物、交易、结算、消费等活动。

网络中心配备若干台高性能服务器，实行应用和数据分离的原则，加强系统运行的稳定性和安全性。服务器采用 Windows Server2003 或 Linux 平台，后台采用 MSSQL Server2005 或 Oracle 数据库，前后台开发工具分别采用.Net或 J2EE 以及 ezStudio 等，服务器上运行电子商务套件以支持电子交易，安装Web 服务软件，向用户提供信息浏览、查询等服务。

4.2.7.2 功能目标及内容

1．政务及行业管理系统

（1）政务公开系统

政务公开模块以信息发布为主，通过栏目管理功能实现栏目的自定义建设，并且可以为每个栏目进行个性化的页面定制，通过用户和权限管理，对应的部门可以管理各自的栏目，信息发布和初审在部门内部完成，经过终审后进行发布，这样一方面可以保证政务公开的准确性，同时可以保证内容更新及时。

政务公开模块包括的主要栏目为：政务动态信息、新闻、政府职能、领导讲话、法规文件、党群建设、社会经济发展、办事服务、公众参与、关注民生等。

（2）招商引资系统

通过对旅游资源的充分开发，使其逐渐步入正规化管理，势必在旅游产业、产品加工业，迎来一个发展高峰。为更好地完成对地区旅游的招商引资建设，应加强智慧旅游招商引资平台的建设，智慧旅游招商引资平台是展现地区特有资源的集中地。

主要栏目包括：投资环境、招商项目、优惠政策、招商规划、投资保障与成本、咨询洽谈、投资服务、项目库管理等。

（3）旅游行业管理

旅游行业管理主要针对地区旅游从业单位、各景区及配套设施单位进行有效管理，为各单位办事提供便捷通道，及时获取行业信息与通知。

主要栏目包括：机构职能、旅游规划、政策法规、行业管理、宣传促销、旅游统计、教育培训、旅游投诉。

（4）地区文化宣传

作为智慧旅游系统应有一定的篇幅展现地区旅游资源，对地区历史文化、民俗风情、民间工艺、特色美食、绘画摄影、地方特产重点加以宣传。

其主要栏目包括：历史文化、区域概况、景区景点、民俗风情、特色美食、地方特产。

（5）品牌宣传系统

旅游信息发布系统——旅游动态、旅游公告、行业信息、政策法规等多种分类信息发布。

景区景点展示系统——按照景区的划分或推荐的旅游线路详细展示景区内各景点的风景特色、历史渊源以及文学典故等，支持文本、图片、动画、视频等多种表现形式，不拘一格。

景点导航演示系统——以全景式动画的表现手法，直观而生动地向游客演示整个景区的地理位置、景点分布及简短文字介绍等，从而能够让游客对整个景区的景点形成全面的了解。

诗词游记管理系统——自定义分类或无限级别设置，各类专辑可体现在任意网站频道或页面，发布十分简易，并可设置指定游客或所有用户前台提交、审核、发布的机制。

风景图片展示系统——全面展示景区美妙绝伦的风光照片，自定义图片无限分类形式，重要页面有幻灯片播放功能供选，更适用于让部分游客或所有用户上传自己的精彩作品。

（6）系统分析模块

游客流量预测系统——依据历史游客数据，根据景区接待量、游客流量走势、天气预报、国家法定节假日、民俗节日、宗教节日、景区节日等诸多因素，并参考门票、酒店、餐饮、导游、停车位的预定量，通过一定的计算公式预测出未来某月、某周、某日的游客高峰流量及低谷流量。

系统流量统计模块——统计分析年、月、日、时段智慧旅游系统的整体访问量，统计分析各平台的访问量，统计分析全球来访 IP 的区域，统计分析各主要搜索引擎对网站的搜索频率及相关地址，所有统计分析数据皆以饼图或曲线图的动画形式体现。通过流量统计分析可判断网站知名度、分析网站影响范围、分析访问者关注重点，为进行各平台改版、内容调整提供重要的原始依据。

系统调查分析模块——关键词分析功能，多功能多项目调查功能，搜索引擎提交到多个搜索网站功能，访问日志分析。

（7）办公自动化系统

建立办公自动化系统的目的在于实现信息获取快速化、办公过程自动化、业务流程规范化、数据处理分析智能化、数据传输网络化、资源利用共享化、辅助决策科学化、信息发布现代化。

常见功能：规范业务流程、电子邮件、工作日程安排、资源管理、会议通知、公文传递、新闻发布、信息交流、横向联络、垂直指挥、车辆调度、视频会议、办公流程跟踪监控。

2．游客电子服务系统

（1）游客公共服务系统

交通信息查询系统——航班、列车、汽车等到达目的地的交通线路及信息查询。

天气预报查询系统——检索查询景区或指定查询部分地区的未来天气状况预报信息。

在线旅游咨询系统——无论是普通游客还是景区的客服人员或是提供相关服务的商家，都能在这个平台上进行充分的交流和良性的互动。

在线帮助查询系统——提供游客所关心的常见问题的分类检索及查询。

游客投诉反馈系统——游客可自定义投诉表单内容，后台统一发布。

（2）游客电子商务系统

游客自助旅游系统——系统提供游客自定义旅游路线功能，当游客进入自助旅游系统，系统将通过电子地图展现区域内所有景区情况。当游客生成行程规划后，可通过行程路线各节点，实现景区订票、酒店订房、餐饮订餐等在线服务功能。

景区网络订票系统——网络订购门票功能，在购买流程中加入客户能自主选择路线，并能自主选择喜欢的旅行社。

酒店预定管理系统——与酒店使用的管理系统远程网络连接，使游客可在系统平台根据自己选择和调整的旅游线路预订便捷的酒店。

餐饮预定管理系统——提供地区餐饮商户网站频道，可选择订餐日期及时间、套餐规格、详细菜谱、就餐人数等，最后进行费用的在线实时支付。收到预定信息后，商家将及时通过必要的联系方式与游客进行反馈或确认。经营餐饮的商家除了可以为游客提供餐饮预定，还可以提供住宿预定、会议预定、停车位预定等服务。

会议预定管理系统——客户在填写身份信息后，可选择会议预定日期及时间段、会议类型及主题、参会人数、所需配套服务等，最后进行费用的在线实时支付环节。收到预定信息后，商家将及时通过必要的联系方式与客户进行反馈或确认。经营会议场所的商家一般除了可以提供会议预定，还可以提供住宿预定、餐饮预定、停车位预定等服务。

特产购物系统——系统可为游客提供地方特产展销平台，游客可根据需求按商家或商品类型进行搜索和挑选商品，再通过购物车环节进行费用的在线实时支付。游客在线订购商品后，商家进行核对，随后进入发货环节，游客收到商品后进行最后的确定，完成整个购买过程。

（3）游客自助咨询系统

旅游咨询系统通过文字、图片、声音、视频等多种形式，生动翔实地向游人展示风景区秀丽的自然风光、人文景观，丰富的动植物资源，完善的旅游服务设施、项目以及多姿多彩的民俗民风。方便快捷地向游人提供旅游实时信息及吃、住、行、游、购、玩等六方面信息的即时查询服务，同时具备投诉申告、旅游调查等旅游信息反馈功能。

旅游咨询系统采用多种技术手段，把分布在不同地点的服务终端——触摸屏等接入到数据中心，在风景区的游客集中地每天 24 小时为游客提供双向资讯信息、消费和各种娱乐服务，使各服务终端成为游客了解风景区各种旅游信息的好助手。同时提供便携式电子导游，游客可在旅游咨询服务中心借用各景区的电子导游工具，当游客进入特定区域，系统将自动进行播报。

3．企业综合应用系统

企业综合应用系统为各景区、各商业企业、旅行社等提供在线服务和电子商务应用功能，以保障地区旅游资源的有效整合。

（1）企业会员管理系统

管理人员加密锁认证机制，企业与主管单位可在线签定合作协议。协议签定后，经审核确定，系统自动发送消息到申请单位，主管单位向申请单位发放加密锁，企业可通过加密锁和专门的数字安全系统对接实现。

（2）旅行社佣金管理系统

与在线订票、客户服务中的价格以及所选旅行社进行挂钩，并能自动统计各旅行社的佣金，打折、奖励等经费，经过核算通过后，可通过网络银行确认实现直接支付。

（3）团队预订管理系统

以公司库的形式分类管理规模不等的旅行社经营机构，每个商户都有专门的网站频道体现商家的简介、资质、经营特色、相关荣誉、企业文化等，并能够在指定频道发布可预定的旅游线路、组团方式、出发/返回日期、价位、折扣方式、预定开放时间、每天预定的数量等信息。游客在填写身份信息后，可选择某个旅行社的旅游线路，确定出行日期、出行人数、出行天数等细节，最后进行费用的在线实时支付环节。收到预定信息后，商家将及时通过必要的联系方式与游客进行反馈或确认。

（4）景区营销管理系统

景区营销管理系统是智慧旅游营销体系的核心，为景区市场营销和销售活动提供了信息化管理平台，采用业界先进的以客户关系管理 CRM 为核心的商业营销理念。基于环境和生态保护为基础，支持以市场和客户价值为导向的业务流程，有效掌握客户需求、市场需求，提高对市场的快速、准确反应能力，加强对营销网络的管理，建立和完善起集中、统一、高效的营销网络，同时进行准确的市场定义、市场划分、市场分析和营销决策，进而巩固和扩大景区旅游市场的份额，最终为实现景区的社会效益、经济效益和生态效益奠定坚实的基础。

（5）旅游信息发布系统

旅游信息发布系统的主要功能包括景区概况、重点景致、旅游服务、旅游资源、旅游产品、动漫天地和电子期刊、自由行、在线调查、链接和共享以及其他功能等，主要服务对象为各景区管理与经营单位。

（6）电子商务管理平台

电子商务管理平台，将互联网变成一个可收益的销售和沟通渠道，实现各企业的网上营销和网上销售，给地区旅游产生更多的收益。

网上营销：通过网络平台发现更多需求商机和分析客户忠诚度，可以为各类型客户提供个性化的景区旅游定制服务，提供便捷的互联网体验和相关的信息。其主要功能包括旅游产品目录管理、内容管理、个性化的营销活动管理、客户细分等。

网上销售：网络销售功能使整个销售流程在网上运行。通过网页、流畅的销售和运营流程，能够向客户提供个性化、交互式、易于使用的销售和自助服务工具，确保从产品服务选择到订单确定到支付的处理过程。其主要功能包括报价和订单管理、购物篮管理、价格管理、交互式销售和旅游服务定制、网络支付等。

网上信息服务功能，使客户能够查询订单状态，获得订单跟踪信息，并且及时研究和解决交易过程发生的问题。主要功能包括知识管理、订单状态查询、实时客户支持、客户自助服务、投诉和退订管理等。

（7）业务渠道管理系统

为旅行社提供渠道管理平台，对旅行社渠道进行有效信息化管理，实现景区和渠道伙伴进行紧密协作，优化渠道的运作过程，提高旅行社渠道对景区的盈利贡献。主要包括合作伙伴管理和分析、渠道营销、渠道销售、渠道服务和渠道商务。

渠道管理旨在旅行社作为景区合作伙伴的整个生命周期中，管理公司与作为渠道的旅行社之间的合作伙伴关系，掌握“合作伙伴是谁，他们卖什么，在哪里卖，卖给谁”。规划、分析渠道业务，提供所销景区旅游产品和辅助性服务。主要功能包括合作伙伴生命周期管理，合作伙伴规划，合作伙伴细分，合作伙伴培训和认证，渠道合作伙伴评价，以及合作伙伴和渠道分析。

（8）电子门票销售平台

景区电子门票销售平台一方面实现了面向游客的景点电子门票销售；另一方面完成来自旅行社合作伙伴、电子商务平台、呼叫中心电话销售各种渠道的销售订单，根据订单生成和交付电子门票。

景区电子门票销售平台在实现上需要通过应用集成技术、集成数字营销体系和运营服务体系，以实现市场营销、销售活动、门票服务的流程自动化。

对于游客景点电子门票销售管理，利用运营服务体系中的电子门票门禁系统来实现散客门票销售，通过部署在各景点的售票终端，游客可以选择旅游景点购买电子门票、套票，同时这些销售信息通过数据接口传送到营销管理系统和商业智能分析系统。

对于旅行社合作伙伴、电子商务平台、呼叫中心电话销售各种渠道的销售订单，由指定的服务部门根据订单内容，利用运营服务体系中的电子门票门禁系统完成电子门票的制作，并交付给客户/旅行社，同时并将订单完成的信息通过系统接口传送到各个渠道服务系统和营销管理系统。

（9）酒店综合管理系统

酒店综合管理系统以酒店的日常经营管理为核心，以提高酒店服务的速度和精度，改善游客服务的亲善程度和减少工作差错为目标，同时为加强内部管理提供良好的技术装备，为酒店经营管理的提升提供信息化管理平台。

加入智慧旅游计划的酒店全面部署酒店综合管理系统，并都能在互联网上进行预订及相应收付款业务。

4．智慧旅游监管中心

（1）景区视频监控系统

为营造安全、舒适的旅游目的地，通过现代化信息手段更好地方便游客、服务游人，展示和提升风景区的信息化建设水平，拟规划在景区游人集散中心、风景区主要交通要道、风景区出入口、自然遗产重点保护区域、事故高发地带

（防火、防洪、人员密集）、停车场等地建设数字监控系统。对主要风景区要道、重点区域实施全方位 24 小时监控及人员流动的记录。达到加强现场监督和安全管理，提高服务质量的目的，使工作管理更加规范化、科学化、准确化、智能化、信息化，为旅游区安全工作做好有力保障。

安全防范系统为分布式网络结构，以视频监控系统为中心，采用集中管理、分布控制、前端独立的集成方式，在网络环境和安全防范集成系统服务器图形化信息管理平台下，通过信息共享、信息处理和控制互连实现对各子系统的集成管理和监控操作。

各系统之间通过风景区的内部网络平台（采用 TCP/IP 协议）相互连接，建立起各子系统之间的联动链路，使得本系统的授权用户能通过统一的操作界面掌握各子系统的资源，同时，通过子系统之间的联动控制提升系统整体的性能和功能，以提高技术防范工作的自动化程度和处理效率。

（2）呼叫接警中心系统

就地理位置来说，风景区往往是地质灾害、森林大火等易发地区，对此高智能化风景区指挥中心应该具备应对突发事件的应急处理能力。

“呼叫中心”接处警系统是指专号联网建立的统一报警服务系统，目标是实现类似 110、119、122“三台合一”功能，接处警的集中接警、统一指挥、快速反应和信息共享的指挥及综合管理系统。“三台合一”系统组成示意图如图 4-57 所示。

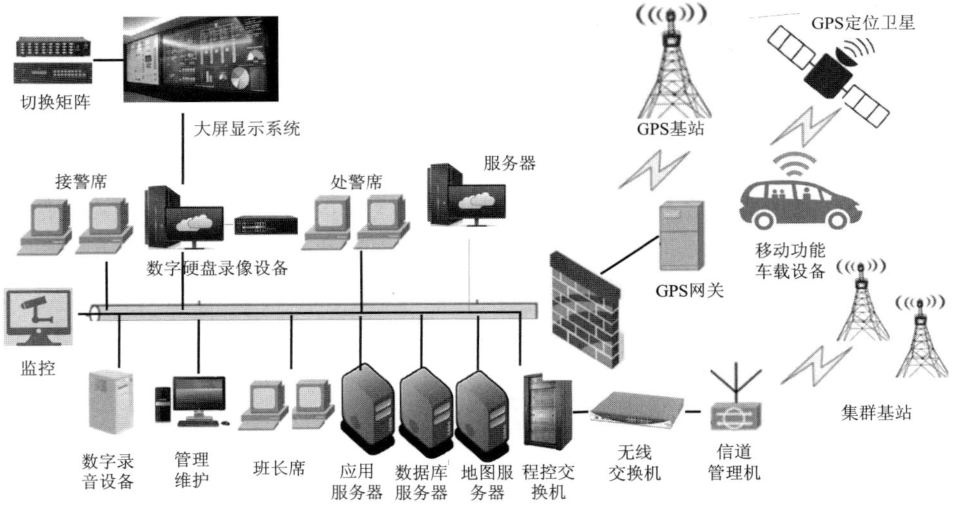

图 4-57 “三台合一”系统组成示意图

系统以计算机网络系统为基础，以有线和无线通信系统为纽带，以接处警系统为核心，有效集成了警用地理信息系统、GPS 全球定位系统、数字录音/录像系统、监控系统、LED 显示系统等，将各信息系统高度集成，有效地提高了系统快速反应、协同行动和决策指挥的能力。

系统可以以有线电话、无线寻呼、SMS 短信等方式，及时集结有关的执勤力量进行快速处警，从而真正实现快速反应的要求。

（3）GPS 车船调度系统

智慧旅游 GPS 车辆、船只调度系统是智能指挥调度系统的重要组成部分，它由指挥中心、通信网络、智能车载、船载终端设备组成，是集车辆、船只调度管理、GPS 定位跟踪于一体的综合监视调度网络系统（如图 4-58 所示）。

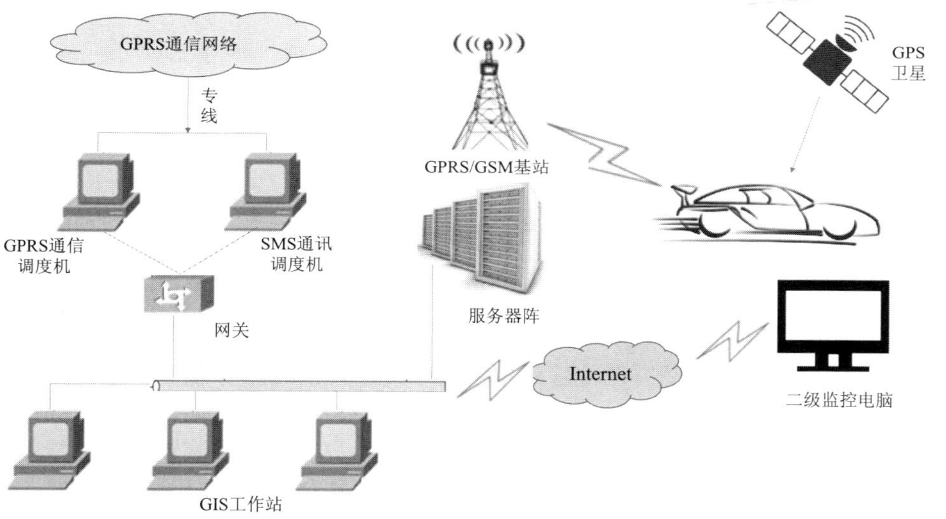

图 4-58　GPS 车船调度系统示意图

GPS 系统通过 3 个模块来满足数字化风景区的调度需求，即定位监控、指挥调度（可包括有无线通信调度、网络调度）、综合查询管理。

（4）“无线景管通”系统

“无线景管通”系统是智慧旅游的重要组成部分，它内置了风景区各景点景区、电子地图，信息发送系统、景区管理平台终端等功能，依托信息化手段和移动通信技术手段来处理、分析和管理整个风景区的所有部件和事件信息，促进风景区的人流、物流、资金流、信息流、交通流的通畅与协调。景区管理人员、管理层等可以利用“景管通”获取信息服务和对景区进行管理。

风景区管理人员会携带“景管通”无线设备，前往事件现场详细记录情况，将取证的信息通过无线网络发送到指挥中心或分指挥中心，然后指挥中心或分指挥中心将根据事件的性质调度相应的职能部门进行处理。

“景管通”是风景区实现智慧旅游管理的重要根据。在数字化管理流程中，通过信息化技术的应用，实现了现场信息的实时传递，减少了中间环节和管理层级，实现了管理的扁平化，将极大提高办事效率。

“无线景管通”以手机为原型，是管理人员对现场信息进行快速采集与传送的专用工具，具备接打电话、短信群呼、信息提示、图片采集、表单填写、位置定位、录音上报、地图浏览、单键拨号、数据同步、邮件收发等功能，可以在第一时间、第一现场将景区管理问题的各类信息，实时发送到指挥中心，实现对各景区问题的快速反应；同时指挥中心可以利用 GPS 技术和手机定位技术，实现对景区问题的精确定位和对景区管理人员的科学管理。

“无线景管通”所使用的智能手机，不需要专门定制，只需要开发手机专用的“景管通”程序，连同基于 GIS 平台的风景区电子地图，一并植入通用手机中，再结合“景管通”服务器端程序和移动 GSM 网络，就建立起了“无线景管通”平台。

（5）智能集成管理系统

集成管理平台是智慧旅游的集成指挥调度和管理平台。集成管理平台实现对智慧旅游各应用系统的集成，利用“景管通”和有线/无线调度系统实现对景区管理事件的接入和指挥调度，对事件各环节责任人员进行监督和评价，在基于 GIS（地理信息系统）的统一界面下实现对各应用系统如监控、门禁、网络、LED、车辆识别、车辆调度、旅游咨询等的信息获取、操作控制、信息发布，信息、统计分析等，同时提供对集成统一平台的管理功能，包括平台配置、权限管理、日志安全等。

（6）电子门票门禁系统

智慧旅游电子门禁系统是以当代数据技术与通讯技术为基础，结合智能门票与身份识别技术作为主要手段的高科技信息化综合处理系统。景区采用先进的电子门票系统，其管理更加方便快捷，将使整个景区实现售票电脑化、验票自动化、数据网络化、管理信息化的高科技管理体制。系统包括门票与密钥生成管理系统、电子门票初始化系统、售票系统、验票系统、信息统计及查询系统。

风景区的电子门禁及报警子系统主要包括电子门票管理系统，车辆管理系统。它主要担负两大任务：一是完成对进入景区的游客进行识别、记录、管理的功能；二是对整个风景区的门票、车辆管理提供一个快速、实用、统一的平台，还可与监控子系统、集成系统或其他系统实现联动。

根据风景区的实际情况，分别在各游客集散中心，以及各大景区入口设置售票窗口，同时，在游客比较多的入口处设置柜员式自动售票机以及设置远程售票窗口，也可以支持网上购票。同时各大景区入口设置电子门禁系统，对门票进行自动查验和放行（如图 4-59 所示）。

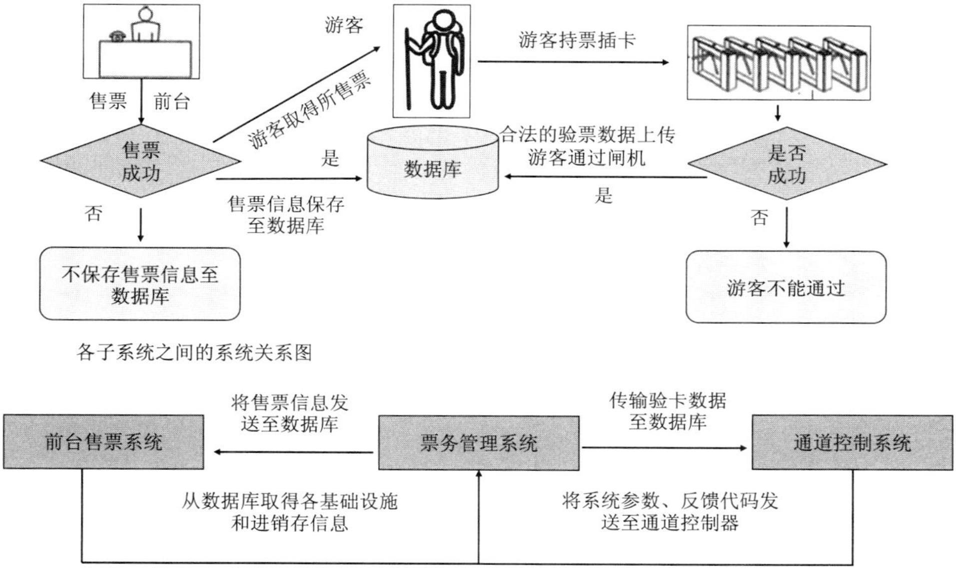

图 4-59　电子门票门禁系统

（7）户外大屏幕显示系统

智慧旅游的 LED 彩色户外大屏显示系统分别部署在各景区入口或景区途经重要路口处。智慧旅游所有的 LED 大屏显示系统由数字化指挥中心控制，可自主显示数字化风景区的相关信息，具体有以下几方面的内容。

公路的交通信息、停车场、酒店信息、运营指令、路面情况、气象资料等综合信息。

景区旅游服务资讯，介绍景区各旅游景点，发布天气预报、交通信息、医疗救助等服务信息。在黄金周等客流量高峰时期可实时播放重要景点的视频、客流统计数据等，为游客合理调整旅游路线提供参考。

公益宣传，播放景区生态资源保护知识、精神文明建设公益宣传片等，提高游客的资源保护意识，树立良好道德风尚。

景区推介宣传联播，提供与建设部的信息共享接口，实现景区之间的信息共享。

（8）公共语音广播系统

智慧旅游整体规划立足于先进、灵活、耐用，以智能化为主。背景音乐消防广播系统的设置可以使整个景区智能化化提高到一个新的高度。背景音乐消防广播整体设计既可以播放背景音乐，又可以发布日常信息、紧急广播、火灾报警。这套系统既为整个建筑群提供良好的娱乐、休闲环境。

（9）停车场管理系统

在各风景区建立旅游集散中心、各个景点或相关景点联合建立停车场管理系统，方便的计时收费、方便查找进出车辆数据、并且能统计出停车场的车位情况，并且通过网络系统将信息发布景区交通要道的LED大屏幕，方便游客提前做出停车目的地选择。

4.2.7.3　系统软件平台建设规划

系统软件平台包括基础数据库、中间件系统、地理信息系统（GIS）平台、应用集成平台，为五大应用体系提供基础软件支撑，为数据资源的一致性、安全性、完整性以及共享性提供保障，为各应用系统的GIS展示提供基础数据和服务。

1．基础数据库

关于智慧旅游数据库软件的规划，对数据库软件有以下要求。

（1）高效性：数据库系统平台的选取必须能够满足高效地处理超大容量数据的需要。

（2）安全性：数据库平台的设计必须满足数据安全性的需要，不会因一台主机停机或某些硬盘损坏而影响到数据的安全性；选择数据库必须考虑到数据库的安全备份机制。

（3）可移植性：数据库必须具备对数据强大的移植功能，数字化景区信息系统的数据库必须能够保证原有系统数据的平滑移植。

（4）可操作性：终端用户必须保证可以方便地使用数据库所提供的有效工具访问数据库和管理数据库。数据库的控制台必须为系统管理员提供一个直观的图形用户界面使得系统管理员能够对整个数据库运行环境进行集中式的控制和管理。

（5）扩展性：数据库不但能支持本次工程的数据处理能力，而且有很好的扩展能力和数据转换能力，能使用户平滑地过渡到未来的工程而无须进行数据迁移，应提供有效的数据库技术方案，包括支持现在的及未来的扩展方案。

针对以上大型数据库的建设要求，选择数据库应遵循以下原则。

① 先进性与实用性相结合；

② 标准化程度高，联接功能强；

③ 支持多种软硬件平台，以便充分利用原有设备，方便将来可能的系统升级改造；

④ 可靠性高，可用性好，可恢复性强，系统维护方便；

⑤ 能提供先进实用的开发工具，特别是具有丰富的运行服务程序和实用软件包的开发工具；

⑥ 具有分布式处理能力；

⑦ 在本地区能提供良好的技术支持和售后服务能力，性能价格比高，升级方便。

尤其需要注意，最初的数据库系统配置是至关重要的，因为数据库的安装及构建质量会直接影响到系统的性能、日后的维护工作，以及系统的长期稳定性。高质量的数据库系统可以确保系统的性能优化，安全升级，易于维护，并能获得最大的灵活性以适应未来的发展。

目前，业界流行的主流数据库有三种：DB2、Oracle 和 SQL Server。这三类数据库都能够满足企业的应用要求，都有企业级成熟的应用案例。其主要差异在于，DB2、Oracle 可以实现在 Unix、Windows 平台上的部署，而 SQL Server 仅能在 Windows 平台上使用，而且在企业级应用层面，DB2、Oracle 所占的份额要远远高于 SQL Server。

SQL Server 2000 在 Windows 出现占用内存资源过大，有时出现死锁的问题，并且如果我们建立以小型机为主的主机系统的话，核心数据库应该采用基于 Unix 平台的数据库 DB2 或者 Oracle。而对于一些基于 PC Server 的小型服务的应用数据库，可以采用 SQL Server。

2．数据仓库

在数据中心的架构中，数据库和数据仓库设计是一个非常重要的工作。数据仓库是实现商业智能的基础，为了实现对管理服务、市场营销、生态保护应用体系的数据进行智能数据抽取和分析，有效地对景区的管理指挥、市场营销策略、客户关系管理、旅游产品调整等提供决策支持。

数据仓库系统包括以下四个重要层面。

（1）数据集中层

通过数据库系统的数据集中层将数据从各个业务子系统整合，利用数据仓库管理工具对整合的数据进行抽取、转换、装载和调度处理，然后加载到数据仓库中。

（2）数据仓库层

数据集中处理之后，形成数据仓库，这些数据是面向主题的、综合的、不同时间的、稳定的数据集合，用于支持生产经营管理中的决策制定过程。它是一个处理过程，该过程从历史的角度组织和存储数据，并能集成地进行数据分析。

数据仓库层是整个商业智能系统的核心，数据按“主题一维”的星型模式存储，存储形式包括：关系存储和多维存储。

数据仓库层提供关系查询、OLAP 查询分析和数据挖掘服务，提供复杂的统计分析功能和数据挖掘功能。

通过对数据进行预汇总、预计算、预存储等预处理手段，来满足前端用户对查询分析性能的要求。

（3）数据展现层

数据展现层为用户提供基于数据仓库的数据访问服务，包括定制报表、即席查询、OLAP 分析等。用户可以利用分析查询工具直接访问数据仓库，也可以利用应用服务器和 Web 服务器实现基于浏览器的分析查询。

（4）元数据管理层

元数据管理层是整个系统的监控维护模块，通过元数据的集成，对数据集中层、数据仓库层和数据展现层进行监控和管理，提供集成的图形环境的单点控制功能。

创建元数据模型来表示企业内部信息的使用及相互间的关系。

数据仓库的选择

数据仓库实现中所面临的一个主要的挑战是需要对相互独立的产品进行集成，创建一个完整的解决方案。集成过程中的一个障碍是大量商业信息工具之间缺少公共信息的通信标准。由 IBM 领导的一个名为 Object Management Group（OMG）Common Warehouse Metadata Interchange（OMG 公共数据仓库元数据交换，CWMI）的组织正在对业界领先厂商提出的元数据标准进行审查和批准，其中这些厂商包括 IBM、NCR、Oracle、Hyperion 和 Unisys。元数据标准将定义一个交换关系型数据库模式信息、多维模式信息、数据仓库过程信息以及其他信息的通用方式。在景区规划中，数据仓库的选择应该完全遵循 CWMI 标准。

数据仓库管理应具有以下功能。

（1）数据集成监管功能，通过数据集成平台实现企业范围内的统一数据视图。

（2）日志功能，跟踪数据仓库的状态。通过读取数据采集和整合处理的日志文件，获取数据仓库操作的状态，以监控数据采集、整合处理和在线分析处理数据加载的运行。

（3）数据仓库参数设置功能，包括内存分配设置、多线程设置、缓冲区设置、调度时间表设置、用户权限设置等。通过这些设置的优化，实现数据仓库的有效运行。

（4）利用数据仓库产品提供的管理工具，管理数据仓库的数据库服务器，包括数据仓库数据同步和定时调度、数据自动加载等任务。

（5）集成数据采集工具，包括基础数据统一编码和格式管理。

3．地理信息系统

“智慧旅游”的概念是在智慧地球概念的基础上，根据景区规划与管理、保护与发展的需要而提出来的。它基于地理信息系统技术，结合 GPS、RS、计算机网络、监控检测等多项技术，实现景区的保护、管理、服务、发展等工作，最终实现景区工作的信息化、数字化，实现景区资源、信息共享，通过景区运营过程的有效管理和严密监控，变分散管理为协同联动、变粗放管理为精细化管理，最终实现景区的可持续发展。

4．系统特点

（1）采用统一的平台，使管理、规划、展示融为一体。

（2）突破了空间和时间的藩篱，能在更广袤的范围，在任何时间、任何地点都能上网浏览景区，利用方便。

（3）能对数字资源（包括文字、图像、声音等）进行整合、加工、提升和频繁更换，并运用多媒体手段营造逼真、形象、生动的展示效果，使提供的知识、信息丰富多彩。

（4）能弥补不同阶层、不同专业背景和知识程度的人们在对景区整体规划、效果和管理上的认知差距，使大家能直观有效地了解景区的布置及运作。

（5）提供给决策者和管理者实时三维空间表现及人机结合的操作模式，方便决策者做出正确的决断，方便管理者准确有效地管理。

（6）能在满足培训的需求，配合多媒体教学资料，进行网络远程教学，使知识的学习更为方便深入和系统。

（7）由于没有物理空间的限制，它能在不同栏目和页面之间穿梭连接，无论是参观展览，还是浏览新闻、活动资讯或是参与学习讨论，都非常方便，有绝对的自主权。

4.2.7.4 智慧旅游效益分析

智慧旅游建设将有利于优化旅游环境，提高各景区管理服务水平，确保旅游生态效益、经济效益和社会效益三者之间的统筹协调发展。

智慧旅游建设将极大地丰富景区的管理手段和营销手段，为现代新旅游、新传播、新行为、新市场、新模式提供高科技服务，并将游戏性的吸引力和亲和力融为一体，将生态环境容量、景区安全领域优化整合，使其成为一种新的科技旅游，提升景区的品牌形象和社会形象。

智慧旅游有助于提升风景区的核心吸引力和亲和力，为景区创造更高的经济效益。旅游景区是旅游产业发展的主体，是引导旅游者到访的核心目标吸引物，是旅游行为的终极目的地；景区的规模、数量决定了产业的综合效益，景区产品质量决定了游客到访的数量，行业管理决定了产业发展、产品及服务的全部生命质量状态。旅游的服务水平和游客数量，关系到旅游交通的质量等级，关系到推动相关行业的综合发展，关系到食宿配套的规模和特色。旅游的智慧化建设成果浓缩并代表着现实社会中的高级社会行为单元发展进步的水平，反映并代表着优秀文化与科技成果的最高水准。

旅游的智慧化还可以使管理部门实时了解风景区的生态状况，包括植被、水文、大气、生物等自然资源的变化情况，从而进行相应的决策管理，使风景区的生态环境得到持续的保护和发展。

智慧旅游是旅游业发展的必然趋势，它将为旅游业发展注入新的活力，促进社会、经济的发展，能够带来良好的社会、经济、生态效益。

第 5 章　智慧城市投资建设与运营模式

智慧城市建设是一项浩大的工程，涉及到政府与民间资本、产业链上下游等各个方面，而且在具体工程建设完成之后，智慧城市的运营又将是一件持续而复杂的工作。如何综合考虑智慧城市建设和运营的模式，合理选择投资方、建设方、运营方、管理方，提出合理的盈利及分配模式，并协调项目参与的各个单位，都是智慧城市建设需要重点考虑和解决的问题。因此，不同的智慧城市项目需要根据该城市特色选择不同的建设和运营模式。由此可见，正确地分析并选择智慧城市产业链发展及建设运营的模式尤为重要。

5.1　投融资方案和建设运营模式

5.1.1　官办官营模式

5.1.1.1　模式介绍

1. 政府负责无线网络的投资、建设、维护和运营，部分服务免费，部分网络容量出租。

2. 运营商提供相关支持，例如可使用运营商已有的骨干网，并由运营商负责运营维护。

5.1.1.2　盈利方式

政府将网络容量的 40%用于市政的自动化服务，将网络容量的 60%出租给互联网服务提供商（例如美国德克萨斯州），完全用于建设独立于民用的政务专用网络或公共服务。

5.1.1.3　优劣势分析

1. 优点：政府对工程的控制和运营的监管深入；

2. 缺点：政府要承担建设费用和相应的风险，要求政府具有建设和运营的能力。

5.1.2 官管民营模式

5.1.2.1 模式介绍

1．政府主导、监管和投资并拥有所有权，运营商负责投资建设和运维。政府通过招标等方式委托一家或多家运营商建设智慧城市，投资方在建成后的一段时期内拥有该项目的经营权，政府对运营商提供的业务和资费进行监管；

2．政府将设计、建设和运营转包给专业的服务公司。

5.1.2.2 盈利方式

以免费为主，政府给予运营商一定补贴，并结合部分广告、增值服务。用户可以在有无限接入点的地方自由上网获取信息，或免费访问政府网站和公共事业网站。

5.1.2.3 优劣势分析

1．优点：政府对网络监管力度大。运营商可利用已有网络、客户资源、运营经验、人才及资金优势，降低商务风险，增加首期收益；

2．缺点：政府要承担建设费用和相应的风险。运营商对产品规划和发展的控制不足，不能有效地利用设备资源。

5.1.3 BOT 模式

5.1.3.1 模式介绍

1．政府牵头，只支付少量规划咨询费用。

2．运营商出资建设，拥有一定期限专营权，到期后移交政府。

5.1.3.2 盈利方式

前向计时收费为主，提供多种付费套餐，专营权期间，营业额的 1%～3% 用于运营商向政府交纳的管理费。

5.1.3.3 优劣势分析

1．优点：政府承担的投资和风险都非常小，主要由运营商承担风险及投资。

2．缺点：不能充分调动运营商投资建设及发展的积极性。

5.1.4 民办民营模式

5.1.4.1 模式介绍

完全由运营商提供资金并进行建设，政府对网络没有太多话语权，仅提供有限的基础设施或政策支持。

5.1.4.2 盈利方式

前后向收费结合。例如运营商在公共热点地区提供无线网络接入服务，用户需购买无线上网充值卡或者移动账户进行绑定扣费才能接入网络，但在会展中心、机场等重要对外场所可由政府提供补贴使用免费服务。

5.1.4.3 优劣势分析

1．优点：政府不承担投资和风险，运营商可利用已有网络、客户资源、运营经验、人才优势和资金优势；

2．缺点：政府对网络的监管难以深入。

5.2 PPP 投融资模式

5.2.1 PPP 模式政策背景

2012 年 7 月召开的国务院常务会议提出，要在铁路、市政、能源、电信、金融、卫生、教育等领域尽快推出一批引导民间投资参与的重点项目，发挥示范带动效应，中央各部委也相应出台了引导民企投资的实施细则。

2014 年 9 月，财政部下发《关于推广运用政府和社会资本合作模式有关问题的通知》（财金[2014]76 号）与附件《PPP 项目合同指南（试行）》，要求“各级政府通过政府和社会资本合作模式向社会资本开放基础设施和公共服务项目，拓宽城镇化建设融资渠道，形成多元化、可持续的资金投入机制”“做好制度设计和政策安排，明确适用于政府和社会资本合作模式的项目类型、采购程序、融资管理、项目监管、绩效评价等事宜”“积极稳妥做好项目示范工作。重点关注城市基础设施及公共服务领域，如城市供水、供暖、供气、污水和垃圾处理、保障性安居工程、地下综合管廊、轨道交通、医疗和养老服务设施等，优先选择收费定价机制透明、有稳定现金流的项目”。

2015 年 2 月财政部下发《关于市政公用领域开展政府和社会资本合作项目推介工作的通知》（财建[2015]29 号），决定在城市供水、污水处理、垃圾处理、供热、供气、道路桥梁、公共交通基础设施、公共停车场、地下综合管廊等市政公用领域开展政府和社会资本合作。

2015 年 5 月，《关于在公共服务领域推广政府和社会资本合作模式指导意见的通知》（国办发[2015]42 号）指出，在能源、交通运输、水利、环境保护、农业、林业、科技、保障性安居工程、医疗、卫生、养老、教育、文化等公共

服务领域，鼓励采用 PPP 模式，吸引社会资本参与，为广大人民群众提供优质高效的公共服务

《关于推进开发性金融支持政府和社会资本合作有关工作的通知》（发改投资[2015]445 号），督促各省（区、市）发展改革部门要高度重视推进 PPP 工作，认真做好 PPP 项目的统筹规划、综合协调及跟踪指导；进一步完善配套政策、破除行业垄断，积极营造良好合作环境；加强 PPP 项目库建设，坚持按月调度分析，加快项目实施进度。

2015 年 4 月，国家发改委、财政部、住建部、交通部、水利部、人民银行等部门联合颁布《基础设施和公用事业特许经营管理办法》（[2015]25 号），鼓励和引导社会资本参与基础设施和公用事业建设运营，提高公共服务质量和效率，保护特许经营者合法权益，保障社会公共利益和公共安全，促进经济社会持续健康发展。

2015 年 5 月，国务院批转发展改革委关于 2015 年深化经济体制改革重点工作意见的通知，提出积极推广政府和社会资本合作（PPP）模式，出台基础设施和公用事业特许经营办法，充分激发社会投资活力。

2017 年 10 月，国家发展和改革委员会通知，鼓励各地政府、金融机构、企业等创新合作机制和投融资模式，利用政府 PPP 等方式，加快投资建设天然气储气调峰设施。

5.2.2 智慧城市 PPP 项目概述

5.2.2.1 PPP 模式的概念

PPP 模式（Public Private Partnerships）即政府（或公共部门）与社会资本（或私营企业）合作模式，通常基于某个特定的基础设施建设、公共服务领域，政府（或公共部门）与社会资本（或私营企业）根据合作协议共同完成的投资、建设和运营。PPP 模式通常以特许经营权为基础，政府与社会资本之间形成一种伙伴式的合作关系，并通过签署合同来明确双方的权利和义务，以确保合作的顺利完成，最终使合作各方达到比预期单独行动更为有利的结果。

5.2.2.2 PPP 模式的特征

1．伙伴关系-全程合作：这是 PPP 最为首要的问题，形成伙伴关系并落实统一的项目目标。

2．利益共享：利益共享是伙伴关系的基础之一。这里共享利益除了指共享 PPP 的社会成果，还包括使作为参与者的私人部门、民营企业或机构取得相对平稳、长期的投资回报。如果没有利益共享，也不会有可持续的 PPP 类型的伙

伴关系，但是这种利益共享并不是简单地分享利润，还需要控制私营部门可能的高额利润，即不允许私营部门在项目执行过程中形成超额利润。其主要原因是，任何 PPP 项目都是带有公益性的项目，不以利润最大化为目的。

3. 风险共担：公共部门与私营部门合理分担风险的这一特征，是其区别于公共部门与私营部门其他交易形式的显著标志。风险分担是利益共享之外伙伴关系的另一个基础，没有风险分担，就不可能形成健康可持续的伙伴关系。PPP 管理模式，不是简单的“融资模式”，更多的是一种管理的创新模式。

5.2.2.3 PPP 模式的适用范围

PPP 模式适合于规模较大、需求稳定、长期合同关系较清楚的项目，如供水、供电、通信、建桥修路、医院等项目。

5.2.2.4 操作过程

政府部门通过政府采购形式与中标单位组成的特殊目的公司签订特许合同（特殊目的公司一般由中标的建筑公司、服务经营公司或对项目进行投资的第三方组成的股份有限公司），由特殊目的公司负责筹资、建设及经营。政府通常与提供贷款的金融机构达成一个直接协议。该协议不是对项目进行担保，而是向借贷机构签订的合同支付有关费用的协定。它使特殊目的公司能比较顺利地获得金融机构的贷款。采用这种融资形式的实质是，政府通过给予私营公司长期的特许经营权和收益权来换取基础设施的加快建设和有效运营（如图 5-1 所示）。

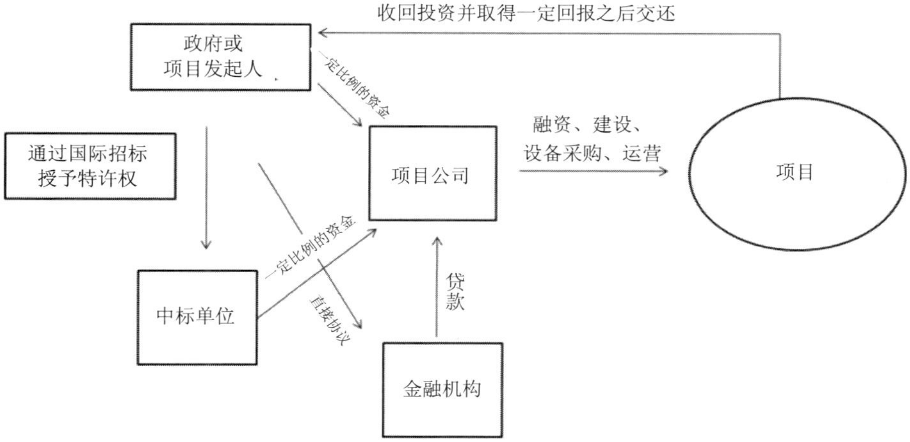

图 5-1 PPP 典型运作过程

5.2.2.5 传统 PPP 项目与智慧城市 PPP 项目的差异（如表 5-1 所示）

表 5-1 传统 PPP 项目与智慧城市 PPP 项目的差异

	传统 PPP 项目	智慧城市 PPP 项目
投资规模	根据城市的覆盖面积、人口规模和服务功能，其投资规模从数百万到数百亿不等	平均每个城市投资规模约为 25 亿～33 亿元，平均每个城市每年投资 5 亿～6.6 亿元
建设周期	通常从数月到数年不等，与设施的规模、建筑的特点和施工的难度等因素相关	根据行业项目实施经验，智慧城市单一项目的建设周期通常从数月到 1 年不等
可持续市场化运营	许多公共产品或服务，如交通、能源等都隶属于传统行业，多年来已经形成成熟而固定的商业模式	现阶段，能够投入市场化或准市场化运营比较有限

5.2.3 智慧城市 PPP 模式实施方案

5.2.3.1 PPP 模式实施方案总体架构（如图 5-2 所示）

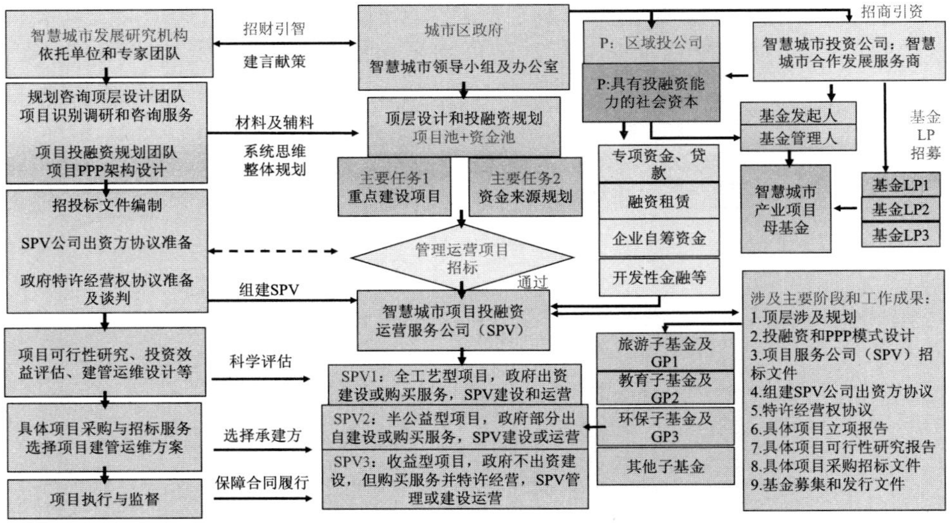

图 5-2 PPP 模式总体架构

5.2.3.2 PPP 模式实施方案内容

实施方案体现 PPP 项目的核心条件，是政府审批决策的依据，也是 PPP 合作关系展开的基石。PPP 模式实施方案包括项目概况、风险分配、运作方式、交易结构、合同体系、监管架构和采购方式等内容。

1．项目概况

项目概况主要包括项目规划、立项以及项目建设的范围和服务的目标，这几点是实施方案中必须阐明的主要内容。

2．风险分配

风险分配主要包括风险识别及风险分担机制设计两个方面。

3．运作方式

目前在 PPP 项目中常用的运作方式主要如表 5-2 所示，但是具体选择哪种运作方式需要根据项目的具体特点而定。

表 5-2　常用运作方式

外包类	模块式外包	委托运营	公有
		运营和维护	
	租赁	租赁—发展—运营	
		建设—移交—运营 BTO	
特许经营类	一般特许	转让—运营—移交 TOT 建设—运营—移交 BOT	
	特许经营权	特许经营权	
私有化类	部分私有化 （狭义 PPP）	合资新建 股权转让	
	完全私有化	转让—扩建—运营 TOO 建设—拥有—运营 BOO	私有

4．交易结构

实施方案是 PPP 项目的核心，交易模式则是核心中的核心。交易模式包括投融资方案设计和投资回报模式设计。

（1）PPP 项目投融资方案概要

PPP 项目投资计划和融资方案的设计重点需要解决以下四个问题。

①投什么——投资标的和范围；

②投多少——投资规模；

③啥时投——投资进度计划；

④钱在哪——资金筹措方案，不光是资本金的筹措，还有债务资金的筹措等。

把这四方面的问题考虑清楚了，投融资方案就做好了。

（2）投资回报模式设计

这部分更是重中之重，一个成功的PPP项目有两条腿。一条腿是合理的项目投融资结构，另一条腿是项目的投资回报模式。投资回报模式主要包括PPP合作模式、投资责任、成本责任以及回报水平、项目收入和风险机制。

5．合同体系

上面所设定的各种模式都要反映到合同里面，PPP项目的合同不是一个单一的文件。尽管我们说特许经营协议是主协议，与投资方谈时，谈的都是这个主协议，但一个项目要成功需要靠所有的协议支撑，所有的协议就构成了合同体系。

6．监管体系

（1）运营服务监管

要做好运营和服务监管，整个协议里要约定好项目验收的技术标准、政府提供的支持条件、项目运营的技术标准、运营服务内容和范围、政府监管内容和方法等。这些内容为整个项目未来的运营监管提供支撑。

（2）移交监管

一个项目建设好以后，要规定相应的退出机制。通常退出会有三种情况：一是股权转让。项目方将股权全部转让。股权的转让一定要建立在政府方许可的前提下。二是依据特许经营协议提前终止。三是特许经营期结束。无论哪种情况的终止都会涉及项目的移交。因为项目的目的是地方政府的公共服务，所以移交是PPP项目的必须要求。

项目的移交要对移交程序及过渡期的安排、移交设施的范围、内容、移交标准要求、移交费用安排、移交后质量保证等做出约定。股权的退出以不影响履约为前提。

移交机制会因不同情况而导致终止有区别。主要体现在守约方要得到一定的补偿，对违约方要有一定的惩罚。

7．采购方式

财政部专门出台了关于政府和社会资本合作投资人采购的文件，这个文件规定了选择投资人有五条途径：公开招标、竞争性谈判、邀请招标、竞争性磋商、单一来源谈判。这五种方式都可以用，具体的用法要结合项目来考虑。

公开招标适用于模式成熟、条件清晰、潜在投资人多的项目。优点是透明度高，竞争性充分。缺点是周期不确定。因为我们前面定的招标条件有可能与投资方的要求不一致，通常来讲，PPP 项目做公开招标流标的概率会比较大。周期性不确定的意思是时间有可能会很短，很快就招来投资人，但也有可能很长才能确定。

竞争性谈判模式适用于模式和条件不太清晰的情况，要比竞争性磋商稍微清楚一点，一些具体的条件需要与投资人在谈判中进一步敲定。优点是透明度高，竞争性充分，时间比较短。所以竞争性谈判是 PPP 项目确定投资人比较好的一种模式。但竞争性谈判有一个缺点，因为它属于政府采购，存在最低价中标的原则，这导致竞争性谈判在 PPP 项目里不太被推崇。

邀请招标和公开招标相比，适用于潜在投资人少的情况，要主动、定点地邀请投资人过来，透明度适中，竞争性较充分，周期较长。

竞争性磋商，比较适合 PPP 项目采购。它适用于模式、条件不太清晰的项目，通过和投资人磋商的过程，逐渐让条件和模式清晰过来，但是缺点是透明度没有招标高，竞争性也没有招标充分，但如果磋商对象比较多的话，还是能够保留竞争的充分性。此外，该采购方式的周期也较长。

单一来源谈判，是指达到了限额标准和公开招标数额标准，但所购商品的来源渠道单一，或属专利、首次制造、合同追加、原有采购项目的后续扩充和发生了不可预见紧急情况不能从其他供应商处采购等情况。该采购方式的最主要特点是没有竞争性。

5.2.4 智慧城市 PPP 模式成功运作的必要条件

5.2.4.1 政府部门的有力支持

在任何情况下，政府均应从提升和维护公共利益的立场出发，负责项目的总体策划、组织招标、理顺各参与机构之间的责权关系、降低项目的总体风险等。

5.2.4.2 健全的法律法规制度

PPP 项目的运作需要从法律层面保护各方利益，对政府与企业在项目中需要承担的责任、义务和风险进行明确的界定。PPP 模式中的项目设计、融资、运营、管理和维护等各个环节都可以采用公共与民营合作的方式。因此，完善的法律法规是最大限度发挥优势和弥补不足的有力保证。

5.2.4.3 专业化机构和人才的支持。

PPP 项目广泛采用项目特许经营权的方式进行结构融资，这涉及较为复杂的法律、金融和财务等方面专业知识。因此，PPP 项目的实施一方面要求政策制定参与机构能够制定出规范化和标准化的交易流程，对项目的运作提供技术指导和相关政策支持。另一方面需要专业的中介机构提供专业化的服务。

5.3 BOT、BT、TOT、TBT 投融资模式

5.3.1 BOT

5.3.1.1 BOT 模式的概念

BOT 是 Build（建设）、Operate（经营）和 Transfer（转让）三个英文单词第一个字母的缩写，代表着一个完整的项目融资的概念。BOT 模式是在一定的背景条件下发展起来的一种主要用于公共基础设施建设的项目融资模式。

BOT 的一般做法有以下几方面。

1. 政府部门与投资者签订投资项目的特许权协议，使投资者具有建造经营的权利。

2. 项目公司在项目经营特许期内，利用项目收益偿还投资及营运支出，并获得利润。

3. 特许期满后，投资者将该项目无偿交还给当地政府。

5.3.1.2 BOT 的特许权协议

1. 所谓特许权是指政府机构授予个人或组织从事某种事务的权力，多与基础设施的运营相关。

2. 特许权协议是 BOT 项目的最高法律文件，也是项目得以融资、建设和经营的核心，同时也是 BOT 项目框架的中心，决定了 BOT 项目的基本结构。其他协议均从属于本协议。

3. 常见的特许权协议分为三种：

①政府通过法律文件确立授权关系。

②以合同或协议的形式确定。

②同时并用以上两种形式。

我国主要采用政府就某特定项目制定公开立法性文件来确立授权关系或通过政府授权的国有公司与项目公司签订专营合同。

5.3.1.3 BOT概念模型（如图5-3所示）

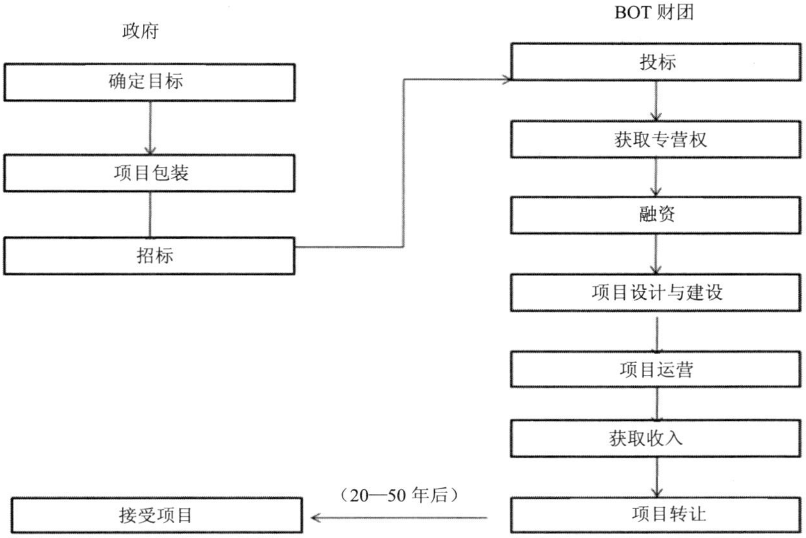

图 5-3 BOT 概念模型

5.3.1.4 BOT模式的特点

1．采用BOT模式通常进行的是基础设施项目的建设。

2．特许期内生产的产品或提供的服务销售给国有单位，或直接面向最终用户。

3．能减少政府的直接财政负担，减轻政府的借款负债义务。

4．有利于转移和降低风险。

5．有利于提高项目的运作效率。

6．可以提前满足社会和公众的需要。

7．有利于引进先进的技术和管理经验。

5.3.1.4 BOT项目的实施步骤

1．项目识别

（1）项目识别；

（2）确定是否以BOT方式执行；

（3）预可行性研究。

2．合同采购

（1）确定采购方式：公开招标、有限招标、独家谈判等；

（2）确定项目建设与运营规则；
（3）确定投标资格；
（4）研究确定技术参数，准备招标文件；
（5）确定投标评价准则；
（6）投标者资格预审；
（7）邀请投标。
3．有投资意向者投标
（1）组建投资者财团；
（2）可行性研究；
（3）准备投标文件。
4．选择投资者
（1）对标书进行评价；
（2）澄清与调整标书，进行合同谈判；
（3）授予项目特许经营权，签订项目委托协议。
5．项目开发
（1）组建项目公司；
（2）投入股本金；
（3）签订贷款协议；
（4）签订工程承包合同；
（5）签订材料供应合同；
（6）签订设备购买协议；
（7）签订保险合同；
（8）签订设施经营维修合同。
6．项目执行
（1）建造设施、安装设备；
（2）项目验收。
7．项目经营
人员培训，运营管理。
8．项目转让

5.3.2 BT

5.3.2.1 BT 模式的概念

BT 是英文 Build（建设）和 Transfer（移交）的缩写，是政府利用非政府资金来进行非经营性基础设施项目建设的一种融资模式。它是由项目投融资BOT模式发展、衍生出的一种投融资建设模式。

BT 的基本含义是指一个项目的运作通过项目公司总承包、融资、建设、验收合格后移交给政府，再由政府出资分期付款和利用补偿措施等方式完成对基础设施的收购。

5.3.2.2 适用范围

BT 模式主要适用于政府统一经营的公共基础设施项目，如城市重大交通枢纽、道路和桥梁、国防基础设施等关乎国计民生，对保证城市正常运转具有战略意义或者政治意义的项目建设；不存在现金流或现金流不充分的政府投资项目，如城市公共设施等建设；有较好现金流但投资方一般不愿涉入的政府投资项目，如城市客运站和地铁站等的建设。

5.3.2.3 BT 项目主要运作程序

1．确定项目阶段

政府进行技术、经济及法律上的可行性研究，确定项目。

2．项目准备阶段

政府编制招标文件，投标单位资质审核，确定投标单位。投标公司制定投标文件和报送详细的项目建议书。

3．招标签订合同

BT 项目通过招标确定投资人，并由项目业主与中标融资人签订融资建设合同。

4．融资建设

融资人组建项目公司，筹集资金，直接进行项目建设或通过招标确定施工单位。

5．移交回购

项目竣工验收合格且符合回购条件的，由项目业主按照 BT 合同约定的条件进行回购，政府向项目公司支付费用。

移交—并回购标志着一个 BT 建设项目的结束。

5.3.2.4 BT 模式的积极作用

1．政府角度

（1）有利于优化资源配置，缓解地方政府财政资金压力。

（2）有助于政府职能转变，提高项目运作效率和质量。

（3）有助于政府化解和防范金融风险。

（4）有利于合理分担风险。

2．企业角度

（1）开辟了新的投资、融资渠道。

（2）投资风险小，获得收益的保障性高。

（3）实现“政府按揭”融资功能，获得较强的融资能力。

（4）能推动产融结合。

3．从社会的角度看

（1）有利于加快改善基础设施环境，增强招商引资能力。

（2）有利于构建良好的社会信用体系。

5.3.3 TOT

5.3.3.1 TOT 模式的概念

TOT 是英文“Transfer-Operate-Transfer”的缩写。这种融资模式一般是指私营企业动用私人资本来取得某公益性项目的所有权及经营权，然后利用期限内经营以实现投资额的全部回收并得到合理的收益回报，在合约期满后，将项目的产权和使用权无偿交给所建部门或单位。

5.3.3.2 TOT 的适用范围

TOT 方式主要适用于已建成的具有良好收益率的基础设施，如污水处理、节水设施、环保设施等项目。政府部门或原企业将项目移交出去后，能够取得一定的资金，用于建设其他项目。

5.3.3.3 TOT 概念模型（如图 5-4 所示）

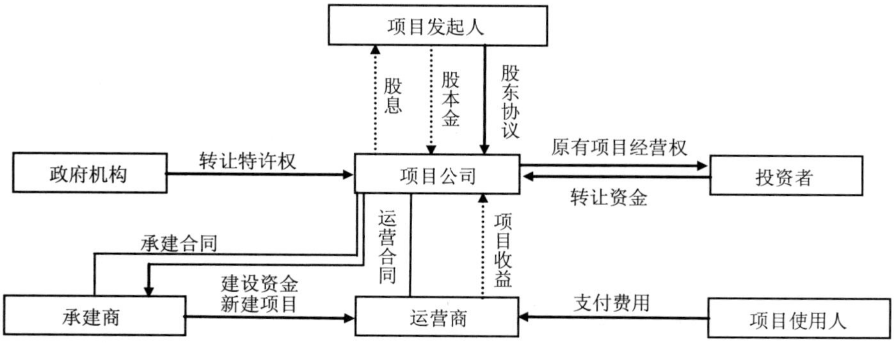

图 5-4 TOT 概念模型

5.3.4 TBT

5.3.4.1 TBT 模式的概念

TOT（Transfer-Operate-Transfer）是指政府机构在建设一个新的公共项目工程时需要外来资金的融入，于是通过招投标的形式把已建成运行的公共设施项目的经营权移交（有偿/无偿）给私营企业，私营企业享有该建成项目的特许期内的经营收入，同时私营企业与政府协议成立新的项目公司，开展拟建项目的建设及经营，项目经营期满后私营企业再把项目移交回原政府机构。

TBT 模式实质上是基于实际需求的 BOT 与 TOT 二者有机融合，且以 BOT 模式为主，TOT 模式为辅助的一种融资模式。产生 TBT 模式的主要原因是 BOT 模式在实际应用中出现的一些关键性的缺陷。

1. 在特许经营期内，政府没有经营权，无法保证项目的公益性使剩余消费者减少。

2. 政府将风险转嫁给私营机构，使风险成本增加，加大了消费者的负担。

3. BOT 项目的参与者有各自不同的利益，甚至各方目标有矛盾，不利于项目进行。

5.3.4.2 TBT 模式的分类

1. 有偿转让（简称 TBTA），即公营机构通过 TOT 方式有偿转让已建设的经营权，一次性融得资金后再将这笔资金入股 BOT 项目公司，参与新建 BOT 项目的建设与经营， 直至最后收回经营权。

2. 无偿转让（简称 TBTB），即公营机构将已建设施的经营权以 TOT 方式无偿转让给投资者，但条件是与 BOT 项目公司按一个递增的比例分享拟建项目建成后的经营收益。

5.3.4.3 TBT 项目主要运作程序

1. 确定项目方案

TBT 模式要同时考虑已建和拟建两个项目。

2. 招标准备

招标准备最重要的两个方面包括项目技术参数研究和招标文件的准备。

项目技术参数研究主要包括对项目的特性及规模进行清晰的阐述；招标文件的准备主要包括对项目技术指标的要求、投标类型的确定、标书中应该填写的内容大纲以及评审筛选投标人的指标。

3．招投标过程

TBT 招投标过程主要包括资格预审、投标、评标与决标及合同谈判四个阶段。

（1）资格预审阶段

邀请对项目有兴趣的公司参加资格预审，根据这些公司提交的包括技术力量、工程经验、财务状况等方面的资料，拟定参加最终投标的备选公司名单。

（2）投标阶段

邀请通过资格预审的投标者投标，投标者按招标文件的要求，提出详细的建议书。建议书应详细说明项目的类型、所提供产品或服务的性能和水平，建议项目融资结构、价格调整公式和外汇安排，并进行风险分析。

（3）评标与决标阶段

为了在众多竞争者中进行最优选择，需要一套完善的标准以使项目相关指标达到最优。通常一开始就应让投标者明确知道评标方法（在招标文件中明文规定），从而使他们能据此进行项目设计并提出项目建议书。

（4）合同谈判

决标后，应邀请中标者与公营机构进行合同谈判。如果公营机构与第一中标者未能达成协议，可转向第二中标者与之进行谈判，依此类推。

除此之外，TBT 融资模式中还必须签署其他许多协议，如与项目贷方的信贷协议、与建筑承包商的建设合同、与供应商的设备和原材料供应合同、与保险公司的保险合同等。为了保障 TBT 合同的顺利履行，政府应提供所需的一揽子基本保障体系。

5.3.4.4 TBT 模式的适用范围

因为 TBT 模式兼备了 BOT 与 TOT 两种模式的优点，因此该投融资模式可以广泛应用在一些大规模、长周期、高风险的基础设施项目中，如电力项目、高速公路项目等。

第 6 章 智慧城市建设案例——智慧 X 市

6.1 X 市智慧城市建设基础和需求

6.1.1 X 市城市特色分析

6.1.1.1 城市特点和定位

X 市地处四川省东南缘、川滇黔渝结合部，是川、滇、黔、渝四省（市）结合部的经济枢纽，是四川通往中国南方省份、东部沿海地区及中南半岛、东南亚的中转站。X 市是四川省首批“双百”的特大城市之一。

X 市地处川南城市群和成渝经济圈，享“中国酒城”“中国优秀旅游城市”“国家园林城市”之美誉。全市的城市优势不断集聚，被列为国家新型城镇化综合试点城市、全国重要区域性综合交通枢纽、全国首批养老服务业综合改革试点城市、全国首批水生态文明建设试点城市、全国第二批新能源汽车推广应用示范城市、全国第三批资源枯竭转型发展试点城市、全国质量强市示范城市、国家智慧城市试点城市、全国综合运输服务示范城市等，为发展智慧城市建立了良好的基础。一方面，X 市工业基础雄厚，酒业、机械装备及制造、化工等产业优势显著，这成为 X 市乃至川渝区域经济发展的重要引擎。另一方面，X 市的商业及服务体系完善，X 市“以港兴市”，近年进一步突显了成渝经济区重要的商贸物流中心、川滇黔渝结合部重要商业中心的地位。

X 市是西部对外开放的重要门户，是川滇黔渝结合部区域性中心城市和长江上游重要的港口城市，拥有港口和航空港，是国家沿江运输大通道重要节点、国家 28 个内河主要港口之一、长江经济带立体交通走廊规划重点项目之一，是四川省南向综合交通枢纽，成渝经济区重要的商贸物流中心，川滇黔渝结合部重要商业中心、港口城市和物资转运枢纽，也是全国物流园区布局城市和世界级白酒产业基地。

综上所述，确定 X 市城市性质为以下几方面。

表述一：中国酒城、四川首港、川渝滇黔结合部中心城市、国家历史文化名城和山水园林城市；

表述二：中国酒城、四川南向综合交通枢纽、成渝经济区毗邻滇黔的区域性中心城市；

表述三：中国白酒金三角核心、长江上游重要港口、川滇黔渝毗邻区域中心城市、国家历史文化名城和山水园林城市。

6.1.1.2　城市职能

根据X市城市发展条件、优势潜力，确定区域地位作用和主要职能如下：

1．以四川第一港为龙头建设成为四川省及毗邻区域通江达海的综合交通枢纽和重要门户口岸

2．川渝滇黔毗邻区域商贸物流中心

成渝经济区以白酒、化工、机械、建材、生活消费品、药品等商品的集运中心，以及辐射川南，滇、黔北部地区的区域商贸物流中心。

3．川渝滇黔毗邻区域文化会展和现代服务中心

川、滇、黔、渝结合部地区以白酒文化、化工和机械等产品的研讨、展销为主体的区域性会议、论坛和展览中心。

4．川渝滇黔毗邻区域文化和生态旅游休闲组织中心

长江上游地区生态旅游、红色文化旅游、白酒鉴赏旅游、休闲度假等的服务中心。

5．川渝滇黔毗邻区域医疗服务中心

成渝经济区南部以面向川、滇、黔、渝结合部地区的，区域性服务为主体的卫生、医护、康复、疗养中心。

6．世界级白酒产业基地

成渝经济区内乃至国家面向世界的高端白酒生产、研发、展览、销售和旅游服务基地。

7．中国能源化工综合利用产业基地

西南地区以煤炭、天然气等矿产资源的环保、综合利用示范区，以及水能、核能等清洁能源利用基地。

8．西南先进装备制造业基地

中国西南地区以工程机械、特种机车、船舶等生产为主的先进制造业基地。

9．川渝滇黔毗邻区域教育培训产业基地

川滇黔渝结合部、川南地区重要的教育培训产业基地。

10．四川特色优质农果生产加工基地

全省以桂圆、荔枝等特色农果生产、销售、观光、休闲为特色的农果生产基地。

6.1.2 智慧 X 市 PEST 分析

PEST 分析法是战略外部环境分析的基本工具，它通过政治的（Politics）、经济的（Economic）、社会的（Society）和技术的（Technology）角度或四个方面的因素分析从总体上把握宏观环境，并评价这些因素对战略目标和战略制定的影响。近年来，国内外智慧城市建设及产业发展都广泛应用 PEST 分析法进行综合分析、制定战略目标等。

运用 PEST 分析法来研究 X 市智慧城市建设及产业发展的政治和法律环境、经济环境、社会和文化环境、技术环境，并据此提出了 X 市智慧城市建设及产业发展的战略必要性。

6.1.2.1 政治和法律环境

1．中央政府层面

“十二五”时期，我国面临着工业化、信息化、城镇化、市场化、国际化发展上的新形势、新要求。党中央、国务院高度重视信息化工作，信息化战略地位进一步提升。《中共中央关于制定国民经济和社会发展第十二个五年规划的建议》中，明确提出要“全面提高信息化水平”，对信息化发展任务进行了系统全面部署，指出要“推动信息化和工业化深度融合”“实现电信网、广播电视网、互联网‘三网’融合，构建宽带、融合、安全的下一代国家信息基础设施，推进物联网研发应用”。国家已将新一代信息技术产业作为重点培育和发展的战略性新兴产业。

党的十八大提出“新四化”，内容之一的“城镇化”不仅是拉动我国经济增长的重要引擎，而且也是实现中华民族伟大复兴中国梦的主要内容。但是“城镇化”过程中伴随而来的“城市病”在不断地阻碍着城市发展，智慧城市作为推动“城镇化”的重要抓手和解决“城市病”的有效手段，代表了现代城市发展的高端形态，是“新四化”的综合体现，也是“美丽中国”和“中国梦”的重要载体。2013 年 8 月，国务院发布的《关于促进信息消费扩大内需的若干意见》指出，要加快智慧城市建设，在有条件的城市开展智慧城市试点示范建设。2013 年 9 月 26 日，国务院办公厅发布的《国务院办公厅关于政府向社会力量购买服务的指导意见》中指出推行政府向社会力量购买服务是创新公共服务提供方式、加快服务业发展、引导有效需求的重要途径，对于深化社会领域改革，推动政府职能转变，整合利用社会资源，增强公众参与意识，激发经济社会活力，增加公共服务供给，提高公共服务水平和效率，都具有重要意义。地方各级人民政府要结合当地经济社会发展状况和人民群众的实际需求，因地制宜、积极稳妥地推进政府向社会力量购买服务工作，不断创新和完善公共服务供给模式，加快建设服务型政府。

2．国家部委层面

从国家部委层面，科技部从 2011 年起，已经先后启动了两期“国家 863 计划智慧城市”项目和试点；2012 年 12 月 5 日，住房和城乡建设部正式发布了《关于开展国家智慧城市试点工作的通知》，并印发了《国家智慧城市试点暂行管理办法》和《国家智慧城市（区、镇）试点指标体系（试行）》；2013 年 7 月 22 日国家发展和改革委员会、工业和信息化部、科技部、公安部、财政部、住房和城乡建设部、交通运输部等八部委共同起草了《关于促进智慧城市健康发展的指导意见》，并报请国务院发布。

国务院及各部委信息化战略的相继出台，标志着智慧城市建设已被提上日程。国务院先后发布了《关于促进信息消费扩大内需的若干意见》《国家新型城镇化规划（2014—2020 年》等重要文件，明确提出“加快智慧城市建设”；国家发展改革委、工业和信息化部等八个部委联合下发的《关于促进智慧城市健康发展的指导意见》指出：“智慧城市建设要突出为民、便民、惠民，使公众分享智慧城市建设成果”；此外，住房和城乡建设部、国家发展和改革委员会相继开展了智慧城市和信息惠民工程试点，引导和规范智慧城市建设。

3．四川省层面

四川省为贯彻落实国家相关政策，相继出台了《关于促进信息消费扩大内需的实施方案》和《四川省“宽带中国”战略实施方案》，明确提出“推进智慧城市健康发展，开展区域性信息消费试点示范建设”“加快智慧社区、智慧小区、智慧家庭建设，着力深化宽带网络在民生领域的应用”。2014 年 6 月，四川省“信息产业促进智慧城市加快建设工作专题会”在成都举行，会议指出要紧紧围绕智慧城市建设，大力推动信息产业发展，促进信息消费。2014 年 11 月，四川省住建厅印发《四川省智慧城市建设试点行动方案》，提出各试点城市将在 2017 年前完成下一代广播电视网络改造，固定宽带家庭普及率达 50%以上，3G、4G 用户普及率达到 55%以上。应建立面向市民和企业的公共服务平台，建立智慧城市时空信息数据库，形成完善的人口、空间地理、信用等基础信息资源体系。从政策、资金等方面保障全省智慧城市建设工作的开展。

4．X 市层面

X 市是四川智慧城市建设的排头兵。X 市委、市政府抓住新一轮发展机遇，全面推进智慧城市建设。智慧 X 市建设既是 X 市加快实现创新驱动、转型发展的重要手段，深化实践“四个全面”的重要举措，也是 X 市信息化新一轮加速发展的必然要求。为推进X市智慧城市建设，打造智慧经济强市，X市委、市政府按照“基础设施+产业发展+应用体系”三位一体发展、推动以“智慧应用带动智慧产业”的理念，加快建成全市性的智慧生产、智慧服务和智慧应用体系。

2015年，X市政府印发了该市智慧城市建设实施意见，明确提出智慧城市建设，是X市加快实现“六个突破、两个率先”的重要手段，是“四化同步”的重要抓手，对X市建设区域性综合交通枢纽、川滇黔渝结合部区域性中心城市和长江上游产业转型升级示范区，引领川南城市群发展，加快经济社会发展，增强城市综合竞争力，提升政府治理能力，促进产业转型升级，改善提高人民生活质量具有十分重要的意义。

X市作为国家智慧城市试点城市，加快智慧城市建设、加强顶层设计，在出台《X市智慧城市建设概念性规划》《X市智慧城市建设实施意见》的基础之上，制订了《2015—2017年三年行动计划》。X市政府对智慧城市建设高度重视，认识到智慧城市建设是提高城市发展质量，转变经济发展方式的关键举措，政府的大力推动将为智慧城市建设建立重要支撑。

综上所述，可以看出当前国家战略为X市建设智慧城市带来了发展机遇，X市政府对智慧城市建设高度重视，这些都十分有利于X市智慧城市建设。

6.1.2.2 经济环境

X市具有良好的经济基础条件。“十二五”期间，X市经济保持持续快速增长，地区生产总值年均增长12.8%，增速稳居全省前3位，经济总量连上6个百亿元台阶，由全省第9位升至第6位。全社会固定资产投资总量由全省11位升至第2位，5年累计完成是“十一五”的3.6倍；地方财政一般预算收入由全省第6位升至第2位；社会消费品零售总额增速位居全省前列。

X市的经济环境将成为X市建设智慧城市的基础。XX市拥有高经济增长和川南特色产业结构状态，给建设具备X市特色智慧城市产业的发展创造了良好的条件。

6.1.2.3 社会和文化环境

X市教育的整体发展水平处于全省前列，X市高等院校数量位居全省第三位，随着教育的快速发展，X市市民对现代化新事物的接受程度越来越高，智慧城市产业的发展正处于一个历史的契机点。

X市职业技术学院在专业应用型人才培养上，初步形成了产、学、研协同发展模式，有利于智慧城市产业的发展建设。

经过近几年的建设和发展，X 市信息基础设施水平明显提升，电子政务建设深入扎实推进，信息化与工业化融合步伐明显加快，信息化在科技、教育、文化、医疗、社区、农村等领域得到广泛应用，为智慧城市建设打下了坚实的基础。

6.1.2.4　技术环境

近年来，X 市科知局围绕 L 市传统产业转型升级，大力实施高新技术企业培育计划，通过加强政策宣传和高新技术企业申报培训，提升企业技术研发和成果转化水平，多部门联合推动高新技术企业扶持政策落实，培育了一批技术创新能力较强、发展势头较好的企业，有力地促进了高新技术企业申报工作和高新技术产业发展。

2015 年，X 市共组织申报国、省项目 139 个，申请资金近八千万元，获省级立项项目 87 个，立项经费四千余万元，超额完成市委、市政府下达的目标任务。带动社会投入 4.3 亿元，项目实施后预期将实现新增产值 38.2 亿元，新增利税 5.8 亿元。征集市级科技项目 189 个，其中科技计划类项目 161 个，人才培育类项目 16 个，成果转化项目 12 个。X 市某区正式列为国家可持续发展实验区。在抓好对上科技项目资金争取的同时，积极抓好对外招商引项目工作。通过成立招商引资工作领导组，分解下达招商引资工作目标任务，前往北京、西安、江苏等地实际对接企业，洽谈项目等工作措施，成功引进投资项目 3 个，投资金额达 2.2 亿元。

随着下一代互联网、物联网、云计算、无线宽带等新一代信息技术发展，信息网络向宽带、融合方向发展的趋势进一步显现，信息技术向智能化、集成化方面发展以及与其他产业技术的融合不断加深，这些都为实现对 X 市智慧城市建设管理和各领域智能化水平提供了有效的支撑。这些技术创新为 X 市智慧城市建设带来发展契机。

6.1.3　智慧 X 市建设的基础

6.1.3.1　发展布局

随着 X 市城镇化的快速发展，城市管理和社会建设面临着许多新的挑战，迫切需要新的理念、新的思路和新的技术。同时，X 市传统的经济增长方式也面临着日益严重的资源和环境压力，促进传统产业转型升级，打造高新技术产业体系，建立科技创新中心等适应 X 市发展的新要求，迫切需要开展“智慧 X 市”建设。面对难得的历史机遇，市委、市政府正确把握发展形势，将“智慧 X 市”建设摆在了全市经济和信息化工作的重要位置，加强统筹谋划，明确发展方向和建设重点。

根据《X 市智慧城市建设实施意见》及《X 市推进智慧城市建设三年行动计划（2015—2017）》，智慧 X 市将成为中西部地区同等规模城市中“基础设施基本完善、智慧政企普及、智慧民生齐全、信息安全总体可控、保障机制完备成型”的城市，进而形成智慧城市建设的 X 市模式，为推动 X 市实现城市 2.0 版和经济 2.0 版奠定基础。

围绕基础设施、民生服务、智慧党建、商业模式创新、应用示范等方面，实施智慧城市建设三大工程：以建设国家下一代互联网示范城市为支撑，建成基础设施完备、功能保障有力的信息基础网络体系；推进新一代信息技术、云计算、大数据、移动终端，在医疗、教育、交通、养老等社会生活方面的应用；利用 X 市进行智慧城市建设的契机，抢抓机遇，大力发展智慧城市经济产业，做好产业的智慧化和智慧的产业化。

6.1.3.2 产业基础

中华人民共和国成立以来，X 市的社会主义物质文明建设和社会主义精神文明建设取得较大成绩，形成一定的特色产业，化工、机械和食品工业等均具有竞争能力，建成中国历史文化名城、国家双拥模范城、国家卫生城市，为建设现代化城市奠定了良好的基础。X 市能源、化工、矿产资源、农业资源、旅游资源极具优势，资源匹配组合好，开发条件优越。X 市是“成渝经济区”（或称“成渝都市区”）和“泛珠三角区域”的经济区域，有丰富的资源及科技人才优势，拥有川滇黔渝结合部唯一的 X 市港保税物流中心，西部化工城建设自具特色，与其他经济区域互补性强。区域合作、区域经济一体化发展，对促进 X 市的优势与协调发展具有重要的意义。

6.1.3.3 信息化基础

经过调查发现，近年来 X 市非常重视智慧城市建设并开始推动设施建设，这为新型智慧城市建设奠定了一定基础。

1．网络基础设施

近年来，X 市政府分别与四川电信、联通、移动等三大电信企业签署智慧城市建设战略合作协议，合作推进智慧城市建设，为构架 X 市发展新格局、打造“智慧 X 市”奠定了坚实的基础。

随着 X 市经济快速发展，政府和企业加强了城市基础建设投入，其中包括与智慧城市密切相关的通信网络建设，实现了对 X 市主城区、县城以及重点乡镇的全覆盖，为智慧城市建设提供了无线高速公路。目前X市全市已建成开通全光网络通信端口100万，同步建成1200个村的高速光通信网络，实现城区及乡镇100%光网络覆盖，90%以上村光网络覆盖。全市高速光纤宽带用户占比已经达到95%，用户带宽上网平均速率目前已提升至30M，城市出口带宽达320G，位列全省第二。截至2015年9月，X市公共WIFI热点已有657个，覆盖了主城区范围和部分县城区域，其中机场、驾校、客运车站以及主城区主干道等地已实现免费WiFi热点全覆盖，到2017年免费热点增至5万个，实现三区四县全覆盖。

2．数字X市

数字X市是构成国家地理信息公共服务平台的333个信息基地之一，是数字四川的重要分节点，是数字中国的重要组成部分。

X市已建立数字X市地理信息公共服务平台，与此同时，以X市规划、城管、交警、旅游、水务、公安、国土等应用为牵引，充分运用计算机技术、3S技术、多媒体技术和大规模存储技术建设了多个行业应用示范系统。这些系统包括规划管理信息系统、地名地址采集更新系统、基于交警任务应用的智慧调度系统和特情任务系统、应急地理信息管理系统、X市洪水风险图等。

数字X市的建设为向智慧X市的转型跨越打下了坚实的基础，是实现X市多个行业领域智能化的重要基石。

3．国家电子商务示范

X市拥有白酒交易中心、X市白酒官方商城、物流公司、X市购（西南商贸城）、分装U酒等本土电商平台12家，全市企业电子商务应用率超过55%。其中，白酒交易中心“酒易付”第三方支付牌照已通过人民银行成都分行审核，X市或将诞生第一个酒类支付牌照。“邻家壹佰”O2O智慧社区超市已启动招商，同城购（川南电视购物网上商城）已走进全市25个社区；百佳福电商公司已在全市20多个场镇开设了电商服务网点。

物流方面，X市长江物流公共信息平台将集X市电子口岸和港航EDI中心、公铁水“多式联运”货物跟踪查询、仓储服务管理、进口和大宗商品交易展示、线上结算支付和保险服务、物流资源交易服务等多种功能为一体。

4．其他建设

近年来，X市还依托信息化手段建立了X市政务服务中心等重要平台，分步启动实施了信息化基础设施建设、数字城管、食药监监控平台、合江宽带乡村试点工程等重点项目。

6.1.4 重点领域建设现状及存在的问题

6.1.4.1 大数据应用现状及问题

按照国务院的纲领《促进大数据发展行动纲要》、《国家智慧城市试点暂行管理办法》和《国家智慧城市（区、镇）试点指标体系（试行）》，X 市大数据基础建设进一步完善，特别是 X 市数据资源中心的成立。但是 X 市在大数据平台建设方面的仍有不足之处。

1．数据采集落后

受制于长期以来对数据重要性的认识不足，以及落后的采集手段，X 市在数据采集手段、覆盖面等方面与国内外先进水平有较大差距，这对后期的数据汇集、处理、共享等均存在很大制约。

2．缺乏公共数据库建设

由于长期以来没有意识到公共数据的重要性，X 市的各种基础性数据的整理和记录比较缺乏，故对数据平台及智慧城市建设不能提供良好的数据支持。

3．应用系统开发各自为政，存在严重的信息孤岛现象

长期以来，各单位往往根据各种的业务需求，在信息系统建设上各行其是，部门间的纵向横向业务系统因缺乏数据共享公共接口，不能实现互通互联，致使业务数据封闭，形成信息孤岛。X 市缺少一个统一的信息共享交换平台来保证政府业务数据的互通。

4．数据利用率低

由于没有一个统一的数据平台，对于基础数据无法进行挖掘处理形成有价值的结果，造成数据利用率低。

5．缺乏专业运营

目前，X 市尚无专业大数据运营机构，因而缺乏对数据的专业运营，这使得数据无法充分体现出价值。

6.1.4.2 医疗应用现状及问题

目前，X 市县级以上 90%的医疗机构建立了机构信息系统，在省级部门的支持下，X 市疾病控制、卫生监督执法、妇幼保健信息系统、计划生育服务、医疗保障服务、药品采购监管、行政业务管理已经分别建设了统一的应用业务系统，这些系统正逐步向县区推广。X 市基层医疗卫生机构管理信息系统正在逐步建设。但是，X 市级区域信息平台缺乏，区域业务协同和数据共享建设滞后。居民电子健康档案、电子病历和人口计生三大数据库没有进行有效的整合，缺乏专门的综合管理数据库，医疗数据挖掘建设滞后。区域医疗业务协同和数

据交换共享缺乏安全高效的网络支撑。此外，全市卫生信息化管理人才缺乏。

基于以上现状，制定了以下X市智慧医疗建设路径。

建立X市区域卫生信息平台，实现医疗卫生信息在区域内医院、社区卫生服务机构、公共卫生机构的共享交换，促进机构之间相互协作，全面提升全市范围内的医疗业务效率和质量，充分发挥X市医疗卫生资源优势，为居民提供多层次、多样化的医疗卫生服务。同时，探索新型医疗卫生服务模式，通过信息平台顶层设计，完善X市以电子病历为基础的医疗信息服务系统、公共卫生信息系统、社区卫生服务信息系统等业务系统的建设，促进X市医疗卫生事业不断创新发展。

6.1.4.3 电商应用现状及问题

近年来，X市着力推动大型传统企业加快信息化步伐，提升中小企业信息化应用普及率，电子商务发展已初具规模，电子商务在工业、农业、商贸流通、交通运输、金融保险等领域的应用不断拓展，正在形成与实体经济深入融合的发展态势。

根据对重点行业的抽样调查显示：全市57%的企业实施了网络化经营。其中，37%的企业建立了自己的网站或网页，另外20%的企业利用淘宝、天猫、酒仙等平台，开展市场营销与供需信息发布等应用。形成了“白酒交易中心”“X市购”“X市白酒网上商城”等本土电商平台12家，有力地促进了本土电子商务企业的迅猛发展和不断完善壮大。全市初步统计现有B2B行业电子商务网站12个，电子商务平台企业已达12家，B2C电子商务交易网站30余家。

X市本土企业（个人）在天猫、京东、亚马逊、酒仙等第三方电子商务平台开设网店近3000家，自创互联网品牌40余个。

依托本土产业优势，X市涌现出了四川中国白酒交易中心、X市购——西南商贸城网上商城为代表的本土特色电商平台。虽然部分电子商务平台已在运行，但是与同类电商平台相比，仍存在较大的推广压力。X市只有找到区别所在，突破已有模式，看准未来发展方向，才能占领电商市场制高点。

而且，X市的第三方物流企业还没有形成规模，缺乏兼备信息化的物流基础设施，货物配送缺乏效率，这限制了X市电子商务的进一步发展。除缺乏现代物流仓储中心外，X市在发展电商基础设施建设方面，还缺乏信息安全监督、公共信息统计平台、支付中心、云计算等设施。

由于X市地处西部内陆二线城市，远离成都、重庆等中心城市，缺乏电子商务专业人才几乎成为困扰全市各类电商企业的主要问题。人力资源是电子商务的发展动力，但目前电子商务各层级人才的相对匮乏制约着X市电子商务的发展。

电子商务作为一种新兴的商务活动，人们对其的认识还不够充分，尤其地处偏远地区的市民对电子商务的意识还很薄弱。这体现在仅关注眼前利益以及习惯传统购物方式。政府也缺乏相应的政策以及资金支持。

目前X市没有建立较为权威的评价指标体系，与电子商务相关的支付过程、售后过程等都存在不稳定因素。

6.1.4.4 党建应用现状及问题

信息技术的发展，不但改变了我们的工作方式、组织方式、行为方式和生活习惯，还深刻地影响着党的思想建设、组织建设、作风建设、制度建设和反腐倡廉建设。

目前，X市党建信息化的载体和手段主要有：

1．互联网平台

X市委组织部现有以下六个互联网信息化系统或平台。

一是中组部下发的单机版党员信息管理系统（X市进行适当改进后部署在党政内网上，各基层党组织可通过党政内网实时维护，目前由市委机要局建设虚拟服务器存储数据信息和提供技术支持）、单机版公务员信息管理系统，可查询上一年度党组织、党员、公务员基本信息；

二是中组部统一要求建设的大组工网涉密信息系统，目前只具备中组部网页浏览和邮件收发功能（服务器等设备部署在部机关大组工网专用机房）；

三是市委组织部干部二、三科邀请公司建设的干部信息管理系统，可分别单机布署在电脑、手机上查询市管干部信息（服务器部署在干部二科）；

四是信息科邀请公司开发的党组织关系网上转接系统，已实现市内党组织关系转接无纸化；

五是电教科邀请公司建设管理的X市市党员干部现代远程教育服务平台，可提供党员网上教育服务；

六是由市委组织部信息科负责管理维护的“X市党建网”内外网站，区县党建互联网信息化建设大体和市委组织部的相同。

2．电视平台

目前，市委组织部依托X市电视台综合频道开辟了《X市党建》栏目，每月制播一期。7个区县也依托电视台开辟了党建专栏或者频道。

3．手机平台

目前，市委宣传部牵头建立了“酒城手机报”，主要用于全市各区县各类工作动态、前沿信息等的宣传，区县委宣传部也相应建立了自己的手机报。市委组织部依托《X市晚报》“爱X市”手机客户端搭建了“远程教育课堂”，主要加载音视频专题片，单独的党建手机平台尚未建立。

以上平台种类多、重复建设严重、资源共享较差。急需要搭建一个能实现资源共享、各级组织共用的平台，整和现有X市党建网、X市党员干部现代远程教育服务网，促进基层党建工作与现代信息技术的融合共生。

6.1.4.5 社区应用现状及问题

X市基层社区基本建立了社区服务站，建设了包括劳动人口信息系统、城市低保信息应用系统、流动人口管理系统、育龄妇女管理系统、计生科技服务系统等业务系统。分别用于社区采集数据，包括婚姻登记、救助、保险、计生、劳动保障、残联、民政、党建、就业局、生活台账统计局、医保、公安户籍、低保等数据信息。

同时，社区综合管理信息系统涉及基层社会治安、社区劳动保障、文化建设、环境保护、卫生防疫、社区组织、社区财务、社区党建等日常办公事务十几个大类近三千个基础数据项。

但是，这些信息化系统建设缺乏统一规划，已有信息系统是封闭管理和运作，不能实现信息资源共享。数据标准（包括数据采集的基本要素、数据的来源、数据采集的方法及要求等）不统一，易造成"信息孤岛"，而由街道出面协调存在实际困难。

此外，社区服务体系中满足人们需要的服务项欠缺，管理职责权限不明确，社区服务人员数量不足，素质有待提高，而资金与盈利模式匮乏等问题也限制了社区服务的社会化。因此，X市智慧社区建设必须重点深化电子政务化，探索"一表制"社区采集模式，整合台帐促进数据共享，实现社区居委会和政务服务中心的综合受理系统应用，形成前台处理、后台科室处理的工作格局。

6.1.5 智慧X市建设需求分析

6.1.5.1 总体需求

为了有效推进智慧X市建设，推进X市区域性中心城市及门户口岸城市建设，应分析重庆、成都等周边城市发展，立足于X市自身的发展条件和独特优势，在"不求多而全""但求专而特"原则下，突出智慧城市对X市城市定位的吻合度、对X市产业发展的支撑度、对X市民生需求的满意度，完善产业、民生、政务等方面的服务支撑手段，提升服务能力和服务水平，改善服务体验，聚焦酒城特色、医疗品牌、商贸物流等城市特色，确定智慧X市发展总体需求如下。

1．立足四大特色

立足区域中心城市定位，致力于提升区域中心城市的枢纽服务功能，不断提升城市品质，不断完善城市功能，突出产业、医教和枢纽支撑，提升区域中心城市的经济发展的凝聚力和辐射带动力。

立足中国酒城特色，充分利用X市在白酒行业的领头地位，创新服务模式，以信息化手段加快行业供给侧改革，推进白酒交易制度变革（释放改革红利）、产业结构优化（推进结构升级）、要素升级（促进创新驱动），把传统产业做精做细，增加产品附加值，提升产品竞争力。

立足X市区位优势和医疗资源品牌优势，致力于川南医疗中心建设，科学规划，统筹推进，建立协同发展的医疗卫生服务体系。利用好现代信息技术手段和互联网工具，让先进设备真正发挥作用，充分发挥好X市医疗及医学教育科研资源的社会效益和经济效益，真正实现群众得实惠、医院得发展、政府得口碑。

立足国家电子商务示范基地建设机遇，加快构建X市电子商务市场体系，推动第三方电子商务综合服务平台建设，支持本土电子商务公共平台、行业垂直平台、跨境电子商务、电子商务试点示范企业和电子商务集聚区建设等，到2017年，初步建成全国电子商务示范城市，电子商务交易规模进入全省前列。

2．服务三大主体

面向市民，继续着力保障和改善民生，围绕生活、工作、学习、就业、就医、养老等全市人民群众最关心、最直接、最现实的基本需求，加快建立基层基本公共服务网络，贯彻“以人为本”的智慧城市建设理念，围绕“以人为本”的服务形成统一视图，在智慧惠民服务内容、服务提供方式的设计上，以为公众提供更加便捷、完善的服务为基本出发点，着力实现各领域信息化支撑从“有”到“特”，服务内容从“满足、满意”到“特点、特色”。

面向企业，突出智慧城市对X市经济发展的支撑度，发挥西部数据中心潜能，重点发展X市大数据分析服务的行业大数据服务，整合服务机构，大力引导和支持企业开展电子商务、智能制造、创新孵化、产业链协同等转型创新工作，加快相关智慧产业落地X市，依靠企业的市场化运营形成智慧X市可持续发展的良性循环。

面向政府，突出智慧城市对X市城市定位的吻合度，围绕X市城市运营特点特征，从政府开放式创新、高效科学的政府治理的根本需求出发，以整合服务为基础，建立政府对市民的单一服务窗口，扩大政府服务的便民性。

力争通过努力，将X市建成川滇黔渝结合部区域中心城市，建成产业集聚中心、教育医疗中心、商贸物流中心等，使X市成为辐射能力和服务能力最强的中心城市；将X市建成成渝城市群南部中心城市，在经济实力、产业竞争力、港口功能、交通条件等方面进一步提升。

6.1.5.2 业务需求

1．基础设施领域

建设华为四川大数据中心、市民一卡通等项目，在X市国家高新区建设大数据产业园，将X市打造成为西南智能制造中心、西南电商服务中心、西南大数据处理中心、省内信息消费支撑中心，引领全市智慧经济发展。

2．产业转型和产业创新

打造西南智能制造中心，依托智能电网装备制造、机器人制造和3D打印（增材制造）技术转化等项目，在X市国家高新区建设X市电子信息制造特色产业园，力争引进北斗技术下游产业链落户X市。

依托X市西部数据中心基础设施和数据资源中心，对全市信息数据资源进行统一、科学、高效地管理，未来将其打造成为全省乃至西南地区的大数据和数据栽培基地，吸引和聚集一大批相关产业链落户X市，加快X市大数据产业链的形成，以此提升X市的辐射能力和竞争力，加快X市建成区域中心。

3．发挥电子商务智慧经济的“杠杆”

依托省级电子商务示范城市、“国家电子商务示范基地”系列政策“福利”，打造电子商务与信息产业集群，在酒类、茶叶、旅游、文化、民族工艺品和特色农产品等行业中建立具有全国影响力的专业电子商务平台，促进电子商务“进企业、进园区、进市场、进社区、进农村”五进工程。基本确立川滇黔渝结合部区域的电子商务中心地位，向国家级电子商务中心看齐，带动周边地区电子商务快速发展。

4．支持新兴“智慧产业”发展

支持动漫游戏、新媒体等产业发展，鼓励和扶持企业开展动漫游戏开发设计、传统媒体向新媒体转型。从无到有，引进和培育一批ICT企业，培育全市传媒和数字内容产业等智慧经济。

5．构建“众创空间”搭建创新创业平台

坚持传统与创新结合，以构建“众创空间”为载体，搭建创新创业平台，培育创新文化，加快形成“大众创业、万众创新”新局面，推动实施创新驱动发展战略，以创新创业带动就业，营造“大众创业、万众创新”的生态环境，增强新常态下经济发展新动力。

6.1.5.3 技术需求

X市智慧城市建设要破解数据资源部门化壁垒、智慧应用效果使用差、资金筹集困难等广泛存在的瓶颈和难题，为智慧 X 市建设和推广开山铺路，具体技术需求包括以下内容。

1. 推进华为川渝大数据中心、省农商行灾备中心项目建设，打造西南云计算基地和数据灾备基地，推进四川工业云试点。

2. 加快建成数据资源管理服务平台，为 X 市智慧城市建设铺路。以建设跨部门协同共享平台为重点，统筹整合政务信息化工作，打破数据资源“部门化”壁垒，进一步提高全市公共管理和服务水平。

3. 探索“智慧应用”的建设和应用模式的创新。在智慧城市建设中，需求是引导，应用来自于需求，必须聚焦需求，并以应用的开发拉动产业发展。需求的满足就是应用成功的明证。因此，要以“以人为中心、需求为导向”进行智慧城市示范试点建设。支持其在面向服务架构、中间件、云计算、大数据、数据交换等领域攻克一批关键技术，并形成一批技术、业务与监管流程融合的国家标准、行业标准和地方标准，再通过标准化后产品和技术的规模化应用反过来促进技术的不断更新。

4. 发挥财政资金引导作用，推广 PPP 模式，吸引社会资本共同发起设立智慧城市创业投资基金。同时，成立以国资为核心、吸引民资共同参与的智慧城市产业投资公司，为智慧城市和信息化建设提供投融资平台保障。

5. 制定深化商事制度改革、落实财税优惠政策、拓宽创新创业投融资渠道、激励科技人才创新创业、大力引进国内外创新创业人才、鼓励大学生创新创业、促进专利实施转化、扶持各类创新创业项目等方面的优惠政策。

6.2 智慧 X 市总体架构

6.2.1 建设理念

以党的十九大为指导，立足国家治理体系和治理能力现代化建设的高度、“新四化”建设的广度、以人为本的深度，立足于 X 市实际，借鉴国际先进经验，结合国内实际，以问题和需求为导向，从新产业、新环境、新模式、新生活、新服务五大方面支持 X 市“新型城镇化”发展和区域中心建设。

以新兴技术驱动、数据的智慧化整合，着力贯通 X 市各部门之间，以及城市之间核心系统内的数据和信息，挖掘数据价值，促进各部门协同工作，为领导决策提供支撑，进而服务于市民，进行社会的大协作，全民参与，实现数据的社会价值。采用新兴技术手段来升级管理能力，构建 X 市创新的商业模式和生态系统来凝聚产业活力，提供更具潜力的产业发展环境和灵活敏捷的城市治理手段，获取资源的高效利用和可持续的城市发展，从而全面提升 X 市的智慧化水平。

6.2.1.1 数据驱动，激活生产力

在传统模式下，智慧城市的基础设施是指网络、IDC 等硬件型基础设施。在 DT 时代中，其基础设施已不再仅仅是固网、移动、广电、计算、存储等传统的设施，同时还有数据设施，它来源于社会的方方面面，渗透到当今每一个行业和业务职能领域，成为重要的生产因素，将整个城市的各类应用加以连接，成为一体化的智慧城市。

DT 战略的核心，一是以数据为核心，推动各行业变革，即“点燃整个数据和激发整个数据的力量，为社会所用，为销售所用，为制造业所用，为消费者信用所用”；二是以更加开放的形式推动数据的应用。

2015 年 8 月，国务院通过《关于促进大数据发展的行动纲要》，其中就明确了要推动政府信息系统和公共数据互联共享，要推动大数据产业发展，要强化信息安全的保障。一些城市已经快速响应，发挥数据在智慧城市建设中的价值。例如，同年的 8 月底开始的上海创新创业大赛，首次向社会开放超过 1000G 交通信息数据，采用众创的方式，开发出创新的互联网产品，为排解道路拥堵、优化公交规划等问题寻求对策。

在 DT 时代，数据不再是社会生产的“副产物”，而是可被二次乃至多次加工的原料，从中可以探索更大价值，它变成了生产资料，谁占有数据谁就能成为行业的主导者。数据资源可以通过数据交易而取得(如贵阳大数据交易所)，但是作为整合的一方，自身必须拥有强大的数据基础，才能将外部获得的数据予以消化吸收。从产业发展来看，社会各类主体的连接中心节点是最具有数据中心节点的潜质的。例如，阿里巴巴通过交易、金融，连接了社会经济；腾讯通过社交网络，连接了诸多用户；电信运营商通过通信管道，连接了社会经济的方方面面。

中国经济正进入转型升级的“新常态”。而在这一过程中，如何运用新兴的大数据技术、云计算技术、移动互联网技术，支持产业升级，创新发展模式，是从政府决策部门到产业界都极度关注的话题。当前，以控制为出发点的 IT 时代正在走向以激活生产力为目的的 DT（Data Technology 数据技术）时代。这不仅仅是技术的升级，更是思想意识的巨大变革。大数据是未来商业社会的基础设施，驱动着商业的变革。

经过多年的发展，X 市在电商、金融、物流、医疗、文化等领域积累了庞大的数据，但这些数据目前大多数仍停留在各个孤立的系统内。在建设 X 市新型智慧城市的背景下，只有促进这些数据流通才能发挥其价值，只有建构数据分享的机制和产品，提升数据使用效率，使数据更好地服务于 X 市经济和民生，才能真正使 X 市在数据时代全面均衡地发展，提升各类商业活动的效率和质量，促进 X 市产业升级转型。

6.2.1.2 以人为本，建设智慧城市 3.0 典范

在经历了 1.0 虚拟平台、2.0 无线城市的智慧城市建设后，中国智慧城市 3.0 时代正在到来。3.0 时代的核心思想是看数据怎么融合、分析并最终服务大众，体现的是“以人文本”的思想。建设“以人为本”的智慧城市对提升市民幸福感意义重大，且符合科学发展观的“以人为本”的核心价值，如表 6-1 所示。

表 6-1 智慧城市建设特征

类别	智慧城市 1.0	智慧城市 2.0	智慧城市 3.0
特征	简单地将城市的各个方面进行数字化特征，将人、城市管理等各个方面用数据进行标识，然后各个个体、系统之间是相互独立的	即“城市+智慧”，以智慧信息技术为手段，使得城市已有业务更便捷，各个智慧化系统间相互割裂，未改变城市运营本身	即“智慧+城市”，人本为导向，数据为核心，以人为中心实施数据关联，实现决策能力，变革城市运营模式、管理流程、政务秩序，通过“互联网+”连接一切，实现“无所不在的网络、无所不在的数据、无所不在的服务”

智慧 X 市建设的核心理念即是“以人为本”，体现“网络、数据和服务”三个无所不在的建设特色：无论哪种角色在智慧城市建设中都能享受到无所不在的数据、无所不在的网络、无所不在的服务。

以人为中心的智慧城市信息和服务资源建立以人为中心的智慧城市领域高层核心本体，描述市民偏好和个性化特征，按照“记录一生、服务一生”的原则最大限度地覆盖市民一生以及其日常生活的方方面面。生活在智慧城市中的人位于中心，整个网络和信息数据不仅包括了市民的姓名、出生日期、婚姻状况等自然属性和状态，还涵盖了城市生活中与人相关的虚拟信息，如银行账户、虚拟社区等。网络和信息数据时刻充满在城市之中。

以人为中心的智慧城市网络为人的发展带来了新的空间。增强了人们获取

信息的手段和能力，使人们对于信息的理解逐步延伸。在这个发展过程中，信息成为网络应用中更重要的内容，信息、数字化的世界，物理的世界，以及人类生活有效结合起来。

以人为中心的智慧城市服务在医疗、教育、社保、就业、交流、出行、娱乐等多个领域围绕市民的需求提供丰富、高效、易用的应用，以为民、便民、利民为目标，力图提升市民的幸福感。这在我国城市常住人口持续快速增加，交通、教育、卫生、环境等公共基础设施资源日渐紧张，服务质量尚不乐观的背景下，其作用尤为重要。

在以人为本的智慧城市 3.0 体系下，作为城市的管理者，能科学合理地决策规划；作为行业的管理者，能实施节约高效的经济模式；作为城市居民，能享受幸福宜居的理想城市带来的一切。

以人为中心的智慧城市公共服务面向智慧城市的应用场景，基于城市信息基础设施，为市民个人、家庭或者其他社会群体提供内容丰富、个性化、综合融通且随需而动的公共民生服务。其具有以下几个方面的特点。

1．服务对象以人为中心

服务的对象是城市中的人，这里的人不是某个人或某些特定的人群，而是指全体市民。具体而言，市民人数众多，对服务的访问量大，并且居住相对集中，这使得常常会出现由于区域性事件的影响而同时访问某项服务的情况。例如，因为城市中感冒流行而导致大量市民同时访问医院挂号服务，或者由于突然下雨，而导致市民同时访问出租车预订服务等。因此，以人为中心的智慧城市公共服务具有用户量大，并发访问峰值高，且访问量波动明显的特点，这就要求服务系统能够适应访问量的变化，具有良好的可伸缩性。

2．服务内容以人为中心

这包括两个层面的含义：一方面，从宏观上说，以人为中心的智慧城市公共服务面向市民工作、生活的方方面面，服务内容以市民的需求为中心，涉及范围广；另一方面，从微观上说，针对某一个特定的市民，其服务内容又需要根据该市民的个性需求、使用习惯、所处情境进行充分的定制和适配，使每个市民都能使用到以自身需求为中心而优化的个性化服务。

3．服务组织以人为中心

以人为中心的智慧城市公共服务内容十分丰富，不同的应用在数据和业务逻辑上存在大量的交融与依赖，传统的以功能为中心的服务组织模式不再适用。所谓以功能为中心的服务组织是指，按照功能将面向市民的信息服务分割为多个应用系统，市民则根据要完成的功能选择使用相应的系统，通俗地讲就是“系统为中心，人围绕系统转”的模式。这种模式存在以下弊端：

（1）应用按功能切分，应用间易形成壁垒，不利于数据共享和业务融合。

（2）应用根据预设的功能设计，柔性不足，难以演化。

（3）要求用户在使用前预先知道应用的存在，而在应用极大丰富且不断增长的环境中，这一要求无法为市民广泛接受。

针对上述问题，未来智慧城市服务应该采用新型的以人为中心的组织模式。这包括以下两点。

（1）在信息资源层，应该突破单个应用的边界，建设以人为中心的市民智慧城市信息资源库，整合与人相关的各种数据和可复用服务，为应用提供统一的资源模型，以支持应用间的深度融合。

（2）在应用层，则应该综合分析市民的剖面（profile）、偏好（preference）和所处情境（context），通过人工选择、自动推荐等方式为每个市民聚集适合其使用的独特的服务集合，并且根据市民状态的变化，对此集合做出动态的适应性调整，做到“以人为中心，系统围绕人转”。

4．服务提供以人为中心

平台提供服务的渠道不应该是单一的，而应该充分利用智慧城市中电信网、移动通信网、传感网、广电网等多种通信基础设施，扩展到包括PC，PDA、手机、电视、公共终端机等各种终端，通过网络向市民全方位地提供服务。服务提供的模式包括用户主动访问（即“拉”模式）和系统推荐（即“推”模式）两种类型。从用户的视角看，各种服务资源以人为中心展开，用户可以随时、随地、随需地获取服务。

智慧X市把市民的需求置于首位，让市民充分参与智慧城市的建设过程，从而可以有效地解决棘手的城市建设问题，使得个体的需求可以很快传导至政策和市场的决策者手中，促进智慧城市的一系列解决方案与市民的良性互动，以满足市民的需求倒逼城市管理和服务模式的改变，而城市建设机制的创新，市场对资源配置的决定性作用等都会促使X市走出一条智慧城市建设的新路子。

6.2.2 基本原则

智慧X市的建设立足于X市实际，以问题和需求为导向，全面深化改革，深入贯彻“以人为本”的核心理念，服务于新型城镇化建设和产业转型升级，提高人民群众生活水平。智慧X市的建设坚持以下基本原则。

6.2.2.1 统筹规划，分步实施

积极做好智慧城市涵盖的各模块的专项规划方案，高标准、高质量设计好规划实施的技术路线图。按先易后难、实用优先安排实施时序，确保技术开放留有余地，为后续实施的项目充分预留接口和通道。

6.2.2.2 需求主导，市场运作

以需求为主导，充分发挥市场机制配置资源的基础性作用，探索低成本、实效好的信息化发展模式。

6.2.2.3 基础先行，惠及民生

把信息基础设施建设摆在突出位置，加大投入和建设力度，逐步推进实施计划，为智慧城市建设提供基础保障；要把民生信息化作为智慧城市建设的重要目标，让广大群众切身感受到智慧城市建设给生活带来的便利。

6.2.2.4 集成互通，整合共享

加快信息化基础网络和信息交换共享平台的建设，通过政府的引导作用，建立共建共享机制，推动集约化建设，加快信息资源的有效整合与共享交换。改革创新体制，打破信息孤岛，在确保信息安全的基础上，破除壁垒，确保各行业、各系统实现资源共享和互利共赢。

6.2.2.5 立足产业，拓展应用

把培育智慧产业和产业智慧化作为智慧城市建设的立足点，大力推动基于新一代信息技术的各类新兴智慧型产品的研发制造和智慧型信息技术产品在经济社会各领域应用，促进经济发展方式转变和产业转型升级。

6.2.2.6 条块结合，重点突破

市级和区县两级政府及有关部门要统筹协调推进，支持区县和重点行业先行先试，加快重点领域、重点区域、重点项目的示范建设，增强辐射和带动作用，促进设施完善、应用渗透和产业发展。

6.2.2.7 政府引导，企业主体

加强政府规划引导，强化政策法规、规范标准建设，完善市场监管，营造公平有序的市场环境。充分发挥市场配置资源的基础作用，坚持以需求为导向，以企业为主体，形成全社会广泛参与智慧城市建设的良好氛围。

6.2.2.8 数据共享，安全保障

依托现有云服务平台，运用云计算和大数据手段，统一技术标准，破除数据信息分割，实现资源共享和开放，提升各类智慧应用的水平和效率，推动产业发展。同时，把网络与信息安全保障贯穿于智慧应用的始终，加强网络安全意识，按照“谁主管谁负责，谁运行谁负责”的原则，提升技术能力，强化信息保护，形成与发展水平相协调的网络安全保障体系。

6.2.2.9 企业主体，商业创新

理顺政府与市场边界，突出发挥企业主体作用，创新社会资本参与智慧建设模式，培育和发展新型应用业态。创新商业模式，推动智慧经济技术、产品、服务跨界集成，打造产业联盟和供应链合作，构建系统方案解决商和集成服务供应商，加快智慧应用“X 市模式”输出。

6.2.3 总体架构

6.2.3.1 总体架构

结合对 X 市各级政府不同管理需求的分析和研究，智慧城市的建设总体框架概括为如图 6-1 所示，其中核心在于“一个产业研究院、一个亮点产业、N 项智慧工程”。

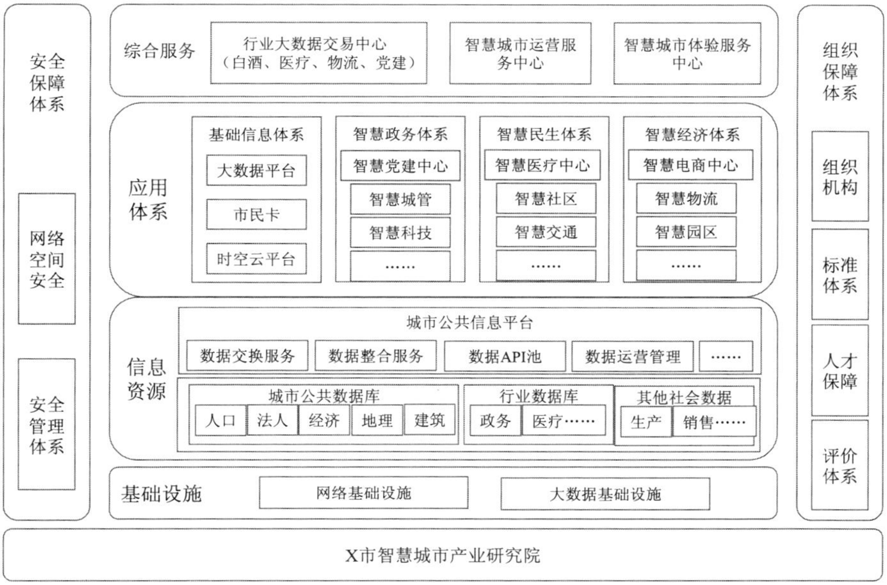

图 6-1 智慧 X 市总体框架

“一个产业研究院”即组建X市智慧城市产业技术研究院。以智慧X市运营、行业技术集成创新、产业化应用为目的，推动高新技术产业化，推动产业结构升级，促进X市经济与社会持续发展。

“一个亮点产业”即打造X市大数据产业，充分发挥大数据资源丰富、信息经济发展较快、应用市场广阔的优势，以城市公共信息平台为重要依托，以公共数据整合共享开放为切入点，坚持需求导向，强化示范应用引领，全力打造区域大数据产业中心。立足X市实际，综合考虑X市周边大数据产业环境，利用好X市电子商务、白酒产业支撑、区域医疗服务（健康养老）等领域的资源优势，激活相关领域大数据价值，服务大数据生态建设，走一条具有“X市特色”的行业大数据基础服务和交易服务之路。X市行业大数据产业主要依托X市白酒产业在全国的优势地位，打造全国白酒大数据产业；依托X市长江港口、电子口岸和B级保税物流中心等优势，打造国家西南物流大数据产业；依托X市优势医疗资源在X市乃至川滇黔渝结合部的引领作用，打造川南医疗大数据产业。

“N项智慧工程”包括：“一个中心”即城市运营服务（体系）中心，是智慧城市建设的核心，四大体系（基础信息体系、智慧政务体系、智慧民生体系和智慧经济体系）是智慧城市建设的基础，21个系统工程是智慧城市建设的内容。“一个中心、四大体系”全面展示了X市智慧城市以人为本的核心思想，一个中心即以人为中心开展城市管理服务；基础信息体系以三个无所不在（网络、数据、服务）为指导进行建立；智慧民生体系围绕城市中的人进行智慧服务；智慧政务体系围绕“城”建立城市管理体系；智慧经济体系围绕“市”建立城市经济体系。最终，利用先进的信息技术，实现城市智慧式管理和运行，进而为城市中的人创造更美好的生活，促进城市的和谐、可持续成长。

6.2.3.2　核心建设内容

1. 建立X市智慧城市产业技术研究院

根据智慧X市建设需要，策划组建“X市智慧城市产业技术研究院”（简称产研院），在组织结构、公共服务、技术转移、人才培养等方面进行探索，建设支撑智慧X市建设的科研支撑和公共服务平台等。

（1）内容

组建模式：

研究院由X市市政府、电子科技大学、行业投资机构共建，拟注册具有独立法人资格的混合所有制企业。研究院作为市场化、商业化运营的出资主体，重点围绕技术服务、成果转化、人才引培、公共服务、咨询服务、科技金融、投资孵化、重点工程建设等方面创新性地开展工作。

组织架构（如图 6-2 所示）

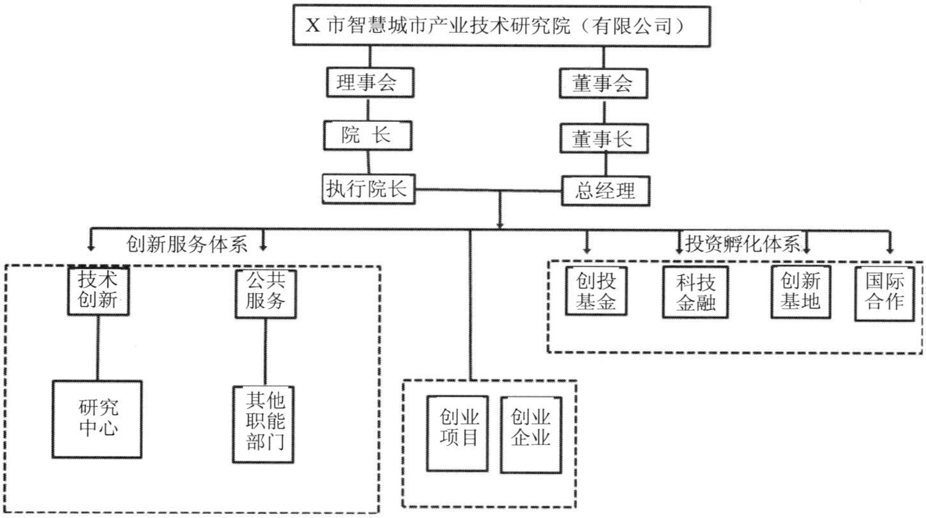

图 6-2 研究院有限公司组织架构图

研究院实行一套人马，两块牌子，采取“研究院（理事会）+研究院有限公司（运营平台）+研究中心（项目公司）”的三级治理结构，配套完备的公共服务及科技金融体系。

研究院实行理事会指导下的院长负责制，理事会对研究院的组建、规划及发展进行宏观指导，理事长由 X 市市领导担任，院长由理事会推荐。

研究院有限公司作为研究院的实际载体，负责研究院的日常运营，严格按照现代企业管理制度，实行董事会领导下的总经理负责制，董事长由院长兼任，其他董事会成员由相应出资方派出，总经理由董事长提名，董事会聘任，兼任研究院执行院长，其他高管及骨干成员面向行业实行社会化公开选聘。

盈利模式：

研究院通过组织模式创新，建立现代企业制度，规范管理，充分激活，建立起可持续发展的盈利模式，研究院重点通过在公共服务、技术服务、成果转化、投资孵化、科技金融、人才培养、园区建设与运营、重大工程建设等方面创造收入，实现商业化运营。

合作模式：

共建研究中心

研究中心主要开展智慧城市领域核心技术、共性关键技术和重大战略性前瞻性技术等研究与开发，储备产业未来发展的战略性前瞻性技术和目标产品。研究中心采用开放式管理，对进入的研究团队，每三年进行动态考核，对于考核不合格的取消授牌，考核合格继续给予资金、场地等条件支持。

共建基金

由研究院公司参与设立X市智慧城市产业发展母基金，通过母基金与国内外知名创投机构、社会资本共同发起设立若干支智慧城市领域不同方向、投资阶段不同的创投基金。

共建园区

由研究院公司、市内高新区、企业集团利用已有存量物理空间共建众创空间、孵化器、加速器及产业园区，围绕X市智慧城市建设总体目标，引进行业优秀企业、孵化创新企业，建立起支撑X市智慧城市建设和产业发展的生态圈。

共享人才

根据国家鼓励高校教师、科技人员创新创业的改革思路，研究院将协调相关高校资源，制定支持研究院发展的体制机制，促进高校教师到研究院兼职工作、创新创业，鼓励科技成果在研究院转化。

（2）功能

产研院围绕全市经济、社会发展战略目标和市场以及互动服务发展需求，开展以基础研究和应用基础研究为主的创新性研究，为相关领域和行业发展提供理论依据和技术支撑，加强行业科技合作与交流，构建公共服务体系，促进形成统一技术体系和成熟的整体解决方案，培育一批高素质、实用型的科学研究和工程技术人员，保障智慧X市试点、产业创新及应用示范基地等项目的建设。

2．建设智慧型行业大数据枢纽

X市作为全川处在川滇黔渝结合部的城市，既处在成渝城镇发展轴，又处于沿长江城镇发展带，在全国性智慧城市发展的新形势下，X市可通过智慧城市建设加强信息化和城镇化的深度融合，探索一条区域性中心城市发展之路。

区域性中心城市是在一定的区域范围内具有信息、公共服务、金融、产业等方面具有引领、辐射、集散作用的主导性城市。最基本的核心仍然是信息中心，而数据资源中心则是信息中心的基础之一。然而，从现状来看，X市还不具备向周边区县辐射、引领功能。X市要加速建设成为“名符其实”的区域性中心城市，需要通过智慧城市建设来推动城市信息化基础设施建设。

X 市在建设区域大数据中心方面占有得天独厚的交通、电力、环境资源和区位优势，建设大数据中心也有利于提升 X 市的信息化水平，带动 X 市和社会经济的跨越式发展，增强 X 市建设智慧型现代化区域中心城市的能力（如图 6-3 所示）。

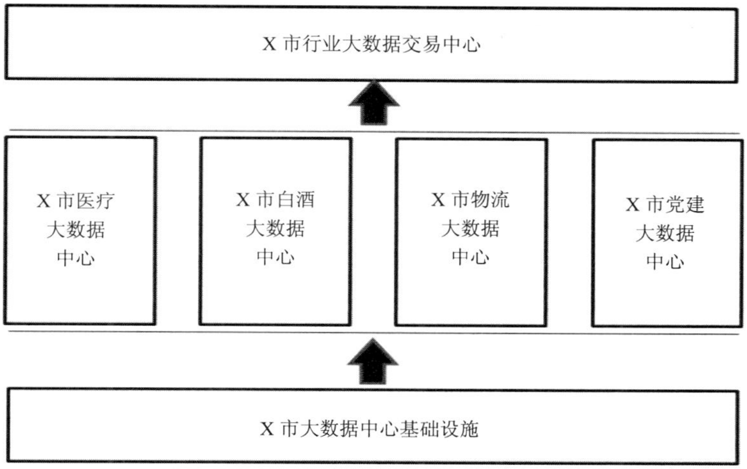

图 6-3 X 市大数据中心

（1）内容

A. 建设 X 市大数据处理中心基础设施，增强 X 市在川南片区信息资源和要素的集聚和辐射能力。重点围绕数据存储、备份，按照“T3＋”以上标准进行设计。一期规划建筑面积 13 000 平方米，提供 24 万台虚拟服务器能力。

B. 建设支持川南甚至更大范围的医疗报告共享，区域双向转诊，支持区域健康一卡通管理等的行业大数据中心，发挥 X 市优势医疗资源在 X 市乃至川滇黔渝结合部的技术引领作用。发展基于互联网的医疗卫生服务，构建医学影像、健康档案、检验报告、电子病历等医疗信息共享服务平台，同时建成全市市级医院的二级分中心，将市级医院纳入全市远程医疗体系；扩展覆盖乡镇等基层医疗机构，整体建设成为全国领先的基于数据交互技术的“省、市、县、乡、村/社区”五级联动的远程医疗云服务系统。

C. 建设国家级电商大数据中心，以数据融合打通 X 市电商产业链，增强 X 市商贸优势。通过建设国家级电商平台，对电商平台线上线下产生的交易、采购、仓储、物流、供应链融资、财务结算数据进行信息清洗和加工整合，规范统计口径，搭建安全、可靠、准确的电商大数据中心，形成电商数据资产。

建立电商大数据分析平台，为业务提供最及时的、全方位的信息服务支撑。建设X市白酒电商大数据中心、白酒行业大数据交易所，配套建设白酒大数据共享平台、检测协作平台。

D. 建设X市党建大数据中心，增强X市在川南的影响力。全面推进X市党建信息化建设，将互联网等现代科技手段运用到党建工作中，全面提升党建的现代化、信息化水平。探索X市区域党建中心建设模式，促进川南片区党建工作的互连互通和公开共享，促进川南党组织之间特别是横向上的联系协作乃至工作活动的协作。

（2）功能

X市通过大数据中心基础设施的建设为具有X市特色的医疗（健康养老）、白酒、物流、党建等提供基础保障。发挥X市优势产业，形成具有X市特色行业大数据交易中心，促进医疗大数据、党建大数据成为川南乃至川、滇、黔、渝结合部的中心；促进白酒大数据、物流大数据成为行业大数据国家的中心，增强X市在全国的贸易地位。

3. 建设符合X市发展需要的智慧应用

（1）内容

智慧社区：借助云计算、物联网等先进信息化技术手段，为社区居民提供全面便捷的公共服务、安全有序的社区环境、丰富和谐的生活设施，使居民生活更安全、更健康、更便捷、更幸福（如图6-4所示）。

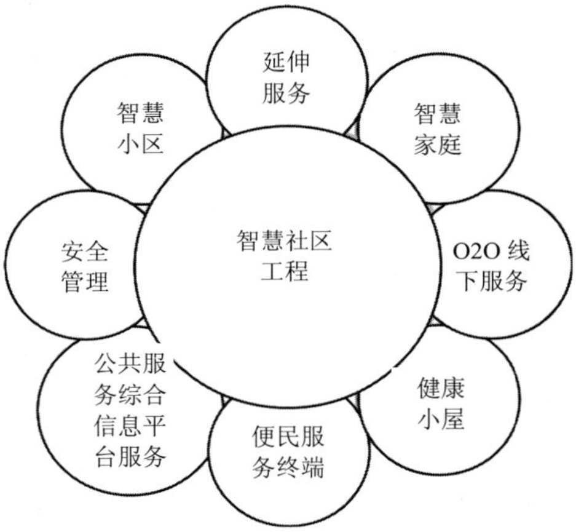

图6-4　智慧社区工程

智慧医疗：实现医疗卫生信息的共享交换，并充分发挥X市医疗卫生资源优势，大力解决老百姓医疗问题，建设X市“1764121”工程（如图6-5所示）。

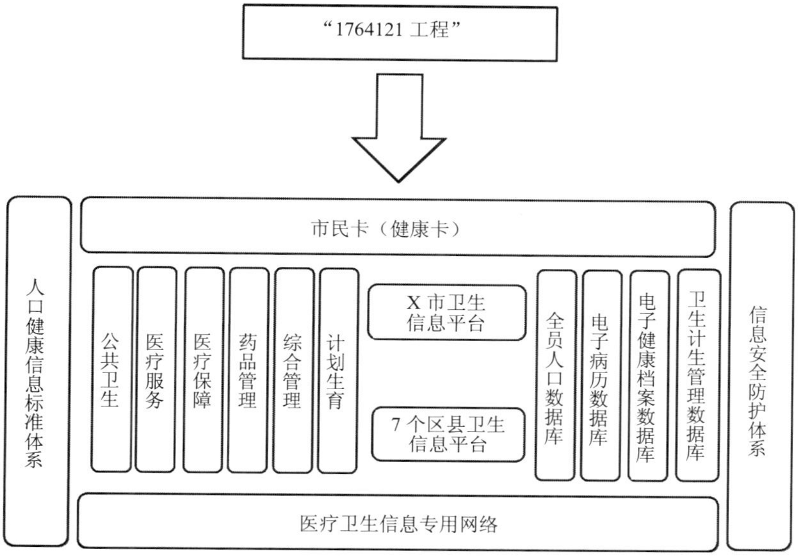

图 6-5 "1764121 工程"

智慧电商：建设智慧电子商务平台，打造电商生态系统，实现再造一个"产业 X 市"，全面建设成为四川省电子商务示范城市，实现节约高效的经济模式，努力建设成为我国中西部地区电子商务产业发展的重要增长极（如图 6-6 所示）。

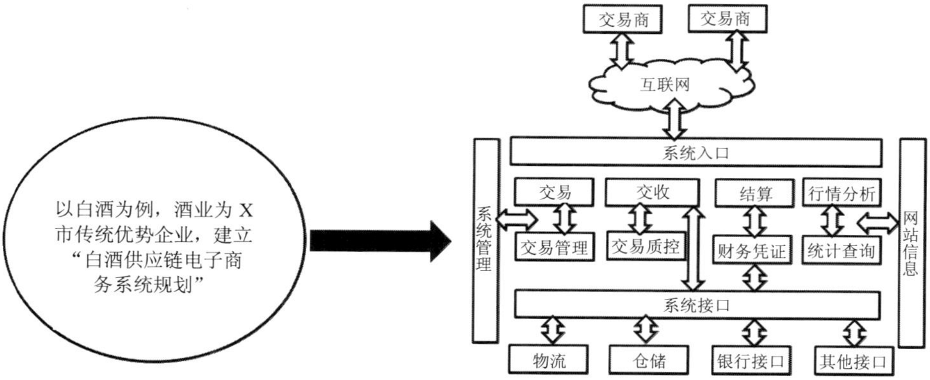

图 6-6 智慧电商之白酒产业链

产业互联网：供应、生产、销售，城市与生态、城市与产业相融合。着力构建智慧产业体系，形成供应、生产和销售一体的产业互联网生态链（如图 6-7 所示）。

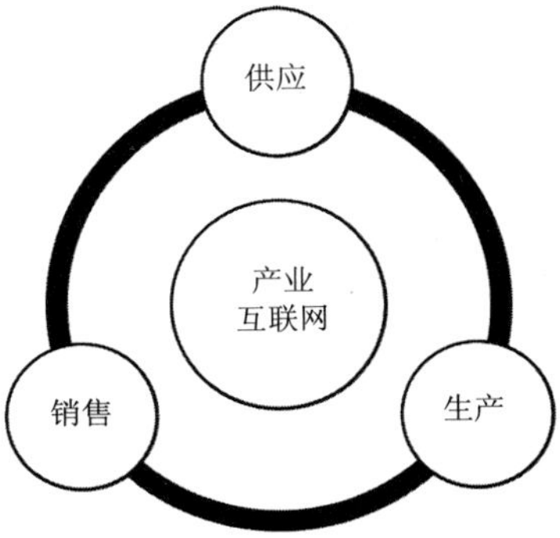

图 6-7　产业互联网三位一体

智慧党建：实现基层党建的动态管理和科学服务，助推构建新时期基层党建工作新格局和服务党员群众新模式（如图 6-8 所示）。

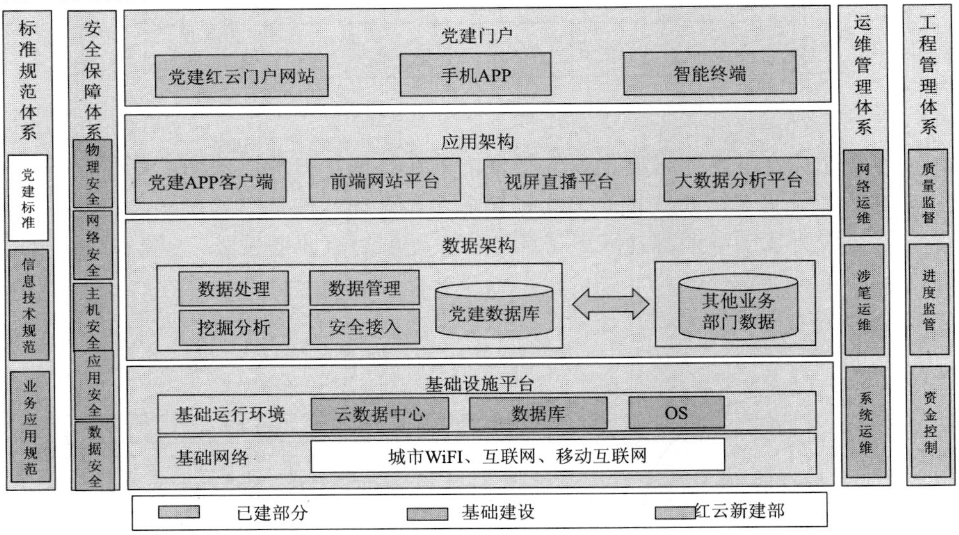

图 6-8　智慧党建平台

智慧政务：资源高度整合、信息高度共享、高效灵便服务，打破政府部门壁垒，实现信息资源共享，建成智慧型服务政府（如图 6-9 所示）。

（2）功能

营造信息化与工业化深度融合，信息技术引领企业创新变革的新型企业运营模式，让信息化成为重要的生产要素，支撑产业转型升级。建成全面覆盖全市居民、伴随市民一生的集成化、多样化、个性化、人性化的数字生活环境，建成以服务企业和市民为中心、高效运行的政府集成服务体系。

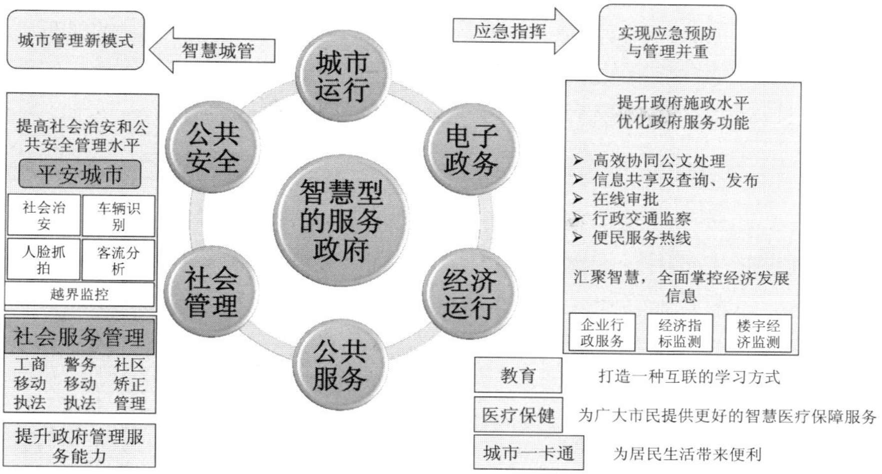

图 6-9　智慧政务体系

6.3　智慧 X 市技术体系

6.3.1　技术体系总体层次架构

智慧 X 市建设充分借鉴云计算、物联网、大数据等核心技术，并基于领域应用本体，聚合海量、异构、多源的信息和服务，围绕“人”形成一个虚拟的统一视图，从而支持用户个性化定制服务，搭建以人为中心的智慧城市技术体系（如图 6-10 所示）。

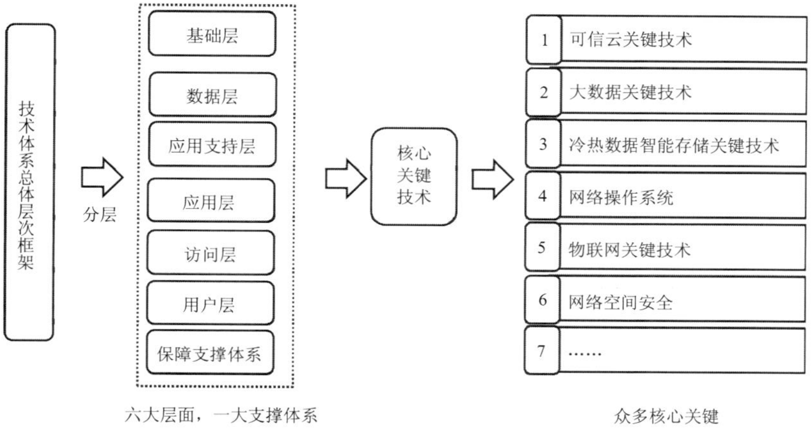

图 6-10　智慧 X 市技术体系

其核心研究内容主要包括：多源数据的接入与交换、信息资源的集成、智慧城市公共服务的个性化定制、以人为中心的智慧城市多模式构造技术等。

本规划技术体系总体架构共分为六个层次和一个保障体系。

6.3.1.1 基础层

基础层主要包括物联网基础设施、通信网络和云计算基础设施三个部分。物联网基础设施主要用于识别物体、感知信息，包括 RFID 标签和读写器、摄像头、GPS、传感器等感知设备；通信网络包括无线网络、宽带网络、广电网络等，实现信息的传输与接收，网络层的设计支持互联网、专网等类型的接入模式，网络的互联互通是实现企业、政府业务协同和信息共享的基础；云计算基础设施通过对服务器、存储、网络的虚拟化，为智慧 X 市提供按需获得、即时可取的计算、存储、网络、操作系统及基础应用软件等资源，从而有效提高存储能力和服务器利用率，降低运营维护成本，节省智慧 X 市建设的资金投入。

6.3.1.2 数据层

数据是智慧 X 市服务支撑平台建设的主线，它涵盖所有的结构化和非结构化数据。它也是基础信息、动态信息和应用信息的存储和积累，为这些信息的进一步开发利用提供支持。数据层主要是用来实现数据的存储。数据层既支持便于访问、维护和操作的关系型数据库，又支持满足于海量、多样、多交互和实时需求的非关系型数据库。通过分布式文件系统，来顺应互联网发展，支持海量数据存储。

数据层主要包括五大公共基础数据库、专题数据库和数据共享交换平台，实现各部门信息汇聚、资源整合。公共基础数据库主要包括城市基础空间数据库、人口基础数据库、法人基础数据库、宏观经济数据库、建筑物基础数据库。专题数据库根据不同的业务需求，建设相关的专题业务数据库。数据共享交换平台对城市的各类公共信息进行统一管理、共享交换，满足城市各类业务和行业发展对公共信息交换和服务的需求，通过数据挖掘、大数据分析，为上层业务应用提供数据支撑，为 X 市城市运行管理、领导决策提供科学依据。

6.3.1.3 应用支撑层

应用支撑层为各类面向需求的应用提供统一的功能支持，包括地理信息公共平台、公共信息服务平台、公共呼叫服务平台，该层可提供呼叫服务、大数据分析、视频、搜索等多方面的功能。

6.3.1.4 应用层

应用层为各种接入设置提供访问渠道，围绕城市综合管理和公共服务，进行城市管理、社会治理和公共服务三位一体平台搭建，形成面向城市综合管理的协同平台。

6.3.1.5 访问层

访问层为市民、企业、政府等各类用户对象提供访问的窗口，向用户提供智慧 X 市的各种服务信息。推动基于云的电脑终端、手机的云服务访问，加强市民对信息化的感知以及工作人员依托云服务的工作便利性；通过利用城市公安局指挥场所，搭建城市运行中心暨三位一体管理中心；通过系统建设，推进基层社区事务受理中心的信息化水平，提升市民办事的便捷度。

6.3.1.6 用户层

用户层是智慧 X 市的主要服务对象，主要包括市民、企业和政府。

6.3.1.7 保障支撑体系

智慧城市建设是一个综合的复杂系统，其总体架构中各层的建设都需要广泛而综合的支撑和保障，包括政策支撑体系、组织保障体系、技术支撑体系、标准规范体系、运营管理体系、安全运维保障体系等。这些体系架构贯穿于整个智慧 X 市建设的各个方面，在各个层次之间建立有机的运营关联机制，确保智慧 X 市安全、高效的运行和健康稳定的发展。

6.3.2 核心关键技术

6.3.2.1 可信云关键技术

在云平台中引入多行业的大数据服务能力支持，突破了异构数据转换中的模式匹配模型及快速转换算法，实现了多种类型数据请求的并行转换机制。

研究一个将云平台与行业数据的业务特征进行紧密结合的方法。该方法可以让用户将行业的核心数据对象的结构，用标准格式注入到云平台中。然后在行业业务应用的数据内容输入到云业务系统中时，云平台可以根据预置的核心数据对象结构，结合用户策略和潜在的计算应用需求，利用云平台统一调度的方式，从各种业务应用的数据中抽取和构建核心数据对象实例。用户或应用可以直接通过云平台的业务数据服务访问行业核心数据对象的数据结构和数据内容。

6.3.2.2 大数据关键技术

1．大数据安全与隐私保护关键技术

当前亟待针对前述大数据面临的用户隐私保护、数据内容可信验证、访问控制等安全挑战，展开大数据安全关键技术研究。

（1）数据发布匿名保护技术

对于大数据中的结构化数据（即关系数据）而言，数据发布匿名保护是实现其隐私保护的核心关键技术与基本手段。现实中，数据发布常面临数据连续、多次发布的场景。需要防止攻击者对多次发布的数据联合进行分析，破坏数据原有的匿名特性。

（2）数据水印技术

数字水印是指将标识信息以难以察觉的方式嵌入在数据载体内部且不影响其使用的方法，多见于多媒体数据版权保护。也有部分针对数据库和文本文件的水印方案。

（3）数据溯源技术

数据集成是大数据前期处理的步骤之一，由于数据的来源多样化，所以有必要记录数据的来源及其传播、计算过程，为后期的挖掘与决策提供辅助支持。未来数据溯源技术将在信息安全领域发挥重要作用。

（4）角色挖掘

在大数据场景下，采用角色挖掘技术可根据用户的访问记录自动生成角色，高效地为海量用户提供个性化数据服务。同时也可用于及时发现用户偏离日常行为所隐藏的潜在危险。

（5）风险自适应的访问控制

在大数据场景中，安全管理员可能缺乏足够的专业知识，无法准确地为用户指定其可以访问的数据。风险自适应的访问控制是针对这种场景讨论较多的一种访问控制方法。当用户访问的资源的风险数值高于某个预定的门限时，则限制用户继续访问。通过利用统计学和信息论的方法，定义量化算法，从而实现基于风险的访问控制。

2．大数据服务与信息安全

（1）基于大数据的威胁发现技术

由于大数据分析技术的出现，企业可以超越以往的“保护—检测—响应—恢复”（PDRR）模式，更主动地发现潜在的安全威胁。例如，IBM 推出了名为 IBM 大数据安全智能的新型安全工具，可以利用大数据来侦测来自企业内外部的安全威胁，包括扫描电子邮件和社交网络，标示出明显心存不满的员工，提醒企业注意，预防其泄露企业机密。

（2）大数据的认证技术

基于大数据的认证技术指的是收集用户行为和设备行为数据，并对这些数据进行分析，获得用户行为和设备行为的特征，进而通过鉴别操作者行为及其设备行为来确定其身份。这与传统认证技术利用用户所知秘密，所持有凭证，或具有的生物特征来确认其身份有很大不同。

（3）基于大数据的数据真实性分析技术

基于大数据的数据真实性分析技术能够提高垃圾信息的鉴别能力。一方面，引入大数据分析可以获得更高的识别准确率。例如，对于点评网站的虚假评论，可以通过收集评论者的大量位置信息、评论内容、评论时间等进行分析，鉴别其评论的可靠性。另一方面，在进行大数据分析时，通过机器学习技术，可以发现更多具有新特征的垃圾信息。

6.3.2.3 多源异构数据融合

1．监测多源异构数据融合体系

监测多源异构数据融合的本质是将不同类别的原始时域或频域测量数据有效结合，更准确地计算事件特征参数。监测多源异构数据融合的体系结构主要有三种，如图 6-11～6-13 所示。

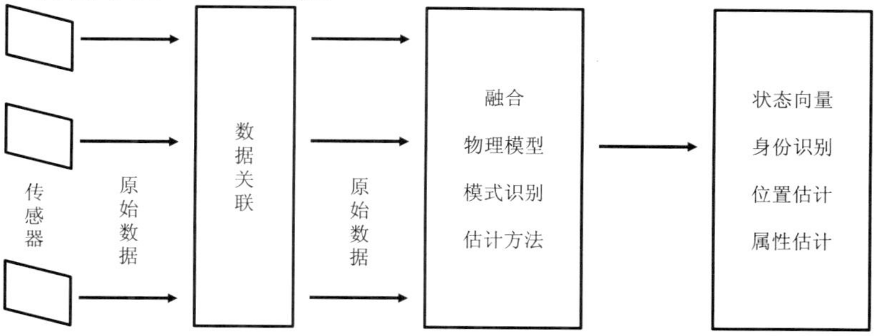

图 6-11　基于原始数据的中心级融合体系

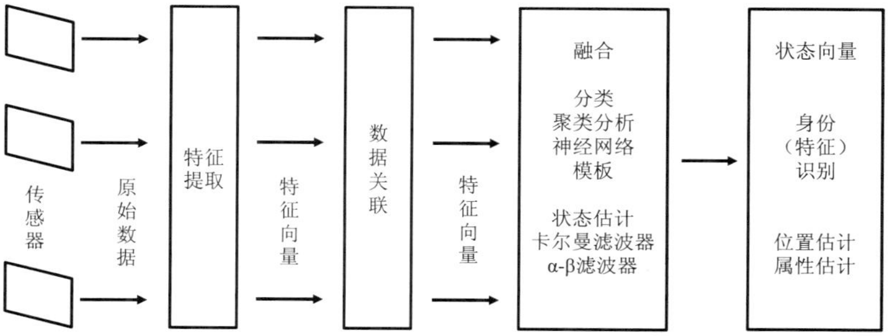

图 6-12　基于特征提取的中心级融合体系

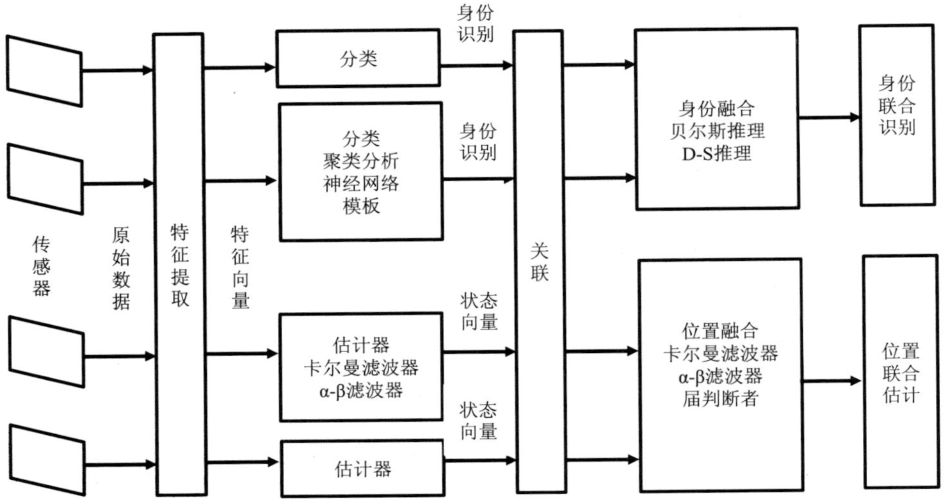

图 6-13　自组织融合体系

2．冷热数据智能存储技术

目前大数据中心的存储设备大多是用磁盘阵列为主的热存储构建。热存储阵列的容量从 GB 级别增长到了 PB 级别。通过 RAID 等技术，磁盘阵列的安全性通常可达到 4 个 9 到 5 个 9 的安全级别，即 99.99%～99.999%。

通常，基于蓝光存储的冷数据存储只用于手动归档或备份数据等，并未大规模用于系统平台或大数据研究的基础设施服务建设，也没有真正融合到在线存储服务中。而目前，应用系统平台在运行过程中，数据的冷热本质是通过数据处理技术和应用技术来定义的，在某一阶段和某一领域的应用有着其特殊的价值，这将导致冷热数据可能随时发生转换。

本技术将通过冷热数据智能融合技术，搭建冷、热数据异构的大数据中心架构，实现冷数据的虚拟化、冷热数据智能融合的云存储平台，为存储平台构建大规模降低成本。

6.3.2.4　网络操作系统

网络操作系统是以虚拟化技术为基础、以按需付费为商业模式，具备弹性扩展、动态分配和资源共享等特点的新型网络化计算模式。网络操作系统作为引领未来 IT 创新的关键技术和战略性技术，建设高度信息化、全面网络化、广泛智能化的智慧城市的大量应用将建立在网络操作系统平台之上。应该说，网络操作系统平台的建设是智慧城市建设的前提条件和必要条件。

1．总体技术架构

本次研究的网络操作系统平台技术方案以自主研发拥有完全自主知识产权的“基于仿生自主神经系统 BANS 的云操作系统和大数据存储及处理平台”为核心技术架构，技术架构如图 6-14 所示。

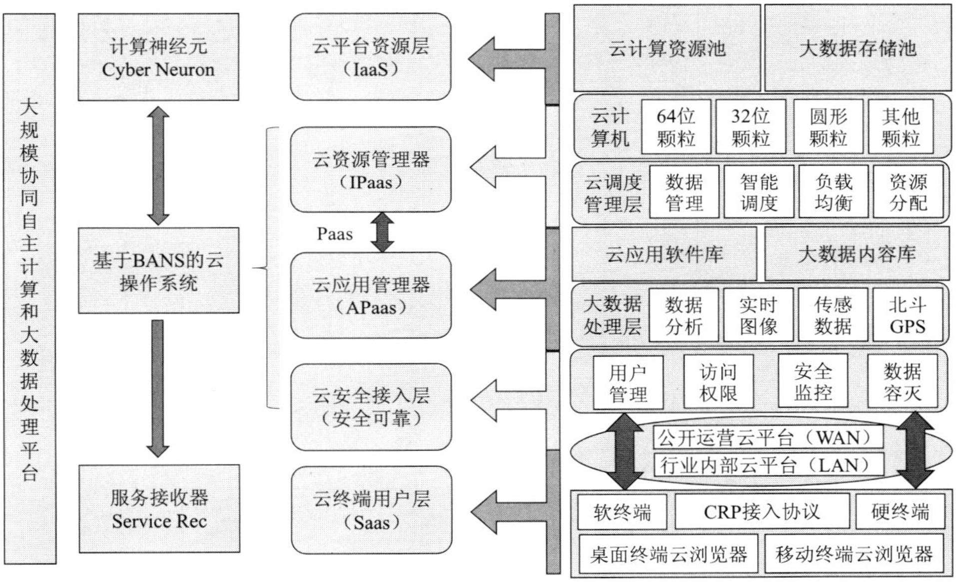

图 6-14　技术架构图

网络操作系统平台所具备的云操作系统是新兴的大规模网络操作系统，对上，兼容各种硬件，各类资源通过植入计算神经元统一管理。使用所有可使用的计算能力；使用所有可使用的分布式存储和集中存储能力；具备高可扩展能力。对下，提供各类服务，云服务通过植入服务接收器统一推送。

2．平台建设方案

智慧城市下的网络操作系统平台将实现对各类异构资源的虚拟化整合，进而构建一个无缝、灵活、动态的操作环境，并通过对各类资源的智能化调度管理实现经济高效的资源服务功能，其中云操作系统是建设网络操作系统平台的根本关键，其建设方案如图 6-15 所示。

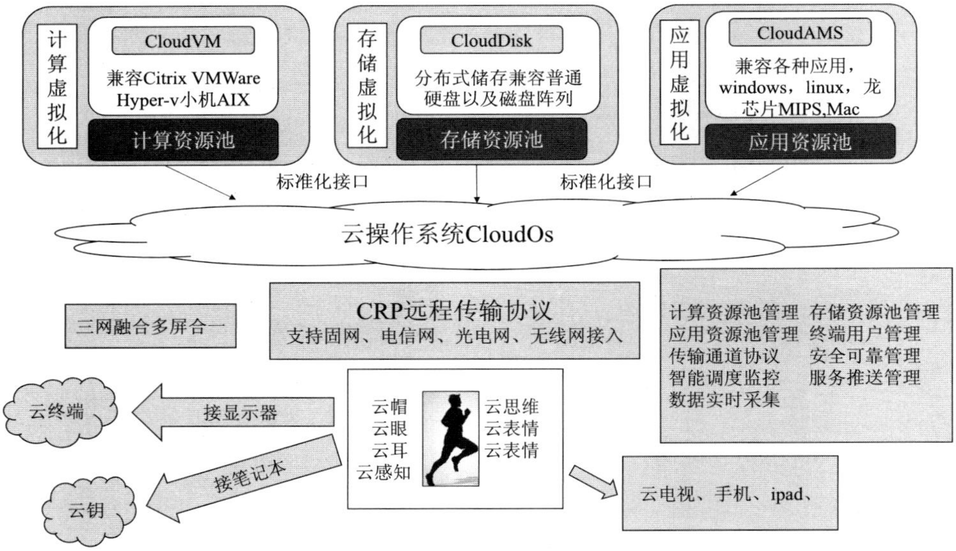

图 6-15　网络操作系统平台建设方案

6.3.2.5　物联网关键技术

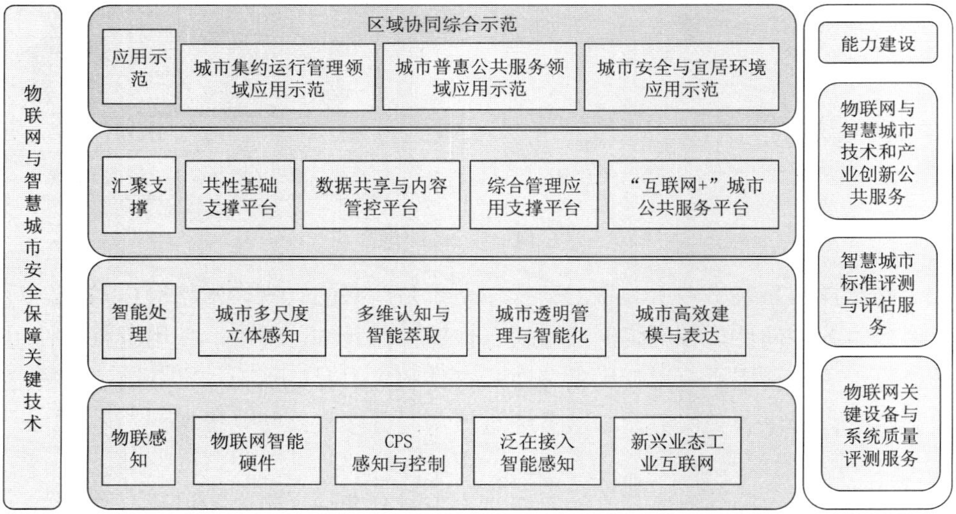

图 6-16　总体构架图

物联网是智慧城市的技术基础，智慧城市是物联网的应用领域。物联网与智慧城市相辅相成、密不可分，通过物联网感知城市中各类泛在接入的多源数据，实现城市多尺度的立体感知，基于城市系统的建模与优化、多维信息的认知与智能萃取等智能处理技术，实现城市透明管理与智能化。将上述核心关键技术，通过物联网共性基础支撑平台、城市网格化综合管理应用支撑平台、智慧城市数据共享与内容管控平台、“互联网+”智慧城市公共服务平台等四大平台进行技术汇聚与集中示范。打造协同创新公共服务平台，建立智慧城市评价模型，完善物联网与智慧城市技术和产业创新服务体系。物联网与智慧城市技术体系的总体构架图如图 6-16 所示。

物联网的研究需突破以下重大共性关键技术。

1．物联网低功耗可信泛在接入技术

面向智慧城市基础设施、管/线/路重大工程等监控系统的远程信息接入需求，初步建立物联网低功耗可信泛在互联平台架构，突破低功耗可信泛在互联的重要关键技术瓶颈，开发极低功耗处理接入模块和可容纳多种传感器感知信号的压缩终端模块，研制具有多元、多维多参分布式智能感知功能的低功耗接入设备，建立统一的网络接入服务平台，满足智慧城市行业用户需求，为智慧城市行业用户使用带来方便。

2．支撑新兴业态的工业互联网

提出满足产业互联、业务互联、工业互联的网络技术体系架构。突破贯穿工厂内全层级、工厂外全价值链的高可靠、高带宽、高连接数、低时延的工业网络技术，使海量工业数据能够承载从底层机器设备到上层控制系统无缝传递。研制出低时延、安全可靠的新型标识解析技术，解决我国目前工业互联网中标识编码不统一、解析系统不完善和标识解析安全问题；完善我国工业互联网安全技术及认证管理，推进工业互联网安全标准化进程。形成基于工业互联网的数据分析和应用体系，为形成基于生产现场和用户需求数据的制造新业态打下基础。形成自主可控的工业互联网核心软硬件，培育发展工业互联网新兴业态，推动服务和产业模式创新，构建创新支撑环境，支撑现代化产业发展体系建设。

3．城市多尺度立体感知技术

面向城市日常运行和突发应急两种典型场景，突破城市多尺度立体感知位置、时空和群智支撑关键技术，建立城市多尺度立体感知服务技术体系和标准规范，研制城市多尺度立体感知集成管理与即时服务平台，并通过应用示范开展技术体系验证，最终提升城市各种观测手段的感知效能，实现热点和重点区域的立体即时感知服务。

4．城市多维认知与知识萃取技术

针对城市规划、管理及服务的核心业务领域，重点突破城市多源数据大规模聚集、深度挖掘技术，掌握面向城市智能决策的多目标优化方法，从设施、社会、服务、文化等多维度，对城市状态变化、组织模式、潜在规律形成全面认知，并且面向效用、能耗、环境、成本等多种优化目标，建立关键领域的智能决策系统。

5．城市透明管理与智能化技术

将城市实体和运营业务模型化和抽象化，利用智能技术融合城市信息化基础设施，根据城市规划以及时空分布，利用网络基础设施，建立分布式的城市运营信息池和信息管道，通过信息管道透明连接和服务；面向政府、企业和市民研制透明信息提取和推送服务的软硬件系统；研发多层次细粒度的城市透明管理和智能化公共服务平台。

6．城市空间高效构建与动态表达

针对典型行业服务的技术升级与发展，借助低成本的全向视觉感知和增强现实可视化手段，突破城市空间的高效构建与动态表达关键技术，重点发展智慧城市时空信息数据采集与融合分析技术，掌握城市空间的数据在线认知与处理技术，研制城市空间的高效构建与虚拟现实全空间融合分析技术，研发形成城市空间实时构建与动态表达技术平台，达到物联网传感采集、数据分析和虚拟现实全空间的融合分析的全过程模拟。

6.3.2.6 网络空间安全

1．云平台网络安全

（1）网络信息安全基础平台的关键技术

基础平台的安全首先是硬件平台的安全，涉及到关键芯片器件（如运算处理、网络和信号处理芯片等）的自主可控。其次是支撑软件平台的安全，主要是操作系统以及开发环境的自主可控、安全。重点支持自主可控的信息安全基础平台关键技术的研究，加速开发自主可控信息安全平台类产品。

A．能替代国外同类产品技术的服务器、个人计算机、网络通信设备、移动终端的核心运算芯片、通信控制芯片、图形图像处理芯片、可信计算芯片、密码算法芯片、存储芯片、智能卡安全芯片等国产自主芯片产品的关键技术研究及产品；

B．芯片安全检测平台；

C．性能指标达到或接近国际主流先进产品的国产自主安全云桌面及虚拟化平台的关键技术研究及产品，在该领域，电子科技大学、盛思睿公司等历时5 年合作研制的云数据中心以及安全云桌面平台，所有关键技术均完全自主研发且已经在高教、电力、国防科研等领域推广应用，其主要技术指标达到国际主流产品 cytrix、vmware 水平；

D．国产安全数据库产品的关键技术研究及产品；

E．安全中间件产品的关键技术研究及产品；

F．国产大数据处理平台的关键技术研究及产品，代表国产大数据处理平台有国产大数据平台管理系统 eXadoop、GBASE 新型大数据平台等。

（2）网络信息安全应用核心技术

重点面向金融、电信、电力、教育、科技、国防军工等网络信息安全应用核心技术的研究，加速开发自主可控网络信息安全各类应用产品。包括：数据安全类技术研究及产品、网络舆情监测类技术研究及产品、接入访问控制类技术研究及产品、移动应用安全类技术研究及产品、物联网安全类技术研究及产品、互联网金融安全类技术研究及产品等。

2．网络安全技术监测防御体系

网络安全技术监测防御体系构筑起主动监测和实时防御的数据资源基础，在挖掘技术监测和防御数据的基础上为实时网络安全应急指挥、管理、处理、服务提供技术和数据支撑从而全面保护智慧 X 市安全。

网络安全技术监测防御体系包括对云、网、端的技术监测防御。云主要针对各种公有云、私有云和混合云；网包括网际监测防御、网络监测防御、网界监测防御、网内监测防御；端包括移动操作系统和移动应用系统。从监测范围看，云计算及虚拟化环境、整个网际的可疑访问、大型网络边界、政府及企事业单位内网都应该在监测范围之内。从监测对象看，应该覆盖系统漏洞、病毒木马、黑客攻击、外接设备、应用程序、网络使用、系统使用、网站性能、可用性、公共服务网站绩效、操作系统、移动终端接入、移动应用等各个层面。通过多手段、全覆盖的信息采集做多维度安全攻击印证，以此形成网络安全数据分析体系并开展持续动态的监测防御。

3．网络安全应急指挥、管理、处理、服务体系

网络安全应急指挥、管理、处理、服务体系，由威胁大数据分析处理中心、智慧 X 市网络安全应急平台、网络信息安全服务研究、信息安全认证基础平台组成。

（1）威胁大数据分析处理中心

威胁大数据分析处理中心是智慧 X 市全域、全网、全过程的安全威胁数据信息的存储、分析、挖掘、研判中心。其作用是规范化处理来自于数据交换平台的各类数据信息，按照数据分析处理的数据模型对安全数据进行分析处理，为网络安全应急平台提供网络安全分析结果，支撑网络安全应急应用。

（2）智慧X市网络安全应急平台

智慧X市网络安全应急平台基于X市信息安全数据进行实时分析处理，对信息安全事件和潜在风险进行实时跟踪，对网络安全趋势进行多维度、图形化的直观展示，辅助领导决策指挥并按照应急响应体系对安全事件和潜在风险进行实时处理。

（3）网络信息安全服务研究

重点发展网络信息安全风险评估、网络信息系统等级保护咨询、芯片安全测评、信息系统安全方案设计咨询、信息系统安全集成、信息安全工程监理、信息系统安全运维、网络安全应急处理、数据与系统容灾备份、信息安全测评、信息安全认证、信息安全培训、电子取证、安全审计等网络信息安全服务。

（4）信息安全认证基础平台

信息安全认证要求建成一套技术先进，能满足用户应用需求，实用、开放，遵循标准并具有强大的处理能力的PKI系统。

针对X市信息安全等问题，建立X市数字证书认证系统，为政府、企业和个人提供数字签名和认证服务，主要包括以下几方面。

A．认证体系建设

B．逻辑框架建设

C．应用框架建设

D．软件系统设计

6.4 智慧X市实施方案及运营模式

6.4.1 智慧X市实施方案

所谓“智慧X市”是基于“以人为本”的智慧城市建设理念，通过建设新一代通信基础设施、云计算大数据中心及示范性工程，发挥出X市信息基础设施优良的优势和城市特色优势，形成基于超强大数据分析和服务能力和智能过滤处理的新生活、新产业、新社会管理模式；打造成熟高效的城市管理和民生服务应用，实现基础设施智能化、信息网络宽带化、公共服务便捷化、规划管理信息化、产业发展现代化、社会治理精细化的社会环境。同时兼顾“酒城千里、醉美X市”等传统本土人文传承与发展实现，构建起城市文化传承与发展的智慧环境和面向未来的全新城市形态。智慧X市建设框架如图6-17所示。

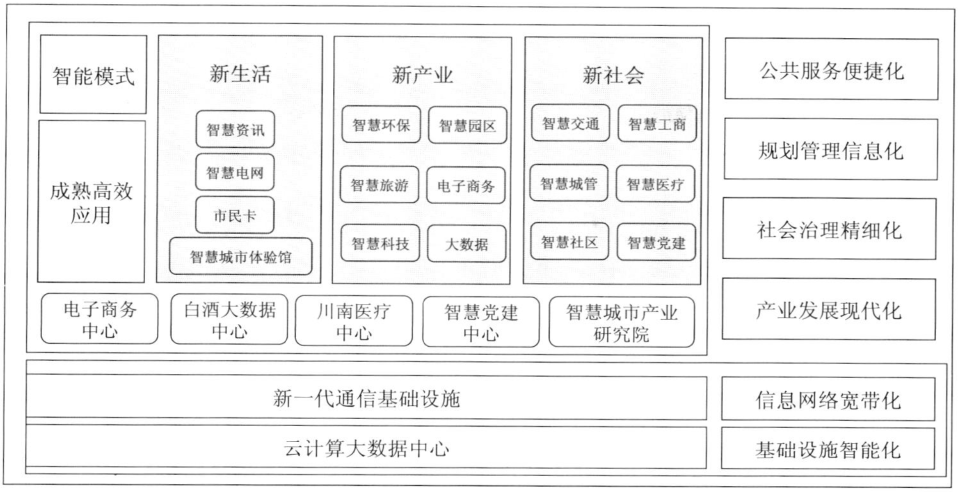

图 6-17　智慧 X 市建设框架

6.4.1.1　目标

完成智慧 X 市大数据基础平台及公共数据库建设，实现数据交换共享通畅繁荣，城市级数据积累初具规模，形成大数据挖掘分析的数据基础，行业大数据分析与交易初具品牌；智慧 X 市城市运营服务中心整合服务形态基本形成，为政府城市管理提供了有效的手段，为公众、企业提供一站式、个性化的整合服务；电子商务、白酒大数据、智慧医疗、智慧党建等领域建设在川南乃至国家层面形成示范效应。通过信息化在民生服务、电子政务、产业发展、城市管理、科教文卫、生态环保六大领域的广泛应用，形成和推广一批高层次智能化应用；基本建成泛在可信的基础设施、打造数据融合的智慧枢纽、打造产业创新的智慧基地、打造普惠宜居的智慧典范，信息社会发展进入全省前列。

6.4.1.2　内容

筹备 1 个产业技术研究院。通过 X 市智慧城市产业技术研究院形式突破智慧 X 市建设中的核心关键技术研究，研究智慧 X 市标准体系和评价体系，促进智慧 X 市资源整合和深度创新，打造 X 市区域产业体系，塑造地方品牌，提升区域核心竞争力。

规划打造“1 个亮点产业”。通过建设 X 市西部大数据技术设施（西部大数据中心、大数据产业园等）、X 市大数据基础平台及服务体系、行业大数据交易中心等核心资源，依托城市公共信息服务平台，深度开展数据分析、数据挖掘、数据应用与数据交易，打造大数据闭环产业链，形成以大数据为核心的新型产业服务。最终建成深度融合的基础信息体系、民生服务体系、经济体系、政务服务体系，形成要素集聚的产业发展环境及医疗、电商、白酒、党建等优势领域的大数据产业集群。

推进“N 项工程”，重点发展建设“八大工程”。建成服务于政府、城市建设与管理、社会公众、企业的八大应用系统，包括“市民卡”工程、智慧电子商务、智慧党建、智慧医疗、智慧社区、智慧科技、智慧城管、智慧城市体验馆工程，夯实城市发展基础、优化城市功能，提升城市在区域中的地位。持续推进网络基础建设，深入开展智慧工商、智慧资讯、智慧交通、智能环保、智能水务、智能电网、智能安全、智慧园区、智慧旅游等建设，进一步实现智慧服务贯穿市民日常生活，智慧应用深入城市管理，信息技术助力产业稳定发展。

通过以数据为基础建立的科学的城市规划体系，最终将 X 市建设成为一个基础设施先进、品牌效应明显、应用特色显著、城市管理高效、公共服务便捷、惠及全体市民的适合 X 市经济发展水平和人民生活状态的智慧城市。

智慧 X 市建设采用分阶段、分步骤的方式进行。建设分三个阶段完成“智慧 X 市”总体建设，构建智慧和谐的城市管理体系、方便快捷的民生服务体系、深度融合的政务应用体系，信息化全面支撑川南区域中心建设；形成完善成熟的管理机制、建设机制、运维机制以及数据共享机制，彻底消灭“信息孤岛”，真正实现互联互通。将 X 市建设成为一个基础设施先进、信息网络通畅、科技应用普及、生产生活便捷、城市管理高效、公共服务完备、生态环境优美、惠及全区的智慧 X 市。

1．规划阶段

以 X 市“十三五”规划为指导，以 X 市智慧城市重点专项建设为主要突破领域，明确智慧 X 市的建设原则、实施步骤和运行保障的制度措施，开展智慧 X 市顶层设计调研工作。在明确调研目标和调研内容的基础之上，制订完善可行的调研工作方案，并根据工作方案开展具体调研实施工作，分析 X 市各调研领域的发展和建设现状，结合顶层设计要求和 X 市实际，开展 X 市智慧城市顶层设计需求分析，分析存在的主要问题和建设需求，研究改进措施及发展方向，最终形成涵盖需求设计、系统架构设计、基础设施服务设计、支撑软件服务设计、应用功能服务设计、信息资源技术服务设计、信息安全服务设计、应用部署服务设计、运行保障服务设计和服务实施设计等内容的顶层设计报告。

2．建设阶段

分两个阶段开展智慧 X 市建设（如图 6-18 所示）

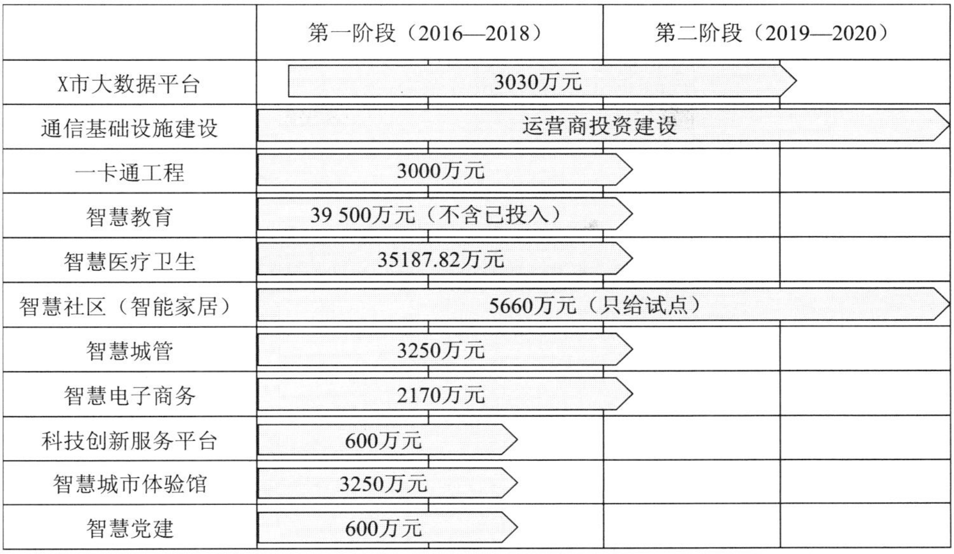

图 6-18　智慧 X 市重点项目实施路线

第一阶段（2016—2018）：以城市建设管理和民生服务为重点突破领域，统筹规划智慧 X 市的网络基础建设；启动并完成大数据基础数据平台建设，完善城市公共基础数据库，依托 X 市西部大数据中心基础设施、大数据基础平台，建设 X 市国家级电子商务大数据中心（含白酒大数据中心）、川渝黔结合部医疗大数据中心、川南党建大数据中心，建设行业大数据交易所；建设智慧 X 市城市运营服务中心，启动并完成城市公共信息平台和 X 市数据资源管理服务平台建设，为智慧 X 市各行业应用提供支撑基础；启动智慧电商平台等项目，使城市高效和有序地协调运行；开展智慧民生服务建设，启动一卡通、智慧教育、智慧医疗卫生、智慧社区等应用项目建设；加强城市公共安全管理，启动智慧城市管理系统等项目。筹备建设 X 市智慧城市产业技术研究院。

第二阶段（2019—2020）：进一步加强基础数据平台和 X 市数据资源管理服务平台建设，促进川南大数据服务和行业大数据交易，强化 X 市大数据产业链；加强智慧城市管理，启动智慧交通项目，继续开展一卡通建设；扩充公共信息服务平台，启动智慧环保等项目，拓展智慧 X 市的建设广度和建设深度；陆续完成大数据中心、智慧环保、智慧教育、智慧医疗卫生、智慧城市管理系统等项目，巩固和扩大项目建设成果，实现智慧 X 市建设全面升级。

3．运营阶段

持续推进网络基础建设，深入开展智慧 X 市规划项目建设，进一步依托公共信息服务平台，深度开展数据分析、数据挖掘与数据应用。充分发挥智慧城市无所不在的感知体系、高速通畅的信息传输体系、大体量的计算体系、丰富的智慧应用体系。依托 X 市智慧城市产业技术研究院，制定技术标准，推动行业、领域的技术进步和战略性新兴产业的发展，保障智慧 X 市试点建设。

在 X 市智慧城市项目的使用中时刻保持以人为本的核心建设理念，主动积极地发现项目建设中的不足之处。同时还应听取广大市民的意见和建议，进一步改进和完善智慧 X 市的重点项目建设，不断提升 X 市智慧城市项目的服务品质；进一步提高城市的宜居度、工作的便捷度以及城市管理的灵敏度。

6.4.2 建设运营模式

智慧城市协调发展要求对项目建设进行统筹安排和对方方面面的技术需要进行整合，以及多种金融产品的综合支持，因此，可以采取“众筹众包”的形式，利用基金、融资租赁、产业资本等资源解决智慧 X 市的资金问题，利用产业机构的人才资源解决智慧 X 市的技术问题，以资本运作、建设运营模式创新等手段解决智慧 X 市运营模式的问题。将智慧 X 市打包为一个大型项目组合，包含城市基础设施（公用基础设施、信息基础设施等）、产业投资与建设、金融产品与服务等。

6.4.2.1 以基金带动模式

利用政府引导资金，撬动民间资本，缓解市场投资失灵、带动产业振兴的作用，用于智慧 X 市建设，募集渠道多元化。该模式对项目自身的盈利能力有较高要求，适用于有较强经营性收益的项目。

结合 X 市的实际情况，在以基金带动的建设运营模式中，通过众筹和众包的形式来进行投融资和建设运营，成立智慧城市发展母基金来放大政府本金和引入产业资本。在智慧城市发展母基金中，政府进行资金注入和资产划拨，企业进行配套资金的注入，政府和企业共同构成一般合伙人；银行、基金、融资租赁等通过资金注入，构成有限合伙人。通过智慧城市母基金的资金注入，发展适用于各个项目的产业子基金。在产业子基金中，政府具有一票否决权，产业机构有对产业子基金的管理权，而其他资本则行使有限合伙人的职责。

智慧 X 市的建设运营可通过成立智慧城市建设运营公司的方式来进行，政府行使特许经营权、企业引进资金和模式、产业机构引进资金和技术。由智慧城市建设运营公司引入专业的项目管理、建设和运营团队成立项目子公司，并且产业基金持有股权、债权。项目子公司还可通过发行债权的形式，通过资产并购、重组、借壳、IPO 等资本运作方式和资本市场接轨（如图 6-19 所示）。

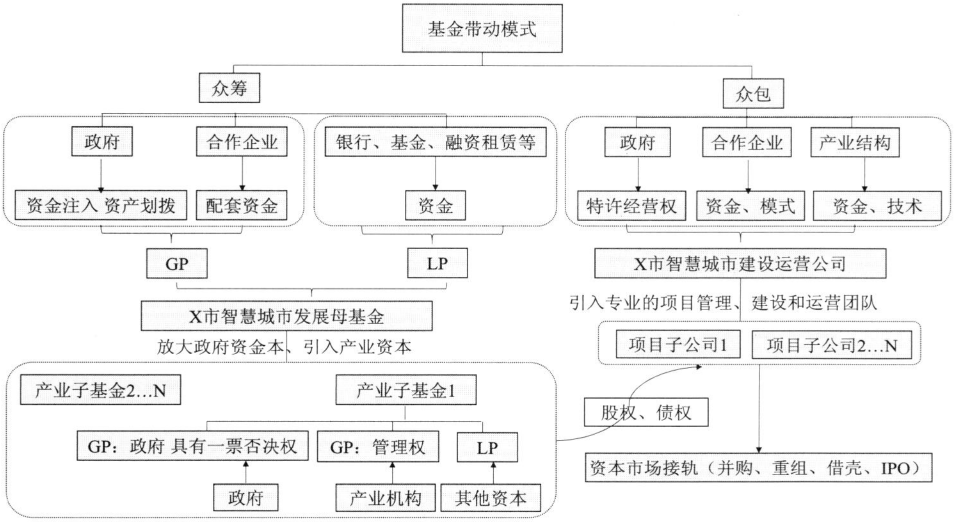

图 6-19　以基金带动建设运营模式

6.4.2.2　PPP 的模式

PPP（公私合营模式）风险分配更合理，减少了承建商与投资商风险，从而降低了融资难度，提高了项目融资成功的可能性，政府在分担风险的同时拥有一定的控制权。适用于基础设施项目、有政府行政收费保障的项目（如图 6-20 所示）。

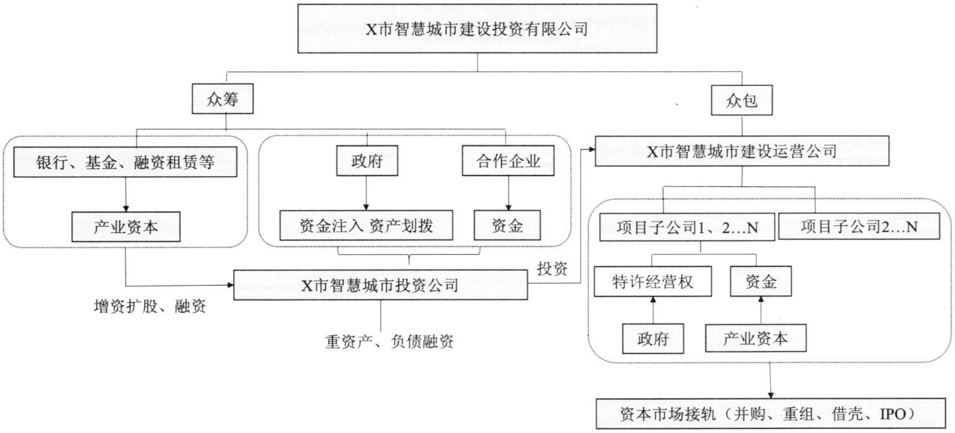

图 6-20　公私合营模式

在以组建X市智慧城市建设投资有限公司发展PPP的模式中，可以通过众筹和众包的形式来进行投融资和建设运营。通过政府的资金注入和资产划拨、企业的资金注入和银行、基金、融资租赁等产业资本进行增资扩股、融资，并对其进行重资产、负债融资等资本运作，以及将产业机构通过并购、重组、借壳、IPO等资本运作方式筹集来的资金共同注入成立智慧城市投资公司。针对重点项目成立项目子公司，政府拥有特许经营权且负有相应职责。